云南省普通高等学校“十二五”规划教材

大学计算机基础

Fundamentals of Computers

耿植林 主编
普运伟 副主编
秦卫平 主审

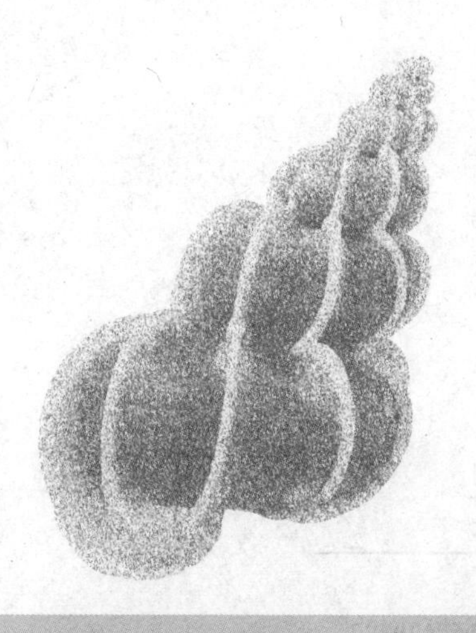

高校系列

人民邮电出版社
北京

图书在版编目（CIP）数据

大学计算机基础 / 耿植林主编. -- 北京 : 人民邮电出版社, 2012.8
云南省普通高等学校"十二五"规划教材
ISBN 978-7-115-28112-8

Ⅰ. ①大… Ⅱ. ①耿… Ⅲ. ①电子计算机－高等学校－教材 Ⅳ. ①TP3

中国版本图书馆CIP数据核字(2012)第095659号

内 容 提 要

本书是云南省普通高等学校"十二五"规划教材，是根据教育部高等学校计算机基础课程教学指导委员会发布的《计算机基础课程教学基本要求》中有关"大学计算机基础"课程教学要求编写的。

全书共 10 章，内容包括信息社会与计算技术、计算机系统与计算原理、操作系统、办公文件处理、计算机网络与网络计算、问题求解与程序设计、数据库技术、多媒体技术、网页制作和信息安全。本书内容以发展学生的计算思维为导向，介绍计算机基础中共性的、相对稳定的概念、知识和方法。

本书可作为普通高等院校非计算机专业大学计算机基础课程教材。配套出版的《大学计算机基础实践教程》可用作上机实践指导和技能测试使用。本书还配有电子教案以及教学资源库，便于广大师生的教学和学习。

云南省普通高等学校"十二五"规划教材

大学计算机基础

◆ 主　　编　耿植林
　副 主 编　普运伟
　主　　审　秦卫平
　责任编辑　李海涛

◆ 人民邮电出版社出版发行　　北京市崇文区夕照寺街 14 号
　邮编　100061　　电子邮件　315@ptpress.com.cn
　网址　http://www.ptpress.com.cn
　北京艺辉印刷有限公司印刷

◆ 开本：787×1092　1/16
　印张：21.5　　　2012 年 8 月第 1 版
　字数：566 千字　　　2012 年 8 月北京第 1 次印刷

ISBN 978-7-115-28112-8

定价：39.80 元

读者服务热线：(010)67170985　印装质量热线：(010)67129223
反盗版热线：(010)67171154

前言

高等院校计算机基础教学经历了三轮重大的改革，无论是在课程体系、教学内容，还是在教学手段、教学方法上都在不断变革和发展，以适应信息社会对人才培养的要求。然而，目前的“大学计算机基础”课程教学内容与中学信息技术课程存在不少重叠，教学方法和教学手段也没有本质性的突破，导致该课程的教学缺乏吸引力。

美国计算机科学家，卡内基梅隆大学周以真教授站在信息社会向知识型社会发展过程中创新型人才培养的高度，提出了大学计算思维能力培养理念。计算思维能力培养越来越受到世界各国教育界的关注，为计算机基础教学改革指明了方向，也为“大学计算机基础”课程注入了新的生命力。大学计算机基础教学从软件产品技能培训回归到计算机技术最本质的、相对稳定的基本概念和技术方法的教学已经成为共识。由此，以计算思维能力培养为导向，重新审视“大学计算机基础”课程理论教学和实践教学内容，恰当处理理论认知和技能习得的关系是本书编写的初衷。

本教材共分为 10 章，第 1 章、第 3 章由耿植林编写；第 2 章由普运伟编写，第 4 章由楼静编写；第 5 章、第 6 章由潘晟旻编写；第 7 章由秦卫平编写；第 8 章由杜文方编写，第 9 章、第 10 章由付湘琼编写。全书由耿植林任主编并负责统稿，普运伟任副主编，秦卫平主审。

本书的编写得到了云南省高校教材研究会、昆明理工大学教务处的大力支持，在计算中心领导和同仁的关心和支持下，本书得以顺利出版，在此一并表示衷心感谢！

由于计算思维的概念还处在形成阶段，对计算思维能力的培养还有待不断地探索，鉴于编者的水平有限，书中难免有不足之处，恳请读者批评指正。

编　者

2012 年 3 月

目　录

第 4 章 办公文件处理……101

第 5 章 计算机网络与网络计算……152

第 9 章 网页制作…………289

第 10 章 信息安全…………318

第1章 信息社会与计算技术

2006年3月举行的第60届联合国大会通过决议，将每年5月17日定为“世界信息社会日”，标志着信息化对人类社会的影响进入了一个新的阶段。信息社会的发展必然导致生产力、产业结构、生活方式等一系列社会发展和变革。在此背景下，信息素养和计算思维能力已成为现代人才培养的基本要素。本章介绍信息化历程和计算技术发展过程，并从利用计算机进行信息处理的角度，详细介绍各种信息在计算机中的表示方法，以及计算技术的发展趋势。

1.1 信息与计算

信息（Information）是对社会、自然界的客观事物特征、现象、本质及其运动规律的描述。其内容能通过某种载体（如符号、声音、文字、图形、图像等）来表征和传播。信息是有价值的，人类离不开信息。信息和物质、能量是构成世界的三大要素。

计算（Computing）是使用某些方法解决问题的过程。对客观事物信息的提取、描述、加工、变换的过程都属于计算范畴。信息处理离不开计算。信息化社会的生产和生活高度依赖信息，对信息的生产和消费需求越来越大。建立在微电子技术、计算机技术、通信技术之上的现代信息技术（Information Technology，IT），通过计算机的强大计算能力，推动社会信息化进程和生产力的发展。

1.1.1 信息化社会

20世纪60年代提出的“信息化”概念还仅仅是预示着信息技术和信息产业在经济和社会发展中的作用将日益增强，并逐步发挥主导作用。到80年代，社会生活逐渐步入“3C”时代（Computer，Communication，Control）和“3A”时代（Factory Automation，Office Automation，House Automation），信息社会初现端倪。90年代的网络多媒体技术和信息高速公路建设真正将人类社会带入到信息社会。

1. 信息化社会的基本特征

信息化社会是指以信息技术为基础，以信息产业为支柱，以信息生产和消费为标志的社会。信息化是充分利用信息技术，开发利用信息资源，促进信息交流和知识共享，推动经济社会发展转型的历史进程。与工业化一样，信息化是一个动态变化的过程，是信息技术不断开发和利用以及信息产品不断创造和发展的过程。信息化是社会生产力发展的必然，它不仅是一次技术革命，更是一次深刻的认识革命和社会革命。在以网民为基础的信息社会里，人们的行为方式、思维方式甚至社会形态都将发生显著的变化。

2. 我国的信息化发展战略

2006年5月，我国出台了《2006—2020年国家信息化发展战略》。2010年10月国务院发布的《国务院关于加快培育和发展战略性新兴产业的决定》中，新一代信息技术产业被列为七大国家战略性新兴产业体系。2011年的政府工作报告中更是将新一代信息技术产业排在七大战略新兴产业中的第一位，这表明国家在整体战略规划上对信息技术产业的发展给予了很高的期望。新一代信息技术主要包括新一代通信网络、物联网、三网（广电网、电信网和互联网）融合、新型平板显示、高性能集成电路和以云计算为代表的高端软件。

3. 信息化带来的社会变革

在信息社会中，以开发和利用信息资源为目的的经济活动迅速扩大，逐步成为国民经济活动的主要内容，并构成信息社会的物质基础。在信息化浪潮的冲击和社会信息化大背景下，整个社会的方方面面都在发生巨大变革，可以概括为以下几个主要方面。

（1）生产方式的转变

正如机器的普遍采用将手工作坊的生产方式改造成为机器大工业的生产方式一样，信息化促使传统产业进行升级改造。自动化的生产方式逐步取代传统的机械化生产方式，进一步把人类从繁重的体力劳动中解放出来，提高了生产效率；“刚性化”规模生产逐步转变为“柔性化”定制生产，使企业可以根据市场变化灵活而及时地在一个制造系统上生产各种产品；大规模集中式的生产方式正在转变为规模适度的分散型生产方式。新型生产方式对信息和知识的依赖度越来越高。

（2）新兴产业的兴起与就业结构演变

信息社会造就了新的产业结构。全国各地的信息技术产业园、数字媒体创意园区等如雨后春笋般涌现，以信息产品开发为主的数字园区蓬勃发展。继传统的三大产业之后，信息产业正逐步成为第四大产业。信息技术对传统产业的改造，使传统产业与信息产业之间逐步融合，进一步加快了整个产业结构向服务业、信息业的转型。除了商业贸易、金融保险、交通运输服务业外，现代物流、卫生保健、娱乐传媒、公共福利事业、科学成果与技术开发等服务业不断发展壮大，新型数字文化产业异军突起。以文化产业为代表的信息劳动者的增长是社会形态由工业社会向信息社会转变的重要特征。

（3）数字化生产和数字化生活方式形成

数字化的生产工具在生产和服务领域广泛普及和应用。工业社会所形成的各种生产设备已逐步被信息技术所改造，成为一种智能化的设备。农业生产也将建立在基于信息技术的智能化设备的基础之上。社会服务更是建立在智能化、网络化设备之上，并且成为信息时代的标志，如电信、金融、商业、保险等服务已高度依赖网络信息设备。由于信息技术的广泛应用，智能化设备的普及，政府、企业组织结构进行了重组，行为模式都将发生新的变化。

在高度信息化社会中，智能化的综合信息网络遍布社会的各个角落，“无论何事、无论何时、无论何地”人们都可以获得文字、声音、图像信息。易用、价廉、随身的消费类数字产品及各种基于网络的3C家电将构造出个域网环境，人们将生活在一个被各种信息终端所包围的社会中。个域网下的数字化生存，促使人们的工作方式、生活方式、消费方式、思维方式等各个方面发生变革。

（4）新的交易方式和就业形态形成

信息技术促进了市场交易内容的拓展和交易方式的电子化。知识、创意、技术、人才都成为了交易的主体；网络虚拟经济全面融入现实社会，电子商务等新的交易手段拓展了交易的空间和时间。传统的固定时间、固定岗位的就业形态面临弹性工作时间和网络化工作环境的挑战。

4. 信息技术与信息素养

当前，许多发达国家正由信息社会向知识社会快速发展，这要求人们必须具备基本信息素养。信息素养（Information Literacy）是指人们能够适时获取信息，对信息进行评价和判断，并有效利用信息的能力。信息素养不仅包括熟练运用当代信息技术的基本技能，还包括获取信息和加工信息的能力，运用多媒体和网络表达信息的能力，以及批判性地评价、选择信息的能力。

信息技术是构筑信息素养的基础。信息素养不仅仅是掌握信息技术，它是一种综合运用信息的能力。当今，对信息的获取、加工、传播、利用都是借助计算机及其通信网络来实现的。计算机应用能力构成了信息素养的基础，因此，迫切需要从应用计算机解决实际问题的能力培养着手，提高人们的信息素养。

应用计算机解决实际问题，实质上就是将现实中各种问题抽象为一些可计算的符号、方法和过程，建立相应的计算模型，然后由计算机进行处理，寻找解决方案。其中，建立计算模型的过程需要一定的计算思维能力，而计算思维能力的提高，离不开信息素养的积累。

人们既是信息的消费者，又是信息的生产者。在信息社会里，每个人都要学会在信息海洋里来去自如，培养认知能力和批评精神，以便区分有用信息和无用信息。信息社会也使得创新不再是少数科技精英的专利，而成为更为广泛的大众参与。由此，人类最基本的能力除了听、说、读、写之外，计算能力也是最基本的能力，这些基本能力是交流与思维的基础。在激烈竞争的知识社会里，计算思维能力的发展尤为重要。

思维训练：在信息社会逐步向知识型社会转型的过程中，许多传统的职业逐渐消亡，“好”职业转眼风光不再，而新型行业悄然萌动。如何看待所学专业、择业方向、就业前景？

1.1.2　计算力就是生产力

在信息技术高速发展的今天，“计算”早已超出了数学运算的范畴。广义的“计算”已拓展为使用信息技术解决各种问题的方法和步骤。在互联网逐步普及并融入大众生活的时代，人们遇到任何问题，都可能想到从互联网上寻找答案和解决方案。使用浏览器搜寻答案的过程就是互联网计算的实例。许多复杂的问题，比如金融投资、经济发展预测、城市交通管理、防灾减灾预测等，人们会通过建立数学模型、借助计算机的计算能力进行推演、仿真、虚拟，以寻求解决方案，这也是计算。

其实，人类的思维活动中进行着大量的比较、判断等基本的计算过程。任何智能设备都具有计算能力，计算力（Computing Power）成为未来智能设备的重要指标。人类科技的发展从未如现在这样依赖计算，某种程度而言，“计算力”标志着一个国家的科技实力、创新能力和经济发展水平。

1. 计算力成就了智能设备

数字化智能设备代表着先进的生产力，是当前乃至今后一段时期内发展的方向。现代设备技术升级和改造主要是进行数字化、智能化和网络化改造。所谓数字化和智能化，本质上是利用微处理器、数字信号处理器、微控制器等集成芯片的计算能力实现设备的程序化和自动化控制。例如，汽车、空调、自动机械等领域的自控设备，主要通过单板机和可编程控制芯片进行自动控制。设备缺乏计算力也就丧失了智能。广义上讲，所有智能设备都是一台计算机，都具备计算能力。全球智能设备的数量已达到数百亿计，如何充分利用智能设备的计算能力，提高生产效率和管理水平，降低社会生活成本，需要人们有更多的创新思维。

2. 计算力造就了虚拟技术

数字虚拟技术在信息化进程中举足轻重。在网络环境中虚拟地处理和解决现实世界的问题，这在20年前还被视为科学幻想。但如今，在社会和经济的许多领域，虚拟技术都在开拓着人们的新视野，并带来巨大的经济效益。在工业领域，虚拟制造技术正在改变生产流程。例如，汽车设计和生产中使用仿真而非物理模型来测试生产技术，能大量节约成本和缩短研发周期。建筑及装饰行业早就利用计算机三维动画虚拟现实场景，辅助完成建筑规划、设计、装修以及房屋销售。在教育培训、网络游戏、娱乐休闲等领域，虚拟技术的应用更是不胜枚举。

虚拟技术就像是10年前的互联网，它已经成为一种不可阻挡的潮流。随着高性能计算机的发展以及宽带网络基础设施的普及，虚拟技术将成为推动未来经济发展的强大动力。这些硬件设备所提供的计算力和存储性能，是虚拟技术走向成熟和广泛应用的物质基础。

3. 计算力是数字世界的基石

通过Google Earth可以在网络上畅游世界，“数字地球”已逐步呈现在人们眼前。未来更清晰、更精细的数字地球绘制的前景，将推动信息社会向着更高层次发展。计算力是数字世界的基石。依靠强大的计算力，可以给人们带来全新的数字化体验和纯粹的数字化生活。在当今时代，拥有更强的计算能力，就可以获得更多竞争优势。计算力也正在激发源源不断的创造力。

人类对计算能力的追求从未间断。电子计算机的发明使人类的计算能力有了本质上的飞跃，计算机运行速度之快、处理数据量之大，是人的脑力及体力望尘莫及的。高性能计算在流体力学、有限元、计算化学、材料科学、生物计算、气象计算等领域应用的深度和广度在飞速提高，这些应用也正是一个国家核心竞争力和创造力的体现。

计算力就是生产力乃至战斗力的例证多不胜举。例如，计算机破解密码在第二次世界大战中起到关键作用。在当代，有了超级计算机，核试验可以不必实地进行，天气预报可以更加精确，甚至跟外星人对话也可以通过计算机来实现。如果说科学技术是第一生产力，那么计算力是科学技术的基础和核心。人们常说“知识就是力量”，在此可以毫不夸张地说计算力就是生产力！

思维训练：在信息社会，计算的内涵和外延已得到丰富和充分的扩展。如何理解计算？你的生活和工作中哪些内容都在“计算”？

1.2 计算工具的发展

人类发展史首先就是生产工具（包括计算工具）推动生产力发展的历史。生产力的发展必然要求有更先进的计算工具适应社会生产的需要。计算是因为生产和生活的需要而产生和发展的，计算离不开计算工具。

1.2.1 计算工具的发展

在人类进化和文明发展的漫长历程中，人的大脑逐渐具有了一种特殊的本领，那就是把各种事物直观的形象变成抽象的符号和数字，进行记录和推演，形成抽象思维活动。我国古代的象形文字就是一个例证。正是由于能够在“象”和“数”之间相互转换，人类才真正具备了认识世界的能力。

1. 远古人类的计算

群居生活和劳动分工，使人类祖先有了财富的积累。对财富的分配和交易促使他们借助外物来表示和记录数量。在古人类曾经生活过的岩洞里发现的刻痕，说明人类文明发展的早期就有了计算的需要和能力。人与生俱来就有十个手指，掰着手指头数数就是最早的计算方法，十进制至今仍是人们最熟悉的计数法。拉丁语中的单词 Calculus 译为“计算”，但其本意是用于计算的小石子。手指和石头就是人类最早的“计算机”。

2. 算筹与算盘

随着群居队伍的壮大和生产规模的发展，需要记录和演算的数字越来越大，用手指和石子计数受到限制。人们开始学会用木棍或竹子制作很多长度和粗细适中、便于携带和摆放的棍子来计数，并总结了一套棍子的摆放方法和计算规则，由此产生了“算筹”。如图 1-1 所示。我国在 2000 多年前的春秋战国初期，算筹的使用已经非常普遍。

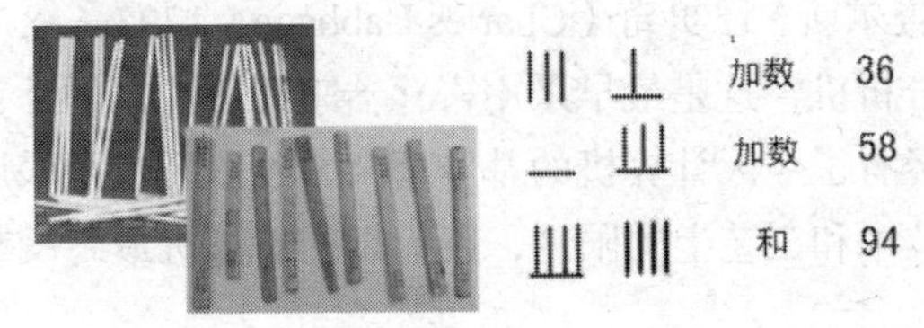

图 1-1　算筹及计算方法示意

随着生产的发展和分工进一步细化，商品经济逐步形成，人们对计算的要求越来越高，用算筹计算难以满足社会发展的需要。大约在汉代，人们开始用珠子代替棍子，将珠子穿在细竹杆中制成可以上下移动的珠串，将多个珠串并排嵌在木框中，作为计算工具，并总结了一套计数规则和计算口诀，中国古代最伟大的计算工具“算盘”诞生了。随着算盘的使用，人们总结出许多计算口诀，使计算的速度更快。算盘相当于“硬件”，而口诀相当于“软件”。算盘本身还可以存储数字，它帮助中国古代数学家取得了不少重大的科技成果，在人类计算工具史上具有重要的地位。

3. 模拟计算工具

15 世纪以后，随着天文学、航海业的发展，计算工作日趋繁重，迫切需要新的计算方法并改进计算工具。1621 年，英国人埃德蒙・甘特（Edmund Gunter，1575—1660 年）发明的计算尺开创了模拟计算的先河。用它可以完成乘法、除法、幂、平方根、指数、对数和三角函数运算。在它的基础上人们又发明了多种类型的计算尺，如 1630 年英国剑桥的 William Oughtred 发明的圆算尺。这些计算工具曾为科学和工程计算做出了巨大的贡献。计算尺在 1970 年代之前仍被广泛使用，之后才被电子计算器所取代。计算尺与圆算尺如图 1-2 所示。

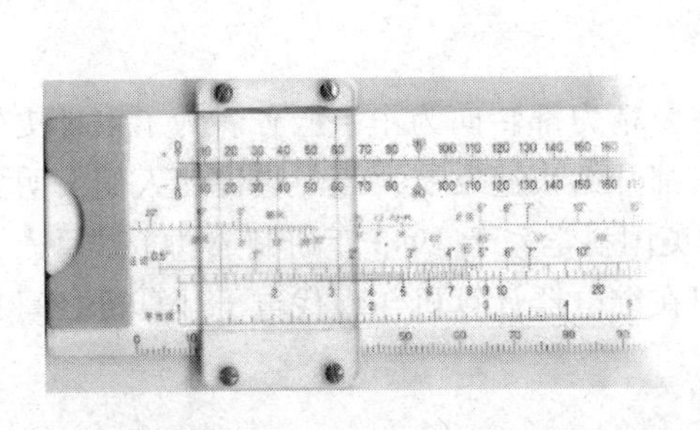

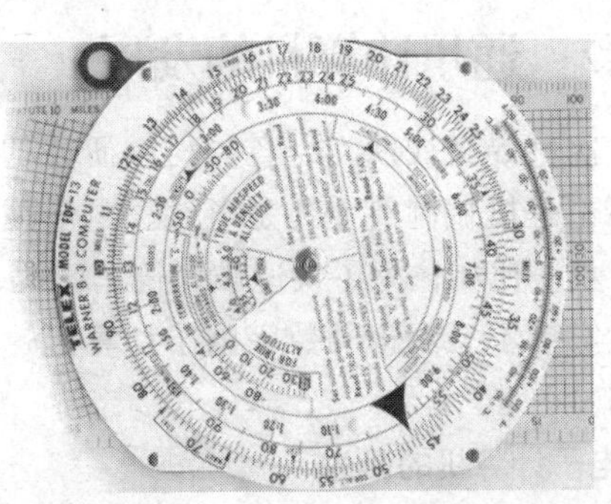

图 1-2　计算尺与圆算尺

4. 机械计算机

17 世纪中叶，以蒸汽机为代表的工业革命导致各种机器设备的大量发明，要实现这些发明最基本的问题就是计算。在此背景下，一批杰出的科学家相继开始尝试机械式计算机的研制，并取得了丰硕的成果。

1642 年，法国数学家布莱士・帕斯卡（Blaise Pascal，1623—1662 年）利用一组齿轮转动计数的原理，设计制作了人类第一台能做加法运算的手摇机械计算机。这种通过齿轮计数的设计原理对计算机的发展产生了持久的影响，至今的许多计量设备都能寻到它的踪迹。

1673 年，德国数学家戈特弗里德・威廉・莱布尼茨（Gottfried Wilhemvon Leibniz，1646—1716 年）改进了帕斯卡的加法器，使之可以计算乘除法，结果可以达到 16 位，从而使机械设备能够完成基本的四则运算。机械式计算机的构造和性能虽然简单，但其中体现的许多原理和思想已经开始接近现代计算机。

1822 年，英国数学家查尔斯・巴贝奇（Charles Babbage，1792—1871 年）曾尝试设计用于航海和天文计算的差分机和分析机，这是最早采用寄存器来存储数据的计算机。他设计的分析机引进了程序控制的概念，已经有了今天计算机的基本框架，可以看成是采用机械方式实现计算过程的最高成就。但是，由于技术和工艺上的限制，巴贝奇的计算机最终没有取得成功。

5. 电控计算机

1884 年，美国人赫曼・霍列瑞斯（Herman Hollerith，1860—1929 年）受到提花织机的启示，想到用穿孔卡片来表示数据，制造出了制表机并获得了专利。它采用电气控制技术取代纯机械装置，将不同的数据用卡片上不同的穿孔表示，通过专门的读卡设备将数据输入计算装置。这是计算机发展史上的第一次质变，以穿孔卡片记录数据的思想正是现代软件技术的萌芽。制表机的发明是机械计算机向电气技术转化的一个里程碑，标志着计算机作为一个产业开始初具雏形，它的发展也直接导致了著名的 IBM 公司诞生。

20 世纪初期，随着机电工业的发展，出现了一些具有控制功能的电器元件，并逐渐用于计算工具中。1944 年，霍华德・艾肯（Howard Aiken，1900—1973 年）在 IBM 公司的赞助下领导研制成功了世界上第一台自动数字计算机 MARK-I，实现了当年巴贝奇的设想。这台机器使用了 3 000 多个继电器，故有继电器计算机之称。这是世界上最早的通用自动程控计算机之一，它取消了齿轮传动装置，以穿孔纸带传送指令。穿孔纸带上的这些“小孔”不仅能控制机器操作的步骤，而且能用来运算和储存数据。

思维训练：从帕斯卡的机械加法器发明和霍列瑞斯制表机发明可以看出，计数的道具（齿轮、穿孔卡片）在数和形的抽象过程中所起的作用。如何看待“有形实物”和“数字符号”的转化过程对计算的影响？

1.2.2 通用计算机的发展

第二次世界大战期间，各国科学研究的主要精力都转向为军事服务。为了设计更先进的武器，不论是机械制造业还是电气、电子技术都开始快速发展，当然也促使人们发明更先进的计算工具。比如，为了快速破译德军密码，英国科学家于 1943 年研制成功了“巨人”计算机。虽然它算不上真正的数字电子计算机，但在继电器计算机与现代电子计算机之间起到了桥梁作用。

1. 电子计算机的诞生

1946 年 2 月，美国费城大学的科研人员研制出的世界上第一台电子计算机 ENIAC（Electronic

Numerical Integratorand Calculator）就是为美军用于炮弹弹道轨迹计算而设计的。ENICA 是一个占地面积达 170 平方米，总重达 30 吨的庞然大物。它使用了 18 000 只电子管，7 000 只电阻器，10 000 只电容器，耗电量和发热量都很大。每秒进行 5 000 次加法运算，能轻松完成弹道轨迹计算，比当时最快的继电器计算机的运算速度要快 1 000 多倍。为了指示计算，ENICA 用了 6 000 多个开关和配线盘。每当进行不同的计算时，科学家们就要切换开关和改变配线盘，这使当时从事计算的科学家看上去更像是在干体力活。

ENICA 是一个划时代的计算工具，宣告了人类从此进入电子计算机时代。针对 ENICA 缺乏存储能力，需要通过开关和配线盘操纵机器的缺点，美国数学家冯·诺依曼（J.Von Neumann）提出了“存储程序原理”来解决这些难题，也就是把原来通过切换开关和改变配线盘来控制的运算步骤，以程序方式预先存放在计算机中，然后让其自动计算。现代的电子计算机正是沿着这条光辉大道前进的。

2. 从电子管到超大规模集成电路

计算机发展至今总体上经历了 4 次更新换代，正朝着第五代计算机发展。

第一代计算机（1946—1958 年）。以电子管为主要元器件设计的计算机，电路是由单个电子管、电阻、电容等分离元器件经过焊接组装起来的。运算速度在每秒数千次到几万次之间。计算机软件还处于初始发展阶段，人们使用机器语言与汇编语言编制程序。应用领域主要是科学计算。第一代计算机不仅造价高、体积大、能耗高，而且故障率高。

第二代计算机（1959—1964 年）。1947 年，美国贝尔实验室研制出了第一个半导体三极管（晶体管）。它既能代替电子管的工作，又具有尺寸小、重量轻、寿命长、效率高、功耗低等优点。1954 年贝尔实验室研制成功了第一台使用晶体管线路的计算机，1958 年底，第一批量产民用晶体管计算机 IBM 1403 投入运行，标志着晶体管计算机时代正式到来。晶体管计算机电路由单个晶体管、电阻、电容等分离元件经过焊接组装成的，运算速度在每秒数万次到几百万次之间。这期间的计算机开始使用高级语言设计软件，出现了较为复杂的管理程序，应用已扩展到数据处理、事务处理等领域。

第三代计算机（1965—1971 年）。采用中小规模集成电路设计的计算机，运算速度在每秒数百万次到几千万次之间。计算机软件出现了分时操作系统和交互式高级语言。计算机应用扩展到文字处理、企业管理、自动控制等领域。1964 年生产的 IBM 360 大型机为典型机型。第三代计算机的体积和功耗都得到进一步减小，可靠性和速度也得到了进一步提高，产品实现了系列化和标准化。

第四代计算机（1972 年至今）。采用大规模集成电路（LSI）或超大规模集成电路（VLSI）设计的计算机，运算速度超过每秒数千万次。计算机软件也越来越丰富，出现了数据库系统、网络软件等。计算机应用已经涉及国民经济的各个领域。特别是随着微型计算机以及计算机网络的出现，计算机进入了办公室和家庭。第四代计算机的各种性能都得到了大幅度地提高，新型号的计算机层出不穷，计算机领域空前活跃。

20 世纪中期，人们虽然预见到了工业机器人的大量应用和太空飞行的出现，但却很少有人深刻地预见到计算机技术对人类巨大的潜在影响，甚至没有人预见到计算机的发展速度是如此迅猛，如此地超出人们的想象。那么在新的世纪里，计算机技术的发展又会沿着什么样的轨迹运行呢？

3. 电子计算机的发展方向

电子计算机正在向巨型化、微型化、网络化和智能化这 4 个方向发展。巨型化并不是指计算机的体积大，而是指具有运算速度快、存储容量大、计算精度高、功能完善的计算机系统。其运算速度通常在每秒数百亿次以上，存储容量超过百万兆字节。巨型机的应用如今已日渐广泛，如航空航天、军事工业、气象预报、经济统计分析、人工智能等几十个学科领域发挥着巨大作用，特别是在复杂的大型科学计算领域，其他类型计算机难以胜任。

计算机的微型化得益于超大规模集成电路的飞速发展。微处理器自 1971 年问世以来，一直遵循摩尔定律飞速发展，使得以微处理器为核心的微型计算机的性能不断跃升。现在，除了放在办公桌上的台式机，还有随身携带的笔记本电脑、平板电脑，以及可以握在手上的掌上电脑等。未来将计算机植入人体也不会仅仅只是梦想。

现代通信技术与计算机技术相结合产生的网络技术，将众多的计算机相互连接形成规模庞大、功能多样的网络系统，实现了相互传递和资源共享。“网络就是计算机”的概念已经逐步变为现实。

计算机的智能化就是要求计算机具有人的智能，即让计算机能够进行图像识别、定理证明、研究学习、联想、探索、启发和理解人的语言等，它是新一代计算机要实现的目标。目前正在研究的智能计算机是一种具有类似人的思维能力，能够“看”、“听”、“说”、“想”、“做”的机器人，能替代人的一些体力劳动和脑力劳动。机器人技术近几年发展非常快，并越来越广泛地应用于人们的工作、生活和学习中。智能计算机也正是第五代计算机发展的目标。

4. 计算机的未来

计算机中最重要的核心部件由集成芯片构成。芯片制造技术的不断进步是五十多年来推动计算机技术发展的根本动力。目前的芯片主要采用光蚀刻技术制造，即让紫外光线透过刻有线路图的掩膜照射在硅片表面以进行线路蚀刻。随着紫外光波长的缩短，芯片上的布线宽度将会继续大幅度缩小，同样大小的芯片上可以容纳更多的晶体管，从而推动半导体工业继续前进。但是，紫外光波长缩短到小于 193nm 时（蚀刻线宽 0.18nm），传统的适应透镜组会吸收光线而不是将其折射或弯曲。为此，研究人员正在研究下一代光刻蚀技术，包括极紫外光刻、粒子束投影光刻、角度限制投影电子束光刻以及 X 射线光刻技术。

然而，以硅为基础的芯片制造技术的发展不是无限的。由于存在磁场效应、热效应、量子效应以及制作工艺上的困难，当线宽低于 0.1nm 以后，就必须开拓新的制造技术。那么，哪些技术有可能引发下一次的计算机技术革命呢？

现在看来有可能的技术至少有 4 种：纳米技术、光技术、生物技术和量子技术。应用这些技术的计算机从目前来看达到实用的可能性还很小，但这些技术具有引发计算机技术革命的潜力，因此一直是人们研究的焦点。

思维训练：计算机总是要借助一些核心元件的物理特性来实现的。随着硅基芯片技术开发极限的临近，其替代技术中哪一种最有可能率先从实验室走向市场？

1.3 信息的表示

信息技术的核心是使用现代计算机的计算能力处理和存储信息，使用网络通信技术传输信息。信息化最基础的工作就是实现信息与计算机数据的相互转化，即将各种信息进行编码，转化为计算机能接受和处理的数据，需要呈现信息时再将计算机数据转化为文字、声音、图像、视频等各种形式的信息。因此，首先需要了解人类感知的各种信息在计算机中如何表示。

1.3.1　计算机为何使用二进制

提到数量，往往与计数方式和计量单位相联系。人们计数的方式和种类非常多，直到阿拉伯数字传遍全球，并成为全世界通用的计数符号，阿拉伯数字已深深嵌入人们的思维之中。对于一般事物的度量，人们通常都采用十进制计数；而对时间的计数则采用了多种数制。那么，数制的本质是什么？

1. 数制

数制是用一组固定的符号和统一的规则来表示数值的方法。数制由数码、基数、位权构成了一定的计数规则。数制中表示基本数值大小的不同符号称为数码，如十进制的数码有 10 个，依次为 0、1、2、3、4、5、6、7、8、9；基数是数制所使用数码的个数，十进制的基数为 10，二进制的基数为 2；数制中某一位上的 1 所表示数值的大小称为位权，其值为基数的幂。

在计算各位数字的位权时，数字所在位置总是以小数点为基准，分别向两边计算，整数部分位置从低到高（从右到左）依次为 0、1、2、3…，小数部分位置从高到低（从左到右）依次为−1、−2、−3…。由此，十进制数第 i 位的权为 10^i，（i 为整数）。这也就是十进制规则常说的“逢十进一、借一当十”。注意，个位的位置为 0 而不是 1，所以其位权为 $10^0=1$。

依照这样的数制规则，可以定义一个 R 进制的计数制：基数为 R；数码有 R 个，可以借用 0、1、2 等阿拉伯数字，不够时再借用 A、B、C 等英文字母；位权为 R^i，规则为“逢 R 进一、借一当 R”。常用数制如表 1-1 所示。

表 1-1　数制表示

二 进 制	十 进 制	十 六 进 制
基数：2 数码：0，1 位权：2^i 示例：1011.01 $=2^3+2^1+2^0+2^{-2}$ =11.25（十进制）	基数：10 数码：0，1，…，9 位权：10^i 示例：79.3 $=7\times10^1+9\times10^0+3\times10^{-1}$ =79.3（十进制）	基数：16 数码：0，1，…，9，A，…，F 位权：16^i 示例：5B.2F $=5\times16^1+11\times16^0+2\times16^{-1}+15\times16^{-2}$ ≈91.18359（十进制）
任意 R 进制的数值大小（相当于十进制的数值），等于各位的数码（位序值）乘以位权之和。		

2. 二进制数的特点

（1）算术运算

由表 1-1 可知，二进制数只有 0 和 1 两个数码，二进制的算术运算公式简单，共有加法和乘法各 3 条运算，如表 1-2 所列。二进制数减法可以转化为加法运算（详见 1.3.2 小节），除法可以转化为移位运算和加法运算。二进制数左移 1 位相当于乘 2，右移 1 位相当于除以 2。很显然，计算机利用二进制进行运算比利用十进制运算简单得多。

表 1-2　二进制加法、乘法运算

加 法 运 算	乘 法 运 算
0+0=0	0×0=0
1+0=0+1=1	1×0=0×1=0
1+1=10	1×1=1

（2）逻辑运算

基本逻辑运算有“与”、“或”、“非”3 种，复杂的逻辑运算可以通过 3 种基本运算组合生成。二进制的 0 与逻辑值“假”对应，1 与逻辑值“真”对应，最便于进行逻辑运算。基本逻辑运算如表 1-3 所列。

表 1-3　　基本逻辑运算

逻辑“与”运算∧	逻辑“或”运算∨	逻辑“非”运算～
0 ∧ 0＝0 0 ∧ 1＝0 1 ∧ 0＝0 1 ∧ 1＝1	0 ∨ 0＝0 0 ∨ 1＝1 1 ∨ 0＝1 1 ∨ 1＝1	～0＝1 ～1＝0

任何复杂的计算，最终都可以归结为基本的算术运算和逻辑运算。二进制具有数码少、算术及逻辑运算简便的特点，在电子元器件中很容易实现二进制数码的表示和逻辑电路的设计。

3. 计算机中采用二进制

人们知道，具有两种稳定状态的元器件（如晶体管的导通和截止，电平的高低，脉冲的有和无）容易找到，而要找到具有 10 种稳定状态的元器件来对应十进制的 10 个数就困难了。

计算机是由逻辑电路构成的。逻辑电路通常只有两个状态，即电路的导通与断开。这两种状态可以用 1 和 0 表示，正好与逻辑代数中的“真”和“假”相吻合，适合逻辑运算。二进制数运算规则简单，有利于简化逻辑电路结构，提高运算速度。二进制表示数据具有抗干扰能力强、可靠性高等优点，因为每位数据只有高低两个状态，当受到一定程度的干扰时，仍能可靠地分辨出它是高还是低。因此，现代电子计算机中普遍采用二进制编码和计算。计算机中所有的程序、数据都是二进制形式，各种信息输入到计算机中都要变成二进制编码来表示。也就是说，计算机世界就是二进制编码的世界，计算机内部只有二进制的位序列。

4. 常用数制的转换

人们习惯使用十进制描述信息，计算机中的数据都是二进制编码，在将信息与计算机数据相互转换中必然存在二进制数与十进制数的转换问题。二进制数一般位数较多，读写不便，人们常常将二进制数书写成十六进制形式。为了区分各种数制，通常在数的末尾加上后缀标识，二进制数用“B”标识，八进制数用“Q”标识，十进制数用“D”标识，十六进制数用“H”标识。

（1）二进制转换成十进制

将二进制数转换成十进制数，只要将二进制数为 1 的各位位权相加就得到其对应的十进制数值。

【例 1-1】 将二进制数 10110110.01 B 转换成十进制数。

10110110.01 B = $2^7+2^5+2^4+2^2+2^1+2^{-2}$ = 128+32+16+4+2+0.25 = 182.25 D

（2）十进制转换成二进制

将十进制数从够减的最高二进制位权开始依次减去位权，前一次的差作为下一次的被减数，够减的位为 1，不够减的位为 0，直到差为 0 或一个足够小的数为止。记住几个常用的位权非常有帮助：2^4=16、2^8=256、2^{10}=1024、2^{16}=65536。

【例 1-2】 将 721.3 D 转换成二进制数。

721 大于 2^9=512，小于 2^{10}=1024，因此其二进制数整数部分不可能达到第 11 位，最高位为第 10 位。按上述方法依次减去 2^9、2^8 等即可完成转换。

721.3−512=209.3　　　　　　　　　1

209.3−256 不够减　　　　　　　　0

209.3−128=81.3　　　　　　　　　1

……

可以表示为：721.3 D ≈$2^9+2^7+2^6+2^4+2^0+2^{-2}+2^{-5}$ = 1011010001.01001 B

把十进制小数转换成二进制时，除少数没有误差外，大多存在误差。有时，这个转换是无限的，也就是说无论将转换计算到多少位，总不能避免转换误差。只是小数后位数越长误差就越小，精度越高。实际应用中一般都要限定精度。

（3）二进制数与十六进制数相互转换

十六进制数是因为二进制书写不便而引入的一种直观表示二进制数的方法。因为 2^4=16，也就是说 4 位二进制数正好可以用 1 位 16 进制数表示，它们存在一一对应的关系，如表 1-4 所示。同理，八进制数用 3 位二进制数表示，形成了映射关系，可相互转换。

表 1-4　　常用数制中数码及其二进制表示

数值	八进制	十进制	十六进制	数值	八进制	十进制	十六进制
0	0—000	0—0000	0—0000	8		8—1000	8—1000
1	1—001	1—0001	1—0001	9		9—1001	9—1001
2	2—010	2—0010	2—0010	10			A—1010
3	3—011	3—0011	3—0011	11			B—1011
4	4—100	4—0100	4—0100	12			C—1100
5	5—101	5—0101	5—0101	13			D—1101
6	6—110	6—0110	6—0110	14			E—1110
7	7—111	7—0111	7—0111	15			F—1111

只需要从小数点往两边按每 4 位一组分组，两端不够 4 位的用 0 补齐，再按表 1-4 中对应的关系写出十六进制数码即可将二进制转化成十六进制。反过来，将每个十六进制数码写成对应的 4 位二进制数，就可以将十六进制数表示成二进制形式。

【例 1-3】　将 1011010001.010011 B 书写成十六进制形式。

10’1101’0001.0100’1100 B = 2D1.4C H

思维训练：电子计算机使用二进制是利用了半导体元件的特性和逻辑运算与二进制运算高度吻合的特征而设计的。未来的生物计算机、光子计算机等是否仍沿用二进制？若要改成其他进制计数，需要具备哪些条件？

1.3.2　数值数据的表示

计算机最初是为了快速完成科学计算而设计的，主要用于数值数据的计算和分析。所谓数值数据就是像整数、小数这类表示数量关系的、用于进行数学运算的数据。

1. 整数的表示

数值数据是一种带符号数，即有正负数之分。在计算机中，数的符号（+或-）和数的值一样都要采用二进制 0、1 编码。对数值数据的编码表示常用的有原码、补码、反码和移码。一般规定，二进制数的最高位（左端）为符号位，0 表示正数，1 表示负数；其他位为数值部分，保存该数的二进制数值。原码的数值部分保持与其实际二进制值相同，正数的反码、补码都与原码相同，负数的反码数值部分是将其原码数值部分按位取反（0 变 1，1 变 0），负数的补码是将其对应的反码加 1。表 1-5 列出 8 位二进制整数的原码、反码、补码对照表。

表 1-5　　8 位二进制整数的编码

数　值	原　码	反　码	补　码
127	01111111	01111111	01111111
126	01111110	01111111	01111111
……	……	……	……
1	00000001	00000001	00000001
0	00000000　+0	00000000　+0	00000000　0
	10000000　−0	11111111　−0	10000000　−128
−1	10000001	11111110	11111111
−2	10000010	11111101	11111110
……	……	……	……
−126	11111110	10000001	10000010
−127	11111111	10000000	10000001

【例 1-4】　写出−13 的 16 位补码。

13 D=1101 B，则−13 的原码为：10000000 00001101，补码为：11111111 11110011

原码比较直观、简单易懂，容易说明十进制数如何变成计算机的机器数，只需将十进制数的绝对值转换成二进制数，最高位加上正负号的编码即可。但数值 0 的原码有两种，+0（00000000）和-0（10000000），这与数学中 0 的概念不相符。同时，原码做加法运算既要判断和的符号，又要比较两个加数的绝对值大小，显然运算不太方便。反码同样存在原码的缺点。

补码有两条重要的性质：（1）补码的零是唯一的（各位全部是 0）；（2）补码的减法可以转化为加法实现，即

$$[X+Y]_{补} = [X]_{补}+[Y]_{补}；\ [X-Y]_{补} = [X]_{补}+[-Y]_{补}$$

采用补码进行加减法运算比原码更加方便。因为不论数是正还是负，机器总是做加法，减法运算可转换成加法运算实现。补码表示法是计算机中实际采用的一种编码方法。

加法由加法器实现，减法由转换成补码的加法来运算。乘法由乘法器实现，除法由移位来实现。加法器、乘法器都可以由相应的逻辑电路实现。

2. 浮点数表示

对于浮点数，其机器内的编码也是一串 0 和 1 构成的位序列。IEEE 754 规定了两种基本浮点格式，即单精度（32 位）和双精度（64 位）。浮点数格式如图 1-3 所示。

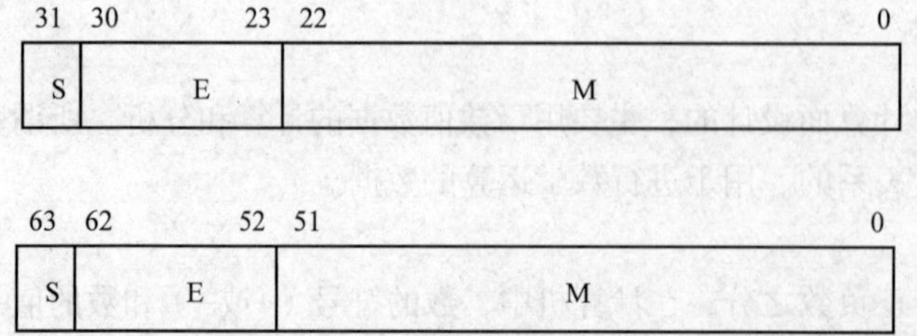

单精度浮点数（4 字节）：
符号 S 占 1 位，正数为 0，负数为 1
阶码 E 占 8 位，>127 为正，<127 为负
尾数 M 占 23 位，精度达到 2^{23}

双精度浮点数（8 字节）：
符号 S 占 1 位，正数为 0，负数为 1
阶码 E 占 11 位，>1023 为正，<1023 为负
尾数 M 占 52 位，精度达到 2^{52}

图 1-3　IEEE 754 标准浮点数格式

一般，尾数用原码表示，阶码用移码表示。移码就是补码的符号位取反（0 变 1，1 变 0），其

余各位不变，相当于将 0 从最低位移到了最高位位置。下面以单精度浮点数表示为例进行说明。单精度浮点数阶码占 8 位，其移码偏移值为 127，阶码大于 127 为正，表示尾数要左移若干位（扩大 2 的若干倍）；小于 127 为负，表示尾数要右移若干位（缩小 2 的若干倍）。比如，阶码为 10000001，指数为 129−127 = 2，表示数值要扩大 2^2 倍。

【例 1-5】　写出单精度浮点数 123.456 的编码。

123.456 D = 1111011.01110100101111001 B = 1.111011 01110100101111001 × 2^6

该正数符号位 S=0，阶码 E 为 127+6 = 133，其移码为 E = 10000101 尾数 M=11101101110100101111001

因此，其编码为：0 10000101 11101101110100101111001

思维训练：整数的补码表示和浮点数的编码在实际应用中都有编码长度的限制，也就是说不论数的大小，都采用统一长度的编码（一般是字节的倍数），这将导致数据溢出。如何判定数据溢出？对于两个浮点数是否相等的比较，能否像两个整数的相等比较一样来进行？

1.3.3　字符数据的表示

非数值数据包括表示姓名、地址、电话号码等信息的文本数据（字符型数据）以及声音、图形、图像等多媒体数据。字符数据包括了各种控制符号、字母、数字符号、标点符号、运算符、图形符号等，它们都以二进制编码方式存入计算机进行处理。计算机中常用的字符编码有 ASCII、扩展 ASCII、UTF-8 码等。

1. ASCII

计算机中英文字符（包括所有拉丁文字符）普遍采用 ASCII（American Standard Code for Information Interchange）编码。它由美国国家标准局制定，已被国际标准化组织定为国际标准（ISO 646）。ASCII 字符集包括 33 个控制字符、95 个可打印字符，共计 128 个字符，使用 7 位二进制数（2^7=128）编码，其 ASCII 码值范围是 0～127。第 0～31 号以及第 127 号是控制字符或通讯专用字符；第 48～57 号为 0～9 十个阿拉伯数字；65～90 号为 26 个大写英文字母，97～122 号为 26 个小写英文字母，其余为一些标点符号、运算符号等。

由于计算机的存储单元以字节为单位保存信息，因此，一个 ASCII 占一个字节的低 7 位，最高位平时不用（一般为 0），仅在数据通信时用作奇偶校验位。ASCII 码表如表 1-6 所列。

表 1-6　　ASCII 码表

$b_3b_2b_1b_0$ \ $b_6b_5b_4$	000	001	010	011	100	101	110	111
0000	NUL 空	DEL 数据链换码	SP	0	@	P	`	p
0001	SOH 文头	DC1 设备控制 1	!	1	A	Q	a	q
0010	STX 正文开始	DC2 设备控制 2	″	2	B	R	b	r
0011	EXT 正文结束	DC3 设备控制 3	#	3	C	S	c	s
0100	EOT 文尾	DC4 设备控制 4	$	4	D	T	d	t
0101	ENQ 询问	NAK 不应答	%	5	E	U	e	u
0110	ACK 应答	SYN 空转同步	&	6	F	V	f	v
0111	BEL 响铃	ETB 组传输结束	’	7	G	W	g	w
1000	BS 退一列	CAN 作废	(	8	H	X	h	x
1001	HT 水平制表	EM 纸尽	)	9	I	Y	i	y

续表

$b_6b_5b_4$ / $b_3b_2b_1b_0$	000	001	010	011	100	101	110	111
1010	LF 换行	SUB 减	*	:	J	Z	j	z
1011	VT 垂直制表	ESC 换码	+	;	K	[	k	{
1100	FF 换页	FS 文字分隔符	,	<	L	]	l	|
1101	CR 回车	GS 组分隔符	-	=	M	\	m	}
1110	SO 移位输出	RS 记录分隔符	.	>	N	^	n	~
1111	SI 移位输入	US 单元分隔符	/	?	O	_	o	DEL

从上表可知，每个字符唯一对应一个编码，如字母 A 的编码为 0100 0001，转换成十进制数为 65，称字母 A 的 ASCII 码值是 65。字母和数字的 ASCII 码很容易记忆，只要记住了一个字母和数字的 ASCII 码值（例如记住字母 A 为 65，数字 0 的 ASCII 码值为 48），知道相应的大小写字母之间相差 32，就可以推算出其余字母、数字的 ASCII 码值。

2. 扩展 ASCII

由于标准 ASCII 码字符集字符数目有限，在实际应用中往往无法满足要求。为此，国际标准化组织又制定了 ISO 2022 标准，它规定了在保持与 ISO 646 兼容的前提下，将 ASCII 码字符集扩充为 8 位代码。ISO 陆续制定了一批适用于不同地区的扩充 ASCII 码字符集，每种扩充 ASCII 码字符集分别可以扩充 128 个字符，这些扩充字符的编码均为高位为 1 的 8 位代码（即十进制数 128～255），称为扩展 ASCII 码。其中有一种称为 IBM 字符集的扩展 ASCII 码把值为 128～255 的字符用于画图和画线，以及一些特殊的欧洲字符。

3. 汉字编码

英语等拉丁语系使用的是小字符集，128 个符号就包容了语言中用到的所有字符，因此 ASCII 码表和扩展 ASCII 码表适合拉丁语系字符编码。而汉字常用的一、二级字符就有将近 7 千个，用 1 字节（8 个二进制位）编码是远远不够的。汉字通常采用 2 字节编码（16 位编码）。

（1）国标码

为了满足计算机中使用汉字的需要，中国国家标准总局发布了一系列的汉字字符集国家标准编码，统称为 GB 码（国标码）。其中最有影响的是 1980 年发布的《信息交换用汉字编码字符集基本集》，标准号为 GB 2312—1980。GB 2312 编码通行于我国内地，新加坡等地也采用此编码。几乎所有的中文系统和国际化的软件都支持 GB 2312。

GB 2312 是一个简体中文字符集，由 6 763 个常用汉字和 682 个全角的非汉字字符（字母、数字、标点符号、图形）组成。其中汉字根据使用的频率分为两级。一级汉字 3 755 个，按拼音排序；二级汉字 3 008 个，按部首排序。由于字符数量比较大，GB 2312 采用了二维矩阵编码法对所有字符进行编码。首先构造一个 94 行 94 列的方阵，对每一行称为一个“区”，每一列称为一个“位”，然后将所有字符依照表 1-7 所示的规律填写到方阵中。这样所有的字符在方阵中都有一个唯一的位置，这个位置可以用区号、位号合成表示，称为字符的区位码。例如，第一个汉字“啊”出现在第 16 区的第 1 位上，其区位码为 1601。因为区位码同字符的位置是完全对应的，因此区位码同字符之间也是一一对应的。这样所有的字符都可通过其区位码转换为数字编码信息。GB 2312 字符的排列分布情况如表 1-7 所示。

表 1-7　　GB2312 字符编码分布表

分区范围	符号类型	分区范围	符号类型
01 区	中文标点、数学符号以及一些特殊字符	08 区	中文拼音字母表
02 区	各种各样的数学序号	09 区	制表符号
03 区	全角英文字符	10～15 区	无字符
04 区	日文平假名	16～55 区	一级汉字（以拼音字母排序）
05 区	日文片假名	56～87 区	二级汉字（以部首笔画排序）
06 区	希腊字母表	88～94 区	无字符
07 区	俄文字母表		

GB 2312 字符在计算机中存储是以其区位码为基础的，其中汉字的区码和位码分别占一个字节，每个汉字占两个字节。ASCII 中的 32 个控制字符，在汉字编码中仍为控制字符，占用编号 00H～20H，因此，将区位码的区号和位号前都加上 20H，即为国标码。

（2）机内码

由于区码和位码的取值范围都是在 1～94 之间，这样的范围同 ASCII 冲突，导致在解释编码时到底表示的是一个汉字还是两个英文字符将无法判断。

为避免同 ASCII 发生冲突，GB 2312 字符在进行存储时，通过将原来的每个字节最高位设置为 1 同 ASCII 加以区别。如果最高位为 0，则表示英文字符，否则表示 GB 2312 中的字符。实际存储时，采用了将区位码的每个字节分别加上 A0H（160）的方法转换为机内码。例如，汉字“啊”的区位码为 1601，其机内码为 B0A1H。其转换过程为：1601（十进制区位号）的区位码为 1001H（十六进制区位号），分别加 A0H，则得到 B0A1H。

GB 2312 编码用两个字节表示一个汉字，理论上最多可以表示 256×256=65 536 个汉字。如果网页使用的汉字是 GB 2312 编码，外国网民的浏览器不支持 GB 2312 编码，则浏览该网页时就可能无法正常显示。当然，中国人在浏览国外文网页时，也可能会出现乱码或无法打开的情况，因为本机浏览器没有安装相应字符编码表。

（3）大五码 Big5

在我国的台湾、香港、澳门及其他海外华人地区，使用的是繁体中文字符集，而 1980 年发布的 GB 2312 面向简体中文字符集，并不支持繁体汉字。在这些使用繁体中文字符集的地区，一度出现过很多不同厂商提出的字符集编码，它们彼此互不兼容，造成了信息交流的困难。为统一繁体字符集编码，1984 年，台湾五大厂商统一制定了一种繁体中文编码方案 Big5，俗称大五码。

大五码字符集包含繁体汉字 13 053 个，808 个标点符号、希腊字母及特殊符号。大五码使用两个字节编码。第 1 字节范围为 81H～FEH，避开了同 ASCII 的冲突，第 2 字节范围为 40H～7EH 和 A1H～FEH。因为 Big5 的字符编码范围同 GB 2312 字符的存储码范围存在冲突，所以在同一正文不能对两种字符集的字符同时支持。在互联网中检索繁体中文网站，所打开的网页中，大多都是通过 Big5 编码产生的文档。

4. Unicode 编码与 UTF-8 编码

如上所述，世界上存在着多种字符编码方式，同一个二进制数在不同的字符编码中可以被解释成不同的字符。因此，要想打开一个文本文件，不但要知道它的编码方式，还要安装有对应编码表，否则就可能无法读取或出现乱码。为什么电子邮件和网页都经常会出现乱码，就是因为信息的提供者和信息的读取者使用了不同的编码方式。

如果有一种编码，将世界上所有的符号（无论是英文、日文、还是中文）都纳入其中，且每个符号唯一对应一个的编码，乱码问题就不存在了，这就是 Unicode 编码。Unicode 当然是一个很大的字符集合，现在的规模可以容纳 100 多万个符号。每个符号的编码都不一样，比如，U+0639 表示一个阿拉伯字母、U+0041 表示英语的大写字母 A、“汉”这个字的 Unicode 编码是 U+6C49。Unicode 固然统一了编码方式，但是它的效率不高，比如 UCS-4（Unicode 的标准之一）规定用 4 个字节存储一个符号，那么每个英文字母前都必然有 3 个字节是 0，这对存储和传输来说都很耗资源。

为了提高 Unicode 的编码效率，于是就出现了 UTF-8 编码。UTF-8 可以根据不同的符号自动选择编码的长短，可用 1～6 个字节编码 Unicode 字符。比如 ASCII 字符只用 1 个字节就够了，并且保持与原 ASCII 一致，而每个汉字占用 3 个字节。UTF-8 用在网页上可以在同一页面显示中文简体、繁体及其他语言（如日文，韩文）。

思维训练：如果用十六进制方式显示的某文件内容如下：41 46 55 8B FA 3C 79 6A 95 31 4D 0D 0A，能推测它们究竟代表的是什么吗？

1.3.4 多媒体数据的表示

如前所述，数值数据是在约定的二进制位数范围内，将十进制数值转换成二进制补码的机器数，实际上变成了等长度的、离散的二进制编码。文本字符无论是英文使用的 ASCII 还是汉字机内码，实质上是对有限字符集中各个离散的符号分别安排一个唯一的二进制编码，编码与字符集配合使用，实现文本数据的计算机处理。除了数值和文本字符外，现代计算机还能够处理声音、图形、图像、动画、视频等多种媒体信息。

1. 声音数据的表示

声音是一种在时间和振幅上都连续变化的物理信号。从理论上讲，连续信号的数据量是无限的，不可能保存在有限的计算机存储空间中，但只要采取适当的方法，通过时间上的离散化（采样）和振幅上的离散化（量化），就可以将连续的声音用二进制的位序编码表示出来，如图 1-4 所示。声音具体的数字化编码方法将在第 8 章多媒体技术中详细介绍。

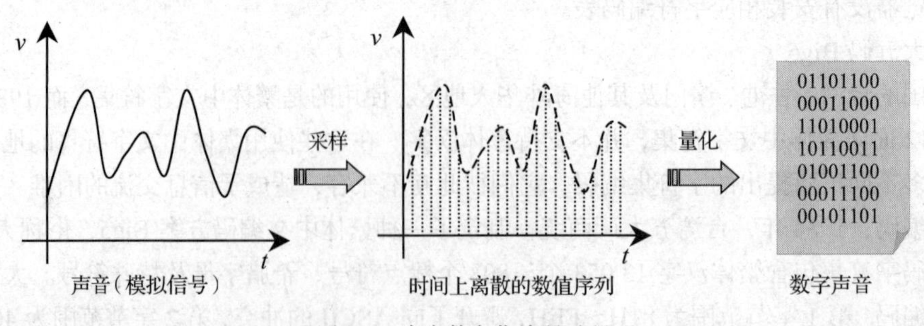

图 1-4 声音数字化编码过程

2. 图形数据的表示

图形是由计算机中特定的绘图软件执行绘图命令生成的。这些图形是由点、线、多边形、圆、弧线等元素构成的几何图形，称为矢量图（Vector）。构成图形的几何元素可通过数学公式来描述。例如，一个圆可以表示成圆心在（x1,y1），半径为 r 的图形，使用画圆命令 circle (x1,y1,r)，绘图软件就能在指定的坐标位置绘制该圆形；一个矩形可以通过指定左上角的坐标（x1,y1）和右下角的坐标（x2,y2）的四边形来表示，使用命令 rectangle（x1,y1,x2,y2）绘制矩形。当然，可以为每种元素再加上一些属性，如边线的宽度、边线线型（实线还是虚线）、填充颜色等。把绘制这些几何元素的命令和它们的属性保存为文件，这样的文件就是矢量图文件。

3. 位图图像的表示

对于真彩色效果的照片，一般使用位图（Bitmap）来表示。位图就是以无数的色彩点（称为像素）按照行列顺序排列组成的矩形图像。每个像素的颜色可以用黑（1）、白（0）表示成黑白图像，也可用 1 字节的亮度编码表示成灰度图像，还可用红（R）、绿（G）、蓝（B）三基色的的数字编码表示成真彩色图像。对于 RGB 三基色每种各用 1 字节编码，数值范围为 0～255，每个像素的颜色用 3 个字节编码，能组合出 1 600 多万种颜色（2^{24}=16 777 216），达到真彩色的效果。例如，计算机屏幕上的一个红色的点用“11111111 00000000 00000000”表示，绿色的点用“00000000 11111111 00000000”。

综上所述，任何信息（包括计算机指令）都必须编码后转换成二进制的字节序列，才能被计算机识别和处理，如图 1-5 所示。

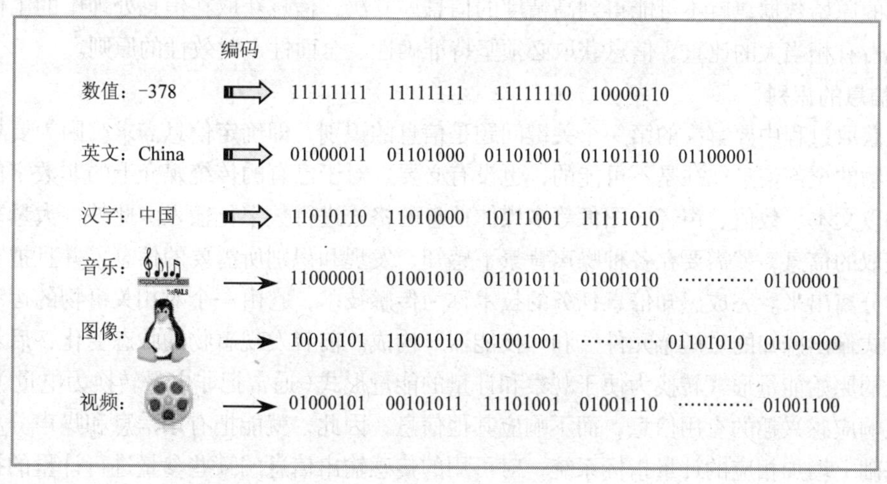

图 1-5　信息编码

计算机中存储的所有的数据都是以长长的 0 和 1 的位序列形式构成。计算机要知道应该把这些 0 和 1 的序列解释成二进制数值、ASCII、汉字机内码，还是声音、图形、图像中的哪一种。假设它错误地把一篇冗长的论文汉字机内码解释成一首 MP3 歌曲，播放出的一定是世界上最难听的噪音。为了防止混淆，大多数的计算机文件都带有一个文件头，其中包含一些代码信息，说明文件中数据的表示方法。文件头随文件一同存储，能够被相应的程序读取，不会被当做普通数据解释。通过读取文件头中的信息，程序就知道文件的内容是如何编码的了，这就是所谓的文件格式。有格式的数据才能表示出信息，无格式的数据犹如密码，很难破解其中的含义。

思维训练：一条信息可以用多种类型的符号、数字抽象化；相反，同一串二进制数据，在不同的编码下有不同的解释，可谓“不同的角度有不同的观点”。如何应用这种特征对文字进行加密和解密？

1.4　计算机信息处理

用计算机处理信息，是指利用计算机速度快、精度高、存储能力强、具有逻辑判断和自动运行能力的特点，把人们在各种实践活动中产生的大量信息，按照不同的要求，及时地收集、存储、整理、传输和应用。信息处理的基本要求是真实、准确、简明、实用。

1.4.1 信息获取

宇宙信息、地球自然信息、人类社会信息等表现出来的各种形态及其运动变化方式，构成了浩如烟海的信息流。人类长期的生产、生活实践活动中已经将部分信息以自然语言、文字、图表、图形、影像等形式进行记录和传播，形成人类知识的主体。此外，自然界存在的大量人类五官不能直接感受的信息，正在通过各种传感设备感知它们，发现和利用它们。限于当前的科学技术发展水平，人类利用计算机处理信息时，需要将各类信息转化为文本、数值、声音、图形、动画、图像、视频等固定的形态。

信息获取就是利用各种输入设备、传感设备将自然界中的信息转换成计算机中的二进制数据的过程。信息获取是整个信息处理的第一个环节，其质量直接关系到整个信息管理工作的质量。没有可靠的原始数据，就不可能得到高精度的信息。其次，信息获取在信息处理中的工作量和费用方面都占有相当大的比重。信息获取必须坚持准确性、全面性、时效性的原则。

1. 信息的识别

信息获取过程中要解决的第一个关键问题是信息的识别，即确定信息需求。因为要想得到关于客观事物的全部信息往往是不可能的，也没有必要。对于已有的传统媒介上的非数字信息，往往将它们以文本、数值、声音、图像等多媒体信息的格式进行数字化输入。此外，大量采用传感器才能获取的信息，就需要在各种噪声背景下感知、发现和识别所需要的信息，并且把它们从噪声背景中分离出来。完成感知信息任务的技术称为传感技术，它由一个对相关事物的运动状态及其变化方式作出感知的“敏感元件”和“换能器”构成。前者发现事物的状态变化，后者负责把这种信息的原始能量形式转换为便于观察和计量的能量形式（通常把非电量转换为电量）。由于敏感元件只响应感兴趣的有用信息，而不响应其他信息，因此，就能把有用信息和噪声分离开来。在传感基础上增加相应的计量指标系统，对可用的传感输出信息的某些参量进行计量的技术称为测量技术。

现在人们所拥有的传感器几乎可以扩展人类任何一种感觉器官的传感功能，如力敏传感器感知压力变化、热敏传感器感知温度变化、湿度传感器感知湿度的变化，光敏传感器、声音传感器、特殊气体传感器、电磁波传感器等形形色色的传感器层出不穷。

2. 信息的转换

第二个关键问题是将信息转换成一定格式的数据，也就是信息的数字化。本章 1.3 节所述即为常用信息的数字化编码方法，而对于大量传感器获得的模拟量可以采用类似声音数字化编码的方法进行处理。由此，各种形态的信息最终都转换成二进制编码的数据，利用计算机强大的数据处理能力对数据进行加工处理、存储和利用。

思维训练：如果要设计一个计算机管理系统对某仓库的消防安全进行控制管理，从信息获取的角度考虑，应该如何设计？简要叙述设计原理。

1.4.2 信息加工

信息加工是指对计算机中各种数字化信息进行判别、筛选、分类、排序、比较、分析、计算、统计、研究等一系列操作的过程，目的是使获取的信息成为能够满足人们需要的有用信息。这一环节的工作可以是一些简单的运算，如选择、查找、汇总等，也可以是一些较为复杂的运算，如借助一些复杂的数学模型和计算技术来加工数据。信息加工最基本的方法有如下几种。

1. 基于大众信息技术工具的信息加工

这类信息加工可以使用各种软件来实现。例如，利用字处理软件加工文本信息（用 Word 或 WPS 对文本进行编辑排版），利用电子表格软件加工表格信息（用 Excel 来完成表格数据的筛选、排序和自动计算），利用多媒体软件加工图像、声音、视频、动画等多媒体信息（用 Flash 创作动画、Photoshop 修饰图像、GoldWave 处理音频信息）等。第 4 章、第 7 章、第 8 章、第 9 章将深入介绍大众化信息加工方法。

2. 基于程序设计的自动化的信息加工

针对具体的问题编制专门的程序，对特定信息进行自动化加工，称之为信息的编程加工。这种加工类型可提高信息加工的效率，超越人工加工的局限，但是编程需要掌握程序设计语言，并且要熟悉相关的算法。第 6 章将介绍程序设计的基本概念。

3. 基于人工智能技术的智能化信息加工

智能化加工所要解决的问题是如何让计算机更加自主地加工信息，减少人的参与，进一步提高信息加工的效率。例如，对各种传感器感知的信息进行分类，最基本方法是设置各类信息模板，然后将待识别的信息与这些模板进行比较，按照最大相似度的原则判断它的类属。目前，人类已经拥有种类繁多的信息识别系统，如语音识别系统、文字识别系统、指纹识别系统、图形识别系统、图像识别系统等，它们都是智能化信息加工处理的具体应用。

1.4.3　信息传输

传递是信息的固有特性，信息要在不断的传递中才能发挥更大的作用。信息的传输是利用计算机网络和数字通信网络，实现信息有目的的流动，以满足对信息的需求。

信息本身并不能被传送或接收，必须通过载体（如各种信息的二进制编码）传递；信息传输过程中不能改变其内容，并且发送方和接收方对载体有共同解释。在计算机信息处理中，任何信息都以二进制编码表示，二进制编码成为信息的载体。在第 5 章计算机网络与网络计算中将进一步介绍与信息传输相关的知识。

1.4.4　信息存储

信息储存（Information Storage）是将获得的或加工后的信息保存起来，以备将来应用。信息储存不是一个孤立的环节，它始终贯穿于信息处理工作的全过程。信息储存和数据储存应用的设备是相同的，但信息储存强调储存的思路，即为什么要储存这些数据，以什么方式储存这些数据，存在什么介质上，将来有什么用处，对决策可能产生的效果是什么等。第 7 章介绍的数据库技术就是当前最为通用的一种数据管理和存储技术。

1. 信息存储格式

信息是按照其含义来理解的，当信息转换成计算机的二进制数据时，根据其作用和数据处理的需要可以用不同的编码格式来保存，因此，数据存在多种不同的类型。比如，对于“169”这个符号，若代表 169m 长度这样的信息时，显然可以用数值数据的整型数据来保存；如果代表的是 169 万元人民币这样的信息时，用数值数据的浮点型数据来保存更恰当；如果表示的是 169 号门牌号码或电话号码，用非数值数据的字符型数据保存。而如果需要将书法大师书写的“169”作为幸运号码长久保存，需要拍照以图像数据类型保存。同样，一个汉字当以字符保存时，保存的是汉字的机内码，可以对汉字进行比较、排序、查找、编辑修改等操作，可以按不同的字体显示和打印出来；如果以艺术字图片保存，就仅能按照片进行处理而不能进行字符的相关操作。

2. 信息存储介质

计算机中常用的存储设备有硬盘、光盘、U 盘等。硬盘、U 盘的容量有限，且存在因操作系统崩溃、误操作、病毒破坏等带来数据丢失的风险。光盘通过购买盘片可以达到无限扩容的目的，但检索查找信息以及保存盘片需要花费大量的时间，同样存在因盘片质量或机械损伤导致数据丢失的风险。因此，对重要数据需要在不同的介质上做多个备份，降低存储风险。

随着计算机内信息量的不断增加，以往直连式的本地存储系统已无法满足业务数据的海量增长，搭建共享的存储架构，实现数据的统一存储、管理和应用已经成为一个行业的发展趋势，而虚拟存储技术正逐步成为共享存储管理的主流技术。使用虚拟存储技术可以实现存储管理的自动化与智能化，所有的存储资源（磁盘阵列、磁带机、光盘机系统等）在逻辑上看作为一个整体，为用户提供海量存储。许多专业公司提供的网络存储也逐渐成为一种较为可靠的存储介质。

3. 数据保护

数据保护系统的建设是一个循序渐进的过程，在进行了本地备份系统建设之后，需要建立一套可靠的远程容灾系统。当灾难发生后，通过备份的数据完整、快速、简捷、可靠地恢复原有系统，以避免因灾难对业务系统造成的损害。只有及时备份数据，做到未雨绸缪，才能在意外发生时从容处置。另外，对信息的安全保密需要通过密码授权甚至数据加密的技术处理来实现。第 10 章将对信息安全有关知识作进一步的介绍。

思维训练：对于工作和生活中的许多重要信息，既要防止丢失又要防止泄密，如何进行数字化安全存储和管理？

1.4.5 信息检索

利用计算机建立信息系统的目的是为了充分利用已有信息。信息检索（Information Retrieval）是指信息按一定的方式组织起来，并根据信息用户的需要找出有关的信息的过程和技术。网络信息搜索是指互联网用户在网络终端，通过特定的网络搜索工具或是通过浏览的方式，查找并获取信息的行为。

社会进步的过程就是一个知识不断地生产、流通、再生产的过程。为了全面、有效地利用现有知识和信息，在学习、科学研究和生活过程中，信息检索的时间比例逐渐增高。为此，人们需要熟练使用检索工具，掌握检索语言和检索方法，并能对检索效果进行判断和评价。

计算机中存储的二进制数据以某种约定的格式来表示各种形态的信息。当人们需要检索和利用信息时，总是希望通过人的感官能自然、直观地感受和再现信息。因此，需要通过各种输出设备，将二进制数据以文字、图形、图像、声音、动画、视频等形式还原出来。有关网络信息检索的知识将再第 5 章中进一步介绍。

思维训练：目前网络信息检索的基本原理和方法是什么？拿到一张陌生人的照片，能否从网络上找到该人？

1.5 计算技术的发展趋势

自从电子计算机诞生以来，计算机应用模式经历了主机型计算、个人机计算、网络计算的演化过程。从计算机应用领域和计算方法的角度观察，早期的科学计算演变成现在的高性能计算（也称为超级计算），其核心的计算方法是多处理机并行计算。早期的非数值处理通过分布式计算的概念演化为基于因特网的网络计算，网格计算和云计算正是其热门的发展方向。在物联网技术方兴未艾，廉价智能设备和移动设备急剧增长的未来一段时间内，普适计算必将迎合这股潮流，满足随时随地的个性化计算要求。

1.5.1　高性能计算和并行计算

在现代社会的发展进程中，国防、科技、经济、生态等众多领域存在许多关系到国土安全、国家经济命脉的一系列复杂、巨大的问题需要求解。这些复杂问题的计算借助普通的计算机是无法实现的，必须依赖超级计算机才能在有效的时间内完成问题求解。

1. 高性能计算

随着信息化社会的飞速发展，高性能计算（High Performance Computing，HPC）已成为继理论科学、实验科学之后科学研究的第三大支柱。高性能计算不仅代表着国家科技发展水平，也体现出经济发展规模和综合国力。世界许多国家纷纷建立自己的超级计算中心，以适应社会经济发展的需求，打破科学技术垄断。目前，世界上具有千万亿次计算能力的超级计算中心和国家级实验室共有 7 家，分别为美国的橡树岭国家实验室、美国能源研究科学计算中心、美国洛斯阿拉莫斯国家实验室、中国国家超级计算天津中心、日本东京技术研究所、法国原子能委员会和德国尤利西研究中心。TOP500（可查阅 http://top500.org）每年进行两次的全球超级计算机排名，都在不断刷新计算机的运行速度、存储能力和并行运算规模。

高性能计算机可以对所研究的对象进行数值模拟和动态显示，从而获得实验很难甚至无法得到的结果。气象预测预报、核爆炸过程模拟、宇宙演化过程模拟、自然灾害预测和模拟等一直是超级计算不断追求的目标。在许多新兴的学科，如新材料技术、生物工程、医药技术、环境工程、航空航天技术、海洋工程等领域，高性能计算机已成为科学研究和试验的必备工具。同时，高性能计算也越来越多地渗透到石油化工、资源勘探、机械制造等一些传统产业，以提高生产效率、降低生产成本。金融分析、行政管理、教育培训、企业管理、网络游戏、数字产品开发等更广泛的领域对高性能计算的需求也迅猛增长。

单 CPU 的工艺和运行速度遵循摩尔定律发展，尽管发展速度很快，但相对于人们探求真理和追求效益的渴望，还远远跟不上问题求解的计算要求。因此，人们自然想到了将复杂的、庞大的问题分解成能够并行处理的许多规模较小的问题，然后交给多个 CPU 同时处理，这就是并行计算。超级计算机就是将成千上万个处理器（CPU 内核）和巨大容量的内存芯片连接起来，形成巨大的可并行运算的主机。高性能计算目前仍然是通过建立高级计算机系统，使用并行算法来求解复杂问题。

2. 并行计算

即便普通的个人用户在购买计算机时也能感受到计算机领域的巨大变化。台式机和笔记本的 CPU 都已进入多核时代，甚至普通的价格就能获得双 CPU 微机。主流 CPU 厂商都开始以提高芯片内并行度的方式来维持和超越摩尔定律，高性能计算系统的峰值提升更是倚重 CPU（核）数量的增长。如何让大量的 CPU 内核心充分发挥效能是当今计算机技术研究和发展的一个关键问题。

并行计算（Parallel Computing）就是用来解决多处理机并行工作协同完成同一个大型任务的技术。并行计算技术需要克服多重障碍，比如内存访问远慢于处理器计算，计算结点间通信带宽和延迟远低于处理器的吞吐能力，以及如何开发能充分利用大量处理器的并行程序等，而这需要软件与硬件相互配合来解决。

从程序和算法设计人员的角度来看，并行计算又可分为数据并行和任务并行。一般来说，因为数据并行主要是将一个大任务化解成相同的各个子任务，比任务并行要容易处理。为了充分利用多个 CPU 内核并行计算，软件系统设计和编程人员需要把计算任务分离成相对独立的子任务，使其可以同时分发给不同的 CPU，各个处理器之间相互协同并行地执行任务，使系统整体性能得到巨大提高。因此，并行计算最基本的条件是具有并行计算机系统、需要解决的问题必须具有并行度、并行编程。可见，并行计算需要有高度集成的巨型计算机硬件系统和可并行执行的应用软件，软硬件开发不仅投资巨大，还有一定的使用范围。

1.5.2　分布式计算和网格计算

现代人类研究的各种课题不仅学科繁多、涉及面广，而且分类很细，每个学科都需要进行大量的计算。人类未来的科学，时时刻刻离不开计算。鉴于并行计算的限制，如果能把已有的各种地理上分散的计算机系统充分整合，使之成为一个能够统一协调和管理的“巨大计算机系统”，它同样具有众多的处理机和巨大的存储能力，可以实现并行计算，有效提高计算规模和速度。分布式计算正是基于这样的设想，以其独特的优点——便宜、高效而越来越受到社会的关注。

1. 分布式计算

分布式计算（Distributed Computing）研究如何把一个需要非常巨大的计算能力才能解决的问题分成许多小的部分，然后将它们分配给许多地理上分布的计算机进行处理，最后把这些计算结果综合起来得到最终的结果。这些地理上分布的计算机形成了有相对独立的运算和存储能力的计算“节点”，硬件系统就是由若干个节点通过高速通信网络连接起来，再在分布式操作系统等软件的统一管理、调度和控制下协作运算，共同完成同一个巨大的计算任务。分布式计算可以在多台计算机上平衡计算负载，把程序放在最适合运行它的计算机上，共享稀有资源和平衡负载是计算机分布式计算的核心思想之一。

2. 网格计算

据中国互联网信息中心的统计信息，截止到 2011 年 6 月 30 日，中国网民数量达到 4.85 亿，网站数达到 183 万，域名数达到 786 万。中文网民（含港、澳、台和海外华人）人数占世界的比重已经增长到了 12%左右，并且还在快速增长着。随着计算机的普及，个人计算机逐渐进入千家万户，随之而来的是计算机的利用问题。越来越多的计算机处于闲置状态，即使在开机状态下 CPU 的潜力也远远不能被充分利用。个人计算机将大多数的时间花费在“等待”上面，即便是用户正在使用计算机打字、上网、听音乐的时候，CPU 多半也是寂静的等待外部设备的工作。因特网的普及，使得联网的个人计算机所拥有的资源被分布式共享成为了现实，这就是网格计算概念提出来的初衷。网格计算是一种分布式计算的具体应用。

网格计算（Grid Computing）是利用互联网把分散在不同地理位置的计算机组织成一个“虚拟的超级计算机”，其中每一台参与计算的计算机就是一个“节点”，而整个计算是由成千上万个“节点”组成的“一张网格”。网格计算充分利用了网上的闲置资源构造具有超强的数据处理能力的计算机系统，是把整个网络整合成一台巨大的“超级”计算机，实现计算资源、存储资源、数据资源、信息资源、知识资源、专家资源的全面共享。随着计算机计算能力的迅速增长，互联网的普及和高速网络成本的大幅度降低以及传统计算方式和计算机的使用方式的改变，网格计算已经逐渐成为超级计算发展的一个重要趋势。

目前，网格计算需要发起者（组织或研究机构）开发出用于完成该计算任务的服务端程序和客户端程序。服务端程序负责将计算问题分成许多小的计算部分，并将其分配给各联网计算机进行并行处理，最后将各个计算结果综合起来得到最终的结果。客户端程序用于接收服务端分发的任务并在本机上利用 CPU 空闲时间在后台运行，并将结果返回给服务端。随着参与计算的计算机数量不断增加，计算性能动态地、廉价地得到扩充，使大型项目的计算得以实现。目前一些较大的分布式计算项目的处理能力已经可以达到甚而超过目前世界上速度最快的巨型计算机。

网民数量的统计并不能十分客观地反映一个国家信息化程度的高低，而参与网格计算网民的数量和比例以及发起网格计算项目的数量和水平才是这个国家科学普及化的水平。目前的网格计算项目绝大多数由发达国家发起，这种计算从一定程度上助长了发达国家的科学垄断，也加深了科学鸿沟。例如，在北欧的国家，几乎一半的个人计算机参加了分布式计算项目。我国尽管拥有了不少最新科技，在网络普及化进程中也有不错表现，但是在网格计算方面却很薄弱。目前，我国有关部门也开始意识到网格计算的重要性，一些院校和科研机构也相继建立了网格计算项目。

思维训练：并行计算和分布式计算的主要区别在哪里？个人参与网格计算项目意义何在？如何参与网格计算项目？

1.5.3　云计算和普适计算

无论是并行计算还是分布式计算，以往的运行模式下作为最终用户（信息系统的建设和使用者）都必须建设计算环境，比如购置设备和系统软件、开发应用程序、管理项目、维护系统等。这些费时耗财的项目建设往往远水难解近渴，甚至得到之后发现已经过时。如果能将商业运作模式移植到信息系统和计算环境的建设上来，由专业的信息基础服务商建立通用的计算平台和信息服务平台，提供商品化的计算力和信息产品，用户通过购买相应产品获得服务，就能较好地解决目前企业信息系统建立时面临的尴尬。云计算就是基于这样的理念顺势而为的。

1. 云计算

云计算（Cloud Computing）是由并行计算、分布式计算、网格计算发展来的，是一种新兴的商业计算模型。目前，对于云计算的认识在不断的发展变化，云计算仍没有普遍一致的定义。

狭义的云计算指的是厂商通过分布式计算和虚拟化技术搭建数据中心或超级计算机，以免费或按需租用方式向客户提供数据存储、分析以及科学计算等服务。广义的云计算指厂商通过建立网络服务器集群，向各种不同类型的客户提供在线软件服务、硬件租借、数据存储、计算分析等不同类型的服务。按通俗的理解，“云”就是存在于互联网上的服务器集群上的资源，它包括硬件资源（服务器、存储器、CPU 等）和软件资源（如应用软件、集成开发环境等），本地计算机只需要通过互联网发送一个需求信息，“云端”就会有成千上万的计算机为你提供需要的资源并将结果返回到本地计算机，这样，本地计算机几乎不需要做什么，所有的处理都由云计算提供商所提供的计算机群来完成。云计算的最终目标是将计算、服务和应用作为一种公共设施提供给公众，使人们能够像使用水、电、煤气和电话那样使用计算机资源。

目前，云计算的主要服务形式有软件即服务（Software as a Service,SaaS）、平台即服务（Platform as a Service, PaaS）、基础设施即服务（Infrastructure as a Service，IaaS）。SaaS 服务提供商将应用软件统一部署在自己的服务器上，用户根据需求通过互联网向厂商订购应用软件服务，服务提供商根据客户所定软件的数量、时间的长短等因素收费，并且通过浏览器向客户提供软件的模式。例如，Salesforce.com 是提供这类服务最有名的公司，Google Docs、Zoho Office 也属于这类服务。PaaS 把开发软件系统的发环境作为一种服务来提供，用户在其平台基础上定制开发自己的应用程序并通过其服务器和互联网传递给其他客户。例如，Google App Engine、Salesforce 的 force.com

平台、八百客的800APP都是PaaS的代表产品。IaaS即把厂商的由多台服务器组成的“云端”基础设施，作为计量服务提供给客户。它将内存、输入输出设备、存储和计算能力整合成一个虚拟的资源池为用户提供所需要的存储资源、虚拟化服务器等服务。这是一种托管型硬件方式，用户付费使用厂商的硬件设施。例如，Amazon Web 服务（AWS）、IBM 的 BlueCloud 等均是将基础设施作为服务出租。

Google Docs 也叫做 Google 文件，是最早推出的云计算应用，是软件即服务思想的典型应用。它是类似于微软的Office的在线办公软件，可以处理和搜索文档、表格、幻灯片，可以通过网络授权和他人分享并共同编辑文档。

2. 普适计算

随着家电产品、交通工具、娱乐设备等机电产品智能化升级以及各种嵌入式智能设备、移动通信设备的普及，环绕人们身边的可计算设备越来越多。通过蓝牙技术、无线通信技术和因特网技术将这些智能化可计算设备连接起来，形成一个“以人为中心”的计算和信息访问服务环境，使得人们在任何时候、任何地点都能获得个性化的服务，这就是普适计算（Pervasive Computing）。

普适计算时代，计算机主要不是以单独的计算设备的形态出现，而是采用将嵌入式处理器、存储器、通信模块和传感器集成在一起，以信息设备的形式出现。普适计算技术将彻底改变人们使用计算机的传统方式，让人与计算环境更好地融合在一起，在不知不觉中达到“计算机为人服务”的目的。普适计算技术以人的需求为中心，从根本上改变了人去适应机器计算的被动式服务思想，强调用户能在不被打扰的前提下主动、动态地接受网络服务。它改变了计算只局限于桌面进行的传统，使用户能以各种灵活的方式享受计算能力和系统资源。它将计算嵌入到人们的日常生活中，实现任何地点、任何时候、任何人都能访问任何信息的交互，能在真正意义上实现以人为本的生活方式。

普适计算正在形成以互联网为核心，以蓝牙（Bluetooth）、移动通信网以及多种无线网为传输手段的更加广泛的异构集成网络。随着IPv6的应用，IP地址几乎不再受限，可以预见未来为每个智能设备提供网络地址，通过高带宽、覆盖全球的统一网络，普适计算让人们能够充分享受各种网络服务。

思维训练：普适计算的很多服务可能都需要从云计算中获取。这两种计算的本质特征是什么？它们与你未来的数字化生存有什么关系？

本章小结

本章介绍了信息化社会背景下信息技术发展对人类生活、工作等多方面的影响，以及计算机信息处理过程和计算技术发展趋势，要点概括如下。

1. 信息社会需要人们具备基本的信息素养。信息素养的提高是从掌握一定的信息技术，掌握计算机的基本应用开始的。

2. 信息处理离不开计算。在信息社会，人们无论是从事科研、生产、社会服务，还是进行学习、娱乐，都将依赖计算机及其网络的计算力。

3. 计算工具总是在强大的社会需求推动下不断发明和进步的。生产力的高速发展使计算需求日益旺盛。电子计算机经历了四代发展，正朝着第五代计算机迈进。

4. 当前计算机的发展趋势是巨型化、微型化、网络化、智能化。未来计算机技术需要采用全新的材料和工艺，突破硅基芯片集成技术的限制，甚至在计算机基础理论和方法上都要进行一场革命。

5. 任何信息都必须转换成二进制编码才能输入到计算机中。数值数据通常采用补码和移码存储，文本信息采用 ASCII、汉字机内码、UTF-8 编码等多种形式的编码存储，多媒体信息采用不同格式的二进制编码存储，程序中的指令同样采用二进制的机器码存储。

6. 计算机信息处理包括信息获取、信息加工、信息传输、信息存储、信息检索这几个主要过程。信息获取最核心的内容就是对确定的信息通过多种方法进行数字化转换，将自然界中的信息转换成计算机中的二进制数据，需要时可以将二进制数据转换为人们需要的信息（文字、声音、图像等）形式。

7. 信息加工主要是对二进制数据进行分类、排序、汇总、计算等操作，以便信息成为能够满足人们需要的有用信息而被充分利用。

8. 计算技术影响人类的未来。高性能计算水平是国家科技发展水平和综合经济实力的体现；网格计算能力是信息化水平的重要标志；云计算和普适计算是人们未来数字化生存基本环境，与大众生活关系最密切。

习题与思考

1. 判断题

（1）计算机中的数据和信息是等同的。信息就是数据，数据就是信息。（　　）
（2）信息素养指的是具备熟练掌握计算机的能力。（　　）
（3）在计算机的分类中，巨型机就是指体积较大的计算机。（　　）
（4）计算机当前已应用于各种领域，而计算机最早的设计是针对信息管理。（　　）
（5）现代信息技术是建立在计算机技术和微电子技术基础上的。（　　）
（6）第三代计算机是指电子管计算机。（　　）
（7）数据是信息的载体。信息有意义，而数据没有意义。（　　）
（8）十进制数 35 转换成二进制数是 100011。（　　）
（9）“A”的 ASCII 码值为 65，则“C”的 ASCII 码值为 67。（　　）
（10）数-1 的 8 位补码为 11111111。（　　）
（11）网格计算就是一种分布式计算。（　　）
（12）无论是正数还是负数，原码的补码的补码还是原码本身。（　　）
（13）浮点数取值范围的大小由阶码决定，而浮点数的精度由尾数决定。（　　）
（14）在二进制数值编码中最高位用“1”表示正数号，“0”表示负数。（　　）

2. 选择题

（1）物理器件采用中小规模集成电路的计算机被称为和________。

A. 第一代计算机　　B. 第二代计算机
C. 第三代计算机　　D. 第四二代计算机

（2）计算机最早的应用领域是和________。

A. 科学计算　　B. 数据处理　　C. 过程控制　　D. 信息管理

（3）未来信息技术的发展趋势可以概括为数字化、和________、高速网络化和智能化。

A. 多媒体化　B. 大型化　C. 微型化　D. 人工化

（4）就其工作原理而论，当代计算机都是基于和________提出的存储程序控制原理。

A. 艾兰·图灵　B. 查尔斯·巴贝奇

C. 冯·诺依曼　D. 爱因斯坦

（5）对补码的叙述，和________不正确。

A. 负数的补码是该数的反码最右加 1　B. 负数的补码是该数的原码最右加 1

C. 正数的补码就是该数的原码　D. 正数的补码就是该数的反码

（6）国标码是将两个字节的________作为汉字标识。

A. 最高位置“1”　B. 最高位置“0”

C. 最低位置“1”　D. 最低位置“0”

（7）浮点数之所以能表示很大或很小的数，是因为使用了________。

A. 较多的字节　B. 较长的尾数

C. 阶码　D. 符号位

（8）信息处理进入了计算机世界，实质上是进入了________的世界。

A. 模拟数字　B. 十进制数　C. 二进制数　D. 抽象数字

（9）已知 8 位机器码 10110100，它是补码时，表示的十进制真值是________。

A. −76　B. 76　C. −70　D. −74

（10）人类第一台机械式计算机是由________发明的。

A. 甘特　B. 莱布尼兹　C. 巴贝奇　D. 帕斯卡

（11）霍列瑞斯发明的电气控制制表机的数据用________表示。

A. 穿孔卡片　B. 齿轮转动　C. 继电器开关　D. 磁芯

（12）下列________与高性能计算无关。

A. 多 CPU　B. 并行程序　C. 分布式计算　D. 嵌入式系统

（13）下列与普适计算关系最密切的是________。

A. 网格计算　B. 实时控制　C. 多媒体系统　D. 嵌入式系统

3. 简答题

（1）简述信息技术与信息素养的关系。

（2）电子计算机为什么采用二进制？

（3）如何才能避免网页中出现乱码？

（4）简述计算机信息处理的基本过程。

（5）目前，云计算的主要服务类型有哪些？

第2章 计算机系统与计算原理

在当今的信息时代，信息技术已渗透到社会生活的方方面面，时刻影响着人们的学习、工作、生活，甚至是行为和思维方式。而在信息的采集、处理和传输的全过程中，都离不开计算机技术。可以说，计算机技术是整个信息技术的核心。本章介绍计算机系统的组成及其计算原理，并以信息流转为主线，详细介绍各主要计算机部件的功能和特点，最后介绍微型计算机组装和维护的相关知识。

2.1 计算机系统组成

通俗地讲，计算机是一台能按预先存储的程序和数据进行自动工作的机器。它能对输入的各种信息进行数字化加工，并以人们希望的方式进行存储、输出和传递。对输入信息的加工和处理，实际上是通过组成计算机的各种物理设备来完成的。当然，为了实现各种信息处理任务，就需要开发相应的程序和软件指挥、控制和协调这些物理设备的工作。因此，一个完整的计算机系统包括硬件系统和软件系统两部分，如图 2-1 所示。

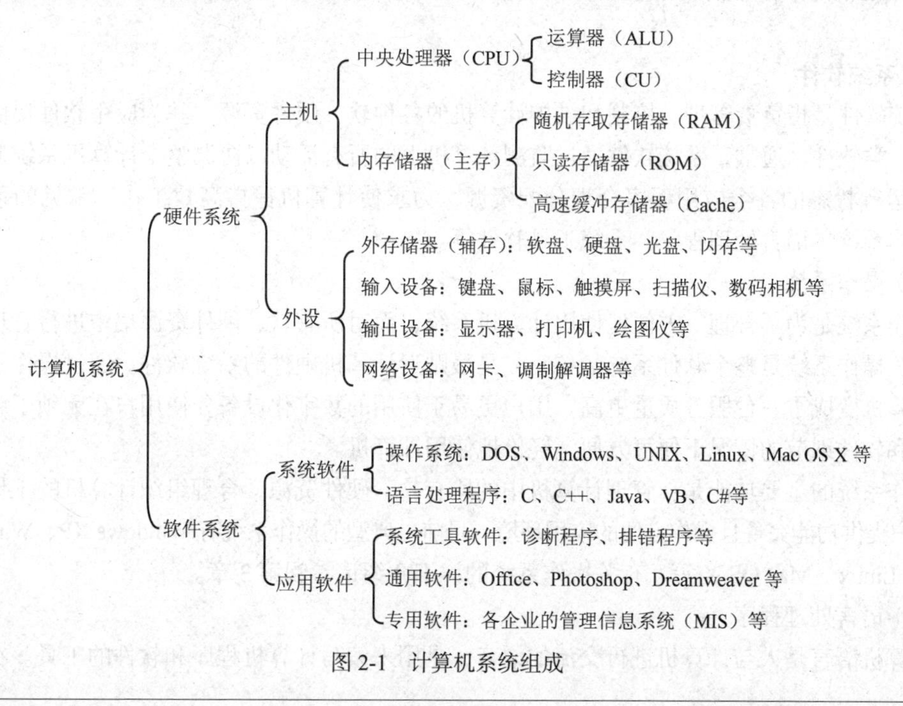

图 2-1 计算机系统组成

思维训练：在计算机系统中，硬件系统和软件系统的关系如何？继续阅读本节内容以加深对该问题的认识。另外，在图 2-1 中，你了解多少计算机的相关术语和概念？

2.1.1 硬件系统

硬件系统是组成计算机系统的各种物理设备和电子线路的总称，是计算机完成各项工作的物质基础，常称为计算机系统的“躯干”。通常，计算机硬件由机、电、磁、光等装置组成，是看得见、摸得着的物理实体。人们常用“裸机”来称呼只包含硬件而没有安装软件的计算机，对于这样的计算机，仅能识别由 0 和 1 组成的二进制代码，而不能完成一般意义上的信息处理任务，因此并无多少实用价值。

硬件系统由主机和外部设备两部分组成。主机包括中央处理器（Central Processing Unit，CPU）和内存储器，它们是计算机的核心部件，对整个计算机系统的性能有着决定性的影响。其中，CPU 又包含运算器（Arithmetic Logic Unit，ALU）和控制器（Control Unit，CU）两部分，前者负责各种算术逻辑运算，后者负责指挥和协调整个计算机系统的工作。外部设备通常包括输入/输出设备（简称 I/O 设备）、外存储器、网络设备等，它们除负责计算机的输入和输出外，常用于丰富计算机的功能或提升计算机的性能。有关计算机各主要硬件的功能和特点，详见本章后续内容的介绍。

2.1.2 软件系统

软件系统是控制、管理、指挥计算机按规定要求工作的各种程序、数据和相关技术文档的集合。软件是计算机系统的“灵魂”，没有软件，计算机几乎无法完成任何工作。实际上，用户所面对的计算机，是一台经过若干层软件包装后的机器。人们使用计算机，通常是使用安装在计算机上的各种软件。正是这些软件，极大地丰富了计算机的功能，并不断拓展着计算机的用途。

计算机软件十分丰富，数量众多，通常可分为系统软件和应用软件两大类，对其简要介绍如下。

1. 系统软件

系统软件是指负责管理、控制和维护计算机的各种软、硬件资源，并为应用软件提供支持和服务的一类软件。通常，系统软件通过监测计算机上的所有活动以协调整个计算机系统的运行，为处于运行状态的各个应用程序合理分配资源，力求使计算机保持高效工作。常见的系统软件包括操作系统、语言处理程序、系统工具软件等。

（1）操作系统

操作系统是为了合理、方便地使用计算机系统，而对所有软、硬件资源集中进行管理和调度的软件。操作系统是整个软件系统的核心，是最贴近计算机硬件的系统软件。通过操作系统的改造，计算机变成了一台服务质量更高、用户更易于使用的数字化设备，使用户在无须了解更多有关硬件和软件细节的情况下便可方便、轻松地使用计算机。

操作系统的主要功能是：管理计算机中的所有软、硬件资源，合理组织计算机的工作流程，并为用户提供功能完备且操作方便的应用环境。目前，典型的操作系统有 Windows XP、Windows 7、UNIX、Linux、Mac OS X 等。有关操作系统的详细介绍请参阅第 3 章。

（2）语言处理程序

计算机语言是人与计算机进行交流的语言，是用来编写计算机程序和软件的工具。在计算机语言发展的过程中，先后出现过 3 种不同形式的语言——机器语言、汇编语言和高级语言。正如 1.3 节所述，计算机只能识别二进制表示的机器代码，也即只有用机器语言编写的程序才能被计算机直接执行，而用汇编语言和高级语言编写的程序（称为源程序），计算机是无法直接识别和执行的。因此，必须配备一种“翻译”工具，将这些源程序转换成计算机可识别的机器语言程序，这样的工具便是语言处理程序。

对于汇编语言编写的源程序，计算机使用一种被称为汇编程序的工具将其“翻译”为机器代码（称为目标程序），其过程称为汇编，如图 2-2 所示。

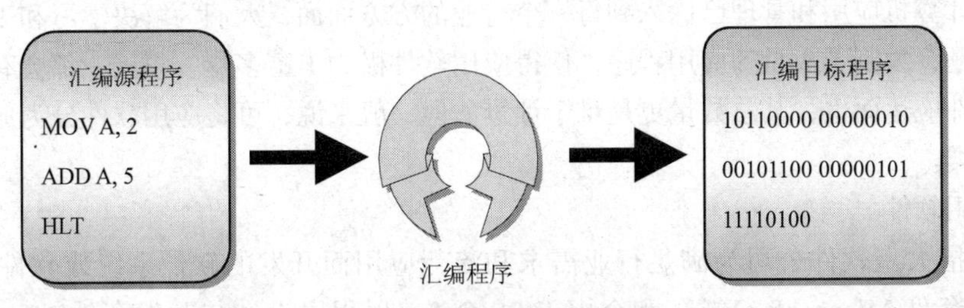

图 2-2　汇编程序的工作过程

对于高级语言编写的源程序，其“翻译”过程具有解释和编译两种方式，相应的语言处理工具分别称为解释程序和编译程序。其中，解释方式是对源程序的每一条语句进行逐条解释为机器代码并立即执行，直到得到最后的结果。可见，解释方式是边翻译、边执行的过程，最终不产生目标程序，类似日常生活中的“口译”。编译方式则是编译程序将用高级语言编写的源程序整体翻译成与之等价的用机器语言表示的目标程序，然后再进行执行，类似日常生活中的“笔译”。一般而言，解释方式占用内存少，易于查错和移植程序，但执行速度较慢；而编译方式执行速度较快，但每次修改源程序后必须重新进行编译处理。两种翻译方式的工作过程如图 2-3 和图 2-4 所示。目前，主流的高级编程语言如 C、C++、Java、Visual Basic、C#等，它们有的采用解释方式，有的采用编译方式，或者两种方式混合使用，具体介绍详见第 6 章。

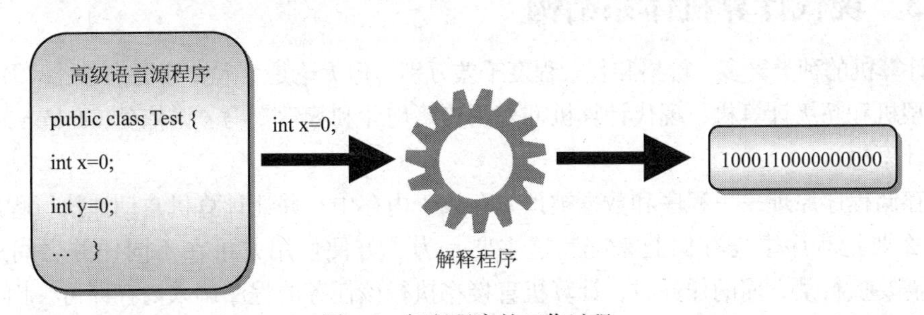

图 2-3　解释程序的工作过程

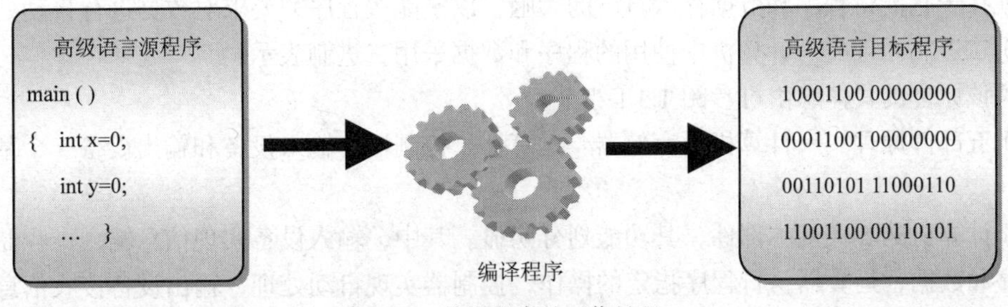

图 2-4　编译程序的工作过程

（3）系统工具软件

系统工具软件是为完成一些与管理计算机系统资源及文件有关的任务而开发的实用软件。这些软件常用于系统诊断、资源管理、系统优化与设置等。例如，用于系统管理的360安全卫士软件，用于诊断网络连接的ping程序，用于磁盘检查的ChkDsk程序，用于系统优化与设置的超级兔子软件、Windows优化大师等。

2. 应用软件

应用软件是为完成特定的信息处理任务而开发的各类软件。随着信息技术的普及和Internet的飞速发展，计算机应用和管理已深入到每一个行业的方方面面，人们为解决学习和工作中遇到的各种实际问题，编制了大量的应用程序，使得应用软件极为丰富多彩。每天，都会有不计其数的各款应用软件应运而生，其总数量更是难于计量。但一般来说，可将应用软件分为通用软件和专用软件两大类。

（1）通用软件

主要是指大型软件公司为满足行业需求和流行应用而开发的软件系统或软件包，如办公自动化处理套件Microsoft Office和金山WPS Office，程序设计与开发套件Microsoft Visual Studio .NET，图形图像处理软件Adobe Photoshop，机械制图软件Autodesk AutoCAD，动画制作软件3ds Max和Maya，网页设计与制作软件Adobe Dreamweaver，数据库管理系统SQL Server，Oracle和DB2等。

（2）专用软件

主要指用户为解决自己特定问题而开发的应用软件，如各企业和公司的管理信息系统（Management Information System，MIS），科学研究中的各种特定算法验证程序，用户自行开发的各种专业应用程序等。

思维训练：你知道Android、javac、Winrar、Matlab、Flash各属于什么类型的软件吗？若不清楚，通过网络了解它们的功能。另外，搜索出你所学专业的1～2个应用软件。

2.1.3 现代计算机体系结构

尽管计算机的种类繁多，价格和复杂程度千差万别，但无论是个人计算机，还是网络服务器，甚或是大型机和超级计算机，现代计算机都采用美籍匈牙利数学家冯·诺依曼（J. Von Neumann）提出的设计思想。

（1）存储程序原理——程序和数据被预先存放于内存中，并让计算机自动地执行程序。

为什么要把程序事先存储起来呢？这主要是为了方便使用并可在不同任务之间进行快速切换。当需要执行某方面的任务时，计算机直接将执行该任务的程序调入内存即可，而存储程序也保证了计算机能方便、灵活地在不同任务间进行切换。计算机之所以能模拟人脑自动完成某项工作，就在于它能将程序和数据存入自己的大脑，以便能按程序的要求对数据进行自动处理。

（2）二进制原理——计算机中使用的程序和数据采用二进制表示。

有关该原理的具体缘由可参阅1.3.1小节。

（3）五部件原理——计算机由存储器、运算器、控制器、输入设备和输出设备5个基本部分组成。

对于计算机的5大基本部件，其功能划分明显。其中，输入设备实现信息输入，存储器用于存储程序和数据，运算器执行程序指定的操作，控制器实现自动处理，输出设备接收信息处理的结果。

冯·诺依曼的上述设计思想奠定了现代计算机的体系结构。直至今日，虽然计算机技术和微电子技术迅猛发展，现代计算机在运算能力、使用范围等方面已和最初的计算机有天壤之别，但计算机的基本工作原理和工作方式仍然没变。从本质上讲，现代意义上的计算机就是一台能接收输入、处理数据、存储信息、产生输出的多用途设备，而其每一个动作都是受一组预先存储的指令控制的。依照冯·诺依曼原理，现代计算机的基本硬件结构可简化如图 2-5 所示。

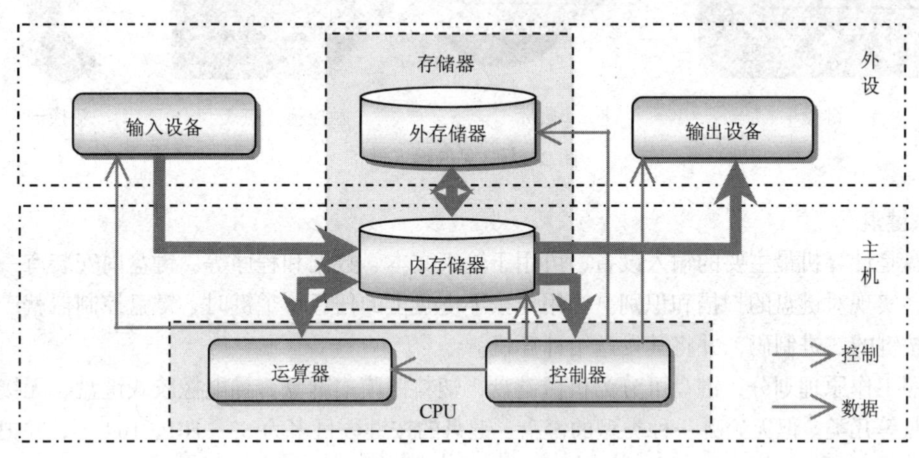

图 2-5　现代计算机体系结构

可见，现代计算机就如同一个高度自动化的无人值守工厂，由输入设备负责原材料的收集和准备，然后送往物流中心——内存储器，运算器则负责产品的加工和生产，成品则经物流中心中转后送往仓库保存（外存储器）或直接交付客户使用（输出设备），而这一切工作的每个环节都由工厂指挥中心——控制器负责协调和调度。

思维训练： *存储程序原理是现代计算机的基础和典型特征。依据该原理，你认为 Microsoft Xbox、Sony Playstation、Apple iPhone、Apple iPad2 属于计算机的范畴吗？请给出你的理由并预测 IT 技术的发展趋势。*

2.2　信息的输入

2.2.1　信息输入的含义

计算机的内部工作语言是二进制语言。因此，任何输入的信息必须先转换成二进制代码，计算机才能够识别。计算机可以接收的信息类型包括符号、数值、词汇、声音、图像、甚至环境监测所得到的温度和电压值等。如果待输入的信息为二进制形式（如数码相机中的照片，数码摄像机中的视频），则计算机可以直接识别，否则必须先进行转换。输入设备正是将输入的数据和信息转换为计算机能够识别的二进制形式的设备。经输入设备输入的信息，被送入内存以备处理。

2.2.2　常见的输入设备

计算机常用的输入设备有键盘、鼠标、触控板（点）、轨迹球、触摸屏、手写板、游戏操纵杆、麦克风、扫描仪、数码相机等，部分常见设备如图 2-6 所示。

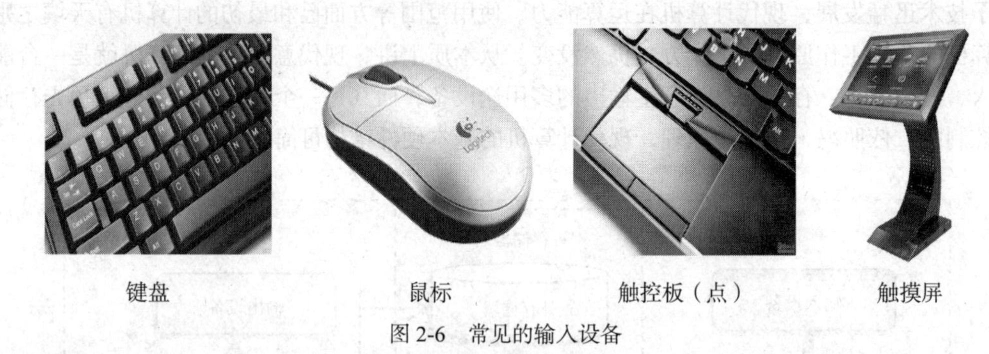

键盘　　鼠标　　触控板（点）　　触摸屏

图 2-6　常见的输入设备

1. 键盘

键盘是计算机最主要的输入设备，可用于输入文本、数据和程序等。键盘内安装有一个键盘控制器，实现对键盘的扫描和识别。当用户按下键盘上的任意一个键时，键盘控制器就产生一个代表该按键的二进制码，并将其发送给计算机。

按照工作原理划分，键盘可分为机械键盘、塑料薄膜式键盘、导电橡胶式键盘、无接点静电电容键盘等几类。但无论哪一种类型的键盘，键盘的按键数目多为 83、101、104 等，并把整个键盘分为主键盘区、编辑控制键区、数字小键盘区和功能键区 4 部分。通常，键盘被连接在紫色的 PS/2 接口或 USB 接口上（有关接口的概念参见 2.7.3 小节），利用蓝牙（Bluetooth）技术的无线键盘是近年来的发展趋势。

2. 鼠标

鼠标是计算机的另一常见输入设备，常用于图形用户界面下的快速操作。鼠标按其检测原理一般可分为机械式鼠标和光电式鼠标两种，目前主流产品是光电鼠标。光电鼠标通过检测鼠标的移动，将位移信号转换为电脉冲信号，再通过程序的处理来控制屏幕上的光标箭头的移动。

鼠标通常被连接在绿色的 PS/2 接口或 USB 接口上。利用蓝牙技术的无线鼠标近年来成为鼠标家族的新产品，其通过安装在鼠标器上的蓝牙接收器实现无线传输，传输距离一般可达到 10m。

3. 触控板

触控板是笔记本电脑的必备输入设备，其功能类似鼠标。当手指在压力敏感的表面上移动时，触控板传感器和检测电路可捕获手指运动轨迹，从而控制光标在屏幕上自由移动；配合触控板下方的左右按键，还可完成类似鼠标的左右单击操作。触控板反应灵敏，操作简便，具有较高的控制精度；缺点是不适于潮湿和脏污的环境。目前，最新一代的触控板技术集成了手写板功能，可直接用于手写汉字输入。

4. 触摸屏

触摸屏是一种新型输入设备，凭借简单、直观、自然的人机交互方式，迅速在公共信息查询、银行、机场、医院、旅游、娱乐、购物、多媒体教学系统等领域得到广泛应用。许多新型的数码产品，如智能手机、平板电脑、GPS 导航仪等，也广泛使用触摸屏技术。

触摸屏是在显示器的前面，安装上一层透明材料制作而成。所采用的材料常采用电阻薄膜、红外线或表面声波等技术，以形成一个对手指或笔状物体敏感的感应表面。当人们用手指触摸屏幕的某个位置时，该位置的电阻、红外线信号或表面声波信号将会发生变化，进而代表该位置的坐标信息被传送给计算机，计算机通过和事先存储的信息进行比对后便能迅速作出响应，将用户需要的信息呈现出来。

触摸屏技术的最新发展是以苹果 iPhone、iPad 为代表的投射式电容触摸屏，该类触摸屏利用人体的电流感应进行工作，具有较高的灵敏度，可实现虚拟屏幕键盘、多点触控（Multi-Touch，该技术允许用户同时通过多个手指来控制图形界面）等先进技术，极大地推动了触摸屏技术的进步。

触摸屏技术正在向更简单、更直观、更人性化的方向发展，它将彻底改变计算机的输入和使用方式，使人机交互变得更加轻松和自然！

2.3　信息存取与交换

内部存储器（内存，Memory）是计算机临时保持程序和数据以待处理的场所，是计算机各种信息存取与交换的中心。不仅是用户输入的程序和数据被送入内存，计算机各种信息处理的结果也是先保存在内存中，然后再送往外存储器或输出设备。实际上，计算机的每一次信息处理过程都离不开内存的参与，作为整个计算机系统的信息交换中心，内存要与计算机的各个组成部件进行数据交换。

内存中存放着正在执行的程序和数据，其基本功能是能够按照指定位置存入和取出这些二进制信息。按照其工作原理，内存通常可分为 3 种类型：随机存取存储器（Random Access Memory，RAM）、只读存储器（Read Only Memory，ROM）和高速缓冲存储器（Cache）。本节首先介绍内存的相关概念，然后介绍 3 类内存的功能和特点。

2.3.1　存储容量和内存地址

1．存储容量

计算机中的所有信息都以二进制形式存储，存储容量是指一个存储器中所能存放的二进制数据信息量的总和。在二进制情形下，一位二进制数称为一个比特（bit），这是信息的最小单位。由于要表示一个特定的数据和信息需要的二进制位数较多，人们通常采用字节（Byte，简称 B）作为存储容量的基本单位。其中，1B=8bit。同时，引入 KB，MB，GB，TB，PB，EB 等单位以表示更大的存储容量。它们之间的基本关系如下：

1KB=1024B=2^{10}B

1MB=1024KB=2^{20}B

1GB=1024MB=2^{30}B

1TB=1024GB=2^{40}B

1PB=1024TB=2^{50}B

1EB=1024PB=2^{60}B

2．内存地址

为了方便程序和数据的读取和写入，内存被划分为许多基本的"存储单元"，每个存储单元可以保存一定数量的二进制数据（通常为 1 个字节，即 1B）。同时，给每个存储单元指定唯一编号，称为内存地址。当计算机要把一个二进制代码存入某存储单元或从某存储单元中取出时，必须提供相应存储单元对应的地址，然后才能根据该地址实现信息的准确存储或读取。图 2-7 所示为内存地址的示意图。

内存地址（16 进制）	内存（2 进制）
	…
80A2H	11000110
	…
2010H	00100010

图 2-7　内存地址示意图

思维训练： 把内存划分为许多基本“存储单元”有什么好处？内存地址的含义和电影院中的座位编号是否相同？如果一个整数（如100）需占用2个基本存储单元，读取和写考入对需要同时指出这两个单元的地址吗？

2.3.2 随机存取存储器

随机存取存储器（RAM）主要用于临时存放正在运行的用户程序、数据以及操作系统程序。人们通常所说的计算机的内存便是指RAM。RAM中的数据既可以读出也可以写入，读取时可实现多次读出而不改变RAM中的原有信息，但写入时新的数据将覆盖原有位置的数据。另外，当计算机断电后，RAM中的信息将全部丢失。可见，RAM中的信息具有临时性的特点，要想长期保存程序和数据，必须将数据送到外存储器中。

在计算机发展的初期，RAM常用磁芯制成，体积较大、容量较小。目前，RAM一般采用半导体存储器件作为存储介质，并以内存芯片的形式焊接在一块被称为“内存条”的小电路板上，一块内存条上可以焊接几块内存芯片，内存条可以方便地插接在主板相应的插槽中，如图2-8所示。

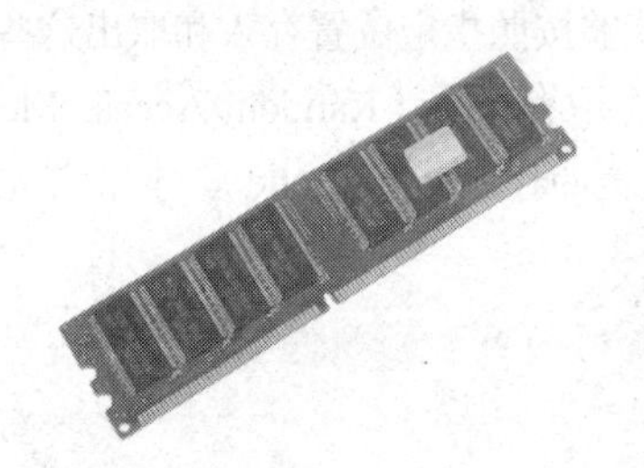

图2-8　内存条及主板上的内存插槽

内存条技术的发展先后经历了几个阶段。1982年，为配合80286计算机的推出，出现了EDO RAM（Extended Data Out RAM，外扩充数据模式RAM）。EDO内存一般采用30线（指引脚数量，即内存金手指上的金属接触点个数）和72线两种方式，对应的内存条插槽规格为SIMM（Single In-line Memory Module，单边接触内存模组）。随后，计算机硬件技术的快速发展，促使内存条全面进入SDRAM（Synchronous Dynamic RAM，同步动态RAM）时代。SDRAM为168线形式，对应的内存条插槽规格为DIMM（Dual In-line Memory Module，双列直插式内存模块）。2000年，为配合Pentium 4处理器的推出，Intel公司和Rambus公司联合推出了一种新的内存结构：RDRAM（Rambus Dynamic RAM，总线式动态RAM）。RDRAM具有较快的存取速度，但由于其较高的价格，没有得到市场的认可。目前，主流的内存条是在SDRAM基础上发展起来的DDR（Dual Data Rate，双倍数据速率）、DDR2和DDR3内存。其中，DDR为184线形式，DDR2和DDR3主要采用240线形式。DDR的特点是在时钟脉冲的上升沿和下降沿均能传输数据，这样便可在时钟频率保持不变的情况下加倍提高SDRAM的读取速度。如今，DDR3的工作频率已高达800/1 066/1 333/1 600MHz，在一个时钟周期内进行2次读/写操作的同时，每次可完成4个数据的读写，大大提高了CPU与内存信息交换的能力。

2.3.3 只读存储器

只读存储器（ROM）是通过特殊手段将信息存入其中，并能长期保存被存储信息的存储器。ROM中的信息一般由设计者和生产厂商事先写好并固化在里面，用户通常无法再进行修改。即使断电，ROM 中所存储的信息也不会丢失。因此，ROM 常用于保存为计算机提供最底层的硬件控制程序，如上电自检（Power On Self Test，POST）程序和基本输入/输出系统（Basic Input Output System，BIOS）程序。当计算机接通电源开始启动时，系统首先由 POST 程序对内部各设备的状态进行检查，若自检出错，则系统给出提示信息或鸣笛警告并停止启动；之后，ROM 中的 BIOS 程序按照 CMOS 存储器（Complementary Metal Oxide Semiconductor，互补金属氧化物半导体存储器，是一种 RAM 存储器，常用于保存计算机的配置信息，由主板上的电池供电）中设置的信息和参数访问硬盘和光驱，加载操作系统，从而实现整个系统的正常启动。计算机中的 ROM 芯片如图 2-9 所示。

图 2-9　计算机 ROM 芯片

随着内存技术的发展，ROM 存储器也先后出现了几种类型。主要有以下 4 种。

1. PROM（Programmable ROM，可编程 ROM）

该类 Rom 允许用户使用专用编程器写入自己的资料，但机会仅有一次，一旦写入便不可再修改。

2. EPROM（Erasable Programmable ROM，可擦除可编程 ROM）

该类 ROM 存储器通常用紫外线照射 ROM 芯片顶部的石英玻璃窗口，便可将信息擦除，然后再通过专门的编程器将新信息写入。

3. EEPROM（Electrically Erasable Programmable ROM，电可擦除可编程 ROM）

该类 ROM 存储器为双电压模式，可用高于普通电压的方法进行在线的擦除和重编程，擦除过程不需要借助任何其他设备，写入数据时也只需采用厂商提供的专用刷新程序就可逐字节改写其中的内容，使用较为方便。

4. Flash ROM（闪速 ROM）

该类 ROM 使用上类似（EEPROM），但其读/写操作都是在单电压下进行的，无须跳线，十分方便。Flash ROM 的存储容量普遍大于（EEPROM），且价格适中，很适合用于保存 BIOS 程序等。目前主板上和部分显卡均采用 Flash ROM 作为 BIOS 芯片。

2.3.4　高速缓冲存储器

高速缓冲存储器（Cache）是为缓解 CPU 和内存读写速度不匹配这一问题而设置的中间小容量临时存储器，集成在 CPU 内部，用于存储 CPU 即将访问的程序和数据。现代 CPU 的执行速度越来越快，一般可达到纳秒（ns）量级。尽管 RAM 技术近年来也得到飞速发展，但内存的读写速度最快也为 5～10ns 左右，仍难于满足高速 CPU 的要求，这就使得在 CPU 和内存交换数据时，CPU 不得不经常处于等待状态，这不仅是对高速 CPU 计算资源的极大浪费，而且严重影响计算机的整体性能。

通过在 CPU 和内存之间设置存取速度更快的 Cache 存储器是目前解决上述问题的通用方法，如图 2-10 所示。Cache 的基本工作原理是基于程序访问的局部性，即将正在访问的内存地址附近的程序和数据事先调入 Cache。当 CPU 需要读写信息时，首先检查所需的数据是否在 Cache 中，如在（称为命中）则直接存取 Cache 中的数据而不必再访问内存；如没有命中，则再对内存进行读写。目前的 Cache 调度算法较为先进，Cache 命中率平均高达 80%左右，极大地提高了计算机的内存访问效率。现代 CPU 一般设置 2～3 级 Cache，称为 L1 Cache、L2 Cache、L3 Cache 等。

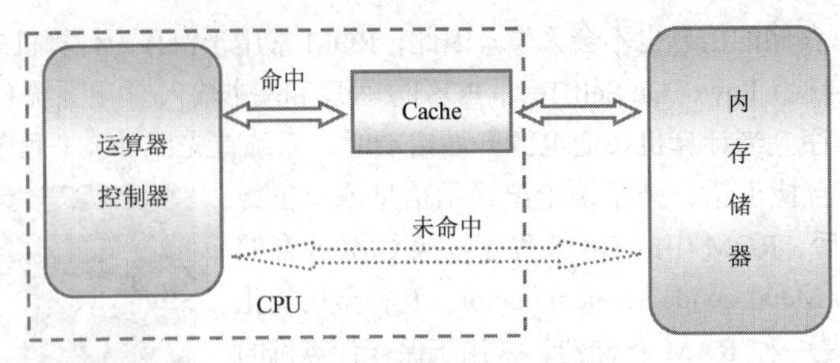

图 2-10 Cache 存储器的工作原理

思维训练： Cache 的作用是缓解 CPU 和内存读写速度不一致的矛盾，但容量较小，为什么不采用大容量的 Cache 以提高 Cache 命中率？既然 Cache 的读写速度较快，为什么不直接用 Cache 存储器取代内存储器呢？展望未来的计算机技术，有可能取消 Cache 存储器吗？

2.3.5 内存储器的性能指标

现代计算机是以内存为信息交换中心的多用途自动化设备，内存的性能在很大程度上决定了整个计算机系统的性能。衡量内存性能的技术指标非常多，主要有存储容量、时钟频率（周期）、存取时间、CAS 延迟时间和内存带宽。

1. 存储容量

正如前述，存储容量是一个容量指标，表示存储器中所能存放的二进制数据总和。目前的主流内存条容量一般为 512MB、1GB 和 2GB，个别高端内存条达到 4GB。

2. 时钟频率（周期）

时钟频率表示内存能运行的最高工作频率。它和时钟周期互为倒数，均为衡量内存速度的重要指标。显然，时钟频率越高，速度越快。对于时钟周期为 10ns 的 SDRAM 内存芯片，可以运行在 100MHz 的频率下。内存技术发展到 DDR 时代，由时钟频率衍生出许多相关的概念，如对于 DDR3-1333 内存，内存单元的实际工作频率（核心时钟频率）为 166MHz，数据缓冲频率（I/O 频率）为 667MHz，而有效数据传输频率（等效频率）为 1333MHz。实际应用时，需注意区分这些概念。

3. 存取时间

存取时间是指从启动一次读写操作到完成该操作所需的时间。具体来讲，是指读写命令发出到该命令完成所经历的时间。要注意的是，存取时间和时钟周期是完全不同的概念，前者表示内存读取和写入的时间，后者表示内存的运行速度。目前，绝大多数的 SDRAM 和 DDR 内存芯片的存取时间为 6、7、8 或 10ns。

4. CAS 延迟时间

CAS 延迟（Column Address Select Latency，简称 CL）意为列地址选通脉冲时间延迟，即内存接到 CPU 命令后到执行该命令的时间间隔。CL 反映了内存的反应速度，通常为 2、2.5、3 等。当 CL 为 2 时，表示内存接到存取命令后，需延迟 2 个时钟周期才能查找到要操作的内存地址，然后正式开始读写操作。一般来说，在相同频率下，CL 小的内存更具有速度优势。

对于内存的总延迟时间，除了和 CL 密切相关外，还与内存的时钟频率和存取时间有关。实际上，内存总延迟时间可通过以下公式计算：

$$内存总延迟时间 = 内存时钟周期 \times CL 模式值 + 存取时间$$

例如，一条存取时间为 6ns 的 DDR3-1066 内存，可知其时钟周期为 7.5ns，若 CL 模式值设为3，则其总延迟时间为28.5ns，若CL设为2，则延迟时间为21ns，减少了7.5ns，即一个时钟周期！可见，较低的CL模式值对应更好的系统性能。当然，内存的CL值不能随意乱设，这和内存芯片的质量息息相关，生产厂商一般会在出厂的内存条上将这些信息封装在一个被称为SPD（Serial Presence Detect，串行存在检测）的EEPROM芯片上，供主板上的BIOS程序在启动计算机时自动读取。

5. 内存带宽

内存带宽是指单位时间内存储器的信息吞吐量，常以位/秒（bit/s）或字节/秒（B/s）为度量单位。内存带宽是衡量内存数据传输速率的重要技术指标，反映了内存单位时间内所能读取的信息量。一般来说，当内存所提供的带宽和CPU访问内存的带宽相一致时，系统最能发挥各部件的效能。内存带宽可由下面的公式计算：

内存带宽＝内存等效频率×内存总线宽度/8（B/s）

例如，一条DDR-400内存，其等效频率为400MHz，内存总线宽度为64bit，则其内存带宽为3.2GB/s；再如一条DDR3-1333内存，其等效频率为1 333MHz，内存总线带宽仍为64bit，则其内存带宽为10.6GB/s。通过这样简单的计算可知，DDR3-1333内存比DDR-400内存提供更大的带宽，适于和更大带宽的CPU搭配使用。

思维训练： 目前，市场上流行所谓的双通道技术。若用两条DDR-400内存组成双通道，则其内存带宽约为多少？和CL模式值和存取时间均相同的单条DDR2-800内存相比，这样的双通道内存性能如何？

2.4 指令执行与系统控制

程序和数据经输入设备输入内存或从外部存储器调入内存后，便等待计算机系统作进一步的处理。计算机信息处理的含义绝非只包括各种数学运算。实际上，编辑文档、修改图片、播放音乐、观看视频、游戏过程跟踪等都属于计算机信息处理的范畴。

计算机进行各种信息处理的核心部件主要靠中央处理器（CPU）来完成。CPU被称为计算机系统的“数字大脑”。依照冯·诺依曼的存储程序原理，计算机是按照事先存储在内存中的程序指令对信息进行加工和处理的。也就是说，计算机信息处理的过程实际上是不停执行程序的过程。

本节首先简要介绍程序和指令的概念，然后介绍CPU的两个主要组成部件——运算器（ALU）和控制器（CU）的基本功能，最后介绍指令执行与控制的详细过程以及现代微处理技术的发展状况。

2.4.1 程序与指令

1. 程序（Program）

计算机程序是指挥计算机进行各种任务处理的一组指令的有序集合。或者说，程序是能实现一定功能的一组指令序列。计算机程序一般用汇编语言或C/C++、C#、Visual Basic、Java等高级语言编写而成，这样编写的程序（称为源程序）易于人们阅读但计算机无法直接识别，必须通过汇编程序、编译器或解释器处理后才能转换成计算机可识别的二进制代码，即机器代码或机器指令。

2. 指令（Instruction）

机器指令是能被计算机直接识别并执行的二进制代码，它规定了计算机所能完成的某一种操作。一条机器指令由操作码（Operation Code）和操作数（Operand）两部分组成，如图 2-11 所示。

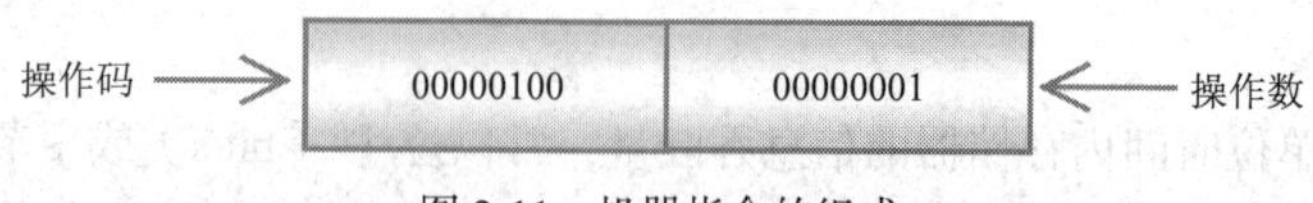

图 2-11　机器指令的组成

其中，操作码指明该指令所要完成的功能，如加、减、计数、比较等；操作数指明被操作对象的内容或所在内存单元的地址。当操作数为内存地址时，可以是源操作数的存放地址，也可以是操作结果的存放地址。对于图 2-11 所示的机器指令，若操作码 00000100 表示加法运算，则该指令表示加 1 操作。

3. 指令集（Instruction Set）

对于加、减、计数、比较、移位等常见的操作和功能，CPU 内部已经用硬件方式进行了实现。除此之外，CPU 还用硬件方法实现了一些其他的操作，如程序控制、硬件管理、多媒体信息处理和优化等。实际上，CPU 只能执行一些特定的、简单的操作，这些有限的操作事先已用硬件方式实现于 CPU 内部。尽管计算机可以执行非常复杂的信息处理任务，但这些任务总是被分解为 CPU 可以直接执行的简单操作的集合，只是 CPU 以非常快的速度进行执行，才让我们感觉计算机具有超强的处理复杂任务的能力。

一台计算机所能完成的操作的集合被称为该计算机的指令集或指令系统。其中，一种操作对应事先用硬件实现的一种功能，即一条指令。显然，指令操作码的位数决定了一台计算机所能拥有的最大指令条数。同时，一个明显的事实是，不同指令集的计算机具有不同的处理能力，计算机的指令集在很大程度上决定了该计算机的处理能力。

不同类型的计算机，一般具有不同的指令系统。但对于现代的计算机，其指令系统中通常包含以下几种类型的指令。

（1）数据处理指令：如算术、逻辑、移位、比较等指令。

（2）数据传送指令：如 CPU 和内存之间的传送指令。

（3）程序控制指令：如条件转移、调用子程序、返回、停机等指令。

（4）输入输出指令：如主机对外设的读写指令。

（5）状态管理指令：如存储保护、中断处理等指令。

（6）扩展指令系统：如 Intel 的 MMX、SSE、SSE2、SSE4、AMD 的 3DNow！等指令集，增强了 CPU 的多媒体、图形/图像和 Internet 处理能力，但此类指令须有软件的支持和配合才能发挥效用。

2.4.2 运算器

运算器（ALU）又称为算术逻辑单元，是 CPU 中负责各种运算的重要部件。

计算机中的各种信息处理任务其实质都是各种各样的运算。这些运算主要分为算术运算和逻辑运算两大类。其中，算术运算主要指加、减、乘、除等基本运算；逻辑运算主要指与（AND）、或（OR）、非（NOT）等基本逻辑运算，以及大于（>）、小于（<）、不等于（！=）等关系比

较运算。正如前述，任何复杂的运算都由简单的基本运算逐步实现，计算机只是因为计算速度快得惊人，才使之具备诸如天气预报、实时控制以及战胜国际象棋大师等复杂信息处理的能力的。

运算器采用寄存器（Register）来暂时存放待处理的数据或计算的中间结果。寄存器是一种有限容量的高速存储部件，在 CPU 的运算器和控制器中均广为使用，主要用于暂时存放指令执行过程中所用到的数据、指令、存储地址以及指令执行过程中的各种信息。

也就是说，运算器从内存中取得数据后，先暂存在寄存器中，等待控制器发出控制信号后正式开始进行处理；处理的结果也暂时存于寄存器中，等待控制器发出控制信号后才将计算的结果送往内存。

思维训练：若对于一个特别复杂的问题，人们根本没有解决此问题的任何思路，也即不知道如何去解决它，能交给计算机去帮助我们解决吗？试着举出几个此类问题。

2.4.3 控制器

控制器（CU）又称为控制单元，是整个计算机的指挥中心。只有在控制器的指挥和控制下，计算机才能协调各部件，有条不紊地自动执行程序以完成各种信息处理任务。

现代计算机工作的本质是执行程序，完成程序的功能。控制器正是基于程序控制方式而工作的。由程序转换成的指令序列被事先存入内存中，控制器依次从内存中取出指令、分析指令并执行指令，指挥和控制计算机的各个部件协同工作。

控制器主要由程序计数器（Program Counter，PC）、指令寄存器（Instruction Register，IR）、指令译码器（Instruction Decoder，ID）、微操作控制电路（Micro-Operation Control Circuit，MOCC）、时序控制电路（Sequential Control Circuit，SCC）等组成，其功能主要如下。

1. 程序计数器（PC）

PC 用于对程序中的指令进行计数，同时存放下一条指令所在内存单元的地址。在程序开始执行时，PC 中存放的是程序的起始地址；之后，每执行一条指令，PC 中的内容自动修改为将要执行的下一条指令的地址。由于大多数指令都是顺序执行，所以 PC 通常表现为“自动加 1”；若程序发生转移，转移指令执行的结果将使 PC 中的内容改变为需转移去的内存单元地址。

2. 指令寄存器（IR）

IR 用于存放当前从内存中取出的指令。

3. 指令译码器（ID）

ID 的功能是对指令寄存器 IR 中存放的指令进行分析，得到该指令的具体操作要求。

4. 微操作控制电路（MOCC）

MOCC 的功能是依据指令内容和执行步骤，形成并提供当前计算机各部件所需的全部控制信号。

5. 时序控制电路（SCC）

SCC 用于产生固定的时序信号，以保证计算机各部件有节奏地工作。

可见，控制器正是按照时序控制电路产生的工作节拍（常称为主频）以及程序计数器 PC 指示的单元地址依次从内存中取出指令存于指令寄存器 IR 中，经指令译码器 ID 分析后，由微操作控制电路产生各种控制信号，从而控制计算机各部件协调地自动工作。

2.4.4 指令执行与系统控制过程

1. 指令执行过程

如前所述，计算机工作的过程实际上是不停地执行指令的过程。图 2-12 所示为计算机执行一条指令的简略示意图，共包含取出指令、分析指令、执行指令和 PC 更新 4 个环节。

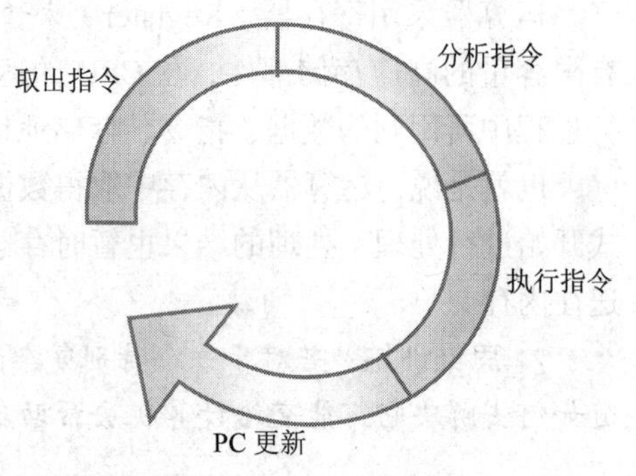

图 2-12 指令执行示意图

下面以两个数相加的指令为例，说明指令执行与系统控制的过程。

当程序开始执行时，第一条指令的内存地址 A1（十六进制）被送入控制器的程序计数器 PC 中，控制器根据 A1 的指示将 A1 中存储的指令取出后放入指令寄存器 IR 中。接着，控制器的指令译码器 ID 根据指令的具体操作要求通知 ALU 准备好相关数据（2 和 3）以待处理，如图 2-13 所示。

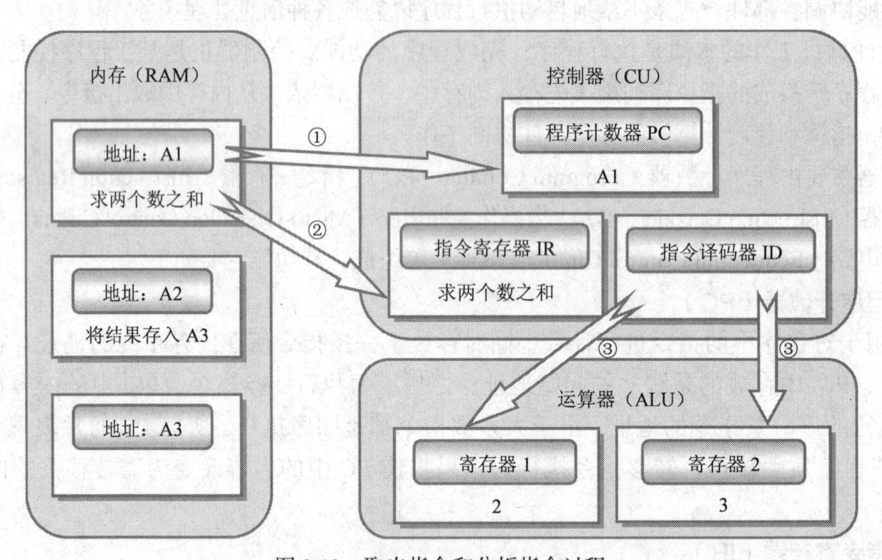

图 2-13 取出指令和分析指令过程

当 ALU 接收到控制器发出的“求两个数之和”的指令后，ALU 便将寄存器 1 和寄存器 2 中的数据进行相加，同时将结果存放在累加器（Accumulator）中。累加器的结果可用于进一步计算或依据下一条指令将结果送往内存。“求两个数之和”的指令执行完后，控制器 CU 取得下一条指令，如图 2-14 所示。之后，在该条指令的控制下，累加器中暂存的计算结果（此时为 5）将被送入内存地址 A3。

可见，指令执行的过程实际上是在控制器控制下，计算机各个组成部件按指令要求完成相应工作的过程。在这当中，控制器扮演着“最高指挥官”的作用，任何部件的操作都由控制器指挥和控制，并需向控制器汇报其当前状态和执行情况。

思维训练： 控制器通过程序计数器 PC 知道下一条指令的地址。对于顺序执行的程序，PC 通常表现为“自动加 1”，这是什么意思？

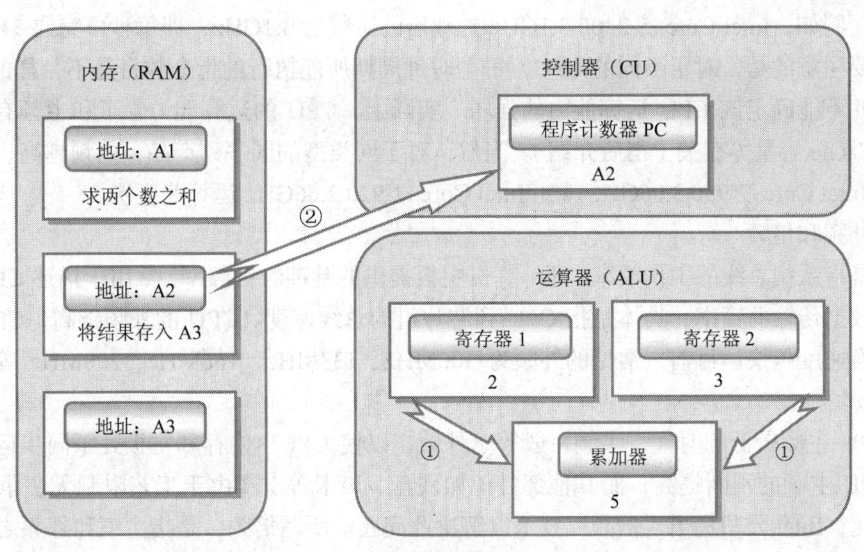

图2-14　执行指令和PC更新过程

2. 指令的高效执行

早期的CPU采用串行方式执行指令，即同一时间只能执行一条指令。也就是说，在前一条指令的所有步骤执行完毕之前，不能启动新的指令。为了提高CPU执行指令的效率，进而增强CPU的性能，可采用指令流水线（Instruction Pipelining）技术或指令并行处理（Parallel Processing）技术。

指令流水线技术允许CPU在前一条指令执行完毕之前启动新的指令。该技术就像现代工厂的生产流水线（如啤酒加工生产线），在前一个产品完全加工完成之前，可以开始另一产品的加工工序。而指令的并行处理技术，则更像工厂中具备几条生产流水线，可以同时进行多个产品的加工。这两种指令执行的方式如图2-15所示。

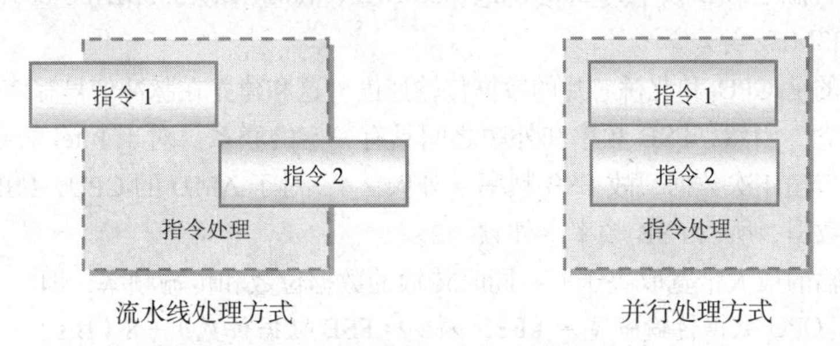

图2-15　指令执行的流水线和并行处理方式

2.4.5　现代微处理器技术

现代计算机通常将控制器和运算器集成封装在同一块芯片上，称为微处理器（Microprocessor）或CPU。作为控制系统和处理指令的重要部件，CPU的性能直接关系到整个计算机系统的性能，因此有必要先对其主要性能指标有一个全面的认识。

1. CPU的主要性能指标

（1）主频

主频是指CPU的内部时钟频率，即内核时序控制电路SCC的工作频率，常用于表示CPU的运算速度。例如，Intel Core i5-2400 3.1GHz 处理器的主频为 3.1GHz，即每秒可完成 31 亿个时钟周期。但要注意的是，对于不同的 CPU，每个时钟周期所能执行的指令数目是不一样的。因此，仅由主频并不能确定该 CPU 运算能力的强弱。实际上，CPU 的运算能力除了和主频有关外，还和字长、Cache 容量等有关（稍后介绍）。当然，对于同类型的同序列产品，主频越高，运算速度越快，如 Intel Core i7-950 3.06GHz 就比 Intel Core i7-920 2.66GHz 运算速度快。

（2）外频和倍频

外频是指系统总线的工作频率，即计算机主板提供的基准时钟频率，常用于描述 CPU 与外围设备之间数据传输的频率，具体是指 CPU 到芯片组的总线速度。CPU 的外频越高，CPU 与内存之间的交换速度越快。目前，常见的外频为 100MHz、133MHz、166MHz、200MHz 等，最高可达 400MHz。

在 CPU 主频较低的时代，主频一般等于外频，以使 CPU、内存和主板处于同步运行状态。但随着 CPU 主频的不断提高，而其他部件（如硬盘、声卡等）却由于工艺限制无法承受更高的外频。为此，Intel 公司提出“倍频”技术以解决此问题。所谓倍频，是指主频和外频之间相差的倍数，亦即

$$\text{主频} = \text{外频} \times \text{倍频}$$

例如，Core i3-2100 的外频为 100MHz，倍频为 31，则其主频为 3.1GHz。

通过倍频技术，CPU 可以运行在较高的主频上，从而充分发挥高速 CPU 的性能；同时，外围设备可工作在相对较低的外频上，以使 CPU 和其它各部件均能稳定、协调地工作。

（3）前端总线频率

前端总线（Front Side Bus，FSB）是连接 CPU 与主板上北桥芯片的总线，是 CPU 与内存集线器、显卡之间进行数据交换的唯一通道。FSB 频率的高低决定了 CPU 访问内存的速度，对系统的整体性能有较大影响。一般来说，较高的 FSB 频率可以保障系统有足够的数据供给 CPU，而较低的 FSB 频率将无法保证对 CPU 数据的供给，这就限制了 CPU 性能的发挥，从而造成系统瓶颈。目前，主流的 FSB 频率为 266MHz、333MHz、400MHz、533MHz、667MHz、800MHz、1 066MHz、1 333MHz 等。

FSB 频率指的是 CPU 和北桥芯片的数据传输速度，这和建立在脉冲信号震荡快慢基础之上的外频是不同的概念。当然，FSB 频率和外频之间具有一定的联系。对于 Intel 的 CPU，FSB 能在一个时钟周期内传输 4 次数据，故 FSB 频率 = 外频 × 4；对于 AMD 的 CPU，FSB 能在一个时钟周期内传输 2 次数据，所以 FSB 频率 = 外频 × 2。

由于数据传输的最大带宽取决于所有同时传输的数据位数和传输频率，即

$$\text{CPU 数据传输带宽} = (\text{FSB 频率} \times \text{FSB 数据位宽}) \div 8\ (\text{B/s})$$

对于当前流行的 FSB 数据位宽为 64 位的 CPU 而言，若其 FSB 频率为 1 333MHz，则可计算出其数据传输带宽为 10.6GB/s，这和 DDR3-1333MHz 内存提供的带宽相同，因此两者搭配使用将具有较好的系统性能。

值得一提的是，技术的进步是无止境的。对于最新的 Core i7 平台，由于 CPU 内部集成了内存控制器，FSB 的概念已经被摒弃，取而代之的是一种被称为快速通道互联（Quick Path Interconnect，QPI）的技术，该技术可为 CPU 提供更大的数据传输带宽。

（4）字长

字长（Word Size）指的是 CPU 在同一时间内能处理的二进制位数。该指标描述了一次时钟循环下 CPU 的运算能力。显然，CPU 的字长越长，单位时间内执行指令的数目越多，计算能力

越强。CPU 的字长由 ALU 中寄存器的位数及其与之相连电路的位数决定，一般来说，字长等于寄存器的位数。目前，主流 CPU 的字长为 32bit 和 64bit。通常，人们将机器字长为 32bit 的 CPU 称为 32 位 CPU。

（5）Cache 容量

Cache 是 CPU 和内存之间的高速存储器，几乎和 CPU 同频率运行。因此，大的 Cache 容量可显著提高 CPU 内部读取数据的命中率，减少到内存中寻找数据的时间消耗，从而提高整个系统的数据处理能力。但由于 CPU 集成技术及成本等因素的限制，Cache 不可能做得很大。例如，Intel Core i3-2100 3.1GHz 的一级缓存 L1 为 2 × 64kB，二级缓存 L2 为 2 × 256KB，三级缓存 L3 为共享 3MB；而 Core i5-2300 2.8GHz 的 L1 为 4 × 64kB，L2 为 4 × 256KB，L3 为共享 6MB。

（6）核心数量

近些年，单纯靠提高主频以提升 CPU 的性能已变得非常困难。2005 年，随着 Intel 和 AMD 先后推出 Pentium D 和 Athlon 64 × 2 双核处理器，CPU 开始正式迈进多核时代。多核 CPU 是将多个功能相同的处理器核心集成在同一块芯片上，从而在提高性能的同时有效避免了单一提高主频所带来的 CPU 功耗和散热问题。目前，主流的多核 CPU 的核心个数多为 2 或 4，部分高端 CPU 甚至可达 6 或 8 个核心，如 Core i7-3960X 3.3GHz 为 6 核心，AMD FX-8150 3.6GHz 为 8 核心。

（7）生产工艺

生产工艺主要指 CPU 内部电路与电路之间的距离，通常用微米（μm）和纳米（nm）作为单位。生产工艺的精度越高，加工的连线就越细，便可在相同体积的硅片上集成更多的元件，提高 CPU 的集成度；同时，生产工艺的不断改进，还可降低 CPU 的功耗与发热量。目前 CPU 的生产工艺一般为 45nm，32nm 和 22nm。

思维训练：计算机超频（Overclock）就是通过人为方式将 CPU 的工作频率提高，让其在高于额定工作频率的状态下稳定工作。请问，如何实现超频？超频成功的关键因素有哪些？超频有什么优缺点？

2. 主流 CPU 产品简介

自从 1971 年 Intel 公司推出世界上第一个微处理器 Intel 4004（集成 2 300 个晶体管，主频 108kHz，字长 4 位）以来，CPU 的发展已经经历了 40 年。作为计算机系统的核心部件，CPU 的发展一直备受关注，业界更是以摩尔定律“CPU 的集成度每隔 18 个月翻一番，计算速度提高一倍”来描述其发展速度。目前，生产 CPU 的公司主要有 Intel 和 AMD，其近年主要 CPU 产品如图 2-16 所示。

Intel 的 CPU 产品主要有奔腾（Pentium）、酷睿（Core）、酷睿 i、至强（Xeon）、安腾（Itanium）等，AMD 的 CPU 产品主要有速龙（Athlon）、羿龙（Phenom）、推土机（FX）等，下面逐一进行介绍。

（1）Pentium 序列

奔腾（Pentium）是 Intel 公司 X86 架构最经典的 CPU 产品，包含 Pentium、Pentium II、Pentium III、Pentium 4、Pentium M、Pentium D/E 等一序列产品。除 Pentium D/E 外，其余奔腾 CPU 均为单核产品。其中，Pentium 4 是 2005 年以前台式机的主流 CPU，生产工艺从 180nm、130nm、90nm 到 65nm 不等，产品型号较为丰富。Pentium M 用于笔记本电脑，为迅驰（Centrino）移动技术的重要组成部分，该技术使无线连接上网成为可能。Pentium D 则是 Intel 公司于 2005 年发布的第一款双核 CPU，从此开启了 CPU 的多核时代。Pentium E 是 Pentium D 的增强版本，性能更加强劲。

通过减少 CPU 的二级缓存容量，Pentium 序列衍生出经典的入门级品牌——赛扬（Celeron）。

2011 年		
2010 年		
2009 年		
2007 年		
2006 年		
2005 年		
2005 年以前		
	Intel CPU	AMD CPU

图 2-16　近年来的主要 CPU 产品

（2）Core 序列

酷睿（Core）是 Intel 公司为改善 CPU 的性能与功耗比，于 2006 年全新开发的新一代处理器架构。该架构放弃了对超高主频的追求，进而采用多核心、智能二级缓存共享和智能省电技术等，使 CPU 能在较低主频下获得较好的性能。Core CPU 共生产过两代，第一代产品的单/双核 CPU 命名为 Core Solo/Duo，主要用于笔记本电脑；第二代产品 Core 2 进一步扩展到台式机和服务器平台。也正是因为 Core 2 序列 CPU 的高效性能和低功耗表现，才使 Intel 重新扮演 CPU 制造领跑者的角色。在 Core 序列 CPU 中，包含深受市场欢迎的 45nm 制作工艺的双核处理器 Core 2 Duo E8000 序列，四核处理器 Core 2 Quad Q9X50 序列以及酷睿至尊版 Core 2 Extreme QX9650 和 QX9770 等。

（3）Core i 序列

Core i 序列包含 i3、i5 和 i7，是 Intel 于 2009 年推出的新一代架构 CPU，也是目前市场的主流微处理器。尽管 Core 2 序列 CPU 帮助 Intel 夺回了大部分市场份额，但也让 Intel 意识到前端总线 FSB 对 CPU 性能发挥的制约问题。为此，在 Core i3/5/7 中，QPI 总线彻底取代了延用多年的 FSB，内存控制器被转移到 CPU 内部，使数据带宽提升到 24～32GB/s，这使 CPU 的运算能力得以充分发挥。同时，Intel 还提出了睿频加速技术，让 CPU 可以根据实际应用需要进行自动调整核心数量和主频高低，很好地控制了性能功耗比，使 CPU 进入了全新的智能化时代。此外，Core i3/5/7 将超线程技术再一次引入，极大地发挥了处理器性能。正是这些技术的运用，无论是入门级的 i3，还是主流应用的 i5 或高端应用的 i7，一上市就得到了市场的好评，并迅速成为 CPU 市场的中坚力量。目前，Core i3/5/7 已全线从 45nm 工艺转至 32nm 工艺，正式进入第二代智能酷睿时代。新一代的 Core i3/5/7 采用 2.0 版的睿频加速技术，集成超线程技术，并内置核芯显示功能，使电脑体验更具智能性。截至今天，最强性能的台式机 CPU 为 Intel Core i7 至尊版 3960X，主频 3.3GHz，最高可睿频到 3.9GHz，拥有 6 核心 12 线程，三级缓存容量高达 15MB。

（4）Athlon 序列

速龙（Athlon）是 AMD 的经典产品，相当于 Intel 的 Pentium 处理器。Athlon 1000 曾是人类历史上第一款突破 1GHz 的 CPU，具有一定的纪念意义。Athlon 序列中的 Athlon XP 和 Athlon 64 具有较高的性价比，通过引入端到端的总线技术 HyperTransport 和对双通道内存的支持，其性能甚至超越了同时代的 Pentium 处理器，Athlon 64 FX 更是 2004—2006 年性能最强劲的桌面 CPU。和 Intel 的赛扬相同，Athlon 也衍生出廉价版本毒龙（Duron）和闪龙（Sempron），其核心技术和 Athlon 相同，但二级缓存减少为一半。针对 Intel 的 Pentium D 处理器，AMD 发布了相应的双核产品 Athlon 64 × 2，其性能比 Pentium D 更具优势。其中，以 65nm 工艺制作的 Athlon 64 × 2 5000+ 黑盒版更成为近年来 CPU 市场中的经典之作。2009 年后，AMD 将生产工艺提升为 45nm，Athlon 64 × 2 也升级为 Athlon Ⅱ × 2，主攻低端市场，由于价格低廉，同样得到市场的好评。

（5）Phenom 序列

羿龙（Phenom）是 AMD 于 2007 年基于 K10 架构的新一代 CPU 产品，采用了原生四核设计，无任何双核产品。在该序列 CPU 中，AMD 改进了存储器控制模式，并将 HyperTransport 总线升级为 3.0 规格，使总带宽得到较大提高。此外，共享三级缓存的概念也首次加入处理器中，以提高 CPU 的使用效率。但由于 65nm 工艺的限制以及早期产品存在设计上的缺陷（Bug），使 Phenom 的性能无法完全发挥且功耗较高。直到 2009 年，45nm 工艺的第二代羿龙（Phenom Ⅱ）上市，上述问题才得以解决。目前，Phenom Ⅱ产品包括双核/三核/四核/六核等产品（如六核的 Phenom Ⅱ× 6 1100T 等），分别对应低端、主流和高端 CPU 市场，凭借极佳的性价比和良好的超频和“开核”能力，Phenom Ⅱ序列 CPU 也深受市场欢迎。

（6）FX 序列

FX 是 AMD 于 2011 年 10 月 12 日发布的最新 CPU，全系包含 4/6/8 核三类处理器，采用 32nm 制造工艺和全新的推土机（Bulldozer）微架构，可支持更多的新指令集，具有较好的超频能力。例如，AMD FX-8150 为 8 核 CPU，默认主频 3.6GHz，最高可动态超频（类似 Intel 的睿频技术，称为 Turbo Core）到 4.2GHz，8 个核心被封装成 4 个模块，每个模块有 2MB 的二级缓存，4 个模块共享 8MB 的三级缓存。实际评测表明，AMD FX-8150 的综合性能比上代产品 Phenom Ⅱ× 6 1090T 有较大的提升，定将取代 Phenom Ⅱ成为 AMD 的新一代高端桌面型应用 CPU，但和 Intel 的第二代 Core i7-2600K 相比，尚有一定的距离。

（7）笔记本和服务器 CPU

上述介绍的各类 CPU 主要指桌面型 CPU，由它们可派生和衍化出其他应用领域的 CPU 及其相关品牌。例如，针对移动应用的笔记本 CPU 和针对企业级应用的服务器 CPU。对于笔记本而言，目前主流的 CPU 有 Intel Core i3/5/7 序列（如 Core i5-2430M），Intel Atom 序列（简称凌动，如 Atom E640T），AMD A4/6/8 序列（如 A8-3520M），AMD Turion Ⅱ × 2 序列（简称炫龙，如 Turion Ⅱ ×

2 N550）等。对于服务器应用而言，主流的 CPU 序列有 Intel 的 Xeon（至强）和 Itanium（安腾），AMD 的 Opteron（皓龙）等，限于篇幅，这里不再详述。

思维训练：纵观近年来的 CPU 发展情况，就如一部没有硝烟的电子集成制造技术的竞赛史，从中你得到什么体会？你能指出目前市场上的主流 CPU 型号及其基本性能吗？

2.5 信息的永久存储

CPU 将信息处理后的结果返回内存，但内存只能用于暂时保存数据和信息，断电后其中的信息将全部消失。为了长期或永久保存有用的信息，就必须将它们转存到外部存储器（外存或辅存）中。外存就像一个后备的大仓库，可以将各种加工的成品（程序或数据）保存其中，以便将来使用。

计算机的外存有很多种类，每一类都包含存储设备和存储介质两部分。本节介绍目前最常见的硬盘、光存储和闪存等存储技术。

2.5.1 硬盘技术

1. 机械硬盘的工作原理

通常所说的硬盘（Hard Disk）即指机械硬盘。和早期使用的软盘、磁带一样，机械硬盘属于磁介质存储器，它是通过盘面上粒子的磁化现象来存储数据的，如图 2-17 所示。

机械硬盘的载体一般是用铝合金或玻璃等坚硬材质制成的圆盘，在载体表面涂有很薄的磁层。磁头上缠绕着读写线圈，其头部有一个很小的空隙。根据写入电流的方向不同，磁层表面粒子被极化的方向也不同，因此可用粒子的极化方向分别代表 0 和 1。在存储数据之前，磁盘表面的粒子为随机取向。当要向磁盘中存储数据时，可用读写磁头对这些随机取向粒子进行磁化，以使粒子保持同样的极化方向；当要从磁盘中读出数据时，读写磁头可感知到粒子的极化方向，以便正确取出极化方向所代表的 1 或 0。

机械硬盘由存储盘片和访问伺服机构两部分组成，共同封装在金属盒内以形成对硬盘系统的保护并便于将硬盘安装在主机箱内。实际的机械硬盘存储盘片由多个组成，安装在同一转动主轴上，由硬盘中的驱动电机负责驱动以产生高速旋转。其中，每个盘片由上下两面磁性介质组成，每个盘面各配有一个读写磁头，用于对该磁面上的信息进行读写。磁头一般离磁面大约几英寸的距离，读写数据时并不和盘面直接接触。转轴、驱动电机和读写磁头等共同构成了硬盘的访问伺服系统。机械硬盘的结构示意图如图 2-18 所示。

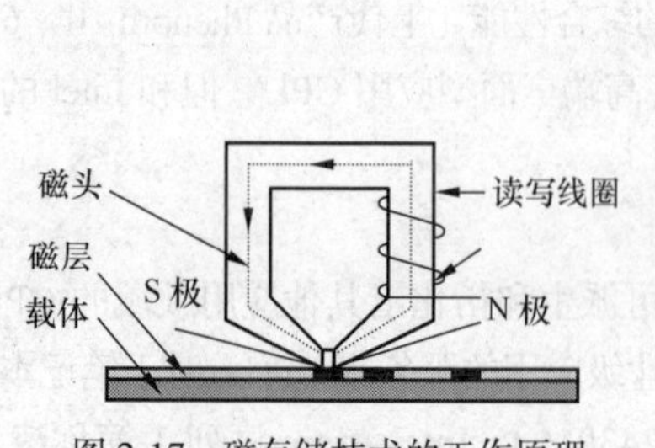

图 2-17 磁存储技术的工作原理

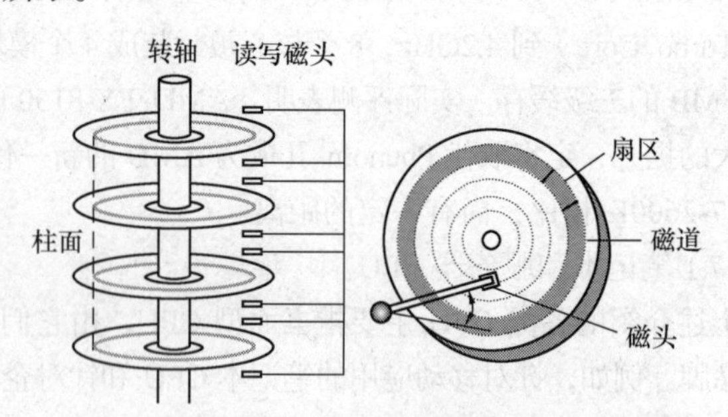

图 2-18 机械硬盘结构示意图

2. 机械硬盘的信息组织与容量

机械硬盘的信息组织方式类似早期使用的软盘。如图 2-18 所示，每个盘面被划分为很多同心圆，每一个同心圆被称为一个磁道（Track），磁道从外往内编号，最外面的为 0 磁道，该磁道中保存有整个盘面的引导记录和文件分配表（FAT）等信息，0 磁道一旦损坏，整个盘面将无法再进行信息的读写；同时，每个磁道被划分为若干区域，每个区域称为一个扇区（Sector）。扇区是盘面上最基本的存储单位，每个扇区可存放的信息量为 512B。由于硬盘由多个盘片组成，因而又可将各盘面上具有相同编号的磁道统称为柱面（Cylinder）。实际上，柱面是立体的磁道，柱面数等于单个盘面的磁道数。

因此，一个硬盘的容量可由下面的公式进行计算：

$$硬盘容量 = 磁头数 \times 柱面数 \times 每道扇区数 \times 512\,(B)$$

例如，一块 Hitachi 硬盘的磁头数为 240，柱面数为 41 345，扇区数为 63，则该硬盘的存储容量约为 298.08GB，厂商标记该硬盘为 320GB 硬盘。

机械硬盘在使用前必须经过低级格式化、分区和高级格式化 3 个过程才能使用。其中，硬盘的低级格式化是指硬盘的初始化，主要任务是划分磁道和扇区，一般由硬盘生产厂商提供的专用软件完成；硬盘的分区是指从逻辑上建立系统使用的硬盘区域，设置引导分区和逻辑分区等信息，也就是人们常说的建立 C 盘、D 盘、E 盘等，该过程可用 Pqmagic 软件或 FDISK 命令等完成；硬盘的高级格式化的主要目的是写入操作系统相关的信息，并对各分区进行初始化，使之能按系统指定的格式存储文件，该过程一般可用 FORMAT 命令或操作系统的格式化命令完成。

3. 机械硬盘的性能指标

（1）转速

硬盘的转速通常以每分钟转动次数（Revolutions Per Minute，RPM）来计算，即指主轴马达带动磁盘转动的速度。转速越高，磁头找到数据所在位置的时间越短。该指标决定了硬盘内部的传输速度。目前，常见的机械硬盘转速为 5 400RPM 和 7 200RPM，高端硬盘的转速甚至达到 10 000RPM 以上。

（2）单碟容量

该指标和碟片的磁记录密度有关，指一个存储碟片所能存储的最大数据量。目前，多数磁盘均采用垂直记录技术，单碟容量可达 80GB 甚至 500GB 以上。单碟容量越高，则硬盘的总容量越大，内部数据传输速率越也快，但硬盘磁头读写灵敏度要求就越高。

（3）平均寻道时间

该指标是指磁头移动到数据所在磁道所需要的时间，一般为 3～13ms。当单碟容量增大时，磁头的寻道动作和移动距离减少，从而使平均寻道时间减少，可加快硬盘访问速度。

（4）内部数据传输率

内部传输率是指硬盘磁头与缓存之间的数据传输率。由于硬盘的内部传输率低于外部传输率，因此它是评价硬盘整体性能的决定性因素。目前大多数机械硬盘的内部传输率一般在 70～90MB/s 之间，笔记本硬盘则在 55MB/s 左右。

（5）缓存容量

和 CPU 与内存的数据交换类似，由于硬盘的内外传输率不一致，因此缓存是提高硬盘性能的途径。硬盘缓存是硬盘与外部交换数据的临时场所。目前，大多数硬盘缓存已经达到 16MB 或 32MB，而对于大容量硬盘则达到 64MB。

4. 固态硬盘

机械硬盘具有存储容量大、访问速度快和存储量价比高等优点，一直是计算机系统的主要外部存储设备。但由于磁存储方式是通过粒子的极化原理来读写数据的，因此对磁场、灰尘、霉变、加热等较为敏感，有时也可能因为磁头机械故障造成数据无法读取。

固态硬盘（Solid State Disk，SSD）是一种由“闪存”技术衍生而来的新型硬盘，其采用固态电子存储芯片阵列 NAND FLASH 制成。和传统的机械硬盘相比，SSD 在外形和尺寸上几乎和机械硬盘一致，但其结构更加简单，主要由 PCB 基板、FLASH 芯片阵列和主控芯片构成。图 2-19 所示为传统机械硬盘和固态硬盘的对比图。

图 2-19 机械硬盘（左）和固态硬盘（右）的对比

可见，固态硬盘和机械硬盘的内部差异很大。和传统机械硬盘相比，固态硬盘的优点主要体现在：较好的抗震性和稳定性，数据存取速度快，功耗低，重量轻，几乎没有任何硬盘噪声。当然，价格和容量仍然是目前限制 SSD 硬盘进一步推广的主要因素。

思维训练：传统机械硬盘仍是目前存储市场的主流，固态硬盘则代表了一种很有潜力的发展方向。你认为在未来的 5 年内，传统机械硬盘会消失让位给固态硬盘吗？请和你的同桌讨论，并给出足够的理由。

2.5.2 光存储技术

光介质存储器是 20 世纪 80 年代中期开始广泛应用的外存储器，主要利用激光束在被记录的圆盘上存储信息，并根据激光束的反射读取信息。光存储系统包括作为存储介质的各种光盘以及存储设备光盘驱动器（简称光驱）。光存储技术具有容量大、价格低、寿命长、可靠性高等优点，尤其适合音、视频信息的存储以及重要信息的备份。

光盘盘片一般是在有机塑料基底上加各种镀膜制成的。目前，主要有 CD、DVD 和 Blu-ray 光盘 3 种，以下分别介绍。

1. CD

CD（Compact Disc，激光光盘）最早由 Sony 和 Philip 于 1980 年作为音乐传播载体而引入（CD-DA 数字音频标准），后逐渐扩展到数据存储光盘（CD-ROM 标准）、互动光盘（CD-I）、视频光盘（Video CD，VCD）、可刻录光盘（CD-R）、可重复刻录光盘（CD-Rewritable，CD-RW）等。

一般 CD 的存储容量为 650MB 或 700MB。CD 光盘必须放入相应的光盘驱动器中才能使用。常规的 CD-ROM 驱动器可以读取 CD 格式的所有类型光盘，但不能刻录；CD 刻录机不仅可读取 CD 盘片上的信息，而且可将信息一次性刻录到 CD-R 盘上；CD-RW 刻录机具备 CD-R 刻录机的所有功能，并能将信息多次刻录到 CD-RW 光盘中。

衡量一个光驱性能的主要指标是数据读取速度，常用“倍速”来表示。CD-ROM 的 1 倍速是 150KB/s，标识为 1×。常见的 CD-ROM 为 24×，32×，48×，56×等。例如，56 倍速的光驱数据传输率为 8 400KB/s。

2. DVD

DVD（Digital Versatile Disk，数字通用光盘）是 1996 年推出的新型光盘标准，是 CD 的后继产品。DVD 的诞生和标准的确立，和娱乐业的迅猛发展有直接的关系。和 CD 光盘一样，DVD 盘片的直径也约为 120mm 左右，但记录数据的光点大小从 0.85μm 减小到 0.55μm，因此存储密度更高。DVD 光盘包括 DVD、DVD+R/DVD+RW 以及 DVD-R/DVD-RW 几种。

一般 DVD 的存储容量为 4.7GB。常规的 DVD 光驱可读取各类型的 DVD 光盘，并向下兼容 CD 光盘；DVD 光盘刻录机可读取 CD、DVD 光盘，并使用 CD 和 DVD 可刻录光盘进行数据刻录。

DVD 光驱的 1×的数据传输速率定义为 1 350KB/s。常见的 DVD-ROM 的读写速度为 8×，16×，20×等。例如，20 倍速的 DVD 光驱的数据传输率为 27MB/s。

3. Blu-ray 光盘

蓝光光盘（Blu-ray Disc，BD）是由 Sony 主导的蓝光光盘联盟（Blu-ray Disc Association）于 2006 年推出的继 DVD 之后的新一代光盘格式，用于存储高品质的影音以及高容量的数据存储。蓝光光盘采用 405nm 的蓝色激光光束进行数据存取，并因此得名（注：CD 采用 780nm 波长近红外激光，DVD 采用 650nm 波长红激光）。

一个单层的蓝光光盘的容量为 25 或 27GB，双层可达到 46 或 54GB。在目前的研究中，TDK 公司已宣布研发出 4 层、容量为 100GB 的蓝光光盘。

蓝光光驱向下兼容 DVD、VCD 和 CD，蓝光刻录机可采用 BD-R 和 BD-RE 进行数据的单次或多次刻录。蓝光光驱的 1×的数据传输率定义为 4.5MB/s，则 12×的数据传输率约为 54MB/s。

目前，限制蓝光存储技术普及的直接原因是蓝光光盘和相关驱动器和刻录设备还保持在较高的价位上。

思维训练：你能准确区分市场上主流的光盘类型（如 CD-DA，DVD-Video，CD-ROM，DVD-ROM，CD-R，DVD±R，CD-RW，DVD±RW，BD-ROM，BD-RE）吗？既然有的光盘类型可多次擦写，可用它们来取代硬盘吗？

2.5.3 闪存技术

闪存（Flash Memory）是近年来发展特别迅速的存储技术，由闪存芯片制作的可移动存储设备通常称为优盘（或 U 盘），而由多颗闪存芯片组成的闪存阵列就可组建 2.5.1 小节介绍的 SSD 硬盘。无论 U 盘还是 SSD 硬盘，都是通过电子芯片中的电路系统来存储和读取数据的，都属于固态存储技术的范畴。

U 盘具有存储容量大、价格便宜、小巧方便的优点，还具有防磁、防潮、耐高低温等特性，可擦写 100 万次以上，数据可保持 100 年左右，已取代传统的软盘成为名副其实的首选移动存储设备。

U 盘一般采用 USB（Universal Serial Bus，通用串行总线）接口，支持设备的即插即用和热插拔功能，并可方便地进行连接和扩展。USB 接口已成为最流行的外部设备接口标准之一，其 USB 1.1 标准支持 12Mbit/s 的传输速率，而目前最流行的 USB 2.0 标准支持 480Mbit/s 的传输速率，未来的 USB 3.0 标准更是支持高达 5Gbit/s 的传输速率。同时，U 盘的容量从几十 MB 到几百 GB 不等，常见的为 8GB 和 16GB。这样的读写速度和容量，对于计算机之间的数据转移和备份非常方便。

另外，广泛使用在数码相机和手机上的各种存储卡大多也采用闪存技术。和 U 盘相比，这些存储卡的存储原理相同，仅是接口不同，通过读卡器便可在计算机上使用。目前最新的笔记本电脑都配备有多合一读卡器，可方便地使用常见类型的存储卡。

图 2-20 所示为 U 盘和常见的 SD 卡（Secure Digital Memory Card，安全数字存储卡）。

图 2-20　U 盘（左）和 SD 卡（右）

2.6　信息的输出

经 CPU 处理的结果可永久保存在外部存储器中，也可直接转换成人们能够识别的数字、符号、图形、图像、声音等形式，通过显示器、打印机、音箱等设备进行显示和输出，本节介绍常见的信息输出设备的特点。

2.6.1　信息的显示输出

信息的显示输出主要通过显示卡和显示器共同组成的显示输出系统来完成。

1．显示卡

显示卡（Video Card）常又称作图形卡（Graphics Card），简称显卡，其用途是将计算机系统所需要显示的信息转换为显示器能接收的信号，控制显示器正确进行显示。常见的显卡可分为集成显卡和独立显卡两种。前者是指直接集成在主板上的显卡，后者通常以单独电路板的形式插接在主板上。当然，正如前述，新一代的 Core i 序列 CPU 内部也集成了相应的显示单元，其作用类似集成显卡。常见的集成显卡和独立显卡的形式如图 2-21 所示。

图 2-21　集成在主板上的显卡（左）和独立显卡（右）

显卡一般包括图形处理单元（Graphics Processing Unit，GPU）、显存和控制电路 3 部分。GPU 是图形处理和显示的核心芯片，决定了显卡处理信息的能力。由于图像显示的所有运算都由 GPU

完成，独立显卡的 GPU 上一般安装有散热风扇。显存的大小和速度决定了复杂图形/图像显示、3D 建模渲染、屏幕显示更新速度等，对显卡的性能也有较大的影响。

2. 显示器

显示器又称作监视器，是显示信息处理结果的最终设备。常见的显示器有 CRT、LCD 和 LED 3 种类型，如图 2-22 所示。

图 2-22　CRT 显示器（左）、LCD 显示器（中）和 LED 显示器（右）

（1）CRT

CRT（Cathode Ray Tube）称为阴极射线管显示器，具有色彩还原度高、色度均匀、反应速度快、亮度高、价格便宜等优点，曾是几年前使用最多的显示器类型。但随着技术的不断进步，其体积大、高辐射和耗电多的缺点也逐渐显露出来，目前 CRT 正在被以 LCD 和 LED 为代表的新型显示器所取代。

（2）LCD

LCD（Liquid Crystal Display）称为液晶显示器，具有全平面、体积小、重量轻、辐射小、无闪烁、省电等优点，近年来已迅速成为市场上的主流显示器。LCD 本身并不能发光，需借助额外的光源才行。传统的 LCD 一般采用冷阴极荧光灯（Cold Cathode Fluorescent Lamp，CCFL）作为背光光源。早期 LCD 显示器的缺陷，如可视角度小、亮度不高、色彩不够鲜艳等，也随着技术的不断发展得到较好的改善。

（3）LED

LED（Light Emitting Diode）称为发光二极管显示器，是一种通过控制半导体发光二极管的显示方式，来显示各种信息的新技术。实际上，LED 显示器只是采用 LED 作为背光光源的 LCD 显示器。但和采用 CCFL 作为背光光源的传统 LCD 相比，LED 在体积、亮度、功耗、可视角度、刷新速率、工作可靠性等方面都更具优势，且其显示的图像色彩鲜艳、动态范围大，正迅速成为新一代的显示装置。

3. 显示器的性能指标

（1）屏幕尺寸（Screen Size）

该指标指的是显示器屏幕的对角线长度，以英寸为单位。常见的屏幕尺寸为 13～24 英寸。通常，CRT 显示器的可视尺寸略小于屏幕尺寸，而 LCD 和 LED 的可视尺寸和屏幕尺寸相当。

（2）点距（Dot Pitch）

点距是指屏幕上两个发光点（每个点称为一个像素）之间的距离，直接与图像的清晰度有关。点距越小，其清晰度越高，目前显示器的点距一般在 0.23～0.26mm。

（3）可视角度（Viewing Angle Width）

该指标指的是能清晰看到屏幕图像的角度范围。对于 CRT 而言，可视角度几乎达到 180°，而 LCD 和 LED 一般为 150～170° 之间。

（4）响应时间（Response Time）

该指标指一个像素点从暗变亮再变暗所用的时间。响应时间越短，图像的拖影和模糊越少。一般而言，LCD 的响应时间最好达到 5ms 以下。

（5）分辨率（Resolution）

该指标指屏幕上水平和垂直方向上的像素点数,如主流CRT最常使用的1 024×768，1 600×1 200等。对于LCD而言，只要屏幕尺寸固定，其分辨率都是一样的，如15英寸的LCD分辨率为1 024×768，21英寸的为1 920×1 080。对于高分辨率显示器，图像的清晰度更高，可视工作空间越大，但图像上的文字和其它对象越小。

（6）颜色深度（Color Depth）

该指标指显示一个像素颜色所需要的位数。颜色位数决定了颜色的丰富程度，当颜色深度为24位时，可显示2^{24}种颜色，称为真彩色，可提供照片级的图像质量。当颜色深度为32位时，颜色数虽仍为2^{24}种颜色，但提供了8位二进制数来调节图像的透明度。

思维训练： *如果一幅图像的分辨率为1 024×768，颜色深度为24位，则该图像所需要的存储空间大概为多少？*

2.6.2 信息的打印输出

信息处理的结果除通过显示器显示输出外，还可通过打印机直接打印输出。常见的打印机有针式打印机、喷墨打印机和激光打印机3种，如图2-23所示。

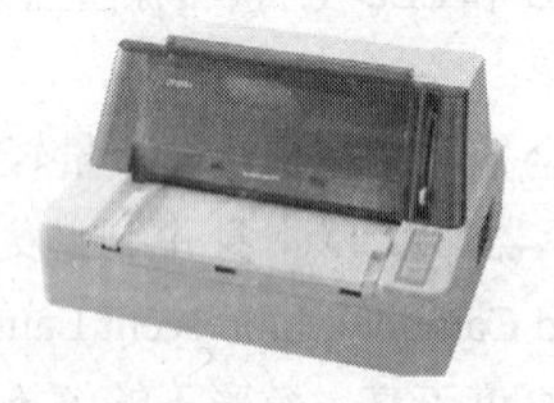

图2-23 针式打印机（左）、喷墨打印机（中）和激光打印机（右）

1. 针式打印机

针式打印机是通过打印钢针击打色带，按字符点阵形式在纸张上打印出文字和图形的打印机。按打印头上打印针数的不同，针式打印机可分为9针、16针、24针几种。针式打印机工作时噪声较大，打印质量一般，但打印成本较低，适合超市、银行等使用。

2. 喷墨打印机

喷墨打印机是通过特制的喷头将墨水喷到纸张上形成文字和图像的打印机。根据墨水种类的不同，喷墨打印机可以黑白和彩色两种方式进行打印，且打印精度较高（可达照片级水平），打印噪声小。其主要缺点是打印成本较高、打印速度慢，适合家庭和单位进行小批量打印。

3. 激光打印机

激光打印机是利用激光驱动信号，将要输出的图文信息在硒鼓的表面形成静电潜像，并经磁显影器进行显影，使潜像转变成墨粉像，然后转印到纸张上，再通过加热定影后输出。激光打印机具有打印速度快、打印质量高的优点，打印成本也随着技术的日趋成熟而逐步下降。目前，激光打印机已成为现代办公甚至是很多家庭用户的主要选择。

2.7 信息传输与转换

信息经输入设备输入内存、CPU和内存之间的数据交换、内存和外存/输出设备之间的信息流转、以及 CPU 向各计算机组成部件发送控制信号等计算机的主要工作环节，都离不开各种传输线路。而且信息在各个部件间进行传输时，需要经常被转换。为了计算机连接和组装的方便，现代计算机采用主板来统一规划各种传输线路，并将主要信息转换电路做成各种插槽或接口的形式，以方便计算机各部件和外部设备的安装。

2.7.1　主板

主板（Main Board）又称为母版（Mother Board），是计算机系统中最大的一块电路板，几乎所有的计算机部件和各种外部设备都要通过它连接起来。主板上提供了各种插座或插槽以方便 CPU、内存、显卡、硬盘等部件的安装，并设置有鼠标、键盘、音箱、U 盘、打印机等外部设备的连接接口。主板上有几块较大的集成芯片，如北桥芯片、南桥芯片、BIOS 芯片等，有些主板还集成了声卡、显卡和网卡等部件，以降低整机的成本。主板的结构通常如图 2-24 所示。

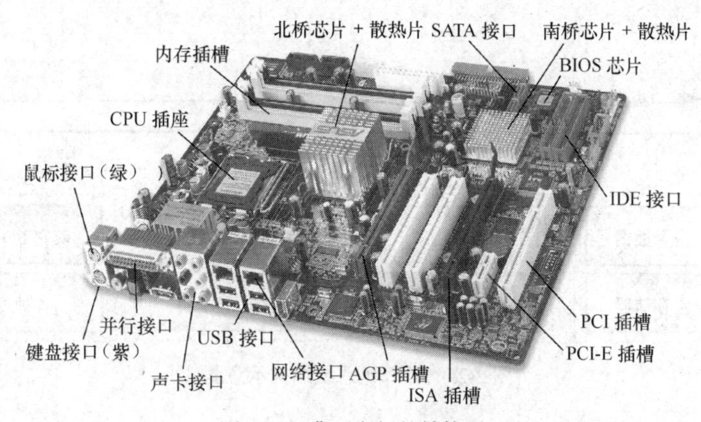

图 2-24　典型主板的结构图

主板的性能对整个计算机系统的性能有明显影响。主板上最重要的是芯片组，由北桥芯片和南桥芯片组成。其中，北桥芯片主要负责 CPU 与内存、显卡之间的联系，并负责 PCI 设备传递来的数据在北桥内部的传输；南桥芯片主要负责和硬盘、光盘以及其他外部设备交换数据，并进行电源管理。由于这些芯片发热量较高，所以芯片上一般会安装有散热片。可以说，芯片组决定了主板的基本结构和性能，同时也决定了可以使用什么样的 CPU 和内存。也就是说，不同的 CPU 要配合相应的芯片组才能正常工作。例如，Intel Core 2 Duo E8000 序列 CPU 可搭配 Intel P35，X38 等芯片组，Intel Core i5 和 i7 可搭配 Intel X58，H61，H67 等芯片组，第二代 Core i3/i5/i7 可搭配 Intel P67，H67，Z68 芯片组等，AMD Phenom II 可搭配 AMD 780G，790GX 和 NVIDIA 的 GeForce 8000 序列主板等，使用时一定要注意区分。

主板上还有一块重要的芯片是 BIOS 芯片，它是记录硬件信息的一个只读存储器。在系统启动时，计算机首先从 BIOS 芯片中调用和读取硬件的相关信息。主板上的其他芯片通常是一些板载芯片，如声卡、显卡、网卡等芯片，使计算机在不需要安装额外附加设备的情况下，便可具备相应的功能。

另外，主板上还有较多的插槽和接口，如 CPU 插座、内存条插槽、ISA 插槽、PCI 插槽、PCI-E 插槽、AGP 插槽、SATA 接口、IDE 接口、USB 接口、并口、串口、键盘/鼠标接口等。为符合 PC99 规范，这些插槽和接口都采用有色标识，以方便识别。同时，这些插槽和接口均以标准总线或接口的方式进行组织，以下再进行详细介绍。

思维训练：主板的性能很大程度上取决于主板上的芯片组。传统的主板一般采用南北桥双芯片设计模式。但随着计算机技术的发展，也有很多主板采用单芯片设计，即用一颗芯片完成南北桥芯片的功能。试说明单、双芯片设计的优缺点。

2.7.2 总线

CPU 是信息处理的中心。每一个计算机部件或与计算机相连的外部设备都要直接或间接地与 CPU 进行信息交换。由于与计算机相连的各种设备较多，若每一种设备都通过自己的线路与 CPU 相连，线路将复杂得难以实现。为了简化电路设计，现代计算机采用总线（Bus）方式来规划信息传输的线路。具体来讲，总线是一组信息传输的公共通道，所有计算机部件或外部设备均可共用这组线路和 CPU 进行信息交换。对于特定的设备，可通过接口电路的形式将其“挂接”到总线上，这样便可方便地实现各部件和各设备之间的相互通信。计算机总线的结构示意图如图 2-25 所示。

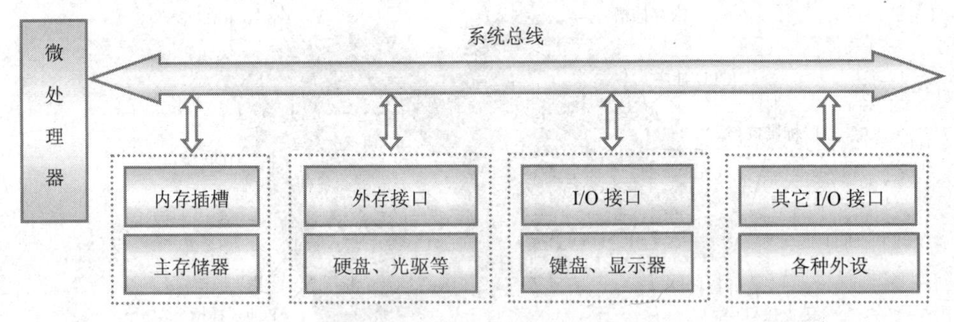

图 2-25　计算机总线结构示意图

可见，计算机总线非常类似现实生活中的高速公路。总线是用于信息交换的共用快速通道，而和每一个设备相连的接口电路则就像一条条和高速公路相连的匝道，负责该设备和总线的连接和信息转换。

1. 总线的分类

现代计算机大量采用总线方式进行信息传输，各种总线在计算机系统中随处可见。总线的分类方法也很多，主要有以下几种。

（1）按总线在计算机系统中的层次和位置不同，总线可分为片内总线（Chip Bus）、系统总线（System Bus）和外部总线（External Bus）3 种。片内总线是指芯片内部的总线，如 CPU 各组成部分之间的信息通路；系统总线又称内部总线或板级总线，是连接各计算机组成部件之间的总线，如 CPU 与内存或 I/O 接口模块之间的信息传输通道；外部总线又称通信总线，是计算机系统与其他外部系统之间的信息交换通道，如 RS-232、USB 总线等。

（2）按数据的传输方式不同，总线可分为串行总线（Serial Bus）和并行总线（Parallel Bus）两种。串行传输方式是指二进制数据逐位通过一根数据线发送到目的设备的方式，而并行传输方式有多根数据传送线，一次可发送多个二进制位。显然，从原理上讲，并行传输方式优于串行传输方式。但在高频率条件下，并行传输方式所要求的同时序发送和接收对信号线长度的要求较为严格，同时信号线间的串扰问题也较为严重，导致制造成本较高，可靠性较低。因此，近年来，串行传输技术发展迅速，大有完全取代并行传输方式的势头，如 USB 取代 IEEE 1284，SATA 取代 PATA，PCI Express 取代传统的 PCI 等。

（3）按传输信息的类型不同，总线可分为数据总线（Data Bus，DB）、地址总线（Address Bus，AB）和控制总线（Control Bus，CB）3 种。

数据总线用于传输数据信息，其位数通常与 CPU 字长相同，且信息传输是双向的，既可将 CPU 中的数据传送到其他部件，也可将其他部件的数据传送给 CPU。需要指出的是，这里所说的数据是一种广义数据，它既可以是真正的数据，也可以是指令代码或设备状态信息等。

地址总线用于传送存储单元或 I/O 接口的地址信息，信息传输是单向的，只能从 CPU 送出。地址总线的位数决定了 CPU 可直接寻址的内存空间的大小，即 CPU 能管辖的最大内存容量。若地址总线为 n 位，则可寻址空间为 2^n-1 字节。例如，地址总线为 32 位，则内存容量为 $2^{32}-1$=3GB。

控制总线用于传送控制信号和时序信号，这些信号可以是 CPU 发送给存储器和 I/O 接口的读/写信号或中断响应信号等，也可以是外围部件反馈给 CPU 的总线请求信号或设备就绪信号等。因此，控制总线的传输是双向的，其位数主要取决于 CPU 的字长。

2．总线的主要技术指标

（1）总线位宽

总线位宽是指总线能同时传送的二进制数据的位数，通常为 8、16、32 或 64 位。总线位宽越大，数据传输能力越强。

（2）总线频率

总线频率是指单位时间内总线的工作次数，以 MHz 为单位。显然，总线工作频率越高，总线工作速度越快。

（3）总线带宽

总线带宽是指单位时间内总线上传送的数据量，反映了总线的数据传输速率。总线带宽与总线位宽和总线频率之间的关系为：

$$总线带宽 = 总线位宽 \times 总线频率/8\ (B/s)$$

例如，常见的 PCI 总线的位宽为 32 位，总线工作频率为 33MHz，则其总线带宽为 133MB/s，也就是说，PCI 总线的数据传输速率为 133MB/s。

3．常见的总线类型

（1）ISA/EISA 总线

ISA（Industry Standard Architecture，工业标准架构）总线是 IBM 公司于 1981 年制定的外围设备所使用的总线，也是个人计算机（Personal Computer，PC）上最早使用的系统总线，位宽为 8 位、16 位，采用并行传输方式。1988 年，ISA 总线被扩展为 32 位，称为 EISA（Extended ISA，扩展 ISA）总线。ISA/EISA 总线的工作频率仅为 8MHz，故数据传输速率最高为 32MB/s。由于较低的数据传输率，目前 ISA/EISA 总线已被淘汰，部分主板还保留黑色的 ISA 插槽，也仅是出于兼容性的考虑。

（2）PCI 总线

PCI（Peripheral Component Interconnect，外围组件互连）总线是 Intel 公司于 1991 年推出的局部总线标准，是 CPU 与外围设备之间的一条独立的数据通道。PCI 总线的位宽为 32 位或 64 位，工作频率为 33MHz 或 66MHz，故数据传输速率可达 133～532MB/s。PCI 总线的最大优点是结构简单，成本较低，其缺点是采用共享式设计，当连接的 PCI 设备过多时，数据传输率难于保证。目前，主板上一般还配备有 3-5 条白色的 PCI 总线插槽，以连接外接声卡、网卡等设备。

（3）AGP 总线

AGP（Accelerated Graphics Port，加速图形端口）总线是一种专为图形加速卡设计的总线，由 Intel 公司于 1996 年正式推出。由于 AGP 总线在设计时提供了北桥芯片到图形加速卡之间的专用通道，使其总线带宽较 PCI 总线成倍提升。AGP 总线宽度为 32 位，工作频率为 66MHz，但可以工作在 1X、2X、4X 和 8X 等几种模式，提供的数据传输率分别为 266MB/s、532MB/s、1 066MB/s 和 2.13GB/s，满足各种日常图形、视频和主流的 3D 应用。

（4）PCI-E 总线

PCI-E（PCI Express，PCI 扩展）总线是近年来推出的一种串行、独享式总线，其目的是克服 PCI 共享型总线只能支持有限数量设备的问题，并提供更高的带宽。PCI-E 总线采用点对点串行连接和多通道传输机制，每个通道的单向传输速率为 250MB/s，且支持信息的双向传输。根据通道数量不同，PCI-E 又可分为 PCI-E X1、X2、X4、X8、X16 和 X32 几种。目前，主流的 PCI-E X16 显卡的双向数据传输速率达 8GB/s，远远高于 AGP 8X 的 2.13GB/s，PCI-E 2.0 和 3.0 标准更是将总线带宽提高到 16GB/s 和 32GB/s！因此，PCI-E 作为一种新型的总线标准，将可能全面取代 PCI 和 AGP 总线。

思维训练：并行总线就如同一条多车道的城市大道，而串行总线却如同单车道的乡间小路，为什么串行传输方式反而比并行传输方式好呢？你知道 ISA、PCI、PCI-E、AGP、USB 等各属于什么总线类型吗？

2.7.3 接口

计算机使用的外部设备很多，而且不同的设备都有自己独特的系统结构和控制方式。计算机要将这些设备连接在一起协调工作，就必须遵守一定的连接规范。接口就是一套连接规范以及实现这些规范的硬件电路，其功能主要为：负责 CPU 与外部设备的通信与数据交换、接收 CPU 的命令并提供外部设备的状态、进行必要的数据格式转换等。

通过接口，可方便地将鼠标、键盘、显示器、打印机、扫描仪、U 盘、移动硬盘、数码相机、数码摄像机、手机等设备连接到计算机上。目前，计算机主板上的常见接口有 PS/2 接口、串口、并口、USB 接口、VGA 接口、DVI 接口、RJ45 接口、音频接口、IEEE 1394 接口等，部分接口如图 2-26 所示。

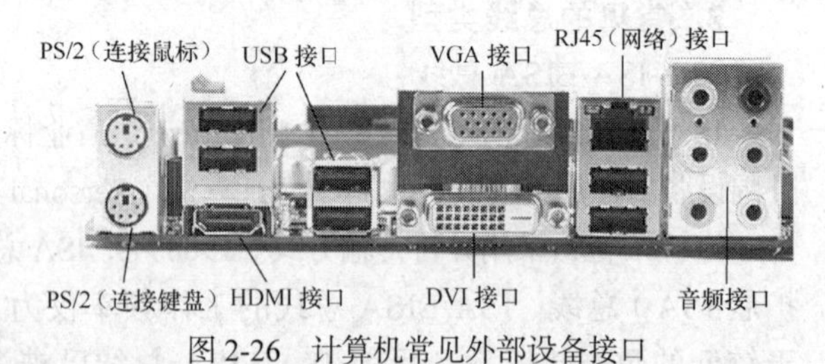

图 2-26 计算机常见外部设备接口

以下介绍一些常见的接口类型。

1. PS/2 接口

PS/2 接口是常见的连接鼠标和键盘的专用接口。其中，绿色的 PS/2 接口连接鼠标，紫色的 PS/2 接口连接键盘。PS/2 接口采用 6 脚连接器，该连接器采用双向串行通信协议。PS/2 接口的缺点是不支持热拔插，强行带电拔插有可能烧毁主板。目前 PS/2 接口的鼠标和键盘正逐渐被 USB 接口的相应设备所替代。

2. 串口和并口

串行接口有 9 针和 25 针两种，其数据传输均是一位接着一位进行传送。串口的专用设备名为 COM1、COM2……，常用于连接鼠标和调制解调器等。旧式的主板一般提供两个 COM 接口，目前也正被 USB 接口所取代，如图 2-26 所示的主板就没有再提供串口。

并行接口为 25 针，其数据采用并行传输方式，一次可以同时传输一个字节数据。并口的专用设备名为 LPT1、LPT2……，常用于连接打印机，因此并行接口常又称为打印口。同样，并行接口也正被更方便的 USB 接口所代替。

3. USB 接口

USB（Universal Serial Bus，通用串行总线）接口是 1994 年由 Intel、IBM、Microsoft 等世界著名计算机和通信公司共同推出的一种新型接口标准。该接口由于支持即插即用和热插拔、通用连接与扩展、传输速率高等优点，迅速取代“两串一并”成为外围设备的主流接口形式。目前，键盘、鼠标、U 盘、移动硬盘、扫描仪、打印机、数码相机等多种设备一般均采用 USB 接口。

正如 2.5.3 小节所述，USB 接口目前有 3 种规范：USB 1.1 的数据传输速率为 12Mbit/s，USB 2.0 的传输速率为 480Mbit/s，而未来的 USB 3.0 的传输速率更是高达 5Gbit/s。

4. IEEE 1394 接口

IEEE 1394 接口是 Apple 公司开发的一种高速串行接口标准，常称为火线（FireWire）接口。该接口提供了多种传输模式，传输速率可达 400Mbit/s、800Mbit/s，甚至 3.2Gbit/s。和 USB 接口相似，IEEE 1394 也支持设备的热拔插，并可为外围设备提供电源，能方便地连接多个不同设备。目前，该接口主要使用在智能手机、数码相机、数码摄像机等外部多媒体设备上。

5. 显示接口

计算机主板或显卡上提供的显示接口一般有 3 种：VGA、DVI 和 HDMI。

VGA（Video Graphics Array，视频图形阵列）是一种模拟信号接口，也是迄今为止计算机上应用最广泛的显示接口，主要用于连接普通的 CRT 显示器和早期的 LCD 显示器。

DVI（Digital Visual Interface，数字可视接口）是一种数字信号接口，具有显示速度快、画面清晰等优点，已成为 LCD 显示器的首选连接接口。

HDMI（High Definition Multimedia Interface，高清晰度多媒体接口）是一种全新的数字化接口，数据传输带宽高达 5Gbit/s，并且增加了对 HDCP（High-bandwidth Digital Content Protection，高带宽数字内容保护）技术的支持，可以满足 1080p 等高清音/视频的传输需求，观看带有版权的高清电影和电视节目，正成为未来显示输出的主流接口之一。

6. 硬盘接口

硬盘接口是硬盘与主机的连接接口，其作用是在硬盘缓存和主机之间传输数据。常见的硬盘接口类型有 IDE、SATA 和 SCSI 3 种。

IDE（Integrated Drive Electronics，电子集成驱动器）接口是早期最为流行的硬盘接口，其最大特点是将控制器和硬盘盘体集成在一起，以降低生产成本。IDE 接口是一种并行接口，相应的数据传输规范被称为 ATA（Advanced Technology Attachment），因此 IDE 接口常又称为 ATA 接口。ATA 接口的数据传输率主要有 66MB/s、100MB/s、133MB/s 几种。

SATA（Serial ATA，串行 ATA）是一种串行接口，具有结构简单、可靠性高、更强纠错能力、数据传输率高等优点，并且支持设备的热拔插。目前，SATA 先后确定了 3 种规范：SATA 1.0 的数据传输率为 150MB/s，SATA 2.0 和 3.0 的数据传输率分别增加到 300MB/s 和 600MB/s。由于较快的数据传输率，SATA 接口正逐渐取代 IDE 接口成为主流的硬盘接口。

SCSI（Small Computer System Interface，小型计算机系统接口）与 ATA 接口等不同，它并非专门为硬盘设计的接口，而是一种广泛应用于小型机上的高速数据传输技术。通过专门的 SCSI 控制器，SCSI 硬盘有效降低了 CPU 占用率，数据传输率可达 320MB/s，且具备多任务、扩展性好、支持热拔插等优点，但由于价格较高，SCSI 接口和硬盘主要应用于服务器和工作站中。

思维训练：总线是一组连接通道，接口是一种连接标准。说实在的，这两个概念有时还真容易混淆，你能给出一些区分的方法和技巧吗？

2.8 微机组装与系统维护

计算机已经成为现代信息社会中不可或缺的重要工具之一，无论娱乐、学习和工作，都可能用到它。如何选配一台适合自己的个人计算机，并做好日常的保养和维护工作，是很多人尤其是计算机初学者最为关心的问题。

2.8.1 部件选配与微机组装

尽管随着技术的进步，计算机的价格已有了很大的下降。但相对而言，计算机仍属于耗值商品，要花费上千元甚至过万元的费用。因此，无论在选购前还是选购过程中，都要仔细斟酌，注意每一个细节。

1. 明确选购计算机的用途

在准备购买计算机之前，首先要搞清楚的是购买计算机的主要目的和用途。对于大多数人来说，购买计算机无外乎用于文档处理、上网、看影碟、玩一些简单的小游戏等，这样的用途一台入门型计算机已经足够满足要求。如果除此之外，购买计算机还要经常用于系统开发和平面设计等，那么一台内存容量大、硬盘速度快的主流配置型计算机应该是最佳的选择。但如果计算机主要用于玩大型的 3D 游戏或者复杂的多媒体编辑，则只有性能强劲的 CPU、大容量内存、高端显卡和显示器、大容量和快速硬盘的豪华型计算机才能胜任。

总的来说，明确选购计算机用途的目的在于搞清楚什么档次的计算机最适合自己，这里讲求的是实用、够用原则，并非一味追求高档配置。可想而知，为了省钱买了一台性能根本满足不了需求的计算机是多么痛苦的事，而盲目追求奢华而不能充分发挥计算机的功能更是一种极大的浪费。

2. 经费预算并确定初步计划

明确了选购计算机的用途之后，接着就是预算所需资金。就目前而言，入门级计算机大概需要花费 3 000～4 000 元左右，而主流配置型计算机的价格一般在 5 000～6 000 元范围之内。对于性能强劲的豪华型计算机，价格甚至超过 1 万元。本着性能和资金兼顾的原则，可以大概确定购买计算机所能承受的价格区间。

确定初步购买计划还需要考量的一个问题就是购买笔记本电脑还是台式机？笔记本电脑具有便携性好的优点，但价格相对较高；而台式机又可分为品牌机和兼容机两种，前者由生产厂商把所有配置确定好，具有较为统一协调的外观和良好的售后服务，但配机灵活性相对较差，价格略高；兼容机就是通常所说的 DIY（Do It Yourself）攒机，其最大特点是每一个计算机配件均需由用户确定，灵活性好，性价比高，但要求用户对计算机硬件有一定的知识。

3. 明确配置单与部件选配

在确定了初步购买计划之后，便可以通过网络或亲临计算机卖场实地进行考察、比较，以形成最终的配机方案，并选购各种配件。

对于购买笔记本电脑和品牌台式机的用户来说，主要应关心的是计算机的关键部件，如 CPU、主板、硬盘、内存、显示卡和显示器等是否满足性能的需求，同时也应关心品牌质量、售后服务等是否有保障，不能一味地追求低价格。一般来说，知名公司的产品更值得信赖，如联想、索尼、华硕、惠普、戴尔等。

对于 DIY 攒机的用户来说，所需做的事情就要更多。首先，必须通过考察和比较确定整个电脑配置清单，包括 CPU、主板、内存、硬盘、显示卡、显示器、光驱、音箱、鼠标、键盘、机箱、电源等每一个计算机部件的具体品牌、型号和价格。这里，要特别注意几大关键部件的兼容性和稳定性，同时也要注意尽可能减少整机的性能瓶颈。在实际的购机过程中，很多人对机箱、电源等低价格设备不甚关心，事实证明以后的许多计算机故障都和这些设备的工作不稳定有关。

4. 微机组装

对于选购兼容机的用户来说，一般还涉及微机的组装过程。尽管现在的计算机配件销售商多数提供装机服务，但也只有绝大多数配件从同一家公司购买时才能享受这种服务。同时，计算机的后期保养和维护也需要用户对整个装机过程有一个大致的了解。但由于互联网上提供了大量介绍装机过程的资料和视频，限于篇幅，这里也仅对需注意的主要问题和主要装机步骤进行简要介绍。

计算机配件多为集成度很高的电路板，一不小心就可能对其造成损坏。因此，在装配过程中要格外小心谨慎，部件要做到轻拿轻放，尤其是机械硬盘等娇贵设备。同时，整个装机过程中要注意静电防护，螺丝固定要松紧合适，板卡间要良好接触等。此外，在计算机组装过程中不能连接任何电源线，也不能在通电过程中触摸任何部件。

微机的组装并不复杂，也没有绝对的安装步骤，但应包含以下环节。

（1）用螺丝将电源固定在机箱上，用定位金属螺柱和塑料定位卡固定主板，并拆除不必要的机箱挡板。

（2）安装 CPU 和散热器，注意在 CPU 芯片顶部抹上导热硅脂以加强散热效果。

（3）将内存条插入内存插槽并扣住。

（4）设置硬盘、光驱主从跳线，并将其固定在机箱相应位置，连接数据线和电源线。

（5）将显卡和其他各种板卡安装到相应插槽中，并固定在机箱上。

（6）连接主板电源线、机箱面板各信号线。

（7）连接显示器、鼠标、键盘、音箱等外围设备。

（8）通电测试，安装操作系统和各种应用软件。

2.8.2　系统保养与维护

为了能让计算机始终高效地工作，减少出现故障的几率，用户在平时使用过程中一定要定期对计算机进行保养和维护，特别注意以下方面。

1. 定期对整机进行除尘

灰尘对计算机的危害相当大，过多的灰尘将影响系统运行的稳定性，增大运行时的噪声，使系统散热性变差，时间稍长还可能烧毁电路。因此，每隔一段时间（半年到一年）应清除机箱内部、电源风扇、CPU 风扇以及各电路板上的灰尘，常采用的工具包括软的小刷子、电吹风和棉球等。

2. 做好硬盘的日常维护

目前最常使用的机械硬盘属于较为精密和娇贵的设备，使用不当极易造成损坏。为了保护好硬盘，在计算机工作时尽量不要搬动主机，以免造成硬盘磁头和盘片发生碰撞；更不要在硬盘读写数据时突然关机，这将可能导致磁头回位困难和寻道不准。同时，为了保护好硬盘上的数据，要做到经常备份重要数据，定期清理磁盘碎片，定期检查和清除病毒等。

3. 做好光驱的日常维护

光驱维护不当造成光盘数据无法读取，已成为广大用户司空见惯的事情。要维护好光驱，一方面要做到杜绝使用劣质光盘，且在光驱读写数据时，不要强行弹出光盘；另一方面，要定期使用专门的光驱清洁剂和清洁盘对激光头进行清洁。

4. 做好 I/O 设备的日常维护

输入/输出等外设的保养主要表现在平时使用习惯方面。对于键盘和鼠标来说，除了注意及时清理其上的污渍和灰尘外，还要注意不能将水泼洒到上面，以免造成电路故障。同时，平时使用中按键的动作和力度要适当，以防按键失灵。

对于显示器来说，CRT 显示器要注意防尘、防潮、防电磁干扰，还要避免强光照射造成显像管荧光粉的老化；LCD 显示器则要避免撞击、进水等，且要避免长时间工作造成晶体老化或烧毁。另外，清洁屏幕表面时，切忌直接将清洁剂喷射到屏幕上，以免其流到屏幕里造成短路，正确的做法是用专用软布蘸上清洁剂轻轻擦拭屏幕。

5. 操作系统的维护

除了维护好计算机的硬件系统外，还需要维护好操作系统为代表的软件系统，才能使计算机高效、稳定地工作。操作系统的维护主要包括：定期对磁盘进行碎片整理、定期清理硬盘上的各种垃圾文件和临时文件、定期备份系统注册表等。这些工作可通过操作系统自带的工具程序完成，也可通过第三方优化工具完成，如 Windows 优化大师等。

本 章 小 结

本章以信息流转为主线，介绍计算机系统的组成和工作原理，主要内容如下。

1. 计算机是一台能按预先存储的程序和数据进行自动工作的机器，包括硬件系统和软件系统两部分。

2. 硬件系统是计算机完成各项工作的物质基础，由主机和外设两部分组成。其中，主机包括中央处理器和内存储器；外部设备包括输入/输出设备、外存储器等。

3. 软件系统是控制、管理、指挥计算机按规定要求工作的各种程序、数据和相关技术文档的集合，分为系统软件和应用软件两大类。其中，系统软件包括操作系统、语言处理程序、系统工具软件等；应用软件包括通用软件和专用软件两种。

4. 冯·诺依曼的存储程序原理、二进制原理和五部件原理奠定了现代计算机的体系结构。依据这些原理，计算机由存储器、运算器、控制器、输入设备和输出设备 5 个基本部分组成，只能识别二进制表示的信息，且程序和数据需预先存储。

5. 计算机的标准输入设备为键盘，另外常见的还有鼠标、触控板、触摸屏等。

6. 内存是计算机临时保持程序和数据的场所，是计算机信息存取与交换的中心。内存通常分为 RAM、ROM、Cache 3 种。衡量内存的性能指标包括：存储容量、时钟频率、存取时间、CAS 延迟、内存带宽等。

7. CPU 是计算机进行各种信息处理的核心部件，由运算器和控制器两个主要部分组成。前者负责各种算术运算和逻辑运算，后者负责指挥和协调计算机工作。CPU 的主要性能指标有主频、外频和倍频、前端总线频率、字长、Cache 容量、核心数量和生产工艺等。目前，Intel 最主流的 CPU 为 Core i 序列，AMD 的主流 CPU 为 Phenom 序列。

8. 指令规定了计算机所能完成的某一种操作。计算机指令执行过程包括取出指令、分析指令、执行指令、程序计数器更新 4 个环节。

9. 信息的永久存储技术包括硬盘、光存储和闪存技术等。其中，硬盘包括传统磁方式的机械硬盘和新一代的固态电子存储芯片的固态硬盘；光存储包括 CD、DVD、Blu-Ray；闪存包括 U 盘和各种存储卡等。

10. 计算机的标准输出设备是显示器，包括 CRT、LCD 和 LED 3 种，常见的输出设备还有打印机等。

11. 主板是用于连接各种计算机部件和设备的电路板，其性能主要由主板芯片组决定。

12. 总线是用于信息交换的共用快速通道。按总线在计算机系统中的层次不同，总线可分为片内总线、系统总线和外部总线 3 种；按数据的传输方式不同，总线可分为串行总线和并行总线两种；按传输信息的类型不同，总线则可分为数据总线、地址总线和控制总线 3 种。常见的总线类型包括 ISA/EISA、PCI、AGP、PCI-E 等。

13. 接口是一套连接规范以及实现这些规范的硬件电路。常见的接口有：PS/2 接口、串口、并口、USB 接口、IEEE 1394 接口、显示接口、硬盘接口等。

14. 微机选购和组装的主要环节包括明确选购电脑的用途、经费预算并确定初步计划、明确配置单与部件选配、微机组装。

15. 微机系统的保养和维护要特别注意的方面有：定期对整机进行除尘、做好硬盘的日常维护、做好光驱的日常维护、做好 I/O 设备的日常维护以及操作系统的维护等。

习题与思考

1. 判断题

（1）计算机是一台能按预先存储的程序和数据进行自动工作的机器。（　　）

（2）硬盘一般安装在机箱内部，属于主机的重要组成部分。（　　）

（3）触控板是在显示器的前面，安装上一层透明材料制作而成。（　　）

（4）内存地址是给每个存储单元指定的编号，它具有唯一性。（　　）

（5）即使断电，ROM 中所存储的信息也不会丢失。（　　）

（6）内存的总延迟时间，与 CL 模式值密切相关，但与时钟频率无关。（　　）

（7）尽管计算机可以执行非常复杂的信息处理任务，但这些任务总是被分解为 CPU 可以直接执行的简单操作的集合。（　　）

（8）Core i3-530 属于 Core i 序列，而 Core 2 Quad Q9550 属于 Core 序列，因此前者的性能好于后者。（　　）

（9）Intel 的睿频加速技术，可以使 CPU 根据实际应用需要自动调整主频高低，但不能调整核心数量。（　　）

（10）硬盘的磁头读写数据时并不和盘面直接接触。（　　）

（11）DVD 光驱的 1× 的数据传输速率定义为 1 350KB/s，则 20 倍速的 DVD 光驱的数据传输率为 27MB/s。（　　）

（12）LED 显示器只是采用 LED 作为背光光源的 LCD 显示器。（　　）

（13）并行传输方式由于一次可以发送多个二进制位，明显优于串行传输方式。（　　）

（14）PCI 扩展总线是一种串行、独享式总线，其目的是克服 PCI 共享型总线只能支持有限数量设备的问题，并提供更高的带宽。（　　）

（15）IEEE 1394 接口是 Apple 公司开发的一种高速并行接口标准，常称为火线。（　　）

2. 选择题

（1）通常所说的主机包括________。

A. CPU、内存、硬盘　　B. ALU、控制器、主存
C. CPU、硬盘、主板　　D. CPU、内存、I/O 设备

（2）冯·诺依曼的________原理阐述了内存作为计算机重要组成部分的必要性。

A. 自动控制　　B. 存储程序
C. 二进制　　D. 五大部件

（3）以下不属于输入设备的是________。

A. 触控板　　B. 麦克风
C. 扫描仪　　D. 绘图仪

（4）人们通常所说的计算机内存是指________。

A. RAM　　B. ROM
C. Cache　　D. EEPROM

（5）以下有关 RAM 的特点，不正确的是________。

A. 数据可以读出也可以写入
B. 写入新的数据将覆盖原有位置的数据
C. 读取时可实现多次读出而不改变 RAM 中的原有信息
D. 当计算机断电后，RAM 中的信息仍然不会丢失

（6）以下有关 BIOS 和 CMOS 的说法中，正确的是________。

A. 其实，BIOS 和 CMOS 是完全等价的
B. BIOS 是系统的基本输入输出系统程序，位于硬盘的 0 磁道上
C. CMOS 存储器用于保存计算机的配置信息，是一种 RAM 存储器
D. 主板上的电池负责给保存 BIOS 程序的 ROM 芯片供电

（7）在下面的概念中，不属于内存储器性能指标的是________。

A. 时钟周期　　B. CAS 延迟
C. 带宽　　D. 单碟容量

（8）一条存取时间为 7ns 的 DDR3-1066 内存，其时钟频率为 133MHz，当 CL 模式值设为 2 和 3 时，两者的总延迟时间相差________ns。

A. 7　　B. 7.5
C. 2　　D. 3

（9）衡量内存储器信息吞吐量的指标是内存带宽，其单位是________。

A. ns　　B. Hz
C. Byte　　D. bps

（10）一条 DDR-400 内存，其核心频率为 200MHz，等效频率为 400MHz，内存总线宽度为 64bit，则其内存带宽为________。

A. 1.6GB/s　　B. 3.2GB/s
C. 12.8GB/s　　D. 25.6GB/s

（11）下面有关程序和指令的说法中，不正确的是________。

A. 程序是指挥计算机进行各种任务处理的指令集合

B. 指令是能被计算机直接识别并执行的二进制代码

C. 程序易于阅读但计算机无法直接识别

D. 指令不仅易于阅读，且计算机可以直接识别

（12）下面不属于控制器组成部分的是________。

A. 累加器　　B. 程序计数器

C. 指令寄存器　　D. 指令译码器

（13）若 CPU 的 FSB 数据位宽为 64bit，FSB 频率为 1 333MHz，则最适合和该 CPU 搭配使用的内存是________。

A. SDRAM 133MHz　　B. DDR 400MHz

C. DDR2 800MHz　　D. DDR3 1 333MHz

（14）Intel Core i5-2300 2.8GHz 的 L1 为 4 × 64kB，L2 为 4 × 256KB，L3 为共享 6MB，则以下关于该 CPU 的说法中，不正确的是________。

A. 共有 4 个核心　　B. 每个核心的二级缓存是一级缓存的 4 倍

C. 三级缓存的数量是二级缓存的 6 倍　　D. 每个核心的三级缓存为 1.5MB

（15）无法通过改进 CPU 生产工艺所达到的目的是________。

A. 提高主频　　B. 提高集成度

C. 降低功耗　　D. 降低发热量

（16）以下不属于 Intel 公司生产的 CPU 是________。

A. Pentium 序列　　B. Core 序列

C. Itanium 序列　　D. Phenom 序列

（17）机械硬盘在信息组织时，每个盘面被划分为很多同心圆，每一个同心圆被称为________。

A. 柱面　　B. 磁道

C. 扇区　　D. 轨道

（18）和传统机械硬盘相比，不属于 SSD 硬盘优势的是________。

A. 容量大　　B. 噪声小

C. 存取速度快　　D. 功耗低

（19）在下面的光存储介质中，存储容量最大的是________。

A. CD 光盘　　B. DVD 光盘

C. DVD+R 光盘　　D. BD 光盘

（20）USB 2.0 标准的数据传输率为________。

A. 1.5MB/s　　B. 12MB/s

C. 60MB/s　　D. 480MB/s

（21）________是一组信息传输的公共通道，所有计算机部件或外部设备均可共用这组线路和 CPU 进行信息交换。

A. 主板　　B. 总线

C. 接口　　D. 高速公路

（22）下列总线类型中，总线带宽最大的是________。

A. ISA　　B. PCI

C. PCI-E × 16　　D. AGP 8 ×

（23）下列总线类型中，不属于串行传输方式的是________。

A. PCI　　B. PCI-E

C. SATA　　D. USB

（24）以下不属于显示接口的是________。

A. VGA　　B. DVI

C. HDMI　　D. ATA

（25）市场上通常所说的串口硬盘，一般采用的接口类型是________。

A. USB　　B. IDE

C. SATA　　D. SCSI

3. 简答题

（1）简述现代计算机体系结构的基本思想。

（2）比较 RAM、ROM 和 Cache 的功能及特点。

（3）简述指令执行与系统控制的过程。

（4）试比较常见外部存储技术的特点。

（5）简述 PCI、AGP 和 PCI-E 总线的技术特点。

第3章 操作系统

"操作系统"一词对于多数人来说早已不再陌生。智能手机要安装操作系统，各种计算机要安操作系统，甚至工厂的大型自动化设备和医院的诊疗设备都要安装操作系统。用过微机的人多半都体验过 Windows 下的操作，但是，对于什么是操作系统，操作系统如何管理计算机系统资源，什么样的设备需要操作系统了解甚少。本章介绍有关操作系统的知识，并站在用户使用计算机的视角，详细介绍操作系统的功能和基本使用方法。

3.1 操作系统概述

没有任何软件支撑的计算机称为裸机。裸机仅能执行二进制的机器指令，也就是说，用户需要熟记每种操作的二进制指令，并且将需要处理的数据全部转换为二进制编码，再按照操作顺序用特殊的方法输入到计算机中，直接驱动计算机各种部件协同工作，才能完成计算任务。

计算机本来是为了方便人们使用而设计的。就像家电微波炉，厂家将食物解冻以及蒸、煮、煲、炒等烹饪方法预设好，消费者只需进行简单的选择，微波炉就会按照设定自动工作。计算机专家将驱动各种设备完成具体工作的指令编写成功能固定的程序模块，用户只要选择相应的程序模块就能让这些设备自动完成工作。这些管理和控制计算机设备的程序就是操作系统。

3.1.1 操作系统的产生和发展

操作系统（Operating System，OS）原本是为简化用户对硬件设备的操作而设计的。之后为了管理和控制层出不穷的、越来越复杂的硬件设备和快速膨胀的信息而不断演化发展。操作系统的发展史就是一部不断解决计算机系统管理问题和用户需求的历史。

1. 手工操作阶段（1946—1955 年）

最早的计算机并没有操作系统，人们只能通过各种不同的操作按钮来控制计算机。比如第一台电子计算机 ENIAC，每秒只能做 5 000 次加法运算，没有存储器，使用穿孔纸带或卡片输入数据和指令，给它写个操作系统，也没法装入和运行。当时的计算机硬件非常昂贵，每次只能运行一个程序，在数据输入输出过程中 CPU 一直处于空转状态，计算机利用效率极低。当时的计算机为大型主机系统，仅用于科学计算。

2. 批处理系统（1956 年—1960 年代中期）

随着磁芯存储器、磁鼓存储器、半导体存储器以及各种高速输入/输出设备的涌现，人工按钮操作方式来管理和协调计算机各种设备运转显然不能适应。人们开始使用机器语言

（或者汇编语言）将计算机的一些常用操作和对各种设备进行的控制指令写成相对固定的程序，并将它们保存在计算机中，操作人员通过调用这些程序就可以操控计算机各种设备完成工作。通过程序的运行代替人工一系列按键操作，真正实现了“存储程序，程序控制”。

尤其是晶体管计算机的出现以及莫里斯·威尔克斯（Maurice Wilkes）发明的微程序方法，使得计算机不再是笨重的机械设备。管理计算机系统的工具软件以及简化计算机操作流程的程序应运而生，批处理管理/监控程序就是其中的代表。用户按要求将程序、运行数据、作业说明书提交给计算机保存起来，批处理系统就能依次调入各个作业，控制各个作业串行地自动执行。

为了提高CPU利用率，人们设计了多道批处理系统。它可同时装入多个作业到内存中，让CPU利用前面作业因等待输入输出而空转的时间运行下一个作业，从一段时间上看好像并行处理多个作业，有效提高了作业的吞吐量。IBM OS/360就是多道批处理操作系统的代表。多道批处理系统适合大型科学计算和数据处理，系统吞吐量大，但缺乏交互性，用户一旦提交作业就失去了对其运行的控制能力，作业周转时间长。多道批处理系统的处理流程如图3-1所示。

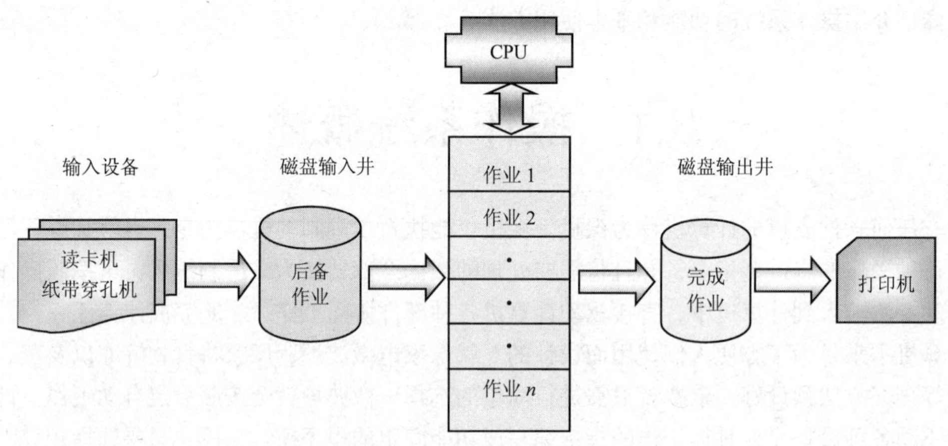

图3-1　批处理操作流程

3. 分时系统（1960年代末期开始）

计算机CPU的处理能力和内存容量都得到快速提高后，人们看到了计算机的强大信息处理能力，已不再满足传统的科学计算和数据处理，试图将计算机应用到银行账户管理、民航售票、商品采购与库存管理等商业领域。用户迫切需要改变那种提交作业、排队等待、分批计算的批处理运行模式，期待具有人机交互、共享主机和便于上机操作的计算机系统。

由于CPU运行速度和外设输入/输出速度之间存在越来越大的差距，人们设想把计算机的系统资源（尤其是 CPU运行时间）进行时间上的分割，成为一个个很短的时间片，按时间片轮流把CPU分给各个联机用户使用。于是，联机多用户交互式的分时操作系统诞生了。分时系统一般采用时间片轮转的方式，让多个终端用户共享一台计算机主机，使每个用户都能获得足够快的响应速度，并在可能条件下尽量提高系统资源的利用率。分时系统适合办公自动化、教学、商业应用及事务处理等要求人机交互对话的场合。

1963年，贝尔实验室开发的Multics操作系统开启了分时操作系统的新时代。尤其是由AT&T贝尔实验室的丹尼斯·里奇（Dennis Ritchie）与肯·汤普逊（Kenneth Lane Thompson）所开发的UNIX系统，至今仍是大型计算机操作系统的经典。目前，大部分超级计算机以及计算机网络重要节点的管理都是用 UNIX（或 Linux）构造，其特点是系统稳定、网络通信能力强、安全性高、跨平台连接性强。

4. 现代操作系统（1980 年代中期开始）

操作系统经过 20 世纪 60 年代的形成，70 年代的发展，到 80 年代功能趋于完善。随之而来的是计算机应用已经无所不在，传统的科学计算、商业事务处理早已让位于网络信息化处理和移动智能设备应用，操作系统也随之应变发展。目前，形成了以网络操作系统、分布式操作系统、微机操作系统、多处理机操作系统、嵌入式操作系统、多媒体操作系统等综合应用为主流的操作系统发展格局。此外，操作系统不断地在新的领域延伸，比如有线电视机顶盒领域（PowerTV）、移动通信领域（EPOC）、掌上计算机领域（Palm OS）、数字影像领域（Digita）等，可以说，只要存在智能芯片，具有一定计算能力的设备装置，就离不开操作系统的支持。

思维训练：从计算机发展历程和操作系统发展演变过程来看，如何理解硬件和软件的关系以及“硬件可以用软件来模拟，软件可以用硬件来实现”的含义？讨论键盘、软键盘和手机多点触控这 3 种输入装置中软、硬件的关系。

3.1.2 操作系统的功能

操作系统是管理计算机系统所有资源，控制其他程序运行，并为用户提供人机交互操作界面的系统软件的集合。在操作系统的控制下，裸机的性能得到了提升和扩充，相当于把一台物理上的机器扩充为与人更亲近的虚拟机器，这台虚拟计算机的指令就是操作系统的命令和编程接口。操作系统功能结构如图 3-2 所示。

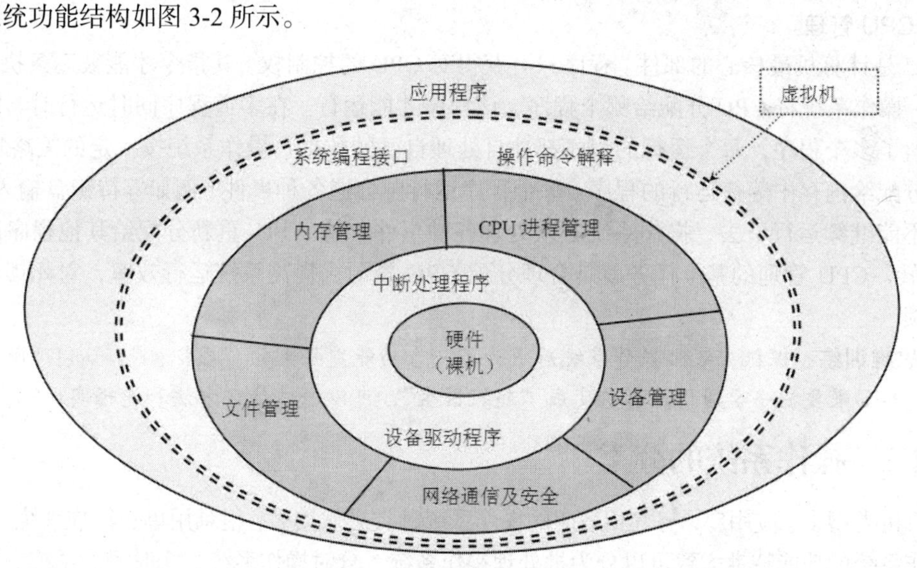

图 3-2 操作系统功能结构

操作系统主要通过以下几个方面实现对计算机系统资源的管理：程序控制和操作控制、设备管理、文件管理、内存管理、CPU 管理。随着计算机网络的日益普及和网络安全面临新的挑战，现代操作系统也都具备了基本的网络管理服务和相应的安全保护机制。

1. 程序控制和操作控制

用户程序自始至终是在操作系统控制下运行的。当用户需要运行某个程序时，操作系统会将用户程序从外存装入内存，并使它顺利执行直到结束。此外，操作系统还将自身的功能模块提供给用户，让其在设计的应用程序中直接引用操作系统的内核代码。同时，操作系统作为人机交互界面，为用户提供简洁、方便地操控计算机系统的手段。

2. 设备管理

设备管理的任务是管理输入/输出（Input/Output，I/O）设备和外部存储设备（简称外存），使用户能够方便地使用和共享设备。当程序运行中需要用到外设时，设备管理会按照外部设备的类型和一定的策略把外设分配给该运行程序；按照程序运行的要求启动设备，控制设备工作，实现数据的输入/输出；I/O 结束后会负责回收设备。

3. 文件管理

计算机系统中的各种信息资源都必须存储在外存设备上。现代计算机系统中，为了便于管理，将程序、数据及各种信息资源都组织成文件，以文件为基本单位进行读写、检索、共享、保护，用户无须知道这些数据存放在外设的哪个位置，只要通过文件名就可实现对文件的基本操作。文件管理的任务就是对文件进行组织、管理，向用户提供按文件名进行操作的界面和编程接口。

4. 内存管理

任何程序（包括操作系统）都必须装入内存才能运行。在多用户多任务运行环境下，操作系统需要将有限的内存资源分配给多道程序，满足各个程序运行要求。内存管理将根据各用户程序的要求，按照一定的策略为每个程序分配内存；采取间隔保护措施保护各用户程序的数据不被破坏；当某程序所要求的存储容量超过了系统物理内存可用空间时提供内存扩充能力，实现虚拟存储；程序运行结束时能回收内存。

5. CPU 管理

CPU 是计算机最核心的部件。程序只有获得对 CPU 的控制权，其指令才能被逐条执行。也就是说，操作系统将 CPU 分配给哪个程序，该程序才能运行。在多道程序同时运行时，内存中同时驻留了多个程序，每个运行的程序都独自处理自己的数据，操作系统按一定的策略将 CPU 交替地分配给内存中等待运行的程序。每个程序运行中会遇各种事件（例如等待键盘输入数据）而暂时不能继续运行下去，操作系统必须处理各种事件，将 CPU 重新分配给其他程序以避免 CPU 空转。CPU 管理的基本任务就是合理分配 CPU 资源，提高系统运行效率，对死锁进行检测和解锁。

思维训练：裸机安装上操作系统后成为了一台功能更强大的“虚拟机”。如何理解虚拟机这个概念？如果要把一台通用计算机变成“超级医生”，可以通过什么方法和途径实现？

3.1.3 操作系统的分类

计算机类型多、应用广，与之相适应的操作系统种类必然繁多，很难用单一标准来统一分类。根据操作系统的功能特性大致可以分为批处理操作系统、分时操作系统、实时操作系统、网络操作系统、分布式操作系统和嵌入式操作系统。

对于批处理操作系统和分时操作系统在 3.1.1 小节中已有介绍。下面介绍其他几类操作系统。

1. 实时操作系统

实时操作系统（Real Time Operating System，RTOS）泛指具有一定实时资源调度以及通信能力的操作系统。所谓“实时”就是及时响应，是指系统能即时响应外部事件的请求，在规定的时间内完成对该事件的处理，并控制所有实时任务协调一致地运行。它必须保证即时性和高可靠性，对系统的效率则放在第二位。

与金融投资决策、军事指挥控制、导弹飞行控制等信息处理的时间响应速度要求很高的应用领域，必须使用实时操作系统。在这些应用中，计算机必须及时接收从远程终端发来的服务请求，根据用户提出的问题对信息进行检索和处理，并在限定的时间内对用户做出正确回答。实时操作系统具有及时性要求高、系统可靠性高、实时时钟管理、过载保护等特点。主要的追求目标是对外部请求在严格时间范围内作出反应、高可靠性和安全性。典型的实时操作系统有 iEMX、VRTX、RT Linux 等。

2. 网络操作系统

网络操作系统（Network Operating System，NOS）是为计算机网络配置的操作系统。计算机网络是由通信线路将地理上分散的自主计算机、终端、外部设备等连接起来，达到数据通信和资源共享目的的计算机集群。计算机网络中的每台计算机都有自己的操作系统（即本地操作系统），用来实现本机资源的管理和服务。网络操作系统是在本地操作系统之上附加的一层网络管理软件，它按照网络体系结构的各种协议来实现网络用户之间的通信、网络资源共享、网络管理、安全控制等功能。简而言之，NOS 就是管理网络资源，为网络用户提供服务的操作系统。典型的网络操作系统有 NetWare 5.0、UNIX Ware 7.1 、Windows NT Server 4.0、LAN Server 4.0。

3. 分布式操作系统

分布式操作系统（Distributed Operating System）是指通过通信网络将物理上分布的，具有自治功能的计算机系统互连起来形成一个统一的整体，实现系统资源统一分配，以便各计算机协作共同完成任务。

由于分布式计算机系统的资源分布于系统中不同计算机上，操作系统对用户的资源需求不能像一般的操作系统那样等待有资源时直接分配的方法实现，而是要在系统的各台计算机上搜索，找到所需资源后才可进行分配。对于有些资源，如具有多个副本的文件，还必须考虑数据的一致性（保证同一时刻多个用户从同一文件中读到的数据是相同的）。分布式操作系统的结构也不同于其他操作系统，它的管理和控制功能分布于系统的各台计算机上，可把一个大型程序分布在多台计算机上并行运行，有较强的容错能力和负载均衡能力。分布式系统还处在研究和初步使用阶段。

4. 多处理机操作系统

为了提高系统的吞吐量和可靠性，在高性能计算领域大量采用多处理机系统。全球高性能计算机普遍采用多处理机系统，比如我国的超级计算机天河一号 A（2010 年 11 月 TOP500 排名第一，安装 Linux 操作系统）就采用了 3 种类型的 CPU 共 18 万多个内核；目前最快的计算机（日本的“京”，2011 年 12 月 TOP500 排名第一，安装 Linux 操作系统）CPU 内核总数达到 70 多万个；就连微机 CPU 都进入到多核时代。要充分发挥多核 CPU 的性能，需要有控制多处理机并行执行，协同完成任务的操作系统——多处理机操作系统。

5. 嵌入式操作系统

目前，全球已有数百亿计的智能芯片，小到功能单一的 IC 卡、单片机，大到专业应用的自动控制系统。在各种智能家电、汽车控制系统、智能工控系统、智能医疗设备等装置中，需要有完成特定功能的软硬件系统，它们形成一个完整的智能设备。由于它们被嵌入在各种设备、装置或系统中，因此称为嵌入式系统。

在嵌入式系统中的操作系统，称为嵌入式操作系统（Embedded Operating System）。嵌入式操作系统是运行在嵌入式智能芯片环境中，对整个智能芯片以及它所操作、控制的各种部件装置等资源进行统一协调、调度、指挥和控制的系统软件。其运行环境和功能要求具有特定性，在性能和实时性方面有严格的限制。设计嵌入式操作系统时要充分考虑能耗、成本、可靠性、易连接性、资源占用等因素。同时，要求系统功能可针对需求进行裁剪、调整和生成，以便满足最终产品的设计要求。

嵌入式操作系统目前主要应用在掌上电脑、家用电器、汽车、工业设备、军事装备等设备上。随着物联网应用的发展，各种智能传感设备、智能仪器仪表的都需要嵌入式操作系统的控制和管理。Palm OS 是一种 32 位的嵌入式操作系统，用于掌上电脑。

思维训练：从功能分类上看，各种类型的操作系统都在不断融合，不断发展。给操作系统分类的意义何在？如果要给未来的“智能家庭影院”设计一个操作系统，其分类以及功能如何界定？

3.1.4 微机常用操作系统介绍

自从第一台微型计算机诞生以来，微机成为计算机领域最活跃的、发展最快、应用最广、与寻常百姓生活工作最密切的机型。微机操作系统可分为 8 位、16 位、32 位、64 位操作系统几种类型；也可按同时联机用户数量和运行程序数量分为单用户单任务、单用户多任务、多用户多任务操作系统。

微机上常见的操作系统有 DOS、Netware、Linux、Windows 系列、MAC OS 系列等。这些操作系统中除 DOS 外，其他都具有并发性、共享性、虚拟性和异步性 4 个基本特征。

1. 单用户单任务操作系统

单用户单任务操作系统是只允许一个用户联机，且每次只能执行一个应用程序的系统。最具代表性有 CP/M（8 位）和 MS-DOS（16 位）。

1975 年开发的 CP/M（8 位）成作为第一个微机操作系统。1981 年由微软公司为 IBM 个人计算机开发的磁盘操作系统（Disk Operating System，DOS）MS DOS（16 位）是一个单用户单任务的操作系统，具有文件管理方便、外设支持良好、小巧灵活、应用程序众多等特点。MS-DOS 成为了 IBM PC 微机最常用的操作系统。在 1985 年到 1995 年间 DOS 占据微机操作系统的统治地位。直到现在，Windows XP 中还保留有 MS-DOS 的操作模式。

1984 年，苹果公司发布的 System 1 是世界上第一款商业化取得成功的图形化用户界面操作系统。此操作系统紧紧与苹果 Macintosh 系列电脑捆绑在一起。随后苹果操作系统历经了 System 1 到 System 7.5.3 的巨大变化，从 System7.6 版开始，苹果操作系统更名为 Mac OS 7，至今一直沿用 Mac OS。当然，Mac OS 也与时俱进升级为单用户多任务的 32 位操作系统。

2. 单用户多任务操作系统

单用户多任务操作系统是只允许一个用户联机，但能够同时运行多个程序的操作系统。最具代表性的是 IBM OS/2（最初为 16 位，后升级为 32 位）和 Windows（32 位）。

1993 年 7 月，微软推出的 Windows 3.1 是一个以 OS/2 为基础的图形化用户界面操作系统。此后推出了 Windows 95、Windows 97，直到 1998 年 6 月推出的 Windows 98（之前的 Windows 版本统称为 Win 9x），依然是建立在 MS-DOS 的基础上。2000 年 3 月推出的 Windows 2000 才算是第一个脱离 MS-DOS 基础的图形化操作系统。微软的巨大成功使得 Windows 系列操作系统最终获得了世界个人电脑操作系统软件的垄断地位。

2001 年 10 月，微软推出的 Windows XP 是自发布 Windows 系统以来所推出的意义最为重大的操作系统。它采用 Windows NT/2000 的核心技术，运行稳定可靠。其图形用户界面设计焕然一新，方便用户操作使用；运行速度得到较大提高，工作效率得到良好的改进。较之前的所有版本，

Windows XP 更安全，且具有良好的兼容性，无论是现在时兴的 64 位技术还是双核技术，都能很好地支持。

3. 多用户多任务操作系统

多用户多任务操作系统是指能同时允许多个用户联机操作，并且同时并发执行多个用户程序的系统。实质上是微机上的网络操作系统，运行在服务器上，通过客户机/服务器（C/S）模式让多个客户机联网共享服务器上的系统资源。最具代表性的有 NOVELL 公司推出 Netware（32 位、64 位）、微软的 Windows Server 2003（32 位、64 位），以及自由软件 Linux（32 位、64 位）、FreeBSD（32 位、64 位）等。

微软 2003 年 3 月发布的 Windows Server 2003 在随后的一段时间内都是运行最快、最可靠和最安全的 Windows 服务器操作系统。目前，在企业级网络系统中，有大量的应用，其最新版为 Windows Server 2008。Linux 是一个支持多用户、多任务，实时性较好的且稳定的操作系统，与 UNIX 标准高度兼容，并且完全免费。Linux 具有良好的用户界面、丰富的网络功能、可靠的安全性和稳定性、实时性好、支持多种操作系统平台。FreeBSD 是另一款开源代码操作系统。它是 BSD UNIX 操作系统的微机版（基于 Intel CPU 平台），突出的特点是 FreeBSD 提供先进的联网、负载能力，卓越的安全和兼容性。

思维训练： *在微机操作系统中，Windows 早已一家独大，而苹果 MAC OS 风光不再，原因何在？Linux 异军突起，从超级计算机、大型机、微型机、便携机以至手机和智能家电产品都有它的领地，如何看待 Linux 的发展？*

3.2　用户操作界面和编程接口

用户首先通过操作系统界面与计算机打交道。计算机内部隐藏着的强大功能也是通过操作界面和编程接口被人们不断挖掘利用的。操作系统中实现人机交互功能的软件主要作用是控制有关设备的运行，正确接收并理解用户的命令和请求，调用系统内核模块完成用户请求。此外，操作系统还提供用户编程接口，让应用程序开发人员可以直接通过系统调用或 API 函数调用方式使用操作系统内核代码。

3.2.1　操作界面的演变

操作界面的发展与输入输出设备密切相关。限于设备发展水平，最早的计算机需要通过按钮和开关操控机器运行。键盘和 CRT 显示器设备的出现让用户通过键盘输入命令字符和参数，操作系统接到命令后立即执行并将结果呈现在显示器上。鼠标的普及以及高性能图形卡的使用，让设计人员可以设计出美观简洁的菜单界面，用户通过键盘和鼠标选择功能菜单操作计算机。随后，更简洁、直观的图形用户界面代替了菜单界面。触摸技术的应用以及文字、语音识别技术的成熟，丰富了图形界面的内容和输入输出形式。可以预见，未来智能化的多媒体界面将成为主流，使人机交互逐渐步入虚拟现实时代。

1. 字符界面

计算机通过键盘来接受用户输入的命令，输入的字符直接显示在屏幕上便于校对和修改，运行状态和结果都以字符方式显示出来。这就是字符用户界面（Character User Interface，CUI）。

用户通过输入一条条命令交互式地控制计算机的操作。操作系统提供的所有命令构成了命令语言，反映了系统给用户提供的全部功能。命令具有规定的格式，一个命令行由命令动词和一组参数构成，它指示操作系统完成规定的功能。

命令的一般格式为：**命令 参数1 参数2……参数 *n* /开关参数**

比如，Windows XP 操作系统的命令提示符界面下的基本命令有 type、attrib、xcopy、dir、cd、md、rd、ping、ipconfig 等。也可以将经常需要执行的若干条命令保存在一个文件（称为批处理文件，扩展名为.BAT）中，运行该文件相当于自动执行了一批命令。

字符界面节约计算机系统资源（内存消耗少、运行速度快），在熟记命令的前提下使用字符界面，往往比使用图形用户界面的操作速度要快。对于工作中经常需要完成的有一定规律的操作，可以用批处理命令或 Shell 命令编程方式保存起来，需要时直接运行命令文件，能避免大量的重复操作。至今图形用户界面的操作系统中通常都保留着字符界面

2. 图形界面

图形用户界面（Graphics User Interface，GUI）克服了命令行界面的不足，是近几年来最为流行的联机用户操作界面。GUI 使用窗口、图标、下拉菜单、弹出菜单、对话框、滚动条、按钮、鼠标指针等各种形象的图符，将系统的各项功能直观、逼真地表示出来。用户通过单击鼠标选择菜单项、窗口、对话框等，就能驱动系统自动执行命令，轻松自如地完成各项工作。

目前，大部分的操作系统都以 GUI 界面为主体。操作系统在进行升级时首先都会给它换脸，使图形界面美观时尚。例如，Windows 在每次新版本上市时，都会将其图形界面改头换面，而 Mac OS 也在 Mac OS X 上市时出现重大转变。

尽管 GUI 方式通过灵活点击图标即可驱动系统功能，避免了记忆大量烦琐的操作命令和参数，打破了困扰业界已久的人机阻隔。然而，现实中的许多图形用户界面操作系统也存在着系统漏洞带来的系统稳定性、安全性、交互性等烦恼和隐患。与字符界面相比，图形界面带来的系统开销显著增大。操作界面的人文特征不仅影响着计算机的推广应用，甚至影响到人们的工作、生活和健康，比如“鼠标手”、颈椎病已成为现代白领的职业病。

3. 多媒体用户界面

随着语音识别、字符（汉字）识别、图形图像识别等技术的发展和实用化，以及触摸设备的广泛应用，操作系统的用户界面朝着多媒体、多通道方向发展。目前的智能手机、银行自动柜员机、汽车导航仪、媒体播放器、游戏机、平板电脑等普遍采用了触摸屏技术，人们可以通过手写、语音、软键盘、手指滑动等多种方式实现人机交互。

多点触控技术让用户使用日常生活中的手势完成计算机操作。例如，双击可以放大或还原图片，手指拨动可以切换图片，双指拉伸可以放大图片，双指收缩可以缩小图片等都是模拟人类自然的手势，用户自然地从现实世界中迁移知识。逼真的图标使用户一看就能理解其含义，最大限度地降低了学习成本。不久的将来，各种结合使用温度传感器、重力传感器、光感应传感器的设备，能够帮助用户完成很多操作界面的自适应操作，使操作界面更加彰显人性化和个性化。语音、手写、手势、3D 交互、人机之间的传感设备等这些新的交互技术突破了人与机器交互的基本障碍，构造了更和谐的人机环境。

思维训练：谁最喜欢字符界面？未来的操作系统会彻底废弃字符界面吗？

3.2.2 图形用户界面的基本对象

屏幕、键盘、鼠标是图形界面的主要操作设备。鼠标用作定位和选择操作对象；键盘也可作为辅助的定位和选取设备，但最主要的功能还是输入字符和快捷键操作。鼠标常用的操作有：“移

动”鼠标，将鼠标指针移到操作对象上；“单击”选中一个操作对象；“双击”打开操作对象；“右击”打开与对象相关操作的快捷菜单；“滚轮”移动窗口中的滚动条；“拖动”一般用于选择多个操作对象，复制或移动对象。另外，鼠标也常和键盘上的控制键 Ctrl 键、Alt 键、Shift 键组合使用。当然，在使用鼠标时一定要注意光标的状态（鼠标指针的形状），不同的状态代表不同的含义，完成的操作也不一样。

GUI 界面图形对象全都由屏幕显示。目前的图形界面主要是通过桌面、窗口、对话框的形式显示。桌面是操作系统的主界面，以图标方式显示系统主要功能和应用程序快捷键。窗口是应用程序的主要操作界面，通常包含菜单和工作区。对话框不包含菜单，当程序中某些操作需要用户通过交互对话方式提供明确的、进一步的指示，或显示当前操作的提示信息时，就会弹出对话框来让用户选择参数和输入字符。因此，使用图形界面的任何软件，不论是操作系统还是应用程序，基本操作都是类似的，不同的是各种软件的功能存在差异，界面布局和操作习惯有所不同。

1. 桌面

桌面是操作系统的脸面。简洁、美观、个性化是桌面的特质。一般将操作系统最核心的资源和重要操作以及经常使用的应用程序、文件目录等以图标方式显示在桌面上，目的是方便用户使用。通过桌面上的图标和任务菜单，可以实现操作系统的全部操作。

桌面最具个性化的是用户对桌面主题的选择和设置。比如，Windows XP 的桌面主题包含风格、壁纸、图标、屏幕保护、鼠标指针、系统声音事件等。用户可以重新定制界面风格，包括改变窗口的外观、字体、字号、颜色、图标大小、按钮形状等。自定义的风格将改变 Windows 原有面貌，并使系统中所有程序界面的风格与其一致。

每个公司都会对自己的不同版本的操作系统桌面进行个性化设计，以吸引用户注意和方便用户操作。比如，微软公司从机场和地铁的指示牌得到灵感设计了 Metro 风格界面，成为 Windows 8 代表性的亮点。而苹果公司的 Mac OS X 在触摸屏上支持多点触控手势操作，以及全屏模式显示减少多个窗口带来的困扰，使用户获得与 iPhone、iPod touch 和 iPad 相同的体验。Windows 8 与 Mac OS X 操作系统桌面如图 3-3 所示。

Wnidows8 桌面　　Mac OS X 桌面

图 3-3　操作系统桌面

2. 窗口

窗口是程序的主要工作界面。程序运行中相关数据的输入、输出、编辑排版、查询统计等操作都要在窗口中完成。应用程序的窗口有两种，即单文档窗口和多文档窗口。单文档窗口应用程序每次运行只能产生一个工作窗口。例比，如 Windows XP 系统附件中的“记事本”程序，每打开一次只能编辑一个文本文件，要同时编辑多个文本文件就需要打开多个记事本程序，将产生多个编辑窗口。因此窗口数量多，管理复杂。

多文档窗口应用程序启动一次后，可以通过新建文件的方式生成多个工作窗口。这些相对独立的工作窗口都包含在该应用程序窗口之内。在一个应用程序窗口之内进行多个工作窗口的操作方式，简化了窗口的管理。例如，Word 程序启动后，可以编辑多个文档，各个文档窗口都包含在 Word 窗口之中。无论是单文档窗口还是多文档窗口，它们一般都包含标题栏、菜单、工具栏、工作区、状态栏等主要的对象。对窗口的操作可以通过标题栏完成，如窗口的最大化、最小化、还原、移动位置、关闭等。

（1）菜单

菜单采用层叠的下拉列表选项显示出程序中可以执行的操作（命令），供用户选择使用。菜单一般布置在窗口的标题栏下，有的应用程序使用浮动菜单，可以用鼠标拖动它到窗口中其他位置。程序提供的所有命令几乎全部都布置在分层构造的菜单中，重要程度（使用频率）一般是从左到右，越往右重要度越低。例如，最常用的“文件”菜单、“编辑”菜单总是放在最左边，然后往右有各种设置等操作，最右边往往设有“帮助”菜单。一般通过移动鼠标选择菜单项，然后单击执行该命令。

菜单的层次根据应用程序的不同而不同，常用下拉菜单的形式分层。要注意菜单项的文字浓淡程度和右边的符号有不同的含义，菜单文字较淡表示该命令还不具备执行条件，暂时不能执行；菜单右边的小三角形符号表示还有下级菜单需要进一步选择；菜单右边的有 3 个点，表示要弹出对话框进一步选择或输入参数，命令才能继续执行；某些使用频率很高的命令，其菜单项右边会显示出相应的快捷键常见的菜单项。如图 3-4 所示。

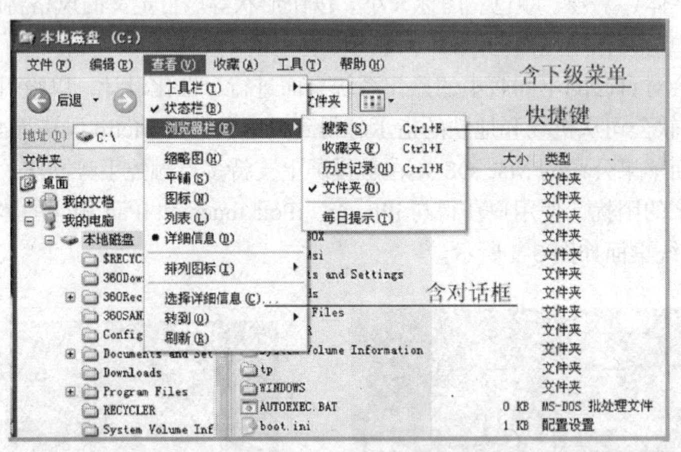

图 3-4　常见菜单项

此外，为了方便操作，程序中一般都设置了快捷菜单。与程序中固定的层叠菜单不同的是，快捷菜单在层叠菜单栏以外的地方，通过鼠标右击选中的对象（或窗口中特定的位置）就会弹出与该对象有关的命令菜单。根据鼠标右击位置的不同，菜单内容会即时变化，列出所指示的对象目前可以进行的操作。

（2）工具栏与快捷键

菜单中常用的命令用图标表示出来，形成的按钮组称为工具栏。使用工具栏代替菜单，减少了一层层翻动选择菜单项的操作，极大提高了工作效率。为了不影响工作窗口的操作，工具栏一般不会做得太多、太大。程序一般都允许用户自定义工具栏，让用户根据自己的要求和习惯设置工具栏。大型应用程序一般都会根据命令之间的关系分组建立多个工具栏，将不常用的工具栏隐藏起来，需要时再显示。工具栏通常设计成浮动方式，用户通过拖拽可以将工具栏移动到窗口的任何位置。

对于一些通用的、使用频率最高的菜单命令，程序中往往会定义快捷键。按下键盘上的一些组合键，相当于直接执行该菜单项的命令，减少了移动鼠标和单击鼠标的操作。例如，Ctrl+C 快捷键执行复制操作，Ctrl+V 快捷键执行粘贴操作。快捷键是在应用程序窗口中任何位置、任何时候都能得到响应的操作。菜单中一般都标出了相应的快捷键，应用程序也提供了自定义快捷键功能，用户可以根据自己的习惯设置快捷键。

（3）工作区

这是应用程序实现数据输入、输出的窗口区域，是程序的主要显示区域。一般都布置在窗口的中央位置，并占据窗口很大部分，如 Word 进行文字编辑排版的区域、Excel 进行电子表格制作的区域、“画图”程序绘制图像的区域都称为工作区。

（4）状态栏

一般布置在窗口的底部，用于显示程序的运行状态和当前操作的相关信息。

使用 GUI 界面的任何程序都离不开窗口，它是程序实现自身功能的集中体现，也是用户完成工作的场所。任何程序的使用，都可以从菜单入手，通过浏览并试用各个菜单项了解程序的功能，掌握程序的基本操作；通过熟练使用工具栏，有效地提高操作效率；遇到困难与疑惑时，可以右击弹出快捷菜单进行尝试或使用“帮助”功能；而熟记一些常用命令的快捷键，能使操作得心应手，做到更快、更好、更专业。

3. 对话框

程序中的某些操作（命令）在执行过程中因为给出的条件不够，需要用户干预重新输入参数或设置选项才能继续执行，就会弹出对话框来等待用户进行交互。用户可以在对话框中完成输入信息、阅读提示信息、设置选项等操作。对话框的主要组件有选项卡、文本框、列表框、下拉列表框、复选框、单选按钮、命令按钮、微调器、滑尺等。通常使用鼠标选取对话框中的组件，也可以使用键盘进行对话框设置。键盘上的 Tab 键可以激活各组件，箭头、空格、回车等键也可以对组件设置。

对话框具有自己的消息处理功能，还可以有自己的子对话框，分为模态对话框和非模态对话框两种。模态对话框显示的时候，整个程序只有该对话框获得焦点处于与用户交互对话的活动状态，也就是说用户一定要处理它才可以用做其他的事，不然鼠标点到哪都没用。在安装程序或者操作出错的时候经常会出现模态对话框。非模态对话框就不一样，用户可以先不去管而做其他的事情。

思维训练：上述 GUI 界面对象是以 Windows 操作系统界面为蓝本介绍的。从 iPhone 4S 手机的多点触控和 Siri 功能，可以为 GUI 界面提供哪些借鉴？还有哪些现实生活中人类的习惯可供操作系统界面开发利用？

3.2.3　应用程序编程接口

操作系统作由很多功能模块（系统函数）构成。这些运行稳定、高效、精炼的功能模块直接控制了计算机的内存、CPU 以及各种外部设备的运转，构成了操作系统内核。如果用户在开发应用程序时，能够直接使用这些模块代码，不仅能够减少编程量，提高开发效率，还能使应用程序充分发挥操作系统的性能，获得更高的运行效率。操作系统除了为用户提供直接操纵计算机的界面之外，还为编程人员提供了在程序中使用操作系统服务和功能的接口，通常通过系统调用和应用程序编程接口 API（Application Programming Interface）来实现。

1. 系统调用

系统调用（System Call）是为了扩充机器功能，增强系统能力，方便用户使用而建立的。用户程序或其他系统程序通过系统调用就可以访问计算机系统资源，而不必了解操作系统内部结构和硬件细节。它是用户程序或其他系统程序获得操作系统服务的一种途径。有些计算机系统中，把系统调用称为广义指令。广义指令与机器指令是不相同的，机器指令由硬件实现，而广义指令（系统调用）是由操作系统在机器指令基础上实现的，用来完成特定功能的过程或函数。

许多操作系统的程序接口由一组系统调用组成。因此，用户在程序中使用相应的“系统调用”就可以获得操作系统的底层服务，从而直接使用或访问系统管理的各种软硬件资源。不同的操作系统提供的系统调用种类、数量和名字也不尽相同。

2. 应用程序编程接口 API

由于微软的巨大成功，使得 Windows 系列操作系统影响了一代人对计算机的认识和操作习惯，甚至左右了很多应用系统开发人员的思想。微软公司并没用公布其系统调用，而是公布了相关的 API。API 是 Windows 操作系统提供的一种应用程序接口，它是在操作系统的系统调用基础上经过规范整理出来面向社会公布的唯一的接口方式。这种 API 接口为程序员开发基于 Windows 的应用程序带来了很大的便利，但是由于它不是直接的系统调用，运行效率有所降低。另外，微软公司并没有公布全部的 API，也为程序员开发应用程序带来了一定的难度。

Windows 通过 3 个动态链接库 DDL（Dynamic Link Library）来支持 API 的使用。一是 Kernel.ddl，它包含了大多数操作系统函数，如内存管理、进程管理等；二是 User.dll，它集中了窗口管理函数，如窗口创建、撤销、移动、对话框及各种相关函数；三是 GDI.dll，它提供画图函数、打印函数等。所有应用程序都共享这 3 个模块的代码，每个 Windows 的 API 函数都可通过名字来访问，具体做法是在应用程序中使用函数名，并用适当的函数库进行编译和链接，然后再执行。

思维训练： 使用批处理命令文件或 Shell 编程方式，可以构造自动执行系列操作的模式实现计算机无人值守。那么，Word、Excel 这类应用程序有没有类似的方法，让大量重复的相似的操作“自动执行”，减少人工重复的操作？

3.3 文件管理

计算机的程序和用户创建的文档、表格、图片等各种类型的数据必须存储在外存上才能长久保存。操作系统的文件管理功能（下称文件系统）就是为实现对信息的组织、存储、检索、共享和保护而设计的。

3.3.1 文件命名和分类

1. 文件的概念

在计算机系统中，文件是指存储在外部存储器中的由文件名标识的一组相关信息的集合。例如，一个源程序、一批数据、一个 Word 文档、一部影片等都可以各自组成一个文件。文件的概念体现了操作系统的一种抽象机制，即无论信息的内容、形式、数量、格式如何，统统抽象成一定格式的二进制数据集合，形成统一的逻辑结构体存储在外存上。操作系统根据文件名对文件进行控制和管理。

2. 文件名和扩展名

完整的文件名称是由文件名和扩展名两部分组成，中间用点“.”分隔，前者用于识别各个具体的文件，好比人的姓名；后者用于识别文件类型，便于操作系统和应用程序识别和管理，好比人的身份。它们都是字母、数字或相关符号构成的字符串。

文件名是必需的，可由用户按规则任意命名；扩展名可以省略，但必须按程序的规定起名，不能随意命名。因为不同应用程序生成的文件，其头部（文件头）包含有特殊的标识和数据格式说明信息。例如，Word 创建的文档，规定扩展名为“DOC”，其文件头就有 Word 程序能识别的标识和文件格式信息。Windows 的“画图”程序就没法识别“DOC”文件格式，当然无法打开 Word 文档。给文件重命名时，一定要注意它原来的扩展名，不要随意更改，否则可能造成文件无法打开的错误。表 3-1 所示为 Windows 中常用的扩展名及文件类型。

表 3-1　Windows 中常用的扩展名及文件类型

扩 展 名	文 件 类 型	扩 展 名	文 件 类 型
exe、com、bat	可执行程序文件	xls、xlsx	Excel 电子表格文件
sys、dll、ini	Windows 系统文件	ppt、pps	PowerPoint 演示文稿文件
iso、img	光盘镜像文件，用虚拟光驱软件打开	mdb	Access 数据库文件
arj、zip、cab	压缩文件	c、cpp	C 语言源程序文件
tmp	临时文件	asm	汇编语言源程序文件
txt	文本文件，任何文本编辑器都可打开	bmp、gif、jpg、png、tif	图像格式文件
doc、docx	Word 文档文件	obj	目标程序文件（二进制代码）
pdf	文档文件，Adobe Acrobat Reader 和各种电子阅读软件可打开	mp3、wav、mid 、ra、cda	音乐格式文件
pdg	超星电子图书馆专用的格式文件，可用超星图书阅读软件打开	fla、swf	Flash 动画文件和播放文件
htm、html	网页文件，各种浏览器可打开、用写字板打开可查看其源代码	mpg、mpeg、dat、rm	视频格式文件

3. 文件命名规则

各种操作系统的文件命名规则不尽相同。不同的操作系统中保存的文件名称的长度是不一样的。早期的操作系统中文件名称长度较短，如 MS-DOS 中，最多 8 个字符的文件名和最多 3 个字符的扩展名；老版本的 UNIX 系统允许文件名达到 14 个字符长度；从 Windows 95 开始，现代操作系统都支持长文件名，如 Windows XP 中文件名可以达到 255 个字符。另外，有些操作系统的文件名是不区分大小写字母的，如 Windows 系列操作系统；但在 UNIX 和 Linux 系统中是区分大小写字母的。

文件名原则上可以用字母、数字、下画线以及汉字等命名，但有些字符在操作系统中已经有特殊的作用，不能再用于文件名中，常见的字符用途如表 3-2 所示。尽管用汉字给文件命名直观、方便，但如果文件用于网络环境，由于不同计算机上使用的汉字编码可能不一样，会导致文件操作上的错误，超长的文件名在压缩解压和刻录到光盘中时也可能导致错误。

表 3-2 Windows 中特殊字符的用途

<table>
<tr><th>字 符</th><th>用 途</th></tr>
<tr><td>?</td><td>文件名通配符，代表 1 个任意字符，如 A?.TXT 代表首字符为 A，第 2 个字符为任何字符的文本文件</td></tr>
<tr><td>*</td><td>文件名通配符，代表任意多个任意字符，如*.DOC 代表所有 Word 文档</td></tr>
<tr><td>:</td><td>外存驱动器的逻辑盘符，如 A:代表软盘，C:代表硬盘第一个逻辑盘</td></tr>
<tr><td>\</td><td>目录路径分隔符，如 E:\User\Data.TMP</td></tr>
<tr><td>></td><td>输出重定向符，默认输出为显示器，如 DIR *.XLS > EXCELFILE.TXT</td></tr>
<tr><td><</td><td>输入重定向符，默认输入为键盘</td></tr>
<tr><td>|</td><td>管道操作符</td></tr>
</table>

4. 文件名通配符

在对文件（包括目录）进行操作时，通常允许一次指定多个文件。为了使命令写法简化，DOS 和 Windows 使用两个特殊的字符"*"和"?"，当它们被用于文件名时，可以代替多个或一个任意的字符，从而使一类或所有文件能用一个名字表示。在 Windows XP 中使用"搜索"操作查找文件时，通配符非常有用。

（1）字符"*"

用"*"代替任意多个字符组成的字符串，这在操作一组同类型的文件时非常方便。例如，"*.*"可以表示所有文件；"*.EXE"可以表示以 EXE 为扩展名的所有文件；"F*.JPG"则表示以字符 F 开头的图片文件。

（2）字符"?"

"?"字符用以指代 1 个任意的字符（包括该位置无任何字符）。例如，"LP.??"表示文件名为 LP，扩展名不超过两个字符的文件；"???.TXT"表示文件名不超过 3 个字符，扩展名为 TXT 的文件；"F?.*"表示文件主名以 F 开头且不超过 2 个字符，具有任意扩展名的文件。

思维训练：各种应用程序运行过程中有可能会在硬盘上产生垃圾文件，不仅占用存储空间，还会影响系统运行速度。垃圾文件的文件名或扩展名一般都有某些规律。在 Windows XP 系统中不借助任何清理工具如何实现垃圾文件的自动清理？

3.3.2 文件目录

要在大容量磁盘上管理成千上万的、类型各异的文件，人们常遵循分类保存、规范命名、方便查找的原则进行管理。

1. 文件目录表和文件控制块

类似图书馆通过建立图书目录检索图书，操作系统在磁盘上创建了一类特殊的文件，称为文件目录表（File Director Table，FDT），来登记该目录下保存的所有文件信息。FDT 表每一行登记一个文件的信息，通常称之为文件控制块（File Control Table，FCB）。文件控制块包含了文件名、扩展名、文件属性、创建日期、最后修改日期、首簇号、文件长度等信息。其中的首簇号保存的是该文件保存在磁盘上的第一个数据块的物理地址。文件目录（在 Windows XP 中称为文件夹）的作用是用于检索文件。

2. 文件目录结构

根目录由操作系统格式化磁盘时自动生成。像 MS-DOS 之类的操作系统根目录下的目录项是受限制的，这意味着根目录下创建的文件数超过最大限制后，即使磁盘空闲空间还很多，也不能再在更目录下创建新文件。另外，一个目录就相当于一个家庭，家庭成员是不能出现重名的。

为了便于管理，操作系统允许在任何目录下创建子目录，形成父目录和子目录的层次关系。子目录也是一种特殊的文件（目录文件），其中会产生两个特殊的 FCB，第一个的文件名为“.”，代表该子目录本身；第二个文件名为“..”，代表父目录，通过这两个特殊的 FCB 建立目录之间的联系，如图 3-5 所示。目录文件的内容是保存该目录中各个文件的 FCB，子目录中保存的 FCB 数量一般不受限制。用户根据需要，可以创建多层次的目录树，将不同系统或用途的文件分门别类放置在各层目录中。

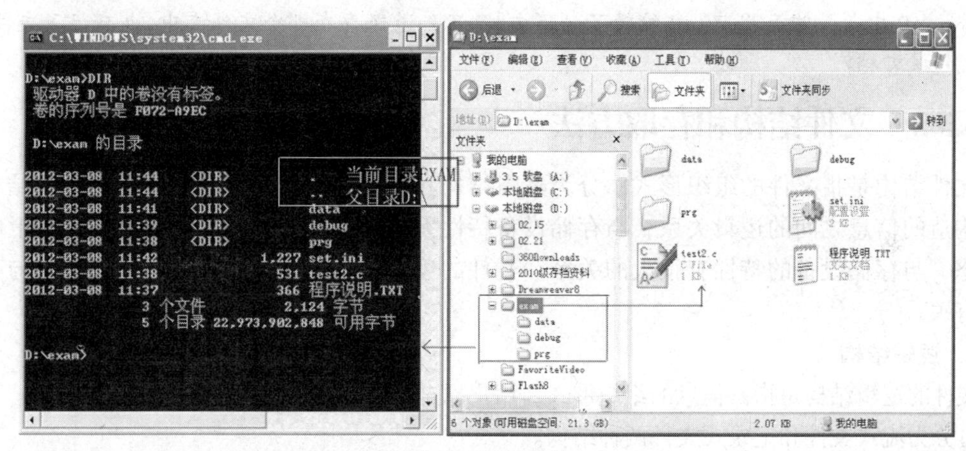

图 3-5　目录结构

（1）文件路径

树形目录解决了同一目录下文件重名问题，有利于文件分类管理，提高了检索文件的速度，方便用户进行存取权限的控制。当目录树越来越庞大时，要说出文件保存在哪个目录中有时不是一件容易的事。就像人处于森林之中，容易迷失方向，需要有一条路径作指引一样。对于磁盘中数以万计的文件和庞大的目录树，用户需要知道文件在哪里，同样可以通过“路径”来确定。使用目录分隔符（Windows 中斜杠“\”，UNIX 和 Linux 中用反斜杠“/”）将文件所在位置的各层子目录描述出来，这就是文件的路径。例如：C:\Program Files\Microsoft Office\OFFICE11\EXCEL.EXE，指明了文件 EXCEL.EXE 的路径。在 Windows XP 的资源管理器中逐层打开文件夹，就能找到该文件。

（2）绝对路径和相对路径

在不知道当前的操作处在哪个目录中时，可以将根目录作为参照，从根目录开始顺着一层层的子目录引导下直到文件所在目录，这种路径称为绝对路径。如图 3-5 所示右图中文件“test2.c”的绝对路径是“D:\EXAM\”。

目录层次越深，绝对路径越长。在知道当前的操作所处的目录（当前目录，当前打开的文件夹）时，如果要使用的文件就在附近的目录中，可以用当前目录作为参照，指出文件相对于当前目录的路径，这就是相对路径。例如，当前目录是“D:\EXAM\”，则其子目录“debug”中的文件“test2.exe”的相对路径可以写成“.\ debug\ test2.exe”，或者“debug\ test2.exe”。

3. 文件基本操作

文件系统提供了一组对文件（包括目录）进行操作的系统调用命令。最基本的文件操作命令有建立文件、删除文件、打开文件、关闭文件、读文件、写文件。对于编程用户，操作系统提供了与文件操作相关的系统调用或API函数，可以在程序中直接引用文件系统实现程序功能。读写文件的一般操作步骤是：①建立文件（或打开已有文件）；②读/写文件；③关闭文件。若要多次写文件，也可以在完成所有写操作之后再关闭文件。

而对于普通的操作用户，则通过操作系统界面下的文件管理工具，如Windows XP的“资源管理器”或“我的电脑”实现对磁盘文件（文件夹）的创建、打开、关闭、复制、更名、删除、设置属性、共享等操作。此外，“搜索”功能可以帮助用户根据文件的某些特征查找文件所在位置（文件路径）。

思维训练：在Windows的文件系统中，目录也是一种特殊的文件，其内容是什么？在Windows XP中如果昨天用Word编辑了一篇文档，不知道保存在那个文件夹中，也忘记了文件名，如何找到该文档？

3.3.3 文件结构和存取方法

文件结构是指文件的组织形式，分为逻辑结构和物理结构两个部分。文件的逻辑结构是用户构造的信息之间的逻辑关系，与存储设备特性无关；文件的物理结构是其在外存上的存储状态，与存储设备的特性有很大的关系。文件的逻辑结构离不开物理结构，同时又与存取方法有关。

1. 逻辑结构

文件的逻辑结构是指其信息的组织形式，用户以这种形式存取、检索和加工有关信息。逻辑结构可分为流式文件和记录式文件两种结构。

（1）流式文件

流式文件是有序字符的集合，构成文件的基本单位是字符，其长度为该文件所包含的字符个数，所以又称为字符流文件。流式文件无结构，且管理简单，用户可以方便地对其进行操作。系统程序、用户源程序等文件属于流式文件。

（2）记录式文件

记录式文件是一组有序记录的集合，构成文件的基本单位是记录。记录是一个组相关信息的集合，它包含一个主键和其他属性。比如，对于描述学生基本情况的文件，每个学生的完整信息应该包含学号、姓名、性别、出生年月等属性，这些属性合在一起构成了一条记录，其中的学号每个学生都不一样，起到唯一区分各条记录的作用，称为主键。记录式文件主要用于信息管理。

记录式文件中的记录既可以是定长的，也可以是变长的。根据用户和系统管理上的需要，可以采用多种方式来组织这些记录，形成顺序文件、索引文件、索引顺序文件。对定长记录按某种顺序（比如学号顺序）排列就形成了顺序文件。这类似于学生情况登记表，按照学号顺序逐行登记学生情况，每行登记一个学生的信息，构成一条记录。对变长记录通过建立一张索引表，由索引表能够很快找到记录位置实现记录的访问。就像一本书有若干章节，每章的页数可能不相同，为了方便阅读就建立了一个目录，通过查找目录，很快就能找到要阅读章节所在的页。索引顺序文件是结合了顺序文件和索引文件的特点而构造的，记录式文件是以记录为逻辑块进行读写的。

2. 文件的物理结构

文件的物理结构是指其在物理存储设备上的存放结构和组织形式。磁盘等外存设备通常被划分为大小相等的物理块，物理块是外存空间分配及数据读写的基本单位。也就是说，磁盘是以块为单位分配给文件；读写文件时，也是按块读写。

由于文件的物理结构决定了文件数据在外存上的存储方式，因此，文件数据的逻辑块号（逻辑地址）到物理块号（物理地址）的转换也是由文件的物理结构决定的。物理块的大小与设备有关，但文件逻辑块的大小与设备无关。因此，一个物理块中可以存放若干个逻辑块，一个逻辑块也可以存放在若干个物理块中。为了有效地利用外存设备和便于系统管理，一般把文件数据划分成与物理存储块大小相等的逻辑块。常见的文件物理结构有顺序结构、链接结构、索引结构等。

3. 文件存取方法

文件存取方法是指按照什么样的方式读写文件，即针对文件的逻辑结构以什么样的次序来读写。通常有顺序存取和直接存取两种方法。

（1）顺序存取

按照文件的逻辑顺序依次从外存存取称为顺序存取。对记录式文件反映为按记录的逻辑顺序来依次存取。对于定长记录的顺序文件，如果知道了当前记录的地址，则很容易确定下一个要存取记录的地址。在读一个文件时，可设置一个读指针，令它总是指向下一次要读出的记录首地址。当记录读完后，对读指针进行相应的修改。对于变长记录的顺序文件，与定长记录读写时的情况类似，只是在调整读写指针时增量随着刚读写完的记录长度进行调整，而不是一个固定的长度。流式文件也可通过设置读写指针标记读写位置，逐个字符访问。

（2）直接存取

直接存取又称随机存取，允许按任意顺序随机地读写文件中的任何一个记录。可以根据记录的编号或者记录的主键来直接存取文件中的任意一个记录，也可根据存取命令把读写指针移到欲读写信息位置之后进行读写。在流式文件中，直接存取必须先用必要的命令把读写指针移到欲读写信息的位置，然后再进行读写。UNIX 系统及 MS-DOS 等操作系统都采用顺序存取和随机存取两种方法。

一般来说，对于顺序存取的文件，文件系统可把它组织成顺序结构和链接结构；对于直接存取的文件，文件系统可把它组织成索引结构。

思维训练：对于一部纯文字的小说，假如有 20 章，每章内容长短不一。试从文字录入员、出版社、读者、网络浏览者这 4 种角色的角度出发，考虑如何构造这部小说的逻辑结构。

3.3.4 文件分配表与文件系统

对于用户来讲，最好是不必考虑文件的逻辑结构、物理结构、存取方法之类的复杂问题，只需要掌握操作系统提供的一组操作或命令，就能轻松处理磁盘上有关文件的所有操作。操作系统中的文件系统就是以此为目标而设计的。

1. 文件系统

操作系统中负责管理和存储文件信息的软件称为文件系统。文件系统是对文件存储空间进行组织和分配，负责文件存储并对存入的文件进行保护和检索的系统。它既是一个管理和控制文件存取的程序，也可看做是一种组织文件存储的数据结构。不同类型的操作系统可能采用不同的文件系统，如 Linux 使用的是 ext2、ext3，而 MS DOS 使用的是 FAT12、FAT16，Windows 9x 使用了 FAT16、FAT32，Windows XP 使用 FAT32、NTFS。下面以 FAT32 为例进行说明。

（1）Windows 的磁盘格式

Windows 系列操作系统保留了 MS-DOS 的文件分配表（File Allocation Table，FAT），通过 FAT

记录文件每个数据块的存放位置。Windows 系统硬盘中的分区和数据存储结构如图 3-6 所示。

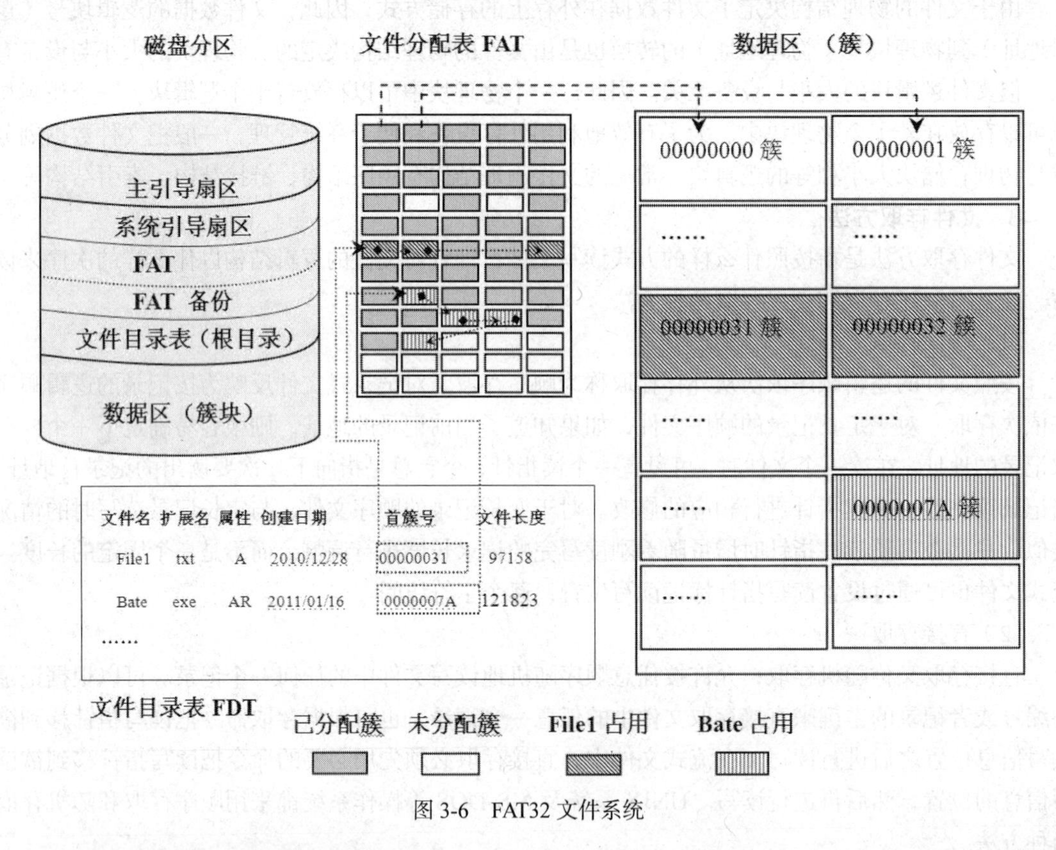

图 3-6　FAT32 文件系统

Windows 操作系统将其分区之内的磁盘空间按簇分块，并给每个簇顺序编号，形成物理地址。FAT32 文件系统中簇的编号占用 32 位，总共可有 2^{32} 个编号。Windows 系统会在它的磁盘分区的引导扇区之后构造 2 个 FAT 表，其中 1 个作为正常使用，另一个作为备份以防 FAT 表损坏时可以恢复；然后构造文件目录表 FDT 作为该磁盘的根目录，余下的空间作为数据区使用。

（2）文件分配表

Windows 系统使用文件分配表 FAT 来标识每个簇的使用状况。FAT32 系统中的 FAT 表从头开始依次每 4 字节映射一个物理簇号，直到最后一个簇为止。由于簇号从 0 开始顺序递增，而 FAT 表中也是从头开始，每 4 个字节标识一个簇的状态，用簇号乘以 4 作为 FAT 表起始位置的偏移量，就能找到它在 FAT 中标识的位置。磁盘格式化时遇到不可用的簇（磁盘损坏），则将 FAT 表中对应做“不可用”标识；可用的则做“空闲”标识。由于 FAT 表与数据区的各个簇存在顺序的映射关系，知道簇号，立即就可以计算出它在 FAT 表中标识的位置，读出标识的值就可以知道该簇的分配状况。

（3）文件访问方法

Windows 系统首先在 FDT 表中查找到相应的文件名（包括扩展名），其“首簇号”就是该文件的第一个数据块保存的物理地址，下一个数据块的簇号要到 FAT 表中与首簇号映射的位置查找。在 FAT 表中通过链表方式保存了文件占用的所有簇号，直到最后一个簇为止。FAT 表中对文件的最后一个簇做上“结束”标识，由此形成了一个从首簇号开始到最后簇结束的文件占用簇链表。

FAT32 文件系统对文件的任何操作都是建立在这种分配链表上的。例如，对于文件“File1.txt”，由于文件长度为 97158 B，假设每个簇的大小为 32KB，则需要 3 个簇来保存（97158 B ÷ 32KB≈2.96），其 FAT 中文件占用簇链如图 3-7 所示。

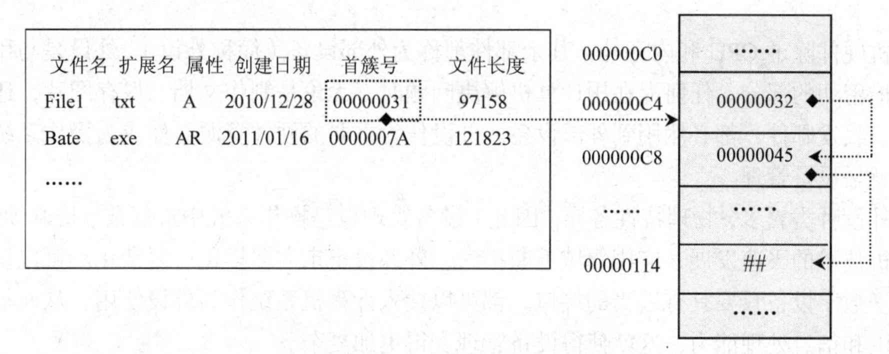

图 3-7 FAT 中文件占用簇链表

硬盘以“簇”为单位分块，也就是按簇存取。簇越小，保存信息的效率就越高。在 FAT16 的情况下，分区越大簇就相应的要增大，存储效率必然降低，势必造成存储空间的浪费。随着硬盘容量不断增多，文件长度不断增长，FAT16 文件系统已不能很好地适应系统的要求。

2. 几种常见的文件系统比较

（1）FAT32

FAT32 可以支持的磁盘大小达到 2TB（2 047GB），但是不能支持小于 512MB 的分区。由于采用了更小的簇，FAT32 文件系统存储效率更高。例如，两个分区大小都为 2GB，一个分区采用了 FAT16 文件系统，另一个分区采用了 FAT32 文件系统，则采用 FAT16 的分区的簇大小为 32KB，而 FAT32 分区的簇只有 4KB 的大小。FAT32 文件系统可以重新定位根目录和使用 FAT 的备份。另外，FAT32 分区的系统引导记录受到特殊保护，减少了计算机系统崩溃的可能性。

（2）NTFS

Windows NT 所采用的 NTFS 文件系统是建立在保护文件和目录数据基础上，同时兼顾节省存储空间、减少磁盘占用量的一种先进的文件系统，具有更好的安全性。NTFS 文件系统采用了更小的簇（4KB），可以更有效率地管理磁盘空间；采用事务处理日志和恢复技术来保证分区的数据一致性；支持对分区、文件夹和文件的压缩，当对文件进行读取时会自动进行解压缩；可以为共享资源、文件夹以及文件设置访问许可权限，与 FAT32 文件系统相比，安全性更高。

（3）exFAT

扩展文件分配表（Extended File Allocation Table File System，exFAT）是微软公司在 Windows Embeded 5.0 以上（包括 Windows CE 5.0、Windows Mobile5）中引入的一种适合于 U 盘的文件系统。exFAT 是为了解决 FAT32 不支持 4GB 及以上超大文件、NTFS 文件系统不适合 U 盘而推出的。相对于 FAT32 文件系统，exFAT 增强了台式计算机与移动设备的互操作能力；单个文件大小最大可达 16EB（1EB=1024×1024TB）；簇大小可高达 32MB；同一目录下最大文件数可达 65 536 个。

思维训练：FAT32 文件系统中，硬盘文件通过多次的文件删除、复制等操作后，必然造成文件在磁盘上存储的物理位置不连续。这对文件读取会产生什么样的影响？如果某个文件的 FAT 链表被破坏了，会造成什么后果？文件还能恢复吗？

3.4 设备管理

计算机硬件除了 CPU 和内存外，其余部件都称为外部设备（简称外设）。外设是与用户关系最直接、最密切的部分。任何人在用计算机解决问题时，无论是制作文档、保存图片，还是上网查阅资料、收发邮件，都必然用到外部设备。外设作为重要的硬件资源必然成为操作系统管理的对象，这就是设备管理。

由于外设种类繁多，物理特性各异，因此，设备管理也是操作系统中最复杂、最麻烦的部分。随着计算机技术的飞速发展，应用领域不断扩大，外部设备走向多样化、复杂化。可以说，几乎所有的电子数字设备只要具有适当的接口，都可以接入计算机系统作为外设使用，从而扩展计算机应用范围和信息处理能力，这就使得设备管理变得更加复杂。

3.4.1 设备的连接与标识

1. 设备的连接方式

外部设备通常通过设备控制器连接到计算机的总线上，构成输入/输出系统（I/O 系统）。常用 I/O 系统结构示意图如图 3-8 所示。可见，操作系统不是直接和外设打交道的，而是通过设备控制器进行 I/O 控制和数据传输。

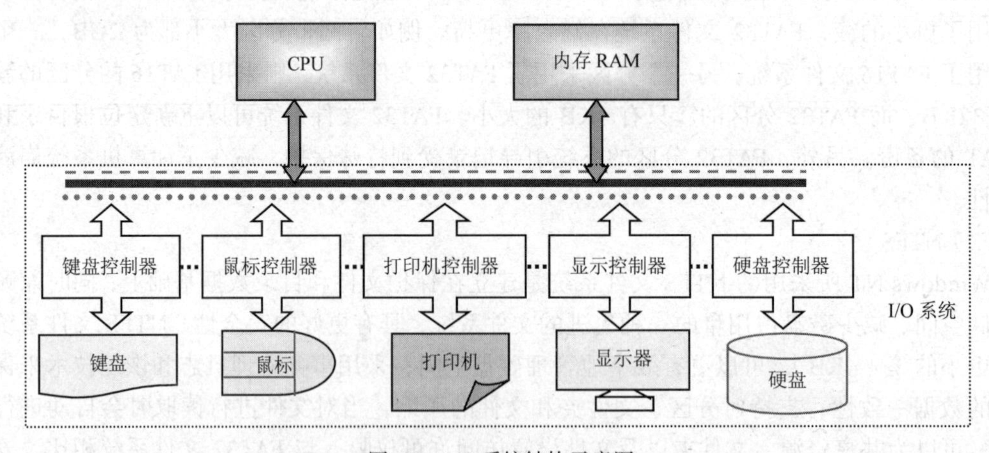

图 3-8 I/O 系统结构示意图

设备控制器是 CPU 与外设之间的接口，像微机主板上的各种插口以及连接在主板上的 IDE 接口、SCSI 接口、USB 接口等都属于设备控制器。设备控制器有两个方向的接口，一个是接收来自主机发送的命令和数据的接口，用于控制设备通过总线与主机之间的数据交换；另一个是与设备驱动电路之间的接口，用于根据主机发来的命令控制设备进行 I/O 操作。这两个方向的接口具体来说是以电子部件和机械部件体现出来。电子部件常常是一块可以插入主板扩充槽的印刷电路板，如显卡、声卡、网卡等，像键盘、鼠标、打印机并行接口、通信串行接口等通用外设的控制器电路都直接印刷在主板上，成为计算机的标准配置。硬盘上也有一块印制电路板，通过标准数据线与主板上的 IDE 接口或 ATA/ATAPI 硬盘接口相连接。机械部件则是设备本身，在模拟信号的驱动下完成各种具体的光、电、机械操作。

可见，控制器通过电子部件接收来自 CPU 的命令和来自内存的数据等数字信号，并将其转换为驱动机械部件操作的一系列模拟信号，由机械部件完成具体的信息转换操作。反过来，机械部件控制的各种操作采集的模拟信号由电子部件转换成数字信号后，通过系统总线传送到内存，实现数据输入。在设备控制器的具体操作下，操作系统只需要通过传递操作命令（控制信号）和几个简单的参数就可以对控制器进行操作和初始化，从而大大简化了操作系统的设计工作，有利于提高计算机系统和操作系统对各类设备的兼容性。至于控制器中对 I/O 命令的解读以及信号转换方法，由各种设备相关的驱动程序来实现。

2. 设备分类

从使用功能、系统管理、共享属性等不同角度，可以将外部设备进行不同的分类。从操作系统管理的角度看，按照设备在数据传输时交换数据的单位可分为字符设备和块设备。字符设备在数据传输过程中以字符为单位（不是字节，不同的编码一个字符占用的字节数不一样）依次传输字符流，如键盘、打印机、交互式终端等慢速设备都属于字符设备。对于硬盘、光盘等外存设备，数据传输速度直接影响到计算机系统的性能。它们是以块为单位传输数据，块的大小通常为 512B～32KB。每个数据块在存储设备上都有具体的位置编号，这个位置编号称为存储地址。这些设备可通过指定存储地址随机访问任意一个块，因此称为可寻址设备，传输速率相对较高。

在多用户多任务环境下，外设必然要被多个用户程序竞争占用，按设备的共享属性，可分为独占设备、共享设备、虚拟设备。

（1）独占设备

独占设备是指在一段时间内只能供一个作业单独使用的设备，如打印机、扫描仪、键盘等。一段时间内，当某作业正在使用打印机时，其他作业不能同时打印，否则两个不同的打印作业交替执行必然造成各自的打印内容混乱，只有等待前面的作业完成打印任务后才能打印下一个作业。独占设备在多个程序并发运行时，应该使用互斥共享方式访问，否则容易造成系统死锁而出现死机。

（2）共享设备

共享设备是指在一段时间内允许多个作业同时使用的设备。共享设备的“同时使用”就是并发使用，是多个作业交替使用共享设备。这类设备是可寻址设备，能够进行随机访问，如硬盘，可以在复制硬盘文件时同时查找同一硬盘上的其他文件。

（3）虚拟设备

某些独占设备通常也需要共享，如打印机，当正在打印一个文档时，如果有其他用户也需要打印，就会因设备独占而出现互斥。通过虚拟技术能够将独占设备模拟成可以共享的逻辑设备，被多个作业同时访问。

虚拟设备实现的方法是，输入时将一批作业的信息通过输入设备预先传送到硬盘上，以文件形式保存。输出时将作业产生的结果也全部暂时存在硬盘上而不直接输出，直到一个作业运行完得到全部结果再从硬盘上调出下一个需要输出的作业执行。也就是用磁盘文件来模拟输入/输出设备，将结果以文件形式缓存在磁盘中而不是直接交给独占设备，真正进行输入/输出时，是采用自动批处理方式从磁盘文件中依次分别将结果传送到独占设备上实现输入/输出。这种虚拟技术最成熟的就是“假脱机”（SPOOLing）。

3. 设备的标识

许多设备控制器都可以控制多个同类型的设备，如 IDE 接口可以同时挂接 4 个磁盘（包括软盘、硬盘、光盘驱动器)。由于计算机系统中可以连接多种外设，并且同种外设可以配置多台，操作系统通常按照某种规则给每台设备赋予一个唯一的编码，用于区分和识别设备，这个编号称为绝对设备号(绝对地址)。

程序设计中如果使用设备的绝对地址必然带来许多问题，因此，操作系统采用“设备类型号-设备序号”这种相对地址方式来标识设备。设备类型号由操作系统对每种类型的设备唯一编码，而设备序号是由用户给出的相对顺序号，目的仅仅是区分程序中用到多少台该类设备，不必指定具体是哪个设备。当应用程序运行时，操作系统会根据资源情况和分配策略将相对地址转换成系统中设备的绝对地址，实现物理设备的连接和服务。设备类型标识如图 3-9 所示。

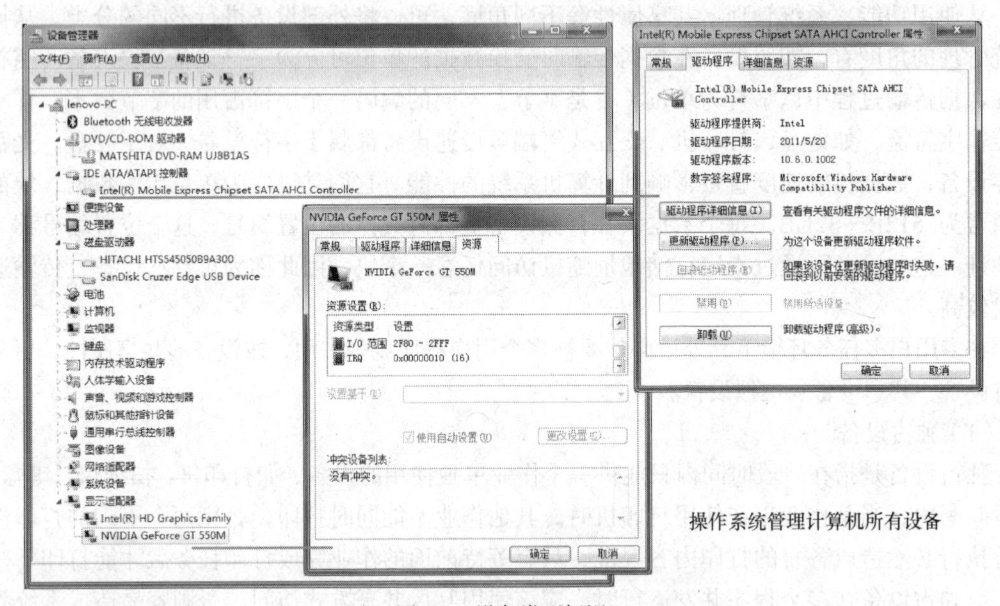

图 3-9 设备类型标识

设备的绝对地址是操作系统给每一台设备确定的唯一编号，设备的相对地址是为了用户设计程序的方便而设的。使用设备相对地址编程，程序不必指定特定设备，而是在使用逻辑设备，因此不用考虑程序实际运行时系统设备的状况，只说明要使用某类设备多少台，操作系统会根据 I/O 请求为程序灵活分配设备，对于程序设计人员来说，这就是“设备独立性”。

思维训练： *Windows 中经常提到设备的“即插即用”，操作系统中要实现即插即用关键是要解决什么问题?*

3.4.2 设备分配

1. 设备管理数据表

为了对系统中的设备实行有效的管理，操作系统设置了一整套对设备进行描述的表格，包括系统设备表、设备控制表、控制器控制表和通道控制表。实际上，操作系统就是对这类相关表格进行创建、检索、判断、修改、增加、删除、撤销等一些列操作，完成对设备的管理。这就好比任何一个单位对职工进行管理都必须建立若干张表格一样，通过职工档案表、工作任务表、业绩表、考勤表、工资表等各种表格将每个职工的情况登录清楚，管理人员和领导只要通过查表、统计、汇总数据就能掌握每个职工的工作状况和单位的运转情况。操作系统对系统资源的管理与现实社会的各种管理方法和原理是一样的，不同的是管理的内容和形式上有差异。

（1）系统设备表

操作系统通过一张总的系统设备表（System Device Table，SDT）记录该计算机系统所有设备资源的运行状况。就好比单位人事部门的职工档案表一样，能够总览全局，反映出全部职工的基本情况。每个设备在SDT表中都会有一个登记项，主要包括设备标识符、设备类型、驱动程序入口、设备控制表指针等，如图3-10所示。

（2）设备控制表

对操作系统范围内的每个设备，操作系统都会为它创建一张设备控制表（Device Control Table，DCT），用来登记该设备的特性、使用状态、I/O控制器连接情况等信息。在操作系统安装或计算机上插入了新的设备时，操作系统通过扫描连接设备进行识别后，会为每个设备建立唯一的一张DCT表，用来管理该设备。如果硬件上已连接的设备操作系统扫描时未找到，往往是由于接口插线接触不良导致的；如果扫描找到了未识别的设备类型，可能是该设备的驱动程序安装错误或者该设备较特殊，不支持"即插即用"。DCT表的内容主要包括设备标识符（与STD表对应关联）、设备类型、设备状态、I/O控制器连接指针、重复执行计数、设备队列指针等，如图3-10所示。

（3）控制器控制表

操作系统为每个I/O控制器都建立了一张控制器控制表（Controller Control Table，COCT），用来反映I/O控制器的使用情况以及连接的通道情况。每个设备都要通过控制器与系统相连，控制器大多可以连接多个同类设备。COCT表的内容主要包括控制器标识符、控制器状态、与控制器相连的通道表指针、控制器队列队首和对尾指针等，如图3-10所示。

在设置有通道控制器的计算机系统中，操作系统为每个通道控制器建立一张通道控制表。

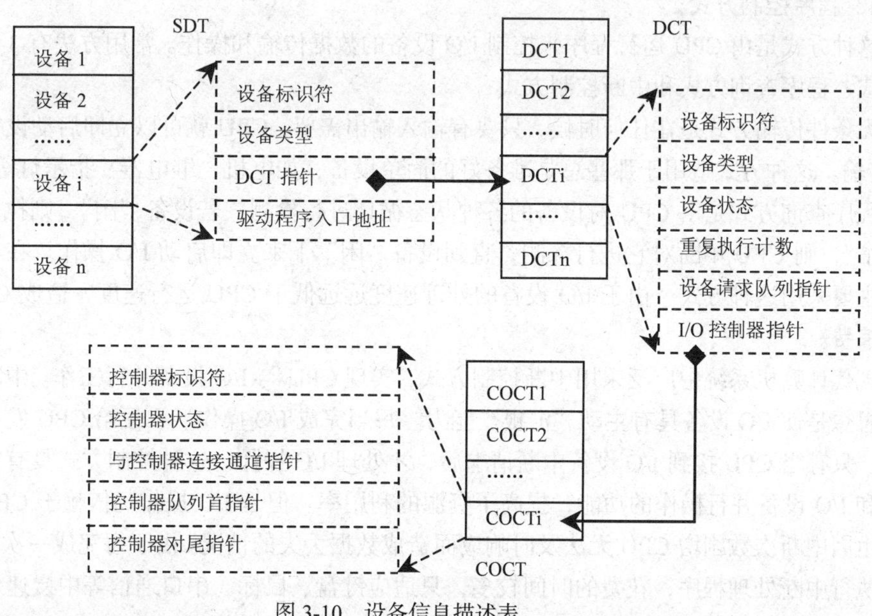

图3-10 设备信息描述表

2. 设备分配策略

按照设备的使用属性，对不同类型的设备，往往采用不同的分配策略。对于独占设备，操作系统中设置了"设备分配表"，来记录计算机系统所配置的独占设备类型、台数、分配情况等。通过查表和修改表的操作完成设备分配和回收。对于磁盘等共享设备，每个运行程序通过分时共享

I/O 设备的方式并发操作。

共享设备的 I/O 操作是通过内存缓冲区实现的，也就是对每个运行程序的磁盘读写操作都在内存中开辟相互独立的缓冲区，作为磁盘数据块读写的临时数据存放位置，以块为单位让多个运行程序分时共享，实现并发的磁盘读写操作。所有共享设备的操作请求通过 I/O 队列来管理，输入输出都是从 I/O 队列中按某种调度算法（比如先来先服务、最高优先级优先等）来实现。

由于虚拟设备是利用假脱机技术将独占设备虚拟成共享设备而来的，其本质上仍然是独占方式，也就是一段时间内只能供一个程序使用，该程序使用结束后才能分配给下一个需要使用的程序。

3. 设备处理程序

设备处理程序包括设备驱动程序和 I/O 中断处理程序。它的主要任务是直接控制设备完成实际 I/O 操作，当在 I/O 操作过程中遇到中断请求时（如设备出现故障时），负责中断处理。

思维训练：计算机最大的优势是“思维判断敏捷，记忆力超群”，用表管理各类资源正是利用了计算机的强项。在 CUI 界面下要实现用户输入命令正误判别和系统内核程序调用，如何构造命令表比较合适，如何才能正确执行命令？

3.4.3 输入/输出控制

用计算机处理数据，必须解决数据在计算机中的传输问题。例如，要将信息在屏幕上显示出来，就要解决如何把数据从内存传送到显示缓存（显卡上）中。使用 I/O 设备完成输入/输出的过程，就是在 CPU 控制下实现内存和 I/O 设备之间数据传送的过程。传送数据一般有 3 种方式：程序控制方式、直接存储器存取方式和通道控制方式。

1. 程序控制方式

这种方式是由 CPU 运行程序来控制 I/O 设备的数据传输和操作。常用方法有 3 种：无条件传输方式、程序查询方式和中断控制方式

无条件传输方式是在任何时候，只要有输入输出需要，CPU 就可以立即启动设备控制器实现 I/O 传输。这种方式适用于那些总是准备好的简单设备，如电机、继电器、指示灯等。

程序查询方式是由 CPU 对设备的各种状态循环进行检测，若设备“闲”，则执行 I/O 操作；若“忙”，则 CPU 不断对它进行探测，直到设备“闲”下来立即启动 I/O 操作。在早期计算机系统中主要采用这种方式。由于 I/O 设备的处理速度远远低于 CPU 运行速度，造成 CPU 处理能力巨大浪费。

现代计算机系统中广泛采用中断控制方式，实现 CPU 与 I/O 设备并行工作。中断控制方式的核心思想是使 I/O 设备具有主动“汇报”能力。每当完成 I/O 操作后，便给 CPU 发一个中断请求信号。只有当 CPU 接到 I/O 设备中断请求后，才处理 I/O 操作。这种控制方式具有支持多道程序处理和 I/O 设备并行操作的功能，提高了资源的利用率。但是 I/O 操作仍依赖于 CPU，也有可能会发生因中断次数剧增 CPU 无法及时响应而造成数据丢失的情况。由于每完成一次 I/O 数据传送都要执行中断处理程序，花费的时间较多，只适应键盘、鼠标、串口通信等中慢速外设的需要。

2. 直接存储器存取方式

对于硬盘、光驱等以数据块为单位大容量、高速度存储设备，如果仍用中断方式逐个字符传送数据（每传送一个字节调用一次中断来完成），显然是不行的。直接存储器存取（Direct Memory Access，DMA）方式无须 CPU 通过执行程序来控制 I/O 数据传输，而是由 DMA 控制器硬件来控制数据在 I/O 设备与内存之间直接传输。DMA 控制器相当于一个专用的数据传送处

理机，能实现块设备中数据块与内存数据的直接传送，仅在一个数据块传送结束后才向 CPU 发出中断请求，期间实现了 DMA 与 CPU 的并行操作。这种传输方式传输速度快，占用 CPU 资源也低。操作系统中通常会对系统资源和常用设备设置中断号并设计相应的中断服务程序完成中断请求。

思维训练： 在设计一个大型仓库的火险监控报警系统时，用到许多对温度、光亮度进行监控的传感器。对众多监测点的数据采用什么样的输入/输出控制方式比较合适？

3.4.4 磁盘管理

硬盘因其速度快、容量大、可靠性高、价格相对较低的特性而广泛使用，几乎成为每台计算机上必备的外存储设备。无论是操作系统文件还是安装的应用程序文件，大多都会保存在系统启动硬盘上。因此，了解硬盘的数据管理方法和读取过程非常重要。

1. 柱面、磁头、扇区

有关硬盘的工作原理和结构在 2.5.1 小节已介绍。硬盘由多个盘片组成，盘片上的磁头用来读写数据，盘片上的磁道由外向内依次从“0”开始进行编号，由于硬盘可以由很多盘片组成，不同盘片的相同磁道就组成了柱面，如图 3-11 所示。

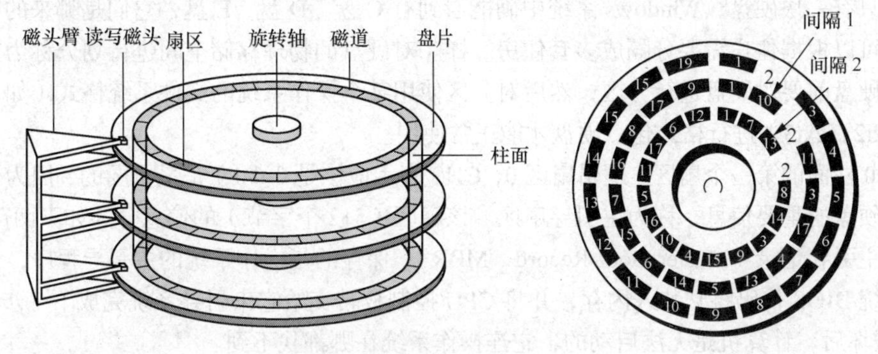

图 3-11 硬盘的磁道和柱面

早期的硬盘盘面从圆心开始向外放射状将磁道分割成等分的弧段，这些弧段便是硬盘的扇区（见图 3-11 右图所示）。每个扇区一般规定大小为 512B。由于磁道外圈周长明显比内圈要长，早期硬盘外圈比内圈存储密度低，尽管外圈很长但是每个扇区仍然只能存储 512B。因此，知道了柱面数（Cylinders）、磁头数（Heads）、扇区数（Sectors），硬盘的容量就能够计算出来。

2. 硬盘寻址方式

要从硬盘上读写数据，必须找到需要读写的数据存放在硬盘上的位置，即硬盘寻址。目前主要使用两种寻址方式：CHS 寻址方式和 LBA 寻址方式。

（1）CHS 寻址方式

CHS（Cylinder、Header、Sector）寻址方式是硬盘最早采用的寻址方式。知道硬盘的 C-H-S 参数既可以计算出硬盘的容量，也可以确定数据所在的具体位置。通过硬盘内部的参数和主板 BIOS 之间进行协议，正确发出寻址信号，就能正确定位数据位置。

早期硬盘一个磁道上分 63 个扇区，物理磁头最多 16 个。采用 8 位寻址方式，完整的硬盘三维地址占用 3 字节（24 位）。磁头数用 8 位二进制编码最多 256 个（0～255）；扇区数用 6 位二进制编码，只有 63 个（1～63）；剩下 2 位与另一个字节的 8 位合并用来对柱面编码，达到 1024 个柱面（0～1023），因此总扇区数为 $1\,024 \times 16 \times 63$。每个扇区大小为 512B，则采用 CHS 寻址方式，

IDE 硬盘的最大容量只能为 $1024 \times 16 \times 63 \times 512B \approx 500MB$ 左右。

（2）LBA 寻址方式

目前，硬盘经常都采用单碟或双碟，就是说硬盘盘片只有 1 个或者 2 个，而且大多只是用一面，单碟一个磁头而已，但是硬盘容量达到几百 GB，而且硬盘柱面往往都大于 1 024，CHS 是无法寻址这些硬盘容量的。

由于老式硬盘的扇区划分方式对硬盘利用率不高，因此现今采用等密度盘，外圈的扇区数要比内圈多，原来的三维寻址方式已无法适应，由此产生新的 LBA（Logical Block Addressing）寻址方式。LBA 寻址是以扇区为单位进行线性编址的，即从最外圈 0 柱面开始，依照柱面、磁头、扇区的顺序依次连续编号，直到最后一个扇区为止。因此，要定位到硬盘某个位置，只需要给出 LBA 数即可，这个就是逻辑地址。

在 LBA 模式下，为了保留原来 CHS 模式的概念，也可以设置柱面、磁头、扇区等参数，但是它们并不是实际硬盘的物理参数，只是为了计算方便而沿用的一个概念，称为逻辑扇区（扇区编号是从 0 开始）。而将 CHS 模式下的扇区号称为物理扇区号（扇区编号开始位置是 1）。逻辑扇区号与物理扇区号可以相互转换。

3. 硬盘分区

本来只有一块硬盘，Windows 系统中确能看到有 C 盘、D 盘、E 盘，它们是哪来的呢？就像一栋房子可以根据住户需要分隔成多套住房一样。对硬盘的物理存储空间进行划分称为分区。一般在使用硬盘前要对硬盘进行分区，然后对分区使用某个操作系统的文件系统格式（如 FAT32、NTFS、ext2、ext3）进行格式化，硬盘才能正常使用。

硬盘 0 柱面的第一个扇区（逻辑扇区 0，CHS 表示应该是 0-0-1）是最重要的，因为该扇区记录了整个硬盘的重要信息，称为主引导扇区。该扇区（512 个字节）的信息分为如下两部分。

（1）主引导记录（Master Boot Record，MBR）：保存的是操作系统的主引导程序，占 446 字节，由系统 BIOS 代码将它装入内存，并将 CPU 控制权转交给它来引导系统完成下一步的操作。MRB 被破坏后，计算机是无法启动的，它连操作系统在哪都找不到。

（2）硬盘分区表（Disk Partition table，DPT）：MBR 之后紧跟着的是分区表，总共只占 64 字节，可记录 4 个分区信息，每个分区用 16 字节描述它的开始柱面、结束柱面等信息。DPT 表之后是 2 字节的主引导扇区结束标识 55AA。主引导记录会对结束标识进行判断，结束标识错误，系统也无法启动。

一块硬盘中如果要安装多个不同的操作系统，必须把它们安装在不同的分区中，分别使用各自的文件系统格式对分区进行格式化。柱面是分区的最小单位，即分区是以某个柱面号开始到另一个柱面号结束的。如果要调整某个分区的存储容量，需要使用专门的工具软件修改硬盘分区表中对应分区的起止柱面号，再对分区重新格式化。这种操作会影响甚至破坏已安装的操作系统，一般要重新安装操作系统。在 4 个分区中任何时刻只能有一个分区为活动分区，其中安装的操作系统默认为开机时自动启动。

由于现在的硬盘存储容量越来越大，可导致分区中存储容量巨大，影响操作系统对文件进行管理。一般，对于 Windows XP 安装时，操作系统和部分应用程序安装在 C 盘，其容量不要太大，否则会影响系统启动速度，因为容量越大、存储的文件越多，查找文件就要花费更多的时间。可以将某个基本分区表设置为扩展分区，记录硬盘上大量的存储空间，再在这个扩展分区中通过链表方式划分若干个（不像基本分区表那样只有 4 个登记项）子分区，每个子分区将当做一个逻辑磁盘来使用。硬盘分区及逻辑盘如图 3-12 所示。

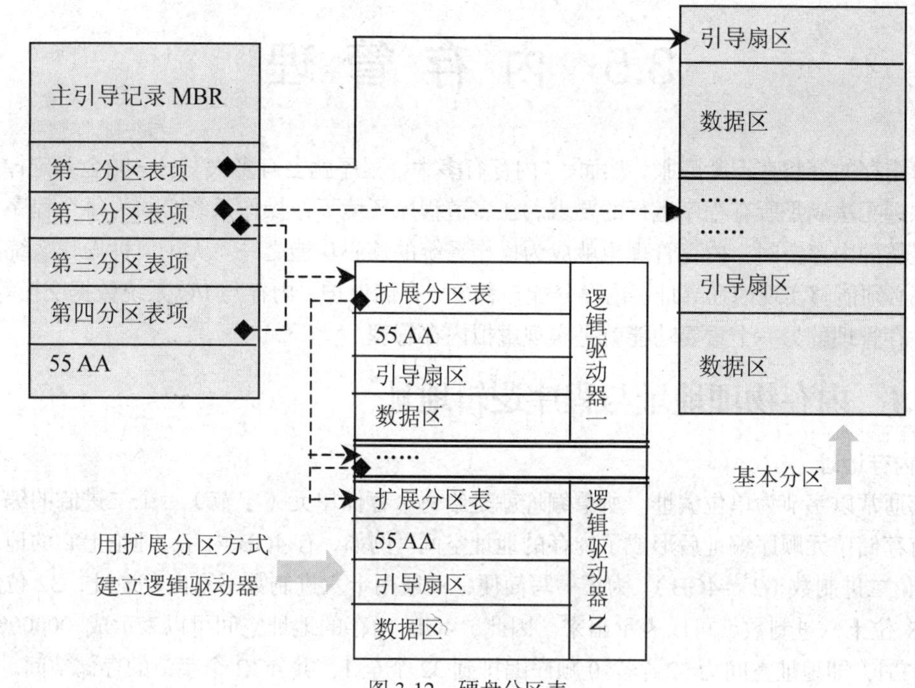

图 3-12　硬盘分区表

4. 操作系统启动过程

开机后，计算机系统启动过程如下。

（1）计算机加电后对硬件进行自检，主要由主板 ROM 中的自检程序调用 CMOS 中系统设置信息完成对系统主要设备的自检。之后 BIOS 程序引导读取硬盘主引导扇区到内存中指定的位置，检查主引导扇区结束标识是否是 55AA，若不是将尝试从其他启动盘引导系统启动，如果没有其他启动盘则显示提示信息，机器处于死机状态。

（2）主引导扇区结束标识正确，则将 CPU 控制权转交主引导程序执行。对于安装有多种操作系统的计算机，主引导程序提供开机菜单让用户选择需要的操作系统，并激活该分区。只安装一个操作系统的计算机，第一个基本分区一般默认为活动分区，并将操作系统安装在其中。

（3）将活动分区的第一个扇区（操作系统引导扇区）读入内存地址指定位置，检查引导区标识是否等于 55AA，若不等于则显示 "Missing Operating System" 然后停止启动。

（4）跳转到操作系统引导扇区执行引导程序，引导程序将操作系统的初始化文件、内核文件等逐步装入到内存，并将系统控制权移交给操作系统程序，完成系统的启动。

通常，多系统引导程序（如 SmartFDISK、BootStar、PQBoot 等）都是将自己的引导程序替换标准主引导记录，在运行系统启动程序之前让用户选择要启动的分区。而某些操作系统（如 MAC OS X、Windows NT）自带的多系统引导程序则可以将自己的引导程序放在系统引导扇区中。

Windows XP 安装时，默认会自动将主引导记录和 Windows 系统分区的引导扇区都装上自己的引导程序。因此，如果之前硬盘上装过其他操作系统，然后再另外装一个 Windows 时，会把公用的主引导记录覆盖掉，造成原来的操作系统就无法启动。如果先安装 Windows，然后安装 Linux，则在开机时就可以选项启动哪个操作系统。

思维训练：主引导扇区和系统扇区的标识都是 55AA。如果人为将这些标识改变后会有什么结果？假若要对整个硬盘采取某种保密措施，如何利用这些特性？

3.5 内存管理

尽管内存的容量在不断膨胀，然而，“内存有多大，程序就会有多大”——帕金森定律。内存的大小永远无法满足所有程序运行的要求。在多道程序环境下，操作系统必须为每个程序分配独立的、足够的内存空间，内存管理也就成为操作系统的核心功能之一。无论何种操作系统的内存管理，都必须能够实现内存寻址、内存分配与释放、存储保护、内存与I/O系统数据交换等功能，此外，内存管理的另一个重要功能就是实现虚拟内存管理。

3.5.1 内存物理地址与程序逻辑地址

1. 内存地址

内存通常以字节为单位编址。所谓编址就是给每个存储单元（字节）一个二进制的编号。内存中所有存储单元顺序编址后形成了内存的地址空间。例如，有4GB内存，理论上它的地址编码需要32位二进制数（2^{32}=4GB）。为了书写简便，一般用十六进制数书写内存地址，32位的地址只要用8位十六进制数就可以表示出来。因此，4GB内存的地址空间可以表示成00000000H～FFFFFFFFH，即地址空间为32个全0顺序编排到32个全1，共4GB个字节的存储空间。

因编址时是顺序编号，相当于自然数顺序递增一样，形成了一维的线性地址。也就是说，不论这些存储器电子元件如何排布，它们的地址是顺号连续编排。这种内存地址与实际存储单元一一对应，可视为物理地址。只要找到物理地址，CPU就能找到对应的存储单元。

2. CPU寻址空间

因为数据在内存中存放是有规律的，CPU在运算的时候需要把数据提取出来，就需要知道数据在那里，这时候就需要挨家挨户的寻找，这就是寻址。CPU寻址空间就是CPU对于内存寻址的能力范围。

目前，微机的CPU通常都具有36位的寻址空间，甚至达到44位寻址空间。这里所说的36位寻址、44位寻址是与CPU设计时地址总线宽度相对应的，比如，CPU地址总线排布了36根连接内存的信号线，则具有36位寻址空间。这就好比城市的楼盘开发设计时，必须考虑为每套住房构造一条入户通道，交房时为每套住房编制门牌号码一样，所有入户路径组成了“地址总线”，门牌号码相当于“内存地址”。比如，36位寻址的内存地址可以达到2^{36}=64GB。

3. 物理地址空间与逻辑地址空间

在CPU寻址空间内实际安装的物理内存所有单元地址构成了物理地址空间，这些物理地址也称为绝对地址。

根据程序的局部性原理，程序代码和数据往往都聚集在相近的位置。因此，一个程序要访问的存储地址是有限的。由于设计程序时，开发人员无法确定该程序运行时存放在内存中的物理地址，同样不能确定程序所操作的数据的物理地址。在多道程序设计的系统中，操作系统为了方便用户，就允许每个用户都认为自己的程序和数据存放在地址为0开始的连续空间中。这样用户程序中使用的地址就是逻辑地址。程序代码及其操作的所有数据存放的逻辑地址构成了逻辑地址空间。

4. 地址重定位

为了保证程序的正确执行，操作系统必须把程序的逻辑地址转换成分配给它的内存的物理地址。这种地址映射过程称为“重定位”或“地址转换”。重定位的方式有静态重定位和动态重定位两种。

（1）静态重定位

在装入一个程序时，把程序中的指令地址和数据地址全部转换成物理地址。这种转换工作是在程序开始运行前集中完成的，在程序执行过程中无需再进行地址转换，所以称为静态重定位。

（2）动态重定位

在装入一个程序时，不进行地址转换，而是直接把程序装到分配的内存区域中。在程序运行过程中，每当执行一条指令时都由硬件的地址转换机构转换成绝对地址。这种方式的地址转换是在程序执行时动态完成的，所以称为动态重定位。动态重定位由操作系统和硬件的地址转换机构相互配合来实现。动态重定位的系统支持“程序浮动”，而静态重定位则不能。

思维训练：内存分配时必然产生内存碎片，如何理解内存碎片？动态重定位的系统支持“程序浮动”方法对消除内存碎片有什么益处？

3.5.2 内存分配

计算机正常启动后，一般操作系统的常驻程序保存在内存的低端（物理地址从0开始的区域），而内存高端区域留给用户的应用程序使用。早期的计算机中，要运行一个程序，会把这些程序全都装入内存，通过地址重定位将逻辑地址转换成物理地址。程序都是直接运行在内存上的，也就是说程序中访问的内存地址都是实际的物理内存地址。

多道程序环境下，需要对内存中的用户区进行分区管理，使每个运行程序在各自独立的内存分区中运行。对多个分区的管理可采用固定分区方式和可变分区方式。

1. 固定分区存储管理

固定分区是指将内存空间划分成若干连续分区后，这些分区的大小和个数就固定不变。固定分区管理利用一张“内存分配表”说明各分区的情况。程序装入和运行结束都通过这个内存分配表来记录各个分区的使用和变化情况。就像宾馆对客房管理一样，总台的房间登记表对每天各个房间的住宿情况登记得清清楚楚。固定分区管理方式采用静态重定位的方法装入程序，并实现程序的保护。

2. 可变分区存储管理

可变分区就是指分区的大小和位置不固定，而是根据用户程序的需要来动态分配内存。在操作系统启动后，内存除了操作系统所占部分外，整个用户区是一个大的空闲区，可以按用户程序需要的空间大小顺序分配空闲区直到不够时为止。当用户程序结束时，它所占用的内存分区被收回，这个空闲区又可以重新用于分配。操作系统使用“已分配区表”和“空闲区表”来记录和管理内存。

可变分区存储比固定分区存储在内存使用上显得灵活但管理过程复杂。常用的内存分配算法有最先适应分配、最优适应分配、最坏适应分配等。最先适应分配就是在分区表中顺序查找，找到够大的空闲区就分配。但是这样的分配算法可能形成许多不连续的空闲区，造成许多“碎片”，使内存空间利用率降低。最优适应分配算法总是挑选一个能满足用户程序要求的最小空闲区。但是这种算法可能形成一些极小的空闲区，以致无法使用，这也会影响内存利用率。最坏适应分配算法和上面的正好相反，它总是挑一个最大的空闲区分给用户程序使用，使剩下的空间不至于太小。

现代操作系统通常采用页式存储管理、段式存储管理、段页式存储管理等分配方法实现内存的有效管理。

3.5.3 虚拟存储器

1. 程序局部性原理

程序在执行时将呈现出局部性规律，即在一段时间内，程序的执行仅局限于某个部分。相应地，它所访问的存储空间也局限于某个区域内。也就是说，如果程序中的某条指令一旦执行，则不久的将来该指令可能再次被执行；如果某个存储单元被访问，则不久以后该存储单元可能再次被访问。一旦程序访问了某个存储单元，则在不久的将来，其附近的存储单元也最有可能被访问。这就是程序的局部性原理。

2. 虚拟存储器

根据局部性原理，一个大型程序在运行之前，没有必要全部装入内存，而仅将当前要运行的那部分指令和数据（页面或段），先装入内存便可启动运行，其余部分暂时留在磁盘上。当内存空间不足时，可以将一段时间内未运行的程序代码和数据暂时交换到外存中，腾出宝贵的内存空间以装入当前需要运行的代码和数据，当内存空间空余时或交换出去的代码需要执行时，再将它们交换到内存中。这样，便可使一个大的用户程序在较小的内存空间中运行；也可使内存中同时装入更多的进程并发执行。从用户角度看，该系统所具有的内存容量，将比实际内存容量大得多，人们把这样的存储器称为虚拟存储器。

虚拟存储器是采用请求调入和置换功能，将内存和外存统一管理，达到把作业的一部分装入内存便可运行，给用户提供的一个比内存容量大的一维的逻辑地址空间。虚拟存储器的逻辑容量由内存和外存容量之和、计算机的地址结构二者所决定，其运行速度接近于内存速度，而每位的成本却又接近于外存。实现虚拟存储技术的物质基础是：一是有相当容量的辅助存储器以存放所有并发作业的地址空间；二是有一定容量的内存来存放运行作业的部分程序；三是有动态地址转换机构，实现逻辑地址到物理地址的转换。可见，虚拟存储技术是一种性能非常优越的存储器管理技术。

3. Windows XP 的虚拟存储器

目前的通用操作系统基本都采用了虚拟存储器管理，如各种版本的 UNIX、Linux 以及 Windows 系统。Windows XP 中用来辅助实现虚拟内存的硬盘文件称为“调页文件”，通常会在剩余空间大的硬盘上生成文件“pagefile.sys”。调页文件用来存放被虚拟内存管理器置换出内存的数据，当这些数据再次被进程访问时，虚拟内存管理器会先将它们从调页文件中置换进内存，这样执行中的程序可以正确访问这些数据。

在默认状态下，Windows XP 系统管理虚拟内存的方式通常比较保守，在自动调节时会造成页面文件不连续而降低读写效率，于是经常会出现“内存不足”这样的提示。

思维训练：WindowsXP 的虚拟内存设置之后，将在指定的硬盘中生成调页文件 pagefile.sys。删除该文件会对系统产生什么影响？该文件能生成在 U 盘中吗？

3.6 CPU 管理

计算机在开机之前，操作系统的所有程序都是以文件形式静静地等候在硬盘之中。只有当操作系统的核心程序被装入到内存中并且被 CPU 执行时，计算机才能真正动起来，听从用户的调遣。

同样，各种应用程序的运行过程，就是程序在内存中获得 CPU 控制权，让 CPU 逐条执行指令的过程。CPU 作为计算机系统最重要的核心资源，既要运行操作系统的内核程序，又要运行用户启动的各种应用程序。在多道程序运行环境下操作系统是如何对 CPU 进行有效地管理的呢?

3.6.1　程序运行过程

在 Windows XP 中依次打开“记事本”程序和两个“画图”程序，此时在“任务管理器”中会增加 3 个“正在运行”的应用程序，如图 3-13 所示。从图中可以看出，每个程序运行时都会生成相应的进程，具有独立的进程号（PID）、内存空间、I/O 读写、CPU 时间等。同一个程序的多次运行，也将产生多个进程，尽管这些进程的代码相同，但所占用的系统资源不同，所处理的数据以及运行状态都会有所不同，是相互独立的运行程序。

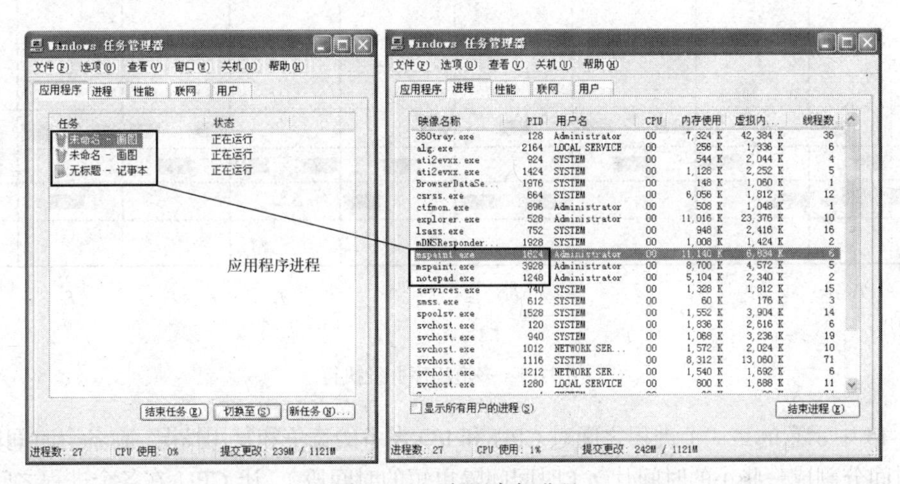

图 3-13　运行程序与进程

1. 程序的顺序执行

每个程序根据其设计功能的不同，一般都有数据输入（Input）、数据处理（Process）、数据输出（Output）几个过程，并且可能是这些过程的循环反复。程序执行时既要占用 CPU 和内存，又要占用一定的 I/O 设备。具有独立功能的程序运行时独占 CPU，依次执行各条指令，直到程序执行完成为止的过程称为程序的顺序执行。不论程序本身的结构怎么样，但顺序执行可以看做是若干个输入、处理、输出子过程的重复序列，如图 3-14 所示。因此，程序顺序执行具有顺序性、封闭性、可再现性的特点。

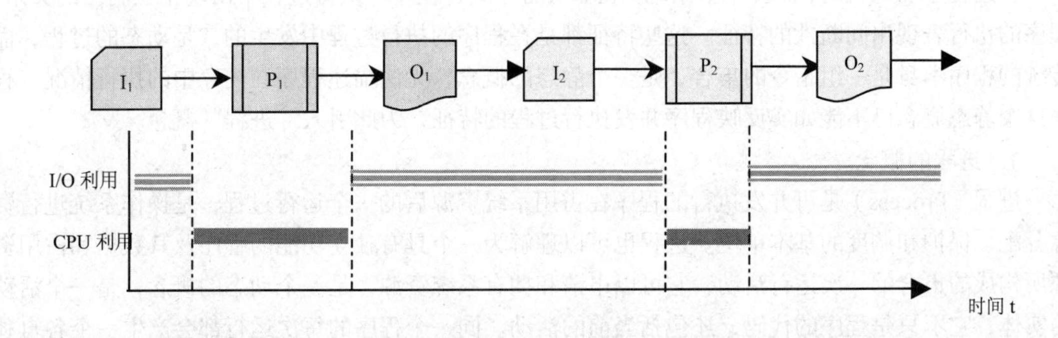

图 3-14　程序顺序执行

2. 多道程序的并发执行

为了提高计算机系统的运行效率，操作系统实现了多道程序在一段时间内“同时”执行。此时，程序的执行不再是顺序的，而是一个程序未执行完另一个程序便开始执行。内存中同时装入多个相对独立的程序代码，它们共同竞争和复用 CPU、外设等系统资源。多道程序的执行过程如图 3-15 所示。

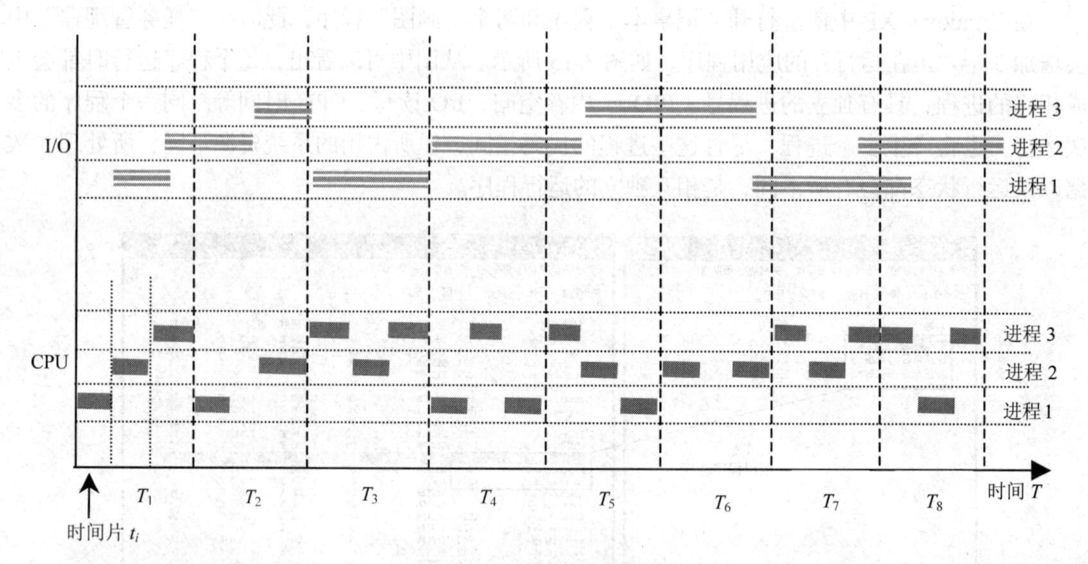

图 3-15　多道程序并发执行

图 3-15 中示意的是 3 个进程之间对 CPU 和 I/O 设备的竞争和复用情况。在各个时间段 T_i 中，可以将时间分割成一些小的时间片 t_i（时间间隔更短的时间段），让 CPU 在各个进程之间按照某种策略分配使用，使得 CPU 得到较充分的利用。在时间段 T_i 中宏观上有多个程序在同时运行，但在单 CPU 计算机系统中，每一时刻仅有一个进程在运行，因此微观上这些程序只能是分时共享 CPU 交替运行。这就是程序的并发执行。

多道程序并发执行使程序运行过程出现“走走停停”的间断性运行模式，并且必然导致对系统资源共享与竞争，使程序丧失了封闭性。以上原因可能会造成程序在不同的情况下运行会出现不同的结果，甚至会造成错误。

3.6.2　进程和线程

多道程序在执行时，需要共享系统资源，从而导致各程序在执行过程中出现相互制约的关系，程序的执行表现出间断性的特征。这些特征都是在程序的执行过程中发生的，是动态的过程，而传统的程序本身是一组指令的集合，是一个静态的概念，无法描述程序在内存中的执行情况。程序这个静态概念已不能如实反映程序并发执行过程的特征，为此引入“进程”概念。

1. 进程的概念

进程（Process）是可并发执行的程序在占用系统资源后的一个运行过程，是操作系统进行资源分配、保护和调度的基本单位。进程也可以理解为一个具有独立功能的程序及其数据和占用资源所构成的集合的一次运行活动，它可以申请和拥有系统资源，是一个动态的概念，是一个活动的实体，它不只是程序的代码，还包括当前的活动。同一个程序的每次运行都会产生一个各自独立的进程。因此，进程具有独立性、动态性、并发性、异步性（是指进程按各自独立的、不可预知的速度向前推进，出现走走停停的特性）。

进程与程序是两个相互关联但又截然不同的概念。程序是指令的有序集合，其本身没有任何运行的含义，是一个静态的概念。而进程是程序在 CPU 上的一次执行过程，它是一个动态的概念。程序可以作为一种软件资料长期存在，而进程是有一定生命期的。程序是永久的，进程是暂时的。

2. Windows XP 的系统进程

操作系统中有许多用来管理和控制计算机软硬件资源的程序，如对外设管理的 I/O 程序、对外存文件管理的文件系统、对内存分配管理的程序、对 CPU 进行管理的程序等，这些操作系统内核程序在系统启动时几乎都会生成相应的进程，以实现各个系统程序模块的功能。这些由操作系统本身用来管理和控制计算机系统资源的进程称为系统进程。操作系统其他一些程序通常保留在硬盘的系统目录中，如 Windows XP 系统目录 WINDOWS 及目录其下的各种可执行文件（扩展名为.EXE），只有需要运行时才装入到内存中执行。表 3-3 所示为 Windows XP 的几个重要的系统进程。

表 3-3　Windows XP 的部分系统进程

系统进程名	说　明
System Idle Process	关键进程，在系统不处理其他线程的时候分派处理器的时间，占 16KB，循环统计 CPU 的空闲度，大多数情况下保持 50%以上，该值越大越好。该进程不能被结束
system	内存处理系统进程，用于页面内存管理（当 system 后面出现.exe 时是 netcontroller 木马病毒生成的文件，出现在 c:\ windows 目录下，建议将其删除）
explorer	explorer.exe 进程控制着标准的用户界面、进程、命令和桌面等，总是在后台运行。根据系统的字体、背景图片、活动桌面等情况的不同，通常会消耗 5.8～36MB 内存不等
ctfmon	在桌面右下角显示的语言栏进程，占用 4MB 多的内存
csrss	客户端服务子系统进程，用以控制 Windows 图形相关子系统。这个只有 4KB 的进程经常消耗 3～6MB 的内存，不能终止
services	services.exe 进程用于管理系统服务的启动和停止以及计算机启动和关机时运行的服务。禁止结束该进程
svchost	是一个标准的动态连接库主机处理服务进程，许多系统服务功能都由它装载启动，因此可能出现 4 个以上该名称的进程
smss	会话管理子系统用以初始化系统变量，MS-DOS 驱动名称类似 LPT1 以及 COM，调用 Win32 壳子系统和运行在 Windows 登录过程。只有 45KB 的大小却占据着 300KB～2MB 的内存空间
Lsass	本地安全权限服务进程，用于控制 Windows 安全机制，是微软安全机制的系统进程，主要处理一些特殊的安全机制和登录策略
spoolsv	用于将 Windows 打印机任务发送给本地打印机，关闭以后一会又自己开开
taskmgr	“任务管理器”本身的进程，大约占用了 3.2MB 的内存

3. 线程

由于进程是资源的拥有者，它囊括了相关程序、数据、进程控制块以及该程序运行需要的系统资源，因而进程较为庞大，同时进程还是调度运行的单位。在进程的创建、状态转换、终止等过程中都要付出较大的时间开销和内存空间开销，这样就影响到了系统中进程的数量和并发活动的程度。

在现代操作系统中，将进程的调度运行属性剥离开来，赋予一个新的实体，称为线程，进程只作为资源拥有者。这样，线程就成为了进程中实施调度和分派的基本单位，也就是一个进程下可以有多个能独立运行的更小的线程。

3.6.3 进程（线程）的控制状态

进程有着走走停停的活动规律，这个走走停停的过程使进程处于 3 种控制状态之中，即就绪、运行、阻塞。这 3 种状态是 CPU 挑选进程执行的主要因素。

1．就绪状态

当进程获得了除 CPU 之外的其他资源，具备了运行条件，仅仅因为 CPU 正被其他进程占用而暂时不能运行的状态称为就绪状态。就绪状态就是等待分配 CPU 的状态，一旦获得 CPU 就可立即运行。多个就绪状态的进程形成了就绪进程队列，进程调度程序会按照某种分配策略，如时间片轮转、最高优先级优先等算法分配 CPU 给就绪进程。

2．运行状态

就绪进程获得 CPU 后立即进入到运行状态，逐条指令执行，直到时间片用完，进程又转换到就绪状态。如果在时间片内遇到 I/O 操作、系统突发事件等情况发生，将转入第三种状态——阻塞状态。单 CPU 系统中任何时刻只有一个进程处于运行状态。

3．阻塞状态

阻塞状态是指进程因等待某种事件的发生（比如 I/O 操作的完成、其他进程发来的信号等），而暂时不能运行的状态。当所等待的事件发生后，进程又具备了运行条件，阻塞状态的进程又转换到就绪状态。

以上 3 种状态是进程的基本状态。实际应用中有些操作系统为了调度的方便与合理，往往设立更多种进程状态，如新建状态、终止状态等。UNIX 操作系统设置了 9 种进程状态。

4．进程描述和生命周期

操作系统中创建进程时给每个进程建立一张唯一的管理表，称为进程控制块（Process Control Block，PCB），通过 PCB 来控制进程的整个生命周期，直到进程终止（关闭程序），该 PCB 被撤销。每个进程都有唯一的进程标识号 PID 作为系统内部进程的标志。在 PCB 中登记了有关的 PID、特征信息、进程状态、调度优先级、所需资源、该进程的程序指令及数据在内存的地址、进程间通信信息、现场保护区等信息。

开机时，操作系统在引导程序的作用下从硬盘装入内存，生成第一个进程（如 UNIX 中的 0 号进程、Windows XP 中的 0 号进程），再由第一个进程创建其他核心进程，逐步装入、启动操作系统的其他核心程序，完成系统配置。其中的绝大多数进程完成相应程序模块的安装配置后实现了程序的功能，该进程即终止了。

在操作系统正常启动后，用户执行任何应用程序，操作系统将程序装入到内存后，会为该程序创建一个新进程，并为其分配所需的资源，然后把新进程插入到就绪队列中。该进程进入调度分配过程，不断进行进程状态的转换，直到用户退出程序或遇到程序异常终止等情况，该进程被终止。

5．进程死锁与恢复

各并发进程彼此互相等待对方所拥有的资源，且这些并发进程在得到对方的资源之前不会释放自己所拥有的资源，就会造成死锁。死锁就是多个进程循环等待它方占有的资源而无限期地僵持下去的状况。

操作系统具有死锁检测功能，一旦发现了死锁，使系统从死锁状态中恢复过来。消除死锁最简单的方法就是进行系统的重新启动，这意味着在这之前所有的进程已经完成的计算工作都将付之东流。另一种方法就是撤销进程，终止参与死锁的进程，收回它们占有的资源，从而解除死锁。在 Windows XP 中，可以使用"任务管理器"强行结束进程来解除死锁。

本章小结

本章从用户使用计算机的视角介绍了操作系统的产生和发展过程，以及操作系统的主要功能，要点概括如下。

1. 操作系统是管理和控制计算机系统软、硬件资源，并为用户提供操作界面和编程接口的系统软件。操作系统的发展总是以满足计算机系统资源管理和高效利用为目标。

2. 操作系统实现的基本功能包括用户控制界面、文件管理、设备管理、内存管理和 CPU 管理 5 个部分，此外，当今的操作系统通常还具备基本的网络管理和系统安全管理功能。

3. 计算机中的任何信息都是以文件形式存储在外存中。文件的控制和访问都是通过文件名由操作系统的文件系统进行管理。文件名和扩展名都遵循一定的规则。用户必须掌握搜索文件的方法和文件路径的描述方法。任何应用程序创建的文件都必须保存到硬盘等外存中才能长久保存。

4. 用户进行程序设计时通常需要考虑文件（信息）的逻辑结构和存取方法。文件逻辑结构通常分为流式文件和记录式文件两种，信息管理系统中通常使用记录式文件。文件存取方法常用的有顺序存取和随机存取两种。

5. 计算机的外设通常是通过设备控制器与总线进行连接，操作系统通过传递操作命令和参数给设备控制器，控制数据的输入、输出和存储。操作系统通过各种类型的设备控制表实现对系统设备的标识、分配、回收等管理。

6. 硬盘通过分区管理，可以实现多操作系统启动和生成逻辑磁盘。硬盘上的主引导记录和操作系统分区中的系统引导记录都非常关键，也比较脆弱，一旦遭到破坏都将造成系统崩溃。

7. 硬盘中的文件经过一段时间的复制、创建、删除等操作后，往往容易形成磁盘文件碎片，从而影响系统运行速度，通过操作系统的磁盘管理工具和相关工具软件可以消除碎片。

8. 程序通常保存在磁盘中，运行时再装入内存，等到分配外设和 CPU 资源。此时的静态程序代码将与计算机系统的内存资源、外设资源、CPU 资源等结合在一起，形成一种活动的可执行状态，称为进程。

习题与思考

1. 判断题

（1）第一代计算机几乎没有安装操作系统。（ ）

（2）嵌入式系统中一般都要使用实时操作系统。（ ）

（3）Linux 是一个支持多用户、多任务，实时性较好的免费操作系统。（ ）

（4）一个应用程序窗口中只能显示一个文档（工作）窗口。（ ）

（5）复选框的意思是可以复选，而且选取任何一项都不影响其他项的选取。（ ）

（6）在 Windows XP 桌面任何位置右键单击鼠标，都将弹出快捷菜单。（　　）

（7）窗口中的工具栏，上面的每一个按钮都代表一条命令。（　　）

（8）操作系统中的路径分隔符都使用"\"将子目录分隔开来。（　　）

（9）"假脱机"技术是实现虚拟设备的有效方法。（　　）

（10）Windows 中的 API 就是 Windows 提供的系统功能调用接口。（　　）

2. 选择题

（1）通用操作系统的基本功能不包括________。

A. 系统调用　　B. 文件系统

C. 进程管理　　D. 实时服务

（2）下列________不属于按设备共享属性分类的项目。

A. 虚拟设备　　B. 块设备

C. 共享设备　　D. 独占设备

（3）Windows XP 是一个________操作系统。

A. 单用户单任务　　B. 单用户多任务

C. 多用户单任务　　D. 多用户多任务

（4）操作系统的的主体是________。

A. 数据　　B. 程序　　C. 内存　　D. CPU

（5）文件系统的多级目录结构是一种________。

A. 线性结构　　B. 树形结构

C. 散列结构　　D. 双链表结构

（6）下列文件扩展名中全部是可执行程序文件类的有________。

A. com、sys、bat、drv　　B. doc、com、exe、wri

C. com、exe、bat　　D. com、exe、inf、dll

（7）在 Windows XP 中，________不是合法的文件名形式。

A. ty>xm.txt　　B. yy.txt.doc.rtf

C. 昨天 今天.doc　　D. aaa

（8）在搜索文件或文件夹时，若用户输入"*.*"，则将搜索________。

A. 所有含有*的文件　　B. 所有扩展名中含有*的文件

C. 所有文件　　D. 以上全不对

（9）在下列操作系统中，属于分时系统是________。

A. UNIX　　B. MS DOS

C. Windows 2000/XP　　D. Novell Netware

（10）Windows XP 支持的文件系统有不包括________。

A. FAT32　　B. NTFS

C. EXT2　　D. EXFAT

3. 简答题

（1）简述操作系统的主要特征。

（2）什么是文件的逻辑结构？它有哪些类型？

（3）简述硬盘分区的作用和主引导扇区的基本内容。

（4）什么是进程和线程？它们与程序有何区别和联系？

第4章 办公文件处理

办公是指处理办公工作事务的活动过程，办公文件处理是办公工作的常规内容之一。使用现代化的技术手段及工具对办公文件进行高效率、高质量的处理，是信息社会人们必须具备的知识和能力。本章介绍电子化办公的基础知识和有关电子文档、电子表格、演示文稿制作相关的概念和方法。

4.1 办公自动化概述

4.1.1 办公自动化

现代办公需要收集和整理大量的资料，编制各类文档和报表，并对各种表格数据进行分析、统计、汇总，制作图文并茂、生动形象的演示文稿。如此繁重的工作，仅靠手工和办公器具（复印机、传真机、个人电脑等）来完成，不仅效率低，有些工作还无法实现。

办公自动化（Office Automation，OA）是指利用计算机技术和通信技术来实现办公业务过程的数字化和决策管理信息化，使办公业务超越传统时空限制，实现无纸办公、移动办公和协同办公。

OA 是 20 世纪 70 年代中期发达国家为解决办公业务量剧增对企业工作效率产生巨大影响问题而发展起来的一门综合性技术。OA 的功能主要包括文字处理、数据处理、资料处理、事务处理、图形图像处理、语言处理、网络通信、信息管理、辅助决策、安全保密等。使用 OA 后，办公人员就可以利用网络等现代科学技术，采用多种媒体形式来及时地、高效地管理和传递信息。

中国的 OA 经历了 20 世纪 80 年代至今 20 多年的发展，已经从最初提供面向单机的辅助办公产品，发展到今天可提供面向应用的大型协同工作环境。2010 年的 OA 国际研讨会提出：现代 OA 是低碳办公、智能办公，是对物联网、医疗信息化、教育信息化、智能家居、智能电网、智能交通、智能物流等基于宽带网络的新兴产业发挥重要作用的办公自动化。现代 OA 将以低碳发展的理念实现物联网时代 OA 创新应用。因此，随着社会信息化的不断发展，以及计算机技术、网络和通信技术的飞速发展，办公自动化作为政府部门和企、事业单位信息化的应用基础，其发展趋势是数字化、网络化、智能化、协同化、无线化和低碳化。

4.1.2 办公自动化系统

办公自动化系统（Office Automation System，OAS）是利用技术的手段提高办公效率，进而实现办公自动化处理的系统。它采用 Internet/Intranet 技术，基于工作流的概念，使机关、企事业内部人员方便快捷地共享信息，高效地协同工作；改变过去复杂、低效的手工办公方式，实现迅速、全方位的信息采集、信息处理，为企事业的管理和决策提供科学的依据。

OAS 的发展历程可以分为以数据处理为中心的第一代 OAS、以工作流为核心的第二代 OAS 和以知识管理为核心的第三代 OAS。

办公自动化就是要创造一个集成的办公环境，使所有的办公人员都在同一个桌面环境下一起工作。具体来说，办公自动化系统主要实现的功能有：建立内部通信平台和信息发布平台、工作流程自动化、文档管理自动化、辅助办公、信息集成、分布式办公和协同办公。

办公自动化系统有不同的层次，事务型 OA 属于普通类办公自动化系统，而信息管理型 OA 系统、决策支持型 OA 系统和一体化的 OA 系统称为高级类办公自动化系统。

办公自动化系统具有多种结构类型。它不仅有基于局域网和基于广域网的客户/服务器（C/S）结构，还有基于互联网的浏览器/服务器（B/S）结构以及混合结构。无论采用哪种结构，OAS 都是由硬件和软件两大部分组成。硬件是指计算机、外围设备、网络连接设备、通信设备和线路、其他办公机械设备等；软件是指系统软件、办公自动化控制应用程序和数据库管理系统等程序。办公自动化的灵魂是软件，硬件只是实现办公自动化的环境保障。

4.2 办公文件

办公自动化中要处理的办公文件有公文、事务文书、启事、新闻、经济文书等实用文体，也有论文、专著等一些科技文章和科技图书，还有会议讲演稿、产品讲演稿、科技讲演稿等演示文稿及一些声音、影像等多媒体资料。

4.2.1 实用文体

实用文体是指人们在日常事务中经常使用的一些应用文体，是人们交流思想、储存信息、解说问题的重要工具。实用文体可分为公文、法律书状、广告、启事、礼仪、契据、书信、新闻等类别。其中公文是最常见的实用文体。

公文是指党政机关、群众团体、企事业单位等为处理公务而使用的、有一定规范性的应用文书，也叫文件。它具有政治性、权威性、指导性、规范性、实用性等特点。按照《国家行政机关公文处理办法》的规定，行政机关的公文种类主要有：命令、决定、通知、报告、请示、批复、意见、函等。

公文一般由秘密等级和保密期限、紧急程度、发文机关标识、发文字号、签发人、标题、主送机关、正文、附件说明、成文日期、印章、附注、附件、主题词、抄送机关、印发机关、印发日期等要素组成，如图 4-1 所示。

公文都有规定的格式，这是公文具有权威性和约束力在形式上的具体表现。它要求结构完整，标志准确，各机关保持一致。在《国家行政机关公文格式》标准中，规定了国家行政机关公文通用的纸张要求、排版及印刷要求、公文中各要素排列顺序和标识规则。在制作公文及公文排版时必须按标准严格执行。

《国家行政机关公文格式》标准中，将组成公文的各要素划分为眉首、主体和版记 3 部分，如图 4-1 所示。置于公文首页红色反线以上的各要素统称眉首；置于红色反线（不含）以下至主题词（不含）之间的各要素统称主体；置于主题词以下的各要素统称版记。

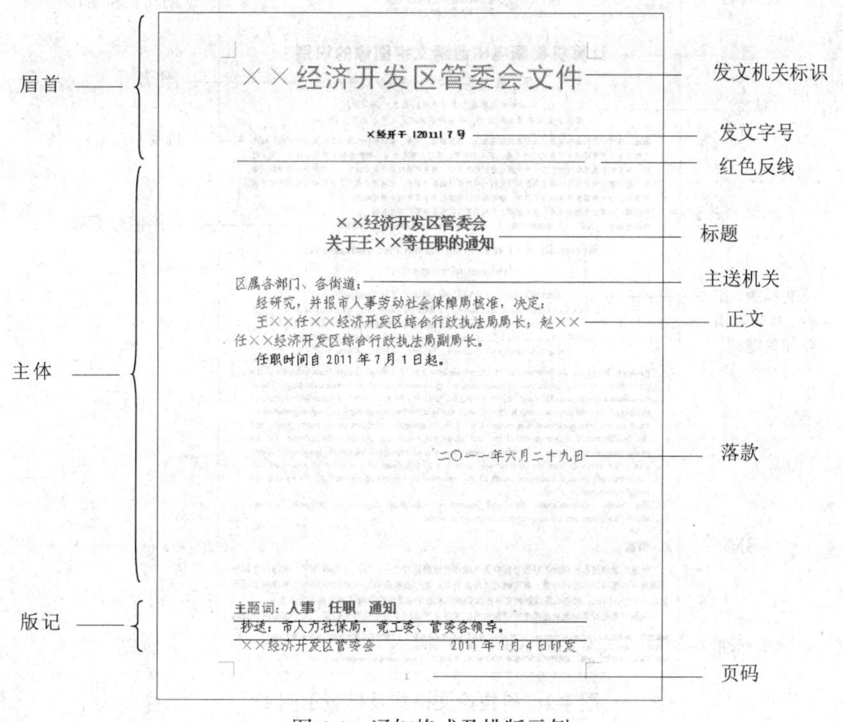

图 4-1　通知格式及排版示例

4.2.2　科技文章

科技文章有科技期刊中的科技论文、科技专著、博士或硕士论文及科技图书等。

1．科技论文

科技论文的功能主要是记录、总结科研成果，促进科研工作的完成。科技论文不仅是科学研究的重要手段，也是科技人员交流学术思想和科研成果的工具。

科技期刊是科技论文的主要载体。科技期刊的排版具有数理符号多、标题层次多、公式和图表复杂、版式较固定等特点。科技期刊的版式固定且比较简单，首页、单页、双页的页眉不同，通常排成一栏或双栏，版式中各要素的字体、字号都有一定的要求，如图 4-2 和图 4-3 所示。

科技论文的格式一般有以下内容。

（1）题目。题目应以简明、确切的词语反映文章中最重要的特定内容，要符合编制题录、索引和检索的有关原则，并有助于选定关键词。中文题目一般不宜超过 20 个字，必要时可加副题目。英文题目应与中文题目含义一致，英文缩写在文中应有注解。

（2）作者。作者署名是文责自负和拥有著作权的标志。作者姓名署于题名下方，有多名作者时要用逗号分割。另外，要求在论文首页地脚标注第一作者的简介，内容包括姓名、姓别、出生年月、学位、职称、研究方向、城市名及邮编。

（3）单位。作者单位名称在作者署名下方，当有多个单位时要用分号分割，并用 1、2 等标号排序，同时在作者署名位置标明对应的单位序号。

（4）摘要。摘要的内容包括研究的目的、方法、结果和结论，是一篇完整的、不分段的短文，一般不超过 300 字。英文摘要应与中文摘要内容相对应，英文摘要在中文摘要之后。

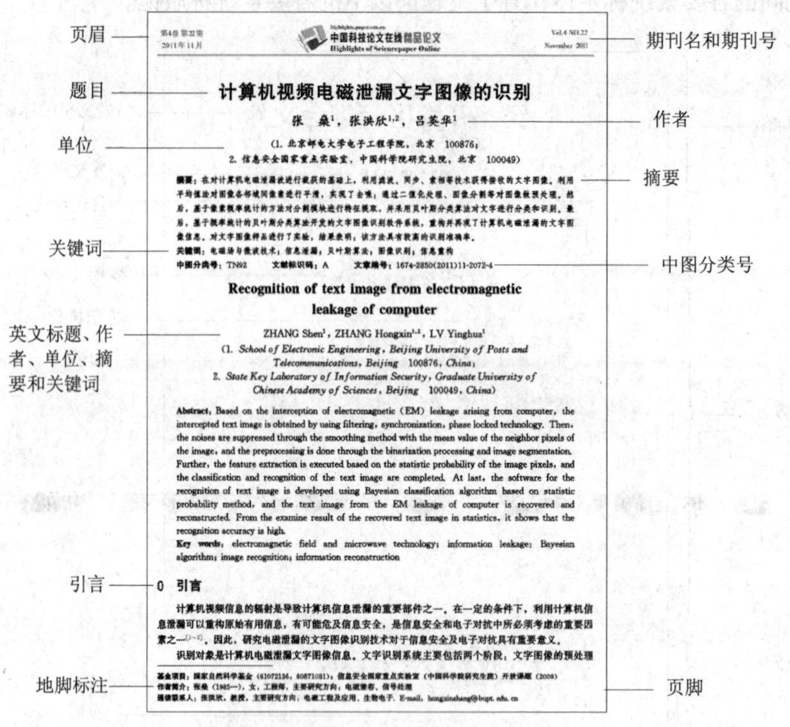

第4卷 第22期
2011年11月

中国科技论文在线精品论文
Highlights of Sciencepaper Online

Vol.4 NO.22
November 2011

计算机视频电磁泄漏文字图像的识别

张 燊[1]，张洪欣[1,2]，吕英华[1]

（1. 北京邮电大学电子工程学院，北京 100876；
2. 信息安全国家重点实验室，中国科学院研究生院，北京 100049）

摘要：在对计算机电磁泄漏波进行截获的基础上，利用滤波、同步、索相等技术获得接收的文字图像。利用平均值法对图像各邻域间像素进行平滑，实现了去噪；通过二值化处理、图像分割等对图像做预处理。然后，基于像素概率统计的方法对分割模块进行特征提取，并采用贝叶斯分类算法对文字进行分类和识别。最后，基于概率统计的贝叶斯分类算法开发的文字图像识别软件系统，重构并再现了计算机电磁泄漏的文字图像信息。对文字图像样品进行了实验，结果表明：该方法具有较高的识别准确率。

关键词：电磁场与微波技术；信息泄漏；贝叶斯算法；图像识别；信息重构

中图分类号：TN92 **文献标识码**：A **文章编号**：1674-2850(2011)11-2072-4

Recognition of text image from electromagnetic leakage of computer

ZHANG Shen[1], ZHANG Hongxin[1,2], LV Yinghua[1]

(1. *School of Electronic Engineering, Beijing University of Posts and Telecommunications, Beijing 100876, China*;
2. *State Key Laboratory of Information Security, Graduate University of Chinese Academy of Sciences, Beijing 100049, China*)

Abstract: Based on the interception of electromagnetic (EM) leakage arising from computer, the intercepted text image is obtained by using filtering, synchronization, phase locked technology. Then, the noises are suppressed through the smoothing method with the mean value of the neighbor pixels of the image, and the preprocessing is done through the binarization processing and image segmentation. Further, the feature extraction is executed based on the statistic probability of the image pixels, and the classification and recognition of the text image are completed. At last, the software for the recognition of text image is developed using Bayesian classification algorithm based on statistic probability method, and the text image from the EM leakage of computer is recovered and reconstructed. From the examine result of the recovered text image in statistics, it shows that the recognition accuracy is high.

Key words: electromagnetic field and microwave technology; information leakage; Bayesian algorithm; image recognition; information reconstruction

0 引言

计算机视频信息的辐射是导致计算机信息泄漏的重要部件之一。在一定的条件下，利用计算机信息泄漏可以重构原始有用信息，有可能危及信息安全，是信息安全和电子对抗中所必须考虑的重要因素之一[1~3]。因此，研究电磁泄漏的文字图像识别技术对于信息安全及电子对抗具有重要意义。

识别对象是计算机电磁泄漏文字图像信息。文字识别系统主要包括两个阶段：文字图像的预处理

基金项目：国家自然科学基金（61072136，60871081）；信息安全国家重点实验室（中国科学院研究生院）开放课题（2009）
作者简介：张燊（1985—），女，工程师，主要研究方向：电磁兼容、信号处理
通信联系人：张洪欣，教授，主要研究方向：电磁工程及应用、生物电子. E-mail: hongxinzhang@bupt.edu.cn

图 4-2 科技论文格式及排版示例 1

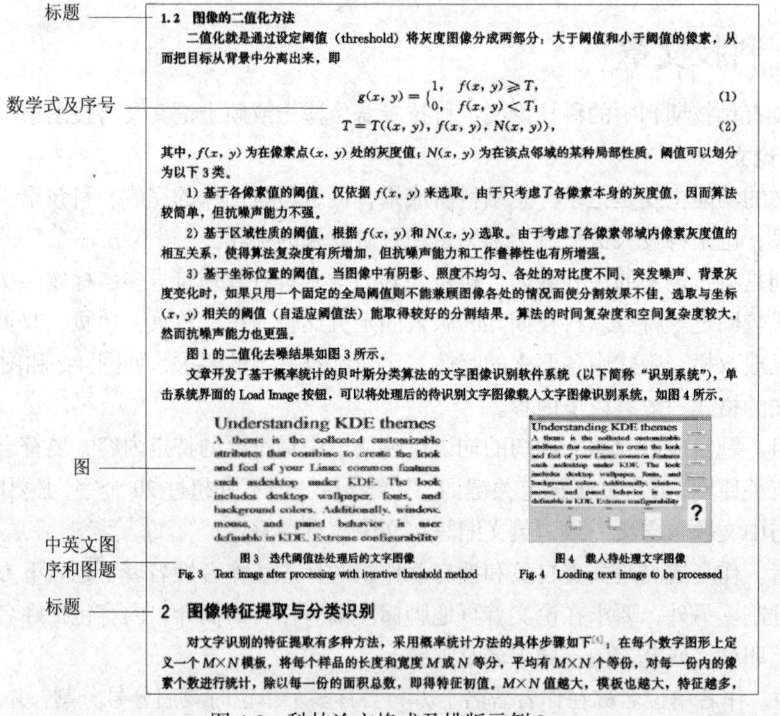

1.2 图像的二值化方法

二值化就是通过设定阈值（threshold）将灰度图像分成两部分：大于阈值和小于阈值的像素，从而把目标从背景中分离出来，即

$$g(x, y)=\begin{cases}1, & f(x, y) \geqslant T, \\ 0, & f(x, y)<T;\end{cases} \tag{1}$$

$$T=T((x, y), f(x, y), N(x, y)), \tag{2}$$

其中，$f(x, y)$ 为在像素点 (x, y) 处的灰度值；$N(x, y)$ 为在该点邻域的某种局部性质。阈值可以划分为以下 3 类。

1）基于各像素值的阈值，仅依据 $f(x, y)$ 来选取。由于只考虑了各像素本身的灰度值，因而算法较简单，但抗噪声能力不强。

2）基于区域性质的阈值，根据 $f(x, y)$ 和 $N(x, y)$ 选取。由于考虑了各像素邻域内像素灰度值的相互关系，使得算法复杂度有所增加，但抗噪声能力和工作鲁棒性也有所增强。

3）基于坐标位置的阈值。当图像中有阴影、照度不均匀、各处的对比度不同、突发噪声、背景灰度变化时，如果只用一个固定的全局阈值则不能兼顾图像各处的情况而使分割效果不佳。选取与坐标 (x, y) 相关的阈值（自适应阈值法）能取得较好的分割结果。算法的时间复杂度和空间复杂度较大，然而抗噪声能力也更强。

图 1 的二值化去噪结果如图 3 所示。

文章开发了基于概率统计的贝叶斯分类算法的文字图像识别软件系统（以下简称"识别系统"），单击系统界面的 Load Image 按钮，可以将处理后的待识别文字图像载入文字图像识别系统，如图 4 所示。

Understanding KDE themes
A theme is the collected customizable attributes that combine to create the look and feel of your Linux common features such asdesktop under KDE. The look includes desktop wallpaper, fonts, and background colors. Additionally, window, mouse, and panel behavior is user definable in KDE. Extreme configurability

图 3 迭代阈值法处理后的文字图像
Fig. 3 Text image after processing with iterative threshold method

图 4 载入待处理文字图像
Fig. 4 Loading text image to be processed

2 图像特征提取与分类识别

对文字识别的特征提取有多种方法，采用概率统计方法的具体步骤如下[5]：在每个数字图形上定义一个 $M \times N$ 模板，将每个样品的长度和宽度 M 或 N 等分，平均有 $M \times N$ 个等份，对每一份内的像素个数进行统计，除以每一份的面积总数，即得特征初值。$M \times N$ 值越大，模板也越大，特征越多，

图 4-3 科技论文格式及排版示例 2

（5）关键词。关键词是为了便于作文献索引和检索而选取的能反映论文主题概念的词或词组，一般每篇文章标注 3~8 个。中、英文关键词应一一对应。

（6）中图分类号。为便于检索和编制索引，建议按《中国图书馆分类法》对每篇论文标注分类号。一篇涉及多学科的论文，可以给出几个分类号，主分类号应排在第 1 位。

（7）引言。引言的内容可包括研究的目的、意义、主要方法、范围、背景等。应开门见山，言简意赅，不要与摘要雷同或成为摘要的注释。引言的序号可以不写，也可以写为“0”，不写序号时“引言”二字可以省略。

（8）标题。标题是指除文章题目外的不同级别的标题，标题要简短明确。科技论文一般采用三级标题，一级标题格式为 1、2、3、…，二级标题格式为 1.1、1.2、1.3、…、2.1、2.2、…，三级标题格式为 1.1.1、1.1.2、…。

（9）论文的正文部分。论文的正文部分系指引言之后、结论之前的部分，是论文的核心，应按国家标准的规定格式编写。

（10）图。图要精选，不宜过多。图要随文字出现，即文字在前图在后。图应有以阿拉伯数字连续编号的图序和简明的图题。图序和图题间空 1 个字距，一般居中排于图的下方。通常还要有英文图题。

（11）表。表应精心设计。表一般随文排，先见文字后见表。表若卧排，应顶左底右。表应有以阿拉伯数字连续编号的表序和简明的表题。表序和表题间空 1 个字距，居中放在表的上方。通常还要有英文表题。

（12）数学式和反应式。文章中重要的或后文要重新提及的数学式、反应式等可另占一行，并用阿拉伯数字连续编序号。序号加圆括号，右顶格排。

（13）量和单位。应严格执行国家标准和国际标准规定的量和单位的名称、符号和书写规则。

（14）数字用法。凡是可以使用阿拉伯数字且很得体的地方，均应使用阿拉伯数字。请参照 GB15835—1995 出版物上数字用法的规定。

（15）外文字母。应特别注意外文字母的正斜体、大小写和上下角的表示。

（16）结论。结论是文章的主要结果、论点的提炼与概括，应准确、简明、完整、有条理。如果不能导出结论，也可以没有结论，而进行必要的讨论，可以在结论或讨论中提出建议或待解决的问题。

（17）参考文献。参考文献有数量要求、类型要求、顺序要求、著录格式要求等。

（18）字体、字号。对题目、各级标题、正文、图题、表题等内容的字体和字号均有相应的格式要求。

2. 科技专著

专著是对某一学科或某一专门课题进行全面系统论述的著作。一般是对特定问题进行详细、系统考察或研究的结果。专著的篇幅一般比较长，因此能围绕较大的复杂性问题作深入细致地探讨和全面论述，具有内容广博、论述系统、观点成熟等特点，一般是重要科学研究成果的体现，具有较高的学术参考价值。

科技专著属于科技图书，具有学科门类多，数理化公式多，外文多，插图表格多，标题层次多，而且还有脚注、参考文献、索引等特点，形式较为枯燥、烦琐，版式设计起来难度较大。科技图书格式除科技论文的格式要求外，还要求有以下内容。

（1）封面。封面是书籍装帧设计艺术的门面，它是通过艺术形象设计的形式来反映书籍的内容。封面指书刊外面的一层，其中一般包括专著题目、著者姓名、出版社名称等信息。封面起着美化书刊和保护书芯的作用，同时还便于在图书馆等寻找。

（2）目录。目录是书籍正文前所载的目次，是揭示和报道图书结构状况的工具。目录按图书中各篇、章、节等标题依次进行排序，标题序号一般用阿拉伯数字编码，内容应简明扼要，文中的标题序号和目录序号的编码形式应相同。

（3）索引。索引是指在文档中给出读者查阅项目的页码，用于使读者能够根据项目的关键词或主题词（也称索引词或索引项）快速地找到所要阅读的位置。索引表主要由两部分组成：索引项和页码。索引表指出了每一个索引在文档中出现的位置。需要添加索引的有文章的主题、关键词、缩写词、人名或机构名、缩略词、专用词汇、文档中定义的或分析的问题名称等。

（4）页眉和页脚。页眉在页面上方的空白区域，页脚在页面下方的空白区域。页眉和页脚常用于显示文档的附加信息，如时间、日期、公司徽标、文档标题、文件名、作者姓名、页眉或页脚线等。在一本书中，单、双页的页眉页脚可以不同，也可以相同。

4.2.3 讲演稿

讲演稿是人们在工作和社会生活中经常使用的一种文体。它可以用来交流思想、感情，表达主张、见解；也可以用来介绍自己的学习、工作情况和经验、研究成果等。讲演稿具有宣传、鼓动、教育、欣赏等作用。讲演稿分为政治讲演稿、科技讲演稿、社会活动讲演稿等类型。办公工作中经常要制作会议讲演稿、培训讲演稿等。

通常用演示文稿制作软件来制作电子讲演稿。电子讲演稿也称为演示文稿，它由若干张幻灯片组成。

4.2.4 表格

表格是人们表达或解释事务性质所运用的数据传达形式，在经济领域或者统计活动中运用很广泛。办公文件中常常包含各种各样的表格，如员工通讯录、工资表、人事档案表、销售表、工程施工进度计划表等，如图 4-4 所示。表格及其中的文本或元素的格式要求与表格所属的文件一致。

工程名称	红海县希望小学教学楼工程施工总进度表													
	工期 120 日历天													
	1	2	10	20	30	40	50	60	70	80	90	100	110	120
施工准备														
基础工程														
一层结构														
二层结构														
三层结构														
屋面工程														
砌体工程														
楼地面工程														
门窗工程														
室内外装修工程														
台阶工程														
竣工待验														

图 4-4　工程施工进度计划表

4.3 办 公 软 件

办公软件指可以进行文字处理、表格数据处理、演示文稿制作、简单数据库的处理等方面工作的软件。常见的办公软件有微软 Office 系列、金山 WPS 系列等。Microsoft Office 组件是目前最为流行的办公自动化软件之一，其中的 Word 字处理软件、Excel 电子表格软件、PowerPoint 演示文稿制作软件、Access 数据库处理软件等可以方便、快速地处理办公工作中的各种多媒体信息，功能丰富而强大，赢得了广大的用户。

4.3.1　字处理软件的发展及功能

1. 字处理软件的发展

最早具有影响力的字处理软件是 1979 年由 MicroPro 公司开发的 WordStar，它是 80 年代的畅销软件。由于当时没有其他的字处理软件可选择，汉化的 WS 在我国非常流行。WS 的操作十分烦琐，需要记住若干个操作键和复杂的排版规则才能比较熟练地编辑和排版文本。WS 的不足以及巨大的文字处理软件市场，促使微软公司开始了字处理软件市场的竞争。1983 年底，微软公司推出了为 MS-DOS 计算机开发的 Word 第一代，但是反响并不好。随着 1989 年 Windows 的成功推出，采用图形用户界面技术、采用鼠标操作的微软字处理软件 Word 成为字处理软件销售的市场主导产品。

早期的字处理软件以处理文字为主，现代的字处理软件可以处理文字、表格、图形、图像、声音等多媒体信息。随着功能的不断增强，Word 的版本也在不断地更新，从 1989 年 11 月推出的 Word for Windows 到 2010 年推出的 Word 2010，Microsoft Windows Word 经历了 Word 95、Word XP、Word 2003 等多个版本的升级更新。

除 WS、Word 等字处理软件以外，香港金山公司于 1989 年推出的 WPS1.0（Word Processing System）是完全针对汉字处理重新开发的，它集编辑与打印为一体，具有丰富的全屏幕编辑功能，而且还提供了各种控制输出格式及打印功能，使打印出的文稿既美观又规范，基本上能满足各界文字工作者编辑、打印各种文件的需要和要求。当时的 WPS 超越 WordStar 等国外同类产品，赢得了广泛认可。很多政府机关和企事业单位至今仍在使用 WPS Office 办公软件进行自动化办公。WPS 最新版本为 2012，可以免费下载。

2. Word 字处理软件的基本功能

（1）管理文档

管理文档包括新建文档、搜索满足条件的文档、以多种格式保存文档、自动保存文档、打开多种格式的文档、文档加密、意外情况恢复等，以确保文件的安全、通用。

（2）编辑文档

可通过多种方式输入文档内容，如键盘输入、语音输入、联机手写输入、扫描输入等；可对已输入的文档内容进行自动更正错误、拼写检查、简体转繁体、大小写转换、查找与替换、复制与移动等操作，编辑效率高。

（3）格式化文档及图文排版

可利用模板、样式以及多种格式化功能，对字体、段落、页面进行格式化，操作方便、功能丰富、版面美观、高效快捷；图形、图像、声音、动画、表格等对象可以与文本灵活地结合在一起，形成图文并茂、版式多样的文档。

（4）制作表格

可以制作出各种样式的表格，对表格及表格中的数据进行格式化，对表格中的数据进行统计、排序，以及生成统计图表等。

（5）插入图形、图片

能绘制、插入多种形式的图形，插入多种格式的图片，对图形和图片进行编辑、格式化、图文混排等操作。

（6）打印文档

提供了打印及打印预览功能，具有对打印机参数的强大的支持性和配置性。

（7）获得帮助

提供的帮助功能详细而丰富，为用户自学提供了方便。

（8）保存成网页格式

可以多种格式的文档保存，便于与其他软件之间的信息交换。可以将文档保存为超文本文件格式，即制作出普通的网页。

（9）自动完成任务

提供了对文档进行自动处理的功能，如拼写和语法检查、建立目录、邮件合并、宏的建立和使用等。

4.3.2 表格处理软件的发展及功能

1. 表格处理软件的发展

1977 年 Apple Ⅱ问世时，哈佛商学院的 MBA 学生丹 • 布莱克林（Dan Bricklin）等人用 BASIC 编写了一个软件 VisiCalc（即“可视计算”）。1979 年 VisiCalc 正式推出，此软件很快得到了广大商业用户的认可，不到一年的时间，它就成了个人计算机软件史上第一个最畅销的软件。

VisiCalc 软件获得的巨大成功，促成了微软公司向电子表格软件市场进军的决心。1982 年，微软公司开发出了功能更加强大的电子表格——Multiplan。随后，Lotus 公司推出了个人电脑应用软件 Lotus 1-2-3。凭借集表格处理、数据库管理、图形处理三大功能于一体，Lotus 1-2-3 迅速得到推广使用。1985 年，首款只用于 Mac 系统的 Excel 诞生。1987 年，第一款适用于 Windows 系统的 Excel 也成功推出。

1993 年，Excel 被捆绑进 Microsoft Office 中。随着功能的不断增强，Excel 的版本也在不断地更新，到 2010 年为止，Microsoft Windows 的 Excel 经历了 Excel 95、Excel 2003、Excel 2007、Excel 2010 等多个版本的升级更新。

2. Excel 电子表格软件的基本功能

（1）编辑数据、公式和格式化表格

可新建、打开、保存电子表格，在表格中输入文本、数字、日期和时间、公式等数据，对表格和表格中的数据进行编辑修改、格式化、排版等操作。

（2）显示统计图表

使用图表功能可将电子表格中的数据或统计结果以各种统计图表的形式显示，如柱形图、折线图、饼图、面积图等。

（3）数据管理

使用数据管理功能可对电子表格中的数据清单或数据列表进行排序、筛选、分类汇总、数据透视表等操作。

（4）自动填充和自动重算

使用自动填充功能可以快速地输入有规律的数据，如等差、等比、日期、公式及系统预定义好的序列、用户自己定义的序列。

当单元格中的数据改变时，使用到这些数据的公式会自动地重新计算，用这些数据绘制的图表也会自动重画；当单元格中的公式被修改后，系统也会自动重算。自动重算是手工计算无法做到的。

（5）保存成网页格式

可以将 Excel 制作的工作表保存为超文本文件，即制作出一张简单的网页。

（6）打印电子表格

软件提供了打印及打印预览功能，可以打印输出工作簿中的一个工作表、工作表中的一个区域或整个工作簿。

4.3.3 演示文稿制作软件的发展及功能

1. 演示文稿制作软件的发展

罗伯特·加斯金斯（Robert Gaskins）是一位具有远见卓识的企业家。早在 20 世纪 80 年代中期，他就意识到商业幻灯片这一巨大但尚未被人发掘的市场同正在出现的图形化计算机时代形成了完美的结合。1987 年，在加斯金斯和奥斯丁的共同努力下，Mac 操作系统版的 PowerPoint1.0 终于上市。后来微软公司收购了加斯金斯所在的公司，3 年后，Windows 版的 PowerPoint 也问世了。

从 1987 年 PowerPoint 正式推出至今，Microsoft Windows 的 PowerPoint 经历了 PowerPoint 95、PowerPoint XP、PowerPoint 2007、PowerPoint 2010 等多个版本的升级更新。

2. PowerPoint 演示文稿制作软件的基本功能

（1）创建演示文稿和幻灯片

可建立、打开、保存、排版、输出演示文稿；可在演示文稿的幻灯片中输入文本，插入图形、图像、表格、图表、公式、超链接、组织结构图等对象；可对各种对象进行编辑修改；可对各种对象进行格式化。

（2）美化幻灯片

可以通过对幻灯片背景、幻灯片版式、母版、设计模板、配色方案等的设置来美化幻灯片的外观。

（3）制作特殊效果

可以在幻灯片中插入声音、影片，还可以录制声音和旁白，对各种对象添加动画，使幻灯片变得既形象生动又有声有色，增强了幻灯片的播放效果和感染力，提高了演示文稿的趣味性及观赏效果。

（4）放映演示文稿

将制作好的 PPT 演示文稿在计算机屏幕上或投影仪上播放。

（5）发布演示文稿

可方便地将演示文稿发布到 Web 服务器，以利于演示文稿资源的共享，即让演示文稿制作者以外的其他人，通过网络浏览器浏览该演示文稿。发布到网上的演示文稿可以有以下几种形式。

① 以.ppt 格式发布的演示文稿，可以对演示文稿进行编辑。

② 以.htm 格式保存演示文稿时，会自动创建一个与演示文稿同名的文件夹，其中包含支持文件，如项目符号、背景纹理、图形等。

③ 以.mht 格式保存演示文稿时，会自动将 Web 站点的所有元素（包括文本和图形等）都保存到这一个文件中，非常便于管理。

（6）打印输出

可以方便地打印输出幻灯片、讲义、备注页和大纲视图 4 种不同的内容。还可以将演示文稿另存为放映类型（扩展名为.PPS）的文件，直接在 Windows 下自动播放。

4.4 电子文档的建立与处理

用 Word 建立的文档是以磁盘文件形式保存的、由某种固定格式组织起来的符号集合，扩展名通常为.doc。构成文档的对象可以是文本、表格、图片、图形、声音等多媒体数据。办公自动化中涉及的各种实用文体、科技文章等办公文件，都可用 Word 来建成电子文档，以便处理、存储、发布和交流。

4.4.1 电子文档的建立

1. Word 常用术语

（1）页面：是排版时版面布局的基本单位，其内容可包括文本、图形、图片、表格、文本框等对象。一个文档的内容可被放在多个页面上，页面的构成如图 4-5 所示。通常情况下，页眉置于上边距中，页脚置于下边距中。

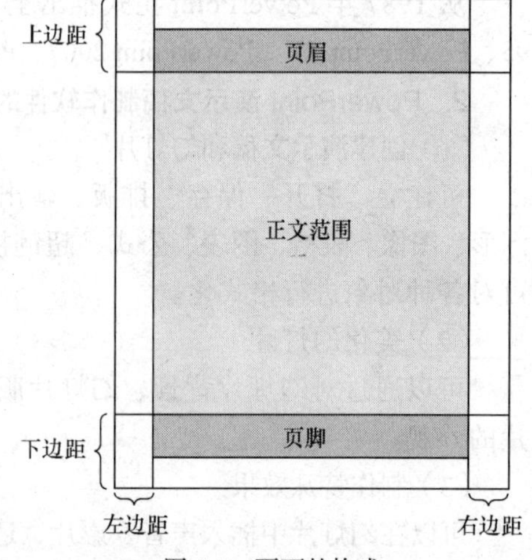

图 4-5　页面的构成

（2）段落标记：当输入完一段文本后按下 Enter 键就会产生一个起分段作用的段落标记。

（3）软分页：当输入的内容超过一个页面时，Word 系统会自动分页，输入的内容就自动连续地放到下一页中。

（4）硬分页：要在页面的任何位置进行分页时可按下 Ctrl+Enter 组合键插入一个强制分页符。

（5）节：是一种排版单位，节可以是整个文档，也可以只包括一个段落。一个节中只能设置一种页面格式，需要在一个文档中设置多种页面格式时，必须先将整个文档分成多个节，再对每个节设置所需的页面格式。

（6）样式：是一组已命名的字符和段落样式的组合。在文档格式化时使用样式可以提高格式化的效率。

（7）模板：提供某些标准文档的制作方法，扩展名为.DOT。模板中除提供了多个样式的集合外，还可以包含其他元素，如宏、自动图文集、自定义的工具栏等。使用模板可快速建立所需类型的文档，省去大量的格式化工作。

（8）文本框：是存放文本、图像等对象的容器，可置于页面上的任何位置。使用文本框能在页面上灵活地排放文本框中的内容。

（9）宏：是一系列组合在一起的 Word 命令和指令，即一个宏命令，以实现任务执行的自动化。在 Word 中需要反复进行某些工作时，可以利用宏来自动完成这些工作。

2. 创建文档的主要过程

（1）建立空白文档及输入文本

启动 Word 系统打开 Word 窗口，如图 4-6 所示。启动时系统会自动新建一个空白文档，文档名默认为“文档 1.doc”、“文档 2.doc”等。也可以通过执行“文件”菜单中的“新建”命令，在打开的“新建文档”窗格中，选择各种模板来新建所需的文档。

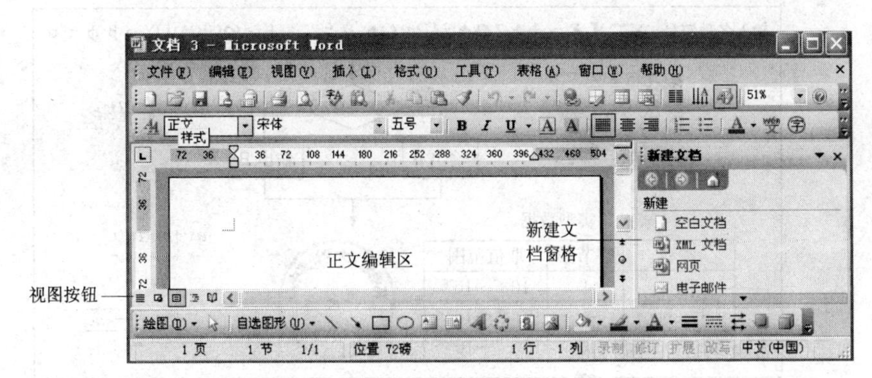

图 4-6　Word 窗口

Word 的所有命令按功能分为 9 类：文件、编辑、视图、插入、格式、工具、表格、窗口和帮助，集成并显示在菜单栏中。视图按钮有 5 种：普通视图、Web 版式视图、页面视图、大纲视图和阅读版式。利用视图按钮可以从不同的侧面查看文档，如在普通视图中可以尽可能多地看到文本、分页符、分节符等，但看不到分栏的效果；在页面视图中可以看到最后输出的效果，但看不到分页符等。

为了方便处理文档中的各种对象，Word 中提供了 20 多种工具栏。执行“视图”菜单中的“工具栏”命令可以打开或关闭各种工具栏。在单击图片、艺术字等对象时会自动弹出相应的工具栏。

在文档编辑区可以直接利用键盘输入中、英文字符，或使用中文输入法中的软键盘来输入其他特殊符号；也可以通过执行“插入”菜单中的“符号”或“特殊符号”命令来插入各种符号。另外，向文档中输入内容时，如果能熟练地使用一些快捷键，如表 4-1 所示，可大大提高文本输入的速度。

表 4-1　输入中常用的快捷键

快　捷　键	功　　能	快　捷　键	功　　能
Ctrl+.	中英文标点符号切换	Ctrl+Alt+.	输入省略号（…）
Ctrl+Space	中英文输入法切换	Shift+^	输入省略号（……）
Ctrl+Shift	所有输入法间切换	Shift+Space	全半角切换
Shift+Alt	插入系统当前日期	Shift+Alt	插入系统当前时间
Shift+@	输入间隔号（·）	Shift+$	输入人民币符（￥）
Shift+&	输入连接号（—）	Shift+-	输入破折号（——）

（2）插入图片、艺术字等

执行“插入”菜单中的“图片”命令，可以在文档中插入剪贴画、各种格式的图片、自选图形、艺术字等对象，如图 4-7 所示。

（3）插入图形

使用“绘图”工具栏，除可以在文档中插入自选图形、文本框、艺术字、组织结构图、图片、剪贴画等，还可以利用自选图形中的流程图及工具栏上的直线、箭头、矩形来制作各种流程图，如图 4-7 所示。

（4）插入表格

使用“表格”菜单和“表格和边框”工具栏可以在文档中插入、绘制各种各样的表格，如图 4-7 所示。通常先插入一个有规律的简单表格，然后再使用相应命令将其编辑修改成复杂的、适合各种用途的自由表格。

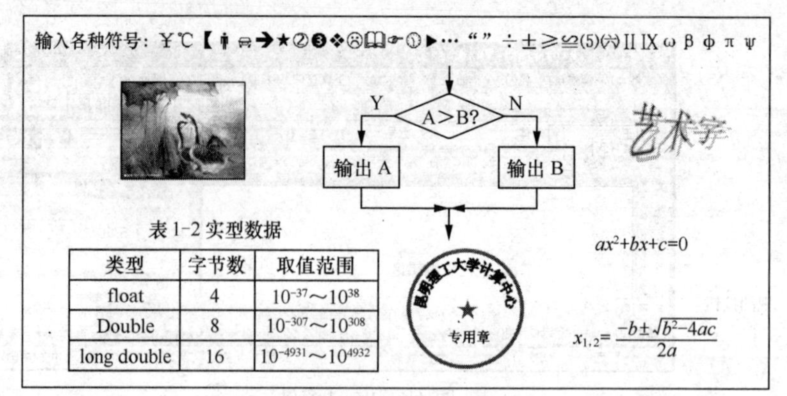

类型	字节数	取值范围
float	4	$10^{-37}\sim10^{38}$
Double	8	$10^{-307}\sim10^{308}$
long double	16	$10^{-4931}\sim10^{4932}$

图 4-7　插入各种对象示例

（5）插入公式

在科技文章中，常有大量的数学公式和数学符号需要表示，执行“插入”菜单中的“对象”命令，选择“Microsoft 公式 3.0”选项并单击“确定”按钮，在打开的公式编辑器窗口（见图 4-10）中，可以使用公式工具栏中的符号栏和模板栏，在公式输入框中输入各种各样的公式，如图 4-7 所示。

（6）插入页眉和页脚

执行“视图”菜单中的“页眉和页脚”命令，进入页眉和页脚的编辑区域，如图 4-8 所示。可以在页面中插入页眉或页脚。页眉和页脚中的内容可以是文本、页码、图形、图片、时间、日期等。

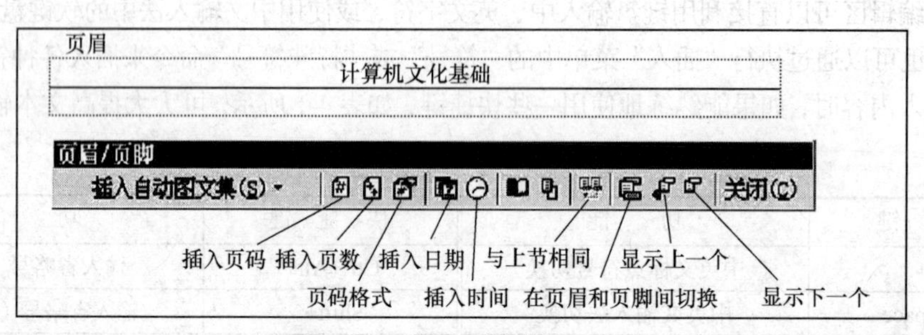

图 4-8　页眉和页脚编辑区域

（7）插入脚注和尾注

脚注和尾注也是文档的一部分，用于文档正文的补充说明，帮助读者理解全文的内容。脚注所解释的是本页中的内容，一般用于对文档中较难理解的内容进行说明；尾注是在一篇文档的最后所加的注释，一般用于表明所引用的文献来源。不论是脚注还是尾注，都由两部分组成，一部分是注释引用标记，另一部分是注释文本（见图 4-20）。

执行“视图”菜单下“引用”子菜单中的“脚注和尾注”命令，可以插入脚注或尾注。脚注插入的位置可以是“页面底端”，即在紧接着页面下边距的上方；也可以是“文字下方”，即在当前页面文字最后一行的下面，其最终位置取决于当前页面文字排入的多少。

（8）保存文档

对文档的操作完成后，或要暂时停止操作时，应执行“文件”菜单中的“保存”或“另存为”命令，为文档取一个适合的文件名，输出到外存永久保存，扩展名为.doc。

4.4.2　电子文档的基本处理

电子文档的内容输入完后，一般需要先对文档内容进行编辑修改，再对文档进行格式化、美化、排版等各种操作。

1. 编辑修改

在对文档内容进行编辑修改之前，先执行“文件”菜单中的“打开”命令将文档打开，再在文档中选择要编辑的对象，然后使用相应的菜单命令、工具栏、快捷菜单或快捷键进行编辑修改。

（1）编辑修改文本

选择文本或段落的方法如下。

① 选择一个或多个字符：将鼠标指针定位于要选取文本的开始处，按下鼠标左键并拖动，就可方便地选择一个或多个字符和中文。

② 选择行、段或全文：当鼠标指针移至页面上文本行左侧的文本选择区时，指针会变成向右的空心箭头，此时单击鼠标左键可以选择一行，双击选择一段，三击选择全文。

③ 选择一个矩形文本块：按住 Alt 键后，单击鼠标左键并拖动出一个矩形区域即可。

④ 选择一句：按住 Ctrl 键后，单击鼠标左键可选择插入光标所在位置的一句文本。

⑤ 选择大范围的文本区域：先在需要选择的文本起始处单击鼠标左键，再按住 Shift 键在末尾处单击鼠标左键，就可以准确地选择大范围的文本区域。

选择好要编辑修改的文本后，可以通过“编辑”菜单中的命令对文本进行复制、剪切、粘贴、清除、选择性粘贴等操作，也可以使用表 4-2 所示的快捷键完成编辑修改操作。

表 4-2　编辑中常用的快捷键

快 捷 键	功　能	快 捷 键	功　能	快 捷 键	功　能
Ctrl+X	剪切	Ctrl+C	复制	Ctrl+V	粘贴
Ctrl+Z	撤销	Ctrl+Y	恢复	Ctrl+A	全选
Ctrl+S	保存	Ctrl+O	打开	Delete	删除

“编辑”菜单中的“选择性粘贴”命令可将已选择的内容粘贴成无格式文本、HTML 格式、图片等形式。可利用此功能去掉加在文本上的格式。

（2）编辑修改图片等对象

先用鼠标左键单击图片，即选择图片，然后使用绘图工具栏或图片工具栏中的命令按钮来编辑、修饰图片；也可以用鼠标右键单击图片，在弹出的快捷菜单中选择需要的命令来编辑、修饰图片。

对图片可以进行的处理有：调整对比和亮度、调整大小、旋转、设置文字环绕、设置图片格式、加边框、裁剪等。可以像调整窗口大小一样来调整图片的大小，也可以在“设置图片格式”对话框中精确地调整图片的大小。图形、艺术字、文本框等对象的编辑和修饰方法与图片类似。

（3）编辑修改表格

先通过单击选择区选择表格中的行、列或单元格，然后使用“表格”菜单中的命令对行、列或单元格进行编辑修改、格式化、统计、排序等操作。选择区位置如图 4-9 所示，图中还给出了一些在表格中移动光标位置的快捷键，以及调整行高、列宽的操作方法。

当光标置于表格的最后一个单元格时，按下 Tab 键可以在表格的最后一行后插入一个与最后一行一样的新行；当光标处在表格中某一行末的段落结束符前时，按下 Enter 键可以在当前行后插入一个与当前行一样的新行。当需要在单元格中输入多行文本时，可在单元格中按下 Enter 键来增加行。

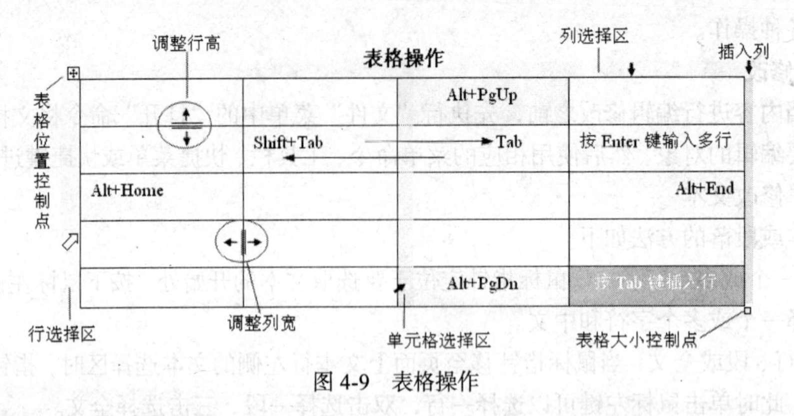

图 4-9　表格操作

表格中文本的编辑修改及修饰与正文中的文本一样，即先选择表格中的文本，然后使用各种命令或快捷键来完成。

当鼠标移入表格区域时，表格的位置控制点和大小控制点就会显示出来，如图 4-9 所示。单击“表格位置控制点”可选中整个表格，双击“表格位置控制点”可打开“表格属性”对话框；拖动“表格位置控制点”可随意移动表格的位置，拖动“表格大小控制点”可随意调整表格的大小。

当需要将一个表格拆分成两个表格时，先将光标定位在表格中要拆分的行上，然后按 Ctrl+Shift+Enter 组合键，这时光标所在处会自动插入一个空行，将表格一分为二。

（4）编辑修改公式

双击用“Microsoft 公式 3.0”输入的公式，在打开的公式编辑器窗口中可以使用公式工具栏编辑修改已有的公式，如图 4-10 所示。也可以使用公式编辑器窗口中菜单栏的菜单命令来编辑修改和修饰公式。

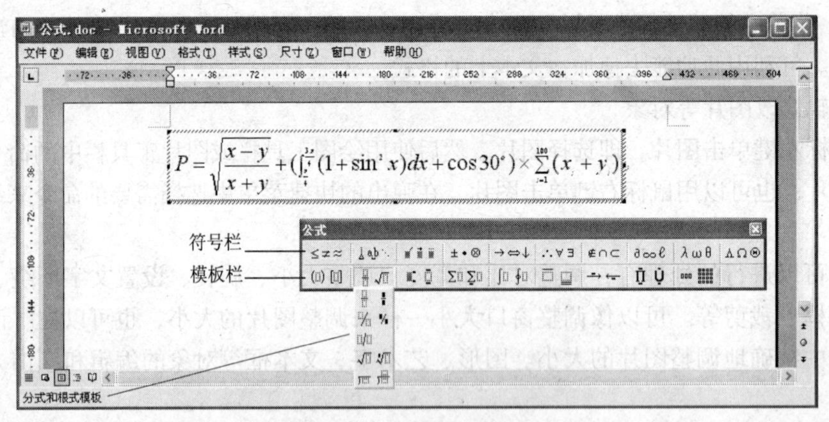

图 4-10　公式编辑器窗口

公式工具栏中的“符号”栏用于输入各种数学符号，如关系运算符、算术运算符、希腊字母、集合论符号等；“模板”栏用于输入分式、根式、积分符号、求和符号等。

（5）编辑修改页眉和页脚

在页眉和页脚的编辑区域中对页眉、页脚进行编辑、修改和修饰。对页眉和页脚中的文本、页码、图形、图片、时间、日期等对象的格式化操作与正文中的一样。

（6）编辑修改脚注和尾注

编辑修改脚注和尾注的方法与编辑修改正文中的文本一样，即先选择需要修改的脚注和尾注，然后进行编辑修改操作。

（7）更改大小写

执行“格式”菜单中的“更改大小写”命令，打开“更改大小写”对话框，可对文本进行句首字母大写、小写、大写、词首字母大写、切换大小写、半角和全角 7 种更改。

（8）查找和替换

执行“编辑”菜单中的“查找”命令或“替换”命令，都可以打开“查找和替换”对话框，如图 4-11 所示。使用“查找和替换”对话框，除可查找和替换文档中的一处或多处文本外，还可以对格式、段落标记、分页符、任意字母、任意数字等一些特殊字符进行查找替换。查找和替换分为一般的查找和替换及高级的查找和替换。

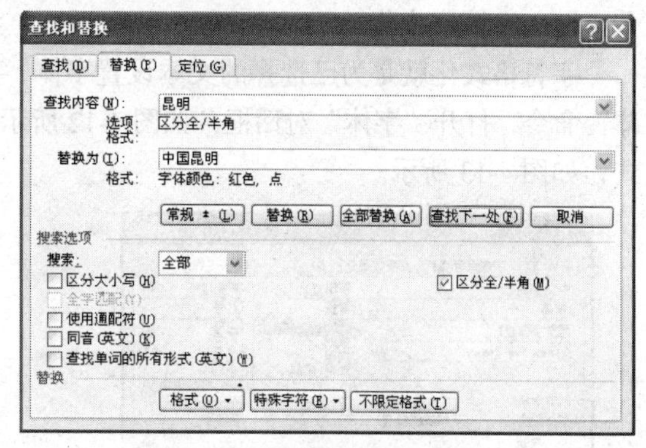

图 4-11　“查找和替换”对话框

① 一般的查找和替换。先在“查找内容”文本框中输入要查找的文本（如昆明），然后在“替换为”文本框中输入替换后的文本（如中国昆明），再单击“查找”或“替换”按钮即可。若替换后的文本是带格式的，可在“格式”按钮的下拉列表中选择相应的命令来完成。

② 高级的查找和替换。先在“查找内容”文本框中输入要查找的文本和格式，或使用“特殊字符”按钮输入特殊字符（段落标记、任意数字、任意字母等），然后在“替换为”文本框中输入替换后的文本和格式，最后单击“替换”或“全部替换”按钮就能完成一处替换或全部替换操作。

思维训练：从网上下载或复制粘贴来的文本，段落标记符号为“↓”，而不是按 Enter 键产生的符号。请上网查找将“↓”快速替换为 Word 段落标记符号的方法。

（9）文档的审阅

办公文件在形成过程中往往要经过多人的审阅和修改。在修改时，审阅者可使用“插入”菜单中的“批注”命令插入一个批注，在批注中输入要提出的意见和建议。插入批注的效果参见图 4-20。

另一种审阅文件的方法是修订。使用审阅工具栏可以插入、查看批注和修订，可以对修订进行增加、接受或拒绝等操作。

2. 格式化

电子文档的内容输入完成并编辑修改正确后，需要对文档内容进行修饰、美化和格式化处理，以增强文档的可读性及艺术性。Word 中对文档的格式化包括字符格式化、段落格式化和页面格式化。在进行字符格式化和段落格式化前，必须先选择要格式化的文本和段落；页面格式化是对当前节中的页面进行的格式化，只需要将插入点或光标定位在要进行页面设置的节中即可。

较复杂的格式化要使用相应的对话框，如字体对话框、段落对话框和页面设置对话框来完成；简单的格式化可以使用工具栏来完成，如使用常用工具栏上的格式刷按钮可以进行字符格式化和段落格式化，方法是：先将插入点置于要获取格式的文本或段落中，然后单击格式刷，此时鼠标指针变成一把刷子。用鼠标单击需要格式的文本的开始处并拖动，即可完成文本格式化；用鼠标双击需要格式的段落中的任何位置，即可完成段落格式化。若以上单击格式刷改为双击格式刷，则格式刷可无限次使用，直到按 Esc 键为止。

正文中段落的首行缩进、表格中文本的对齐等，是通过格式化实现的，不是用输入空格的方法来进行对齐的，否则一旦改动了文本，又要重新添加或减少空格，这是一种非常错误的做法。所以，输入文本时除有要求外都不输入空格，也不能用空格来删除文本。因为空格是一个符号，会占居一个位置。

（1）字符格式化

字符格式化就是为已选择的文本设置字体、字符间距和文字效果。执行“格式”菜单中的“字体”命令，打开“字体”对话框，如图 4-12 所示。使用“字体”对话框可方便地设置各种字符格式，如图 4-13 所示。

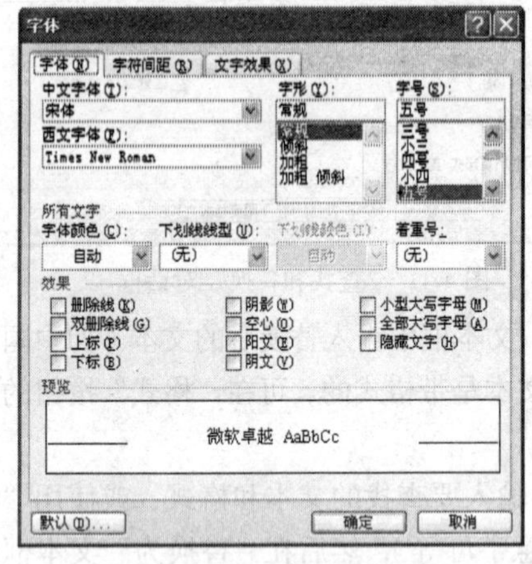

图 4-12 字体对话框

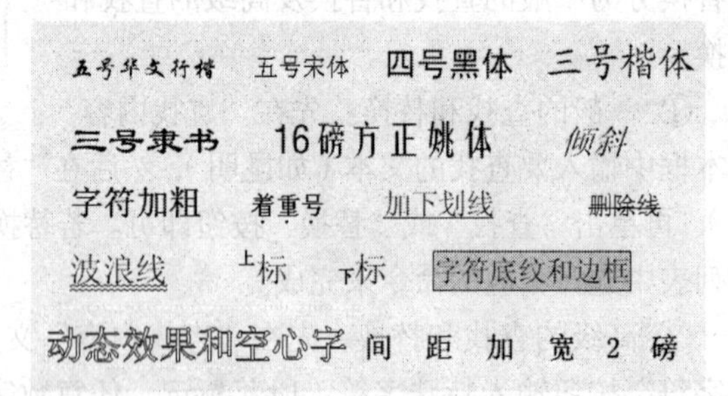

图 4-13 字符格式化效果

（2）段落格式化

段落格式化就是为已选择的段落设置对齐方式、缩进、间距等段落格式。执行“格式”菜单中的“段落”命令，打开“段落”对话框，如图 4-14 所示。使用“段落”对话框可方便地设置各种段落格式，参见图 4-20。

设置间距、缩进量时需要指定度量单位，如厘米、磅、毫米等。度量单位可以直接输入，也可以通过执行“工具”菜单中的“选项”命令，在打开的“选项”对话框的“常规”选项卡中进行设置。

思维训练：从网上下载或复制粘贴来的文本，其中各段落的段前段后常常会有多个空格，若用手动的方式一个一个地删除空格很费时。有快速删除段前段后的任意多个空格的方法吗？请试着找找。

（3）页面格式化

页面格式化就是为页面设置页边距、纸张、版式、文档网格等页面格式。执行“文件”菜单“页面设置”命令，打开“页面设置”对话框，如图 4-15 所示。使用“页面设置”对话框可方便地设置各种页面格式，参见图 4-20。

3. 美化

对于一个文档，除要求文档内容正确和对文档进行字符格式化、段落格式化和页面格式化外，还需要对文档中的某些内容进行美化或特殊的修饰，如艺术字、分栏、首字下沉、边框和底纹等，使文档的版面效果形象生动，以增强文档的吸引力。

（1）分栏

编辑报纸、杂志和期刊时，经常需要对文章做各种复杂的分栏排版，使得版面更生动、更具可读性。执行“格式”菜单中的“分栏”命令，打开“分栏”对话框，如图 4-16 所示。使用“分栏”对话框可以将文档中已选择的段落分为一栏、两栏或多栏，栏宽可以相等也可以不等，栏间可以加或不加分隔线。分栏的效果参见图 4-20。当分栏的段落是文档的最后一段时，为使分栏有效，分栏前在最后一段之后添加一个空段落，或者在选择最后一段时不要选择段落结束符。

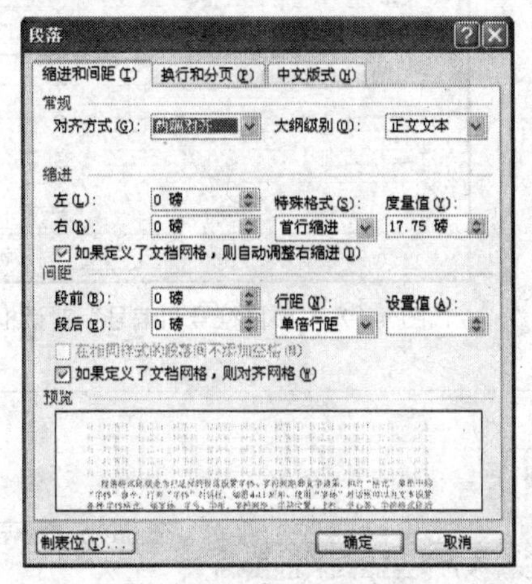

图 4-14 “段落”对话框

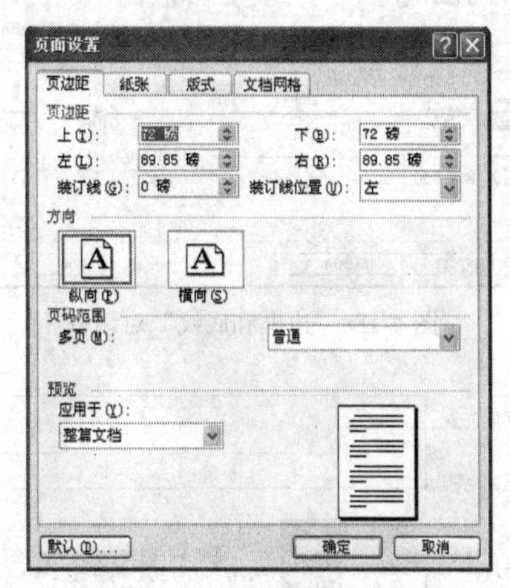

图 4-15 “页面设置”对话框

（2）首字下沉

在报刊、杂志的文章中，经常会看到第一段的第一个字比较大，其目的就是希望引起读者的注意，并由该字开始阅读。执行“格式”菜单中的“首字下沉”命令，打开“首字下沉”对话框，如图 4-17 所示。使用“首字下沉”对话框可对文档中已选择的首字设置下沉或悬挂两种格式，参见图 4-20。

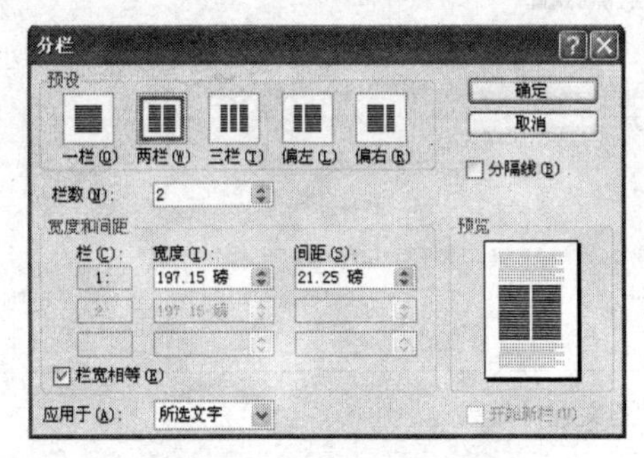

图 4-16 “分栏”对话框

图 4-17 “首字下沉”对话框

（3）边框和底纹

为了使文档中的某些内容更加醒目和突出，常常对这些内容加上边框和底纹。执行“格式”菜单中的“边框和底纹”命令，打开“边框和底纹”对话框，如图 4-18 所示。使用“边框和底纹”对话框可为文档中已选择的段落或文本加上边框、底纹，为页面加上边框，参见图 4-20。

（4）项目符号和编号

项目符号和编号是放在文本前的点或其他符号，起到强调作用。合理使用项目符号和编号，可以使文档的层次结构更清晰、更有条理。执行“格式”菜单中的“项目符号和编号”命令，打开“项目符号和编号”对话框，如图 4-19 所示。使用“项目符号和编号”对话框可为文档中已选择的段落加上项目符号和编号，如图 4-20 所示。

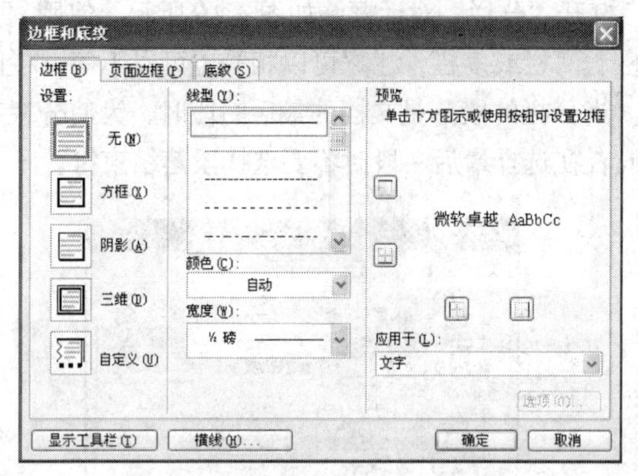

图 4-18 “边框和底纹”对话框

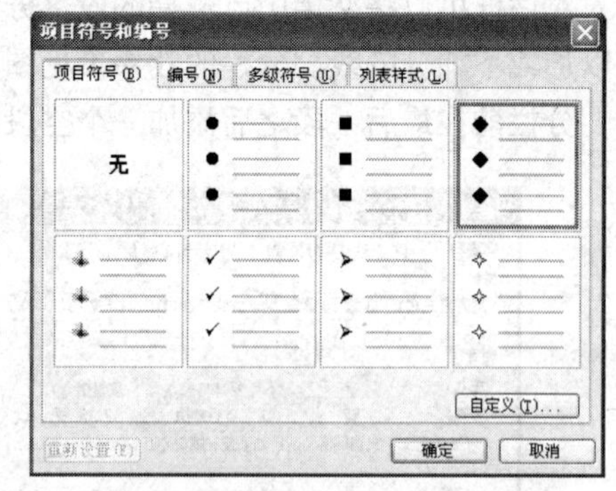

图 4-19 “项目符号和编号”对话框

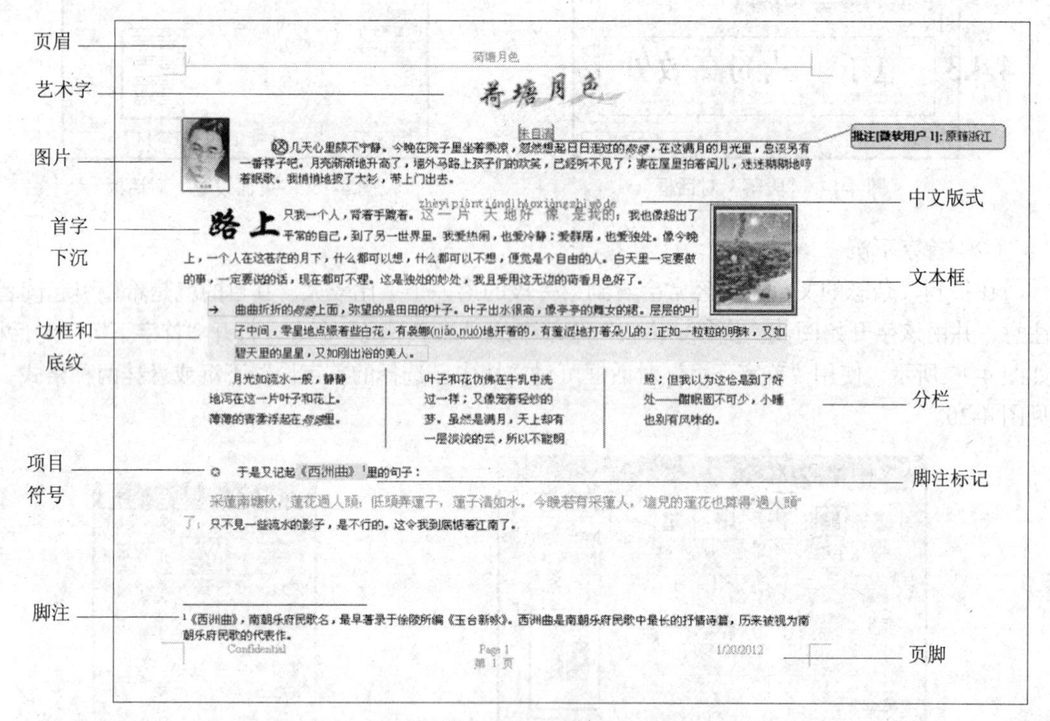

图 4-20 图文混排效果

（5）中文版式

在 Word 或 WPS 等字处理软件中，还提供了对中文的特殊处理，如简体字与繁体字的转换、加拼音、加圈、纵横混排等，使文档中的某些中文文字显得更加醒目突出。执行“格式”菜单中的“中文版式”命令，可对文档中已选择的中文文字设置中文版式，如图 4-20 所示。

4. 图文混排

图文混排就是将文档中的文本与图片等非文本对象混合排列，即文本可以围绕在图片的四周、嵌入在图片的下面或浮于图片的上方等。文档的内容由文本、符号、图片、图形、表格、公式等对象构成，为了使这些对象在页面上排版得美观合理、生动艺术、可读性强，Word 为文本框、图片、图形、公式、艺术字、表格等对象设置了“文字环绕”功能。“文字环绕”功能使得图形、图像、动画、表格、公式等对象可以与文字灵活地结合在一起，形成图文并茂、版式多样的文档，如图 4-20 所示。

文字图形效果是指输入的文字以图形方式进行编辑、格式化等处理，如艺术字、首字下沉后的首字、公式等。文字图形效果可使文字对象在页面上灵活放置，编辑修改方便，调整大小容易，起到了美化版面、突出重点的效果。

文本框是一个容器，其中可以放置文本、图片、艺术字等元素和对象。由于文本框可以置于页面上任何位置，所以使用文本框也可以方便地进行图文混排和美化版面。

5. 打印输出

当一个文档的内容修改正确、格式化完成、排版结束后，可以在打印预览窗口中查看打印输出的真实效果，若满意就可以打印输出文档。

执行“文件”菜单中的“打印”命令，打开“打印”对话框。使用“打印”对话框可以方便地打印输出文档的全部页面、当前页面或部分页面，打印时还可以选择份数、双面打印、逆序打印、缩放打印等选项。

4.4.3　电子文档的高效处理

电子文档的输入、格式化和排版需要花费很多的时间和工作量。为此，Word 设计了一些提高输入效率、简化格式化操作、快速进行排版的功能。

1. 自动图文集

自动图文集是 Word 为某些需要经常重复输入的文本（如单位名称、单位地址等）提供的一种存储和快速插入到文档中的方法。在编写信函或公文时，经常会使用到一些固定的词语，使用“自动图文集”可以快速输入这些常用词条。

在自动图文集中添加新词条的方法如下。

（1）执行“插入”菜单下“自动图文集”子菜单中的“自动图文集”命令，打开“自动更正”对话框，如图 4-21 所示。

（2）在“自动更正”对话框的“自动图文集”选项卡中输入新词条：“昆明理工大学计算中心教研室”，然后单击“添加”按钮将该词条保存到自动图文集中，再单击“确定”按钮就完成了新词条的输入和保存。

在文档中输入“自动图文集”中已有的词条的头两个字时，该单词的上方会出现整个词条的内容，此时按 Enter 键就能将整个词条插入到文档中。如要插入词条“昆明理工大学计算中心教研室”，在输入“昆明”后，昆明这个词的上方就会出现该词条的完整内容，按下 Enter 键便可插入。当不再用某个词条时可以将其删除。

思维训练：在输入文本时经常会发生输错的情况，如拼写错等。字处理软件中是否应该设置自动检查拼写错误的功能？Word 中有类似的功能吗？若有，你会正确使用吗？

2. 模板

模板是一个已经建好的、包含多种样式集合、设置了页面布局和页面排版的文档，扩展名为.dot。Word 中的模板分为系统模板和用户自定义模板。系统模板默认安装在 C:\Documents and Settings\zunyue（用户账号）\Application Data\Microsoft\Templates 文件夹中。使用模板可以快速建立具有所需标准化的文档，省去大量的格式化和排版操作，能起到事半功倍的效果。在新建一个 Word 文档时，可选择系统提供的各种模板，如空白文档、电子邮件等；也可选择自己制作好的模板。

在《国家行政机关公文格式》的标准中，将组成公文的各要素划分为眉首、主体、版记 3 部分，如图 4-1 所示。对于某个固定的单位来说，在这 3 部分中，有些内容是固定不变的，如发文机关标识、落款等。制作模板文件就是输入文档中的固定部分，将文档各部分的格式设置好，并排版好。例如，可以按以下方法快速地制作教务处的公文模板文件，制作好的模板如图 4-22 所示。

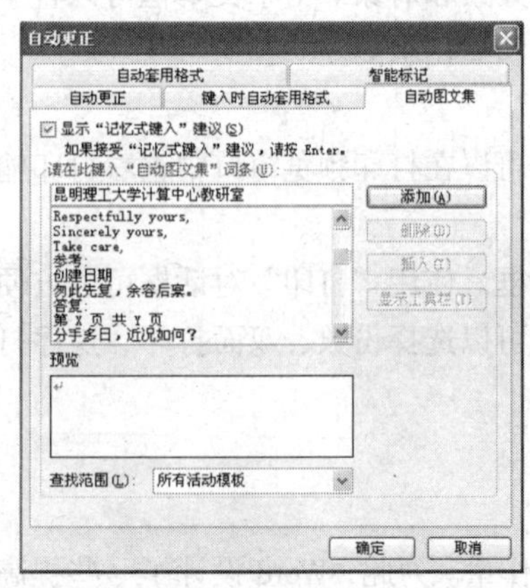

图 4-21 “自动更正”对话框

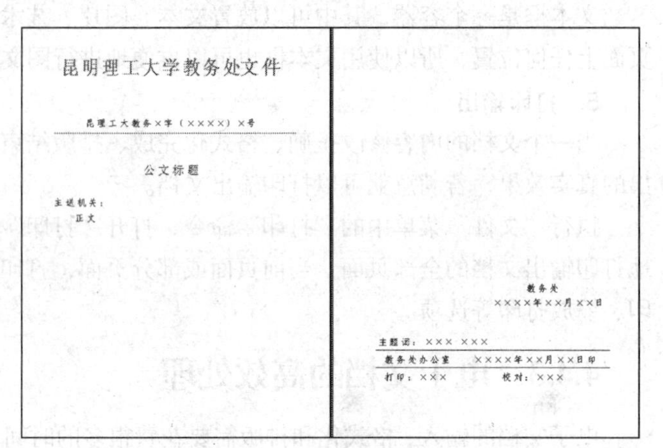

图 4-22 公文模板效果

（1）新建一个空白的 Word 文档。

（2）设置页面格式。公文采用 A4 型纸，页面尺寸为 210mm × 297mm；上边距为 37mm，下边距为 35mm，左边距为 28mm，右边距为 26mm；一般每面排 22 行，每行排 28 个字。

（3）制作发文机关标识。该标识由发文机关全称或规范化简称后面加“文件”组成。在页面的第一行输入发文机关标识，并设置为小初、小标宋体、红色。

（4）制作发文字号。发文字号由发文机关代字、年份和序号组成，在发文机关标识下空 2 行处，用 3 号仿宋体，居中对齐。年份、序号用阿拉伯数字标识。

（5）制作发文红线。在发文字号之下 4mm 处画一条与版心等宽（即 156mm）的、线宽为 1.5 磅的红线。

（6）制作公文标题。标题在红色反线下空 2 行处，用 2 号小标宋体字，可分一行或多行居中排布；回行时，要做到词意完整，排列对称，间距恰当。

（7）制作主送机关。标题下空 1 行，左侧顶格，用 3 号仿宋体字标识，回行时仍顶格；最后一个主送机关名称后标中文冒号。如主送机关名称过多而使公文首页不能显示正文时，应将主送机关名称移至版记中的主题词之下、抄送之上，标识方法同抄送。

（8）制作公文正文。正文在主送机关名称下一行，每自然段首行左空 2 字，回行顶格。数字、年份不能回行。正文用 3 号仿宋体。

（9）制作公文落款。落款包括成文日期和发文机关名称，位于正文之后，用 3 号仿宋体表示。单一发文印章、单一机关制发的公文在落款处不署发文机关名称，只标识成文时间。成文时间右空 4 字，加盖印章应上距正文 2mm～4mm，端正、居中下压成文时间，印章用红色。

（10）制作版记。版记包括主题词、抄送单位、印制日期等。“主题词：”用 3 号黑体字，居左顶格标识，词目用 3 号小标宋体字，词目之间空 1 字。抄送在主题词下一行，左空 1 字，用 3 号仿宋体字标识“抄送：”。印发单位和印发时间位于抄送单位之下，占 1 行位置，用 3 号仿宋体字。印发单位左空 1 字，印发时间右空 1 字。版记中各要素之下均加一条横线，宽度同版心。版记应置于公文最后一页，版记的最后一个要素置于最后一行。

（11）制作页码。使用“插入”菜单中的“页码”命令插入页码，页码位于页面底端，对齐方式为居中。

（12）将制作好的文档保存成扩展名为.dot 的模板文件，可保存在模板的默认文件夹中，也可以保存在用户建立的文件夹中。

3. 样式

样式是指用有意义的名称保存的字符格式和段落格式的集合。Word 提供了许多样式，使用这些样式可以快速格式化文档。例如，编写一本教材时，其中的篇、章、节、条、款、项、段都应有标题，各标题都有规定的字体大小、段落间距等格式。为每种标题建一个样式，并以一个有意义的样式名保存好。在制作教材文档时直接使用建好的样式名来格式化，可以大大提高格式化的效率，方便做到各级标题格式的一致性。

（1）使用系统提供的样式

执行“格式”菜单中的“样式和格式”命令，打开“样式和格式”任务窗格。使用“样式和格式”任务窗格中的样式，如“标题 1”等，可以方便快速地对文档中已选择的文本或段落进行格式化。

（2）新建样式

当系统提供的样式不能满足文档格式化的需要时，可通过修改已有的样式快速创建自己特定的样式，或自己重新创建一个想要的样式。单击“样式和格式”任务窗格上的“新样式”按钮，打开“新建样式”对话框，如图 4-23 所示。在“新建样式”对话框中输入样式名称，设置样式类型、样式基于、样式的格式等，选择添加到模板或自动更新，最后单击“确定”按钮完成样式建立工作。新样式建好后，用户可以像使用系统提供的样式一样来完成格式化操作。

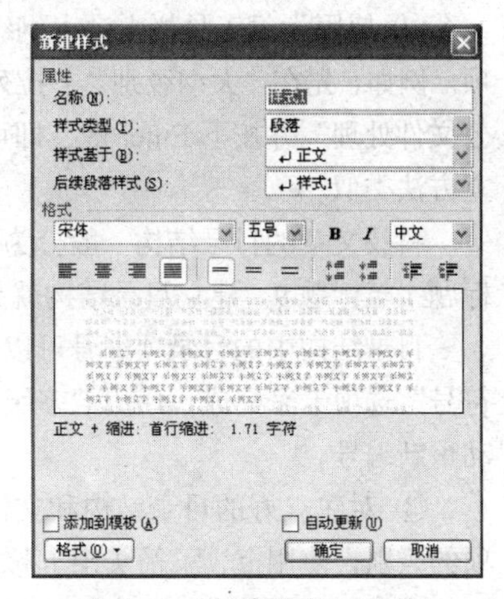

图 4-23　“新建样式”对话框

（3）修改和删除样式

若文本或段落中的格式是通过样式加上的，要删除这些格式非常方便。先选择要删除格式的文本或段落，所选内容的格式会在“样式和格式”任务窗格中“所选文字的格式”下的文本框中显示出来，然后单击该文本框右侧的下拉列表箭头，在弹出的下拉列表中选择“清除格式”命令即可删除格式。

修改通过样式加上的格式也一样方便。先将插入点定位于要修改格式的文本或段落中，然后在下拉列表中选择“修改样式”命令，在弹出的“修改样式”对话框（与“新建样式”对话框类似）中设置所需的格式，再单击“确定”按钮便可完成修改操作。此修改操作会使应用该样式的所有文本或段落的格式都随着样式的更新而更新。

使用样式不仅可以方便地清除和修改文本或段落中的格式，而且对长文档有利于构造大纲和目录等。

4. 长文档的建立及处理

长文档是指文字内容较多，篇幅较长，文档层次结构相对复杂的文档，如论文、软件使用说明书、教材和科技图书等。

（1）长文档目录结构的建立

由于长文档的层次结构比较复杂，在建立和输入长文档时，应先建立文档的目录结构。这样做可以提高长文档的建立和输入效率，还能避免在输入时将文档的层次结构弄错。建立长文档大纲或目录的方法如下。

① 在新建的空白文档中，单击“大纲视图”视图按钮进入大纲视图状态，如图 4-24 所示。

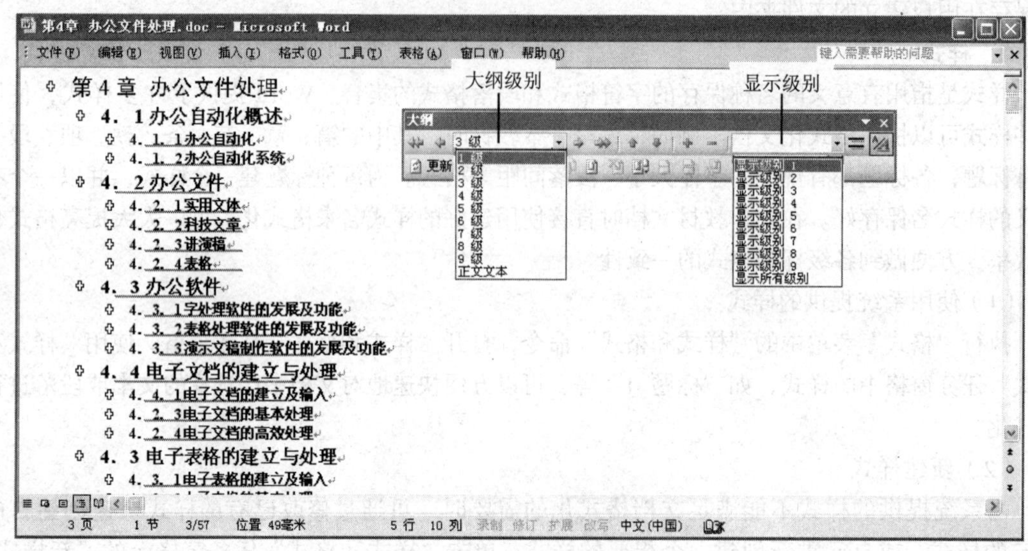

图 4-24 大纲视图及大纲工具栏

② 使用大纲工具栏上“大纲级别”下拉列表中的大纲级别，可方便地建立 9 个级别的目录项。例如，先在“大纲级别”下拉列表中选择“1 级”，然后在文本编辑区中输入文本“第四章 办公文件处理”并按下 Enter 键，即可建立图 4-24 中第一行的 1 级目录项，其他级别的目录项的建立方法类似。

科技文章的目录结构一般分为 3 个层次。“大纲级别”中的 1 级至 9 级分别对应着样式中的标题 1 至标题 9。建立目录结构就是为文档中的各种层次标题加上对应的样式。

目录结构中的目录项编号可以直接输入，也可以在“项目符号和编号”对话框中选择“多级符号”选项卡来完成。使用“多级符号”选项卡加上的目录项编号，在增加或删除目录项时会自动重新编号。

③ 对建立好的目录结构和文档，可使用大纲工具栏中的左、右箭头来提升或降低某个目录项的级别，使用上、下箭头来上移或下移目录项。还可以通过在“显示级别”下拉列表中选择不同的显示级别，方便地查看各级目录及正文。

（2）长文档的输入

在大纲视图中建立好整个目录结构后，将插入点定位到需要输入正文的目录项中，单击“页面视图”视图按钮进入页面视图状态，在目录项的下一行便可输入正文。

（3）长文档的浏览

执行“视图”菜单中的“缩略图”命令，打开“缩略图”窗格。在“缩略图”窗格中可以同时查看到多个页面的整体布局，能方便地浏览长文档中的多个页面。单击“缩略图”窗格中某个页面的缩略图可快速定位到该页。

（4）长文档目录的自动生成

编写书籍和论文时，一般都应有目录。通过目录，用户可以全方位地了解文档的内容和层次结构，便于阅读和查找。在 Word 中可以用制表位生成目录，也可以用系统提供的自动生成目录的功能来完成。自动生成目录效率高，可以使用超链接，当鼠标指针指向有超链接的目录项时可方便地定位、查看、编辑此目录项下的内容。

要自动生成目录，必须对文档中的各级标题进行格式化。通常利用“样式和格式”任务窗格中的“标题”进行格式化，以便于长文档、多人协作编辑的文档统一。目录一般分为 3 级，可用“标题 1”、“标题 2”、“标题 3”样式来格式化，也可以使用其他几级的标题样式，还可以使用自己创建的样式。

对各级标题加上标题格式后，或用以上所述方法为长文档建立好目录结构后，将插入点定位于置放目录处，执行“插入”菜单下“引用”子菜单中的“索引和目录”命令，打开“索引和目录”对话框，如图 4-25 所示。在“索引和目录”对话框中选择“目录”选项卡，再选择“显示页码”、“页码右对齐”、“使用超链接而不使用页码”3 个选项，设置“制表符前导符”为小圆点，设置“显示级别”为 3 级，最后单击“确定”按钮，便可立即为文档自动生成如图 4-26 所示的 3 级目录。

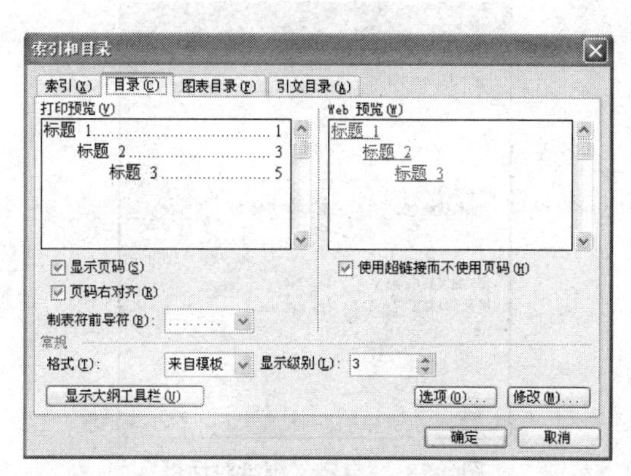

图 4-25　“索引和目录”对话框

第 4 章　办公文件处理......1
4.1 办公自动化概述......1
4.1.1 办公自动化......1
4.1.2 办公自动化系统......1
4.2 办公文件......2
4.2.1 实用文体......2
4.2.2 科技文章......3
4.2.3 讲演稿......6
4.2.4 表格......6
4.3 办公软件......7
4.3.1 字处理软件的发展及功能......7
4.3.2 表格处理软件的发展及功能......9
4.3.3 演示文稿制作软件的发展及功能......10

图 4-26　自动生成目录示例

使用“索引和目录”对话框还可以自动生成图表目录、引文目录、索引等。在自动生成图表目录前要先为图片、表格、图形加上题注等。

5. 域和宏

域是一种特殊的代码，用于指明在文档中插入何种信息。宏是将一系列的 Word 命令或指令组合在一起，形成一个命令，以实现任务执行的自动化。

（1）域

“域”相当于文档中可能发生变化的数据，可以理解为“可变区域”。域的最大的特点就是其内容会随着引用内容的变化而变化。在文档中插入“域”，可以实现数据的获取、计算、索引及邮件合并等功能。

系统自动插入的域有目录、索引、题注、交叉引用、公式等，还可手动插入更多的域。例如，编辑教案时在文档中插入日期、时间、公式等，并可以随时更新，这就是利用了“域”的功能和特性。

执行“插入”菜单中的“域”命令，在打开的“域”对话框中，先选择域的类别、域的名字、域的格式等，再按“确定”按钮即可插入所选的域。

插入“域”后，插入处会自动显示域的值，在文档改动后，右键单击“域”的值，在弹出的快捷菜单中选择“更新域”命令，即可更新该域的值；若要将全文的域都更新，先按 Ctrl+A 组合键选择全文，再按 F9 键即可。

（2）宏

在 Word 中，如果需要反复执行某项任务，可以使用“宏”功能来自动执行该项任务。“宏”是一组 VBA 语句，可以理解为一个程序段或一个子程序。

Word 提供了两种创建宏的方法：宏录制器和 Visual Basic 编辑器。利用宏录制器可以帮助用户记录一系列的操作，使不太了解宏命令和宏语言的用户也能快速地创建宏。利用 Visual Basic 编辑器可以打开已录制的宏，修改其中的指令。

录制用于字符格式化操作的宏的方法如下。

① 选择需要进行字符格式化的文本。

② 执行“工具”菜单下“宏”子菜单中的“录制新宏”命令，打开“录制宏”对话框，如图 4-27 所示。在“录制宏”对话框中输入宏名和说明，设置宏保存的位置；单击“键盘”图标，打开“自定义键盘”对话框，如图 4-28 所示。

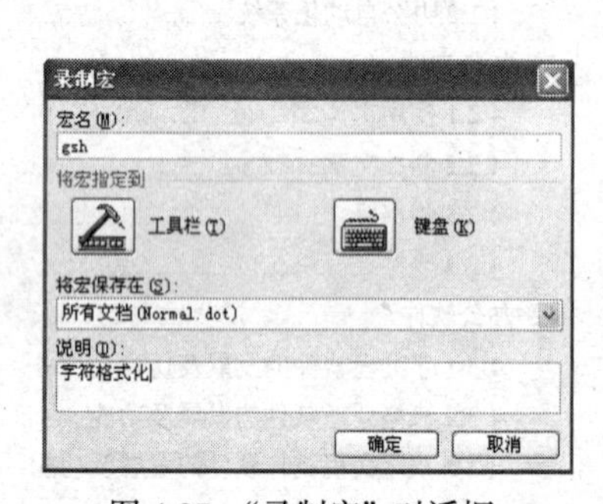

图 4-27 “录制宏”对话框

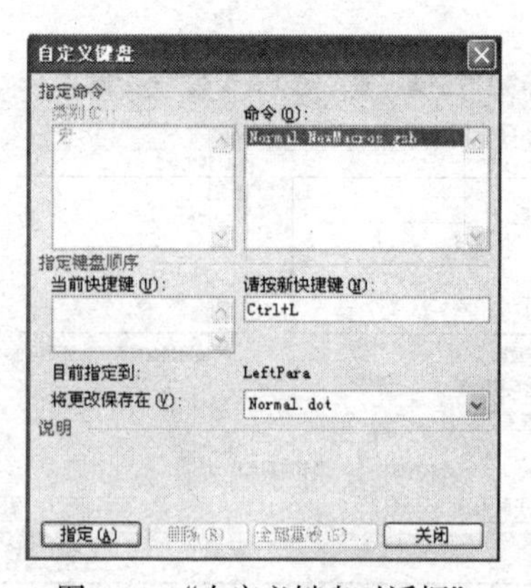

图 4-28 “自定义键盘对话框”

③ 在“自定义键盘”对话框中，将光标定位到“请按新快捷键”文本框中，按 Ctrl+L 组合键，设置宏保存的位置；单击“指定”按钮使快捷键显示在“当前快捷键”列表框中；单击“关闭”按钮，开始录制宏。

④ 进行所需的各项字符格式化操作。在完成格式化操作后，单击工具栏中的“停止录制”按钮，终止宏的录制。

⑤ 选择其他需要进行同样的字符格式化操作的文本，按 Ctrl+L 组合键，便可快速地完成一系列的格式化操作。

6. 邮件合并

办公中经常要处理成批的信函，如通知、请柬、对账单等。这些信函中有相同的公共部分，如信的内容、发信的地址等；又有变化的部分，如收信的人、地址等。若用手工来处理，当份数很多时，工作量大，效率也低。使用系统提供的邮件合并功能，可方便、快速地完成此类批量信函的处理工作。

例如，每到月底，银行都会给客户发一封装有对账单的信。信封上的内容有相同的公共部分：寄信人地址，又有变化的部分：邮编、收信人姓名、收信人地址。使用邮件合并功能可快速高效地制作、打印出所有客户的信封。制作信封的方法如下。

（1）建立收信人数据列表文档

新建一个空白文档，在其中插入如表 4-3 所示的表格，输入表中的内容，然后以文件名“收信人地址.doc”保存并关闭。该文档是邮件合并时所需的数据列表文件，其中只有一个二维表格，表中的记录是所有收信人的相关数据。

表 4-3　　　　　　　　　　　　收信人地址

收信人姓名	收信人地址	邮　编	寄信人地址
王芳芳	云南光华房地产公司	650101	世纪银行昆明分公司
张长生	昆明彩虹文化教育中心	650501	世纪银行昆明分公司
李小涛	盘龙区美丽足疗中心	650021	世纪银行昆明分公司
赵军	金色俊园 A 栋 1 单元 902	650201	世纪银行昆明分公司
孙红梅	昆明东华三小数学教研室	650216	世纪银行昆明分公司
冷静	广福路 100 号香香小菜馆	650228	世纪银行昆明分公司
徐伟平	南屏街 17 号潮流服装店	650061	世纪银行昆明分公司

（2）建立主文档

新建一个空白文档并另存为“主文档格式.doc”。执行“工具”菜单下“信函与邮件”子菜单中的“邮件合并”命令，打开“邮件合并”任务窗格，如图 4-29 所示。

（3）选择文档类型

在“邮件合并”任务窗格的“选择文档类型”下选择“信封”，单击窗格下方的“下一步：正在启动文档”超链接，任务窗格变成图 4-30 所示。

（4）选择开始文档

在任务窗格的“选择开始文档”下选择“更改文档版式”，单击“信封选项”超链接，打开“信封选项”对话框，如图 4-31 所示。在“信封选项”对话框中设置信封尺寸、收信人地址和寄信人地址的字体，单击“确定”按钮关闭“信封选项”对话框。再单击任务窗格中“下一步：选取收件人”超链接，任务窗格变成图 4-32 所示。

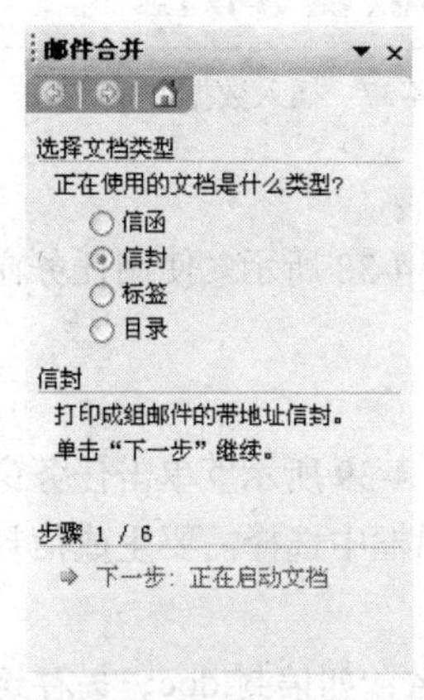

图 4-29　选择文档类型

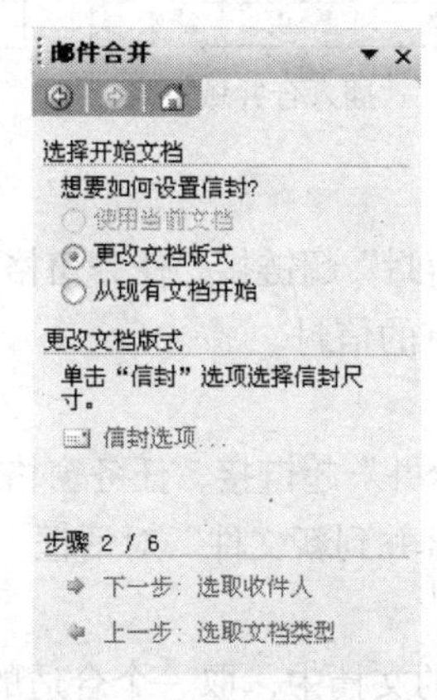

图 4-30　选择开始文档

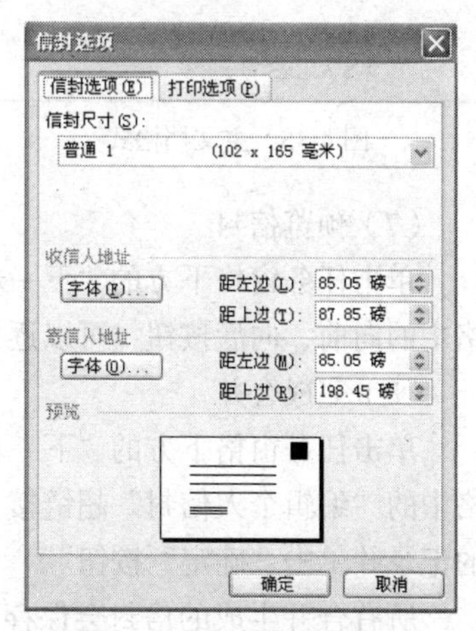

图 4-31　“信封选项”对话框

（5）选择收件人

在任务窗格的“选择收件人”下选择“使用现有列表”，单击“浏览”超链接，在弹出的“选取数据源”窗口中找到并打开文件“收信人地址.doc”。文件“收信人地址.doc” 被打开时弹出的是“邮件合并收件人”对话框，如图 4-33 所示，单击“确定”按钮关闭对话框。再单击任务窗格下方的“下一步：选取信封”超链接，任务窗格变成图 4-34 所示。

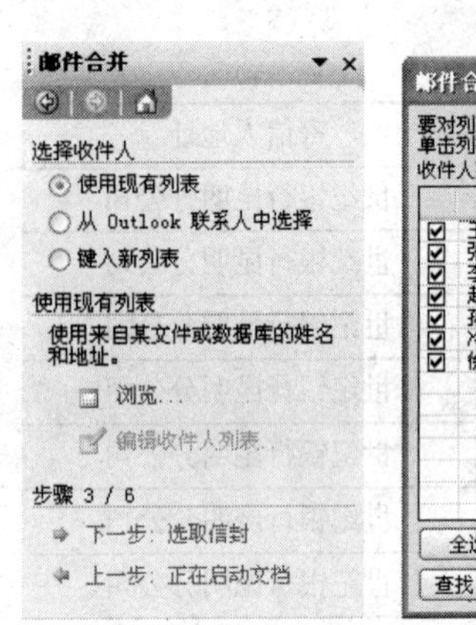

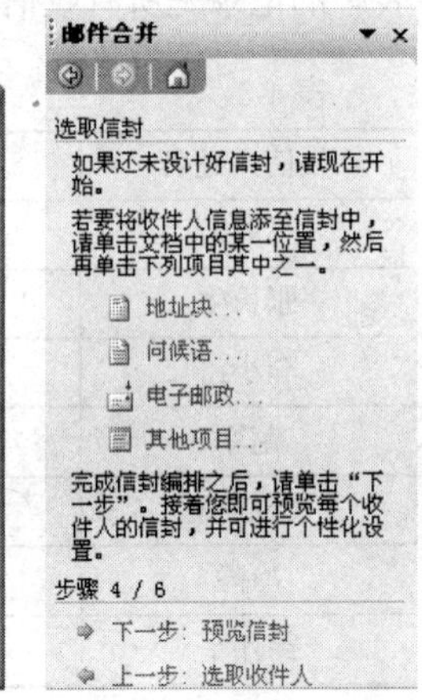

图 4-32　选择收件人　　图 4-33　“邮件合并收件人”对话框　　图 4-34　选取信封

（6）选取信封

在“主文档格式”文档中的每一个“信封选项”位置处输入文本，如图 4-35 所示。然后依次将光标定位到每一项输入的文本后，单击“其他项目”超链接打开“插入合并域”对话框，如图 4-36 所示，为每一个“信封选项”插入对应的数据库域，如图 4-37 所示。

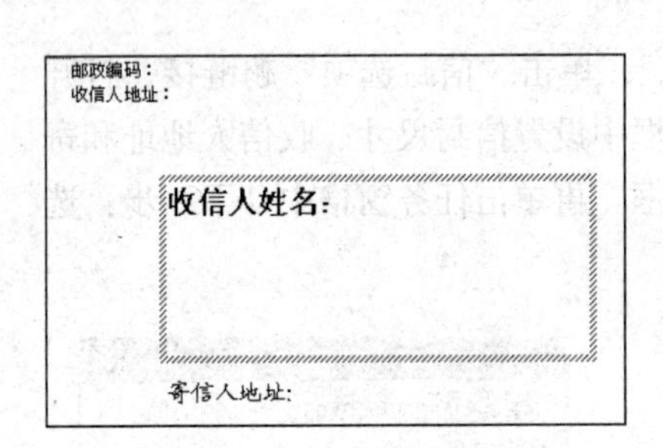

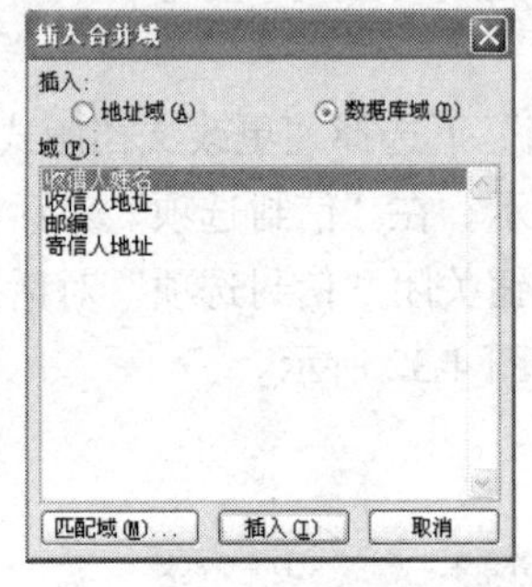

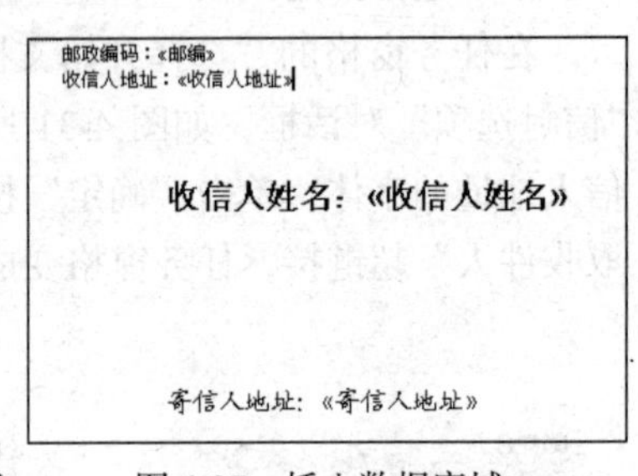

图 4-35　主文档格式　　图 4-36　“插入合并域”对话框　　图 4-37　插入数据库域

（7）预览信封

单击任务窗格下方的“下一步：预览信封”超链接，任务窗格变成图 4-38 所示。使用任务窗格中的向前、向后按钮，可以逐份预览所有的信封。

（8）完成合并

单击任务窗格下方的“下一步：完成合并”超链接，任务窗格变成图 4-39 所示。单击任务窗格中的“编辑个人信封”超链接，打开“合并到新文件”对话框。在对话框中选择需要生成信封的记录并单击“确定”按钮。

所有合并生成的信封会保存到一个新的文档中，取一个合适的文档名，如信封.doc，另存这个文档就完成了邮件合并。

（9）打印信封

在打开的“信封.doc”文档中，使用“打印”命令打印输出制作好的信封。

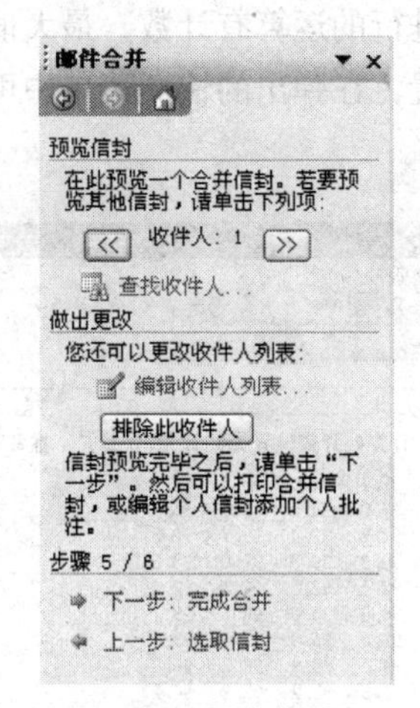

图 4-38　预览信封

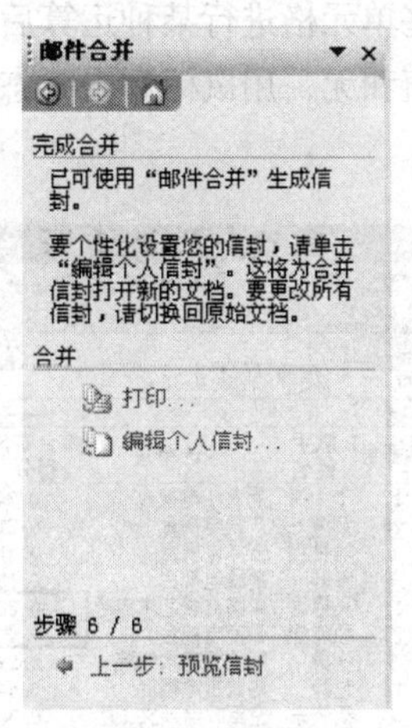

图 4-39　完成合并

4.5　电子表格的建立与处理

Excel 建立的电子表格是扩展名为.xls 的文件。表格中可包含文本、数字、公式、图片、图表、声音等多媒体数据。

在办公文件制作、档案管理、工程管理等工作中，经常需要用表格的形式来分析、统计数据，还常用图表的形式来直观、形象地显示数据，这些工作都可以用 Excel 来轻松完成。

4.5.1　电子表格的建立及输入

Excel 电子表格是一个由若干行、列构成的表格，行与列的交叉形成单元格，如图 4-40 所示。可以在单元格中输入数据，插入图片、声音等，也可以给表格或单元格添加各种边框和底纹，还可以对表格中的内容进行排序、统计等处理。

1. Excel 常用术语

（1）工作簿（Book）：是 Excel 中用于存储和处理数据的文件。每个工作簿由若干张工作表组成，最多可有 255 张工作表。新建一个工作簿时默认有 3 张工作表，工作表分别以 Sheet1、Sheet2、Sheet3 来命名，工作表的名字可以更改。在工作簿中可以方便地插入和删除工作表。

（2）工作表（Sheet）：是 Excel 窗口的主体，每张工作表由 65 536 行 × 256 列构成。行号用数字 1 至 65 536 编号，列号用 A、B、…、Y、Z、AA、AB、…、IV 编号。

（3）单元格（Cell）：行列交叉构成单元格。单元格是 Excel 的基本元素，输入的数据保存在单元格中。

（4）单元格地址：每个单元格由唯一的地址进行标识，地址用列号字母和行号数字进行编址，如 A1、AB12 等，图 4-40 中活动单元格的地址是 D6。

（5）活动单元格：是指当前正在使用或选中的单元格，由黑框框住。

（6）编辑栏：在对单元格的内容进行输入和修改时会用到编辑栏。活动单元格的地址显示在编辑栏左边的名称框中，值或公式显示在编辑栏右边的框中。

（7）状态栏：就是 Excel 窗口底部的水平区域。在工作表中选择一些单元格时，状态栏中会自动显示出对这些单元格进行某种运算后的结果。可进行的运算有计数、最大值、最小值、平均值、求和、计数值和无，用鼠标右击状态栏的任何位置，在弹出的快捷菜单中可方便地选择需要的运算方式。

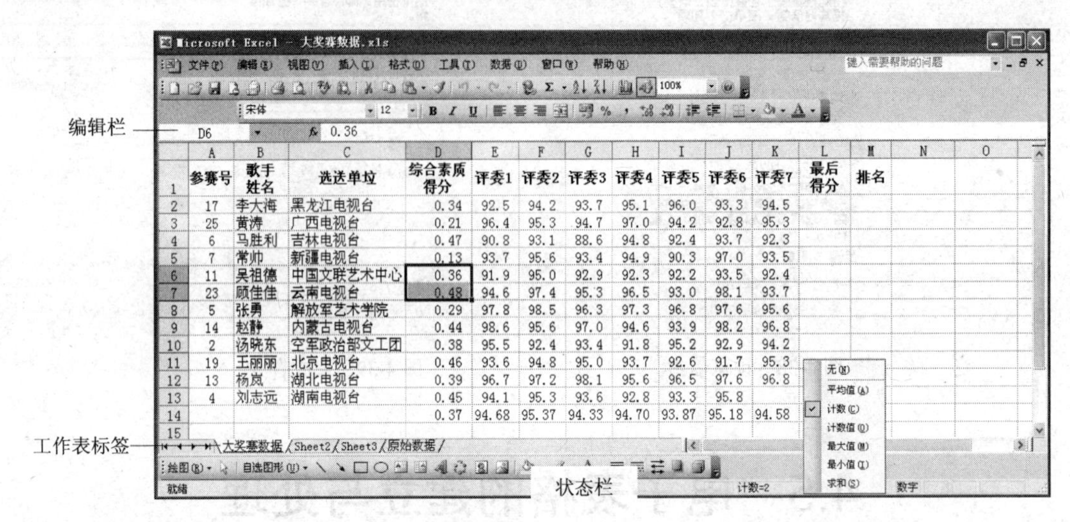

图 4-40　Excel 窗口

（8）Excel 中常见鼠标指针形状的含义如下。

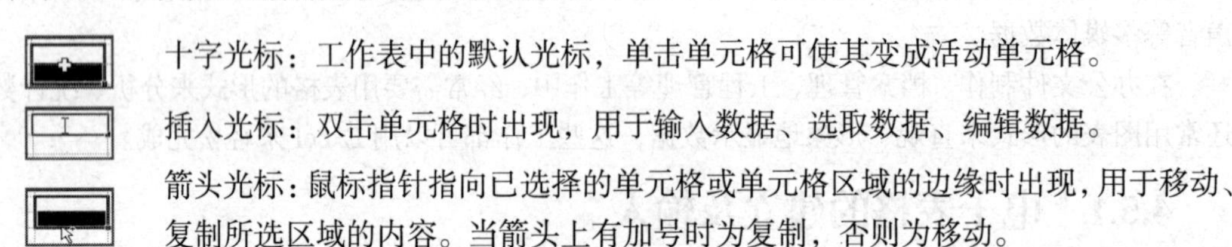

十字光标：工作表中的默认光标，单击单元格可使其变成活动单元格。

插入光标：双击单元格时出现，用于输入数据、选取数据、编辑数据。

箭头光标：鼠标指针指向已选择的单元格或单元格区域的边缘时出现，用于移动、复制所选区域的内容。当箭头上有加号时为复制，否则为移动。

填充柄：位于已选择的单元格或单元格区域的右下角，是一个方形的小块。当鼠标指针指向它时变成一个黑色的十字，用于自动填充一些有规律的数据。

双向箭头光标：鼠标指针指向行号或列号的分隔线时会变成双向箭头光标，此时可以方便地调整行高和列宽。

2. 建立工作簿的主要过程

（1）建立空白工作簿及输入数据

启动 Excel，打开 Excel 窗口，系统会自动新建一个空白工作簿，工作簿名默认为 Book1.xls。Excel 窗口中包含菜单栏、常用工具栏、格式工具栏、编辑栏、状态栏、工作表标签等，中间是用于输入数据的工作表格。

建立空白工作簿后要进行的操作就是向工作表的单元格中输入数据。在向单元格中输入数据前，应先用鼠标左键单击单元格，使该单元格成为活动单元格，然后再输入数据。数据输入完毕后，按 Enter 键或 Tab 键表示确认，按 Esc 键表示取消；也可以单击编辑栏上的勾或叉来确认或取消。

在 Excel 工作表中，单元格中存放的数据有以下 4 种类型。

① 文本。文本是指可以输入的任何符号和汉字，如字母、数字、其他符号等。一个单元格中最多可以输入 32 000 个字符，汉字的数量减半。输入文本时系统默认为左对齐。当输入的文本长

度超过单元格的宽度时，如右边单元格无内容，则扩展到右边列显示；否则将截断显示。

若要输入纯数字的文本，如学号、身份证号等，在输入的数字前加英文的单引号，如在单元格中输入'201110102341，则显示为 201110102341 。

② 数值。数值型数据除了 0～9 十个数字组成的数值串外，还包含+、-、E、e、$、/、%以及小数点和千分位符号“,”等特殊字符，如“¥12，500”。输入数字时默认的对齐方式为右对齐。当输入的数据太长时，Excel 会自动以科学计数法表示，如输入 123456789012 时，则以 1.23457E+11 表示。

在单元格中可以输入分数，输入的方法为：0 空格分子/分母或整数空格分子/分母。

③ 日期和时间。Excel 内置了一些日期时间的格式，常见的日期时间格式为：yy/mm/dd、yy-mm-dd、hh:mm（AM/PM）。在时间格式中，AM 或 PM 与分钟之间应有空格，比如 10:30 AM，缺少空格将被当做字符处理。

输入日期或时间时，默认的对齐方式为右对齐。输入日期时的分隔符只能是“/”或“-”，否则不当日期对待。组合键 Ctrl+;的功能是输入系统日期；组合键 Ctrl+Shift+;的功能是输入系统时间。

④ 逻辑值。用 True（真）和 False（假）表示逻辑值时可以直接输入，默认对齐方式为居中；也可以是关系或逻辑表达式产生的逻辑值。

（2）输入公式或函数

可以在单元格中直接输入公式或函数，如“=a2+c5”或“=sum（f1:g8）”；也可以使用“插入”菜单中的“函数”命令来插入函数。

（3）使用“自动填充”功能输入有规律的数据

有规律的数据是指等差、等比、系统预定义的数据填充序列以及用户自定义的序列。

执行“工具”菜单中的“选项”命令打开“选项”对话框，在对话框中选择“自定义序列”选项卡，如图 4-41 所示。对话框中列出了系统预定义的数据填充序列，如星期名序列、月份名序列等。若在对话框的“自定义序列”列表框中选择“新序列”，在“输入序列”列表框中输入序列并单击“添加”按钮，就能创建一个新的序列。

执行“编辑”菜单下“填充”子菜单中的“序列”命令，打开“序列”对话框，如图 4-42 所示。通过在对话框中选择序列类型可快速地在工作表中填充出有规律的序列。

自动填充是使用“填充柄”来完成的。自动填充可以沿水平方向填充，也可以沿垂直方向填充。如图 4-43 所示，星期名序列填充的方法如下。

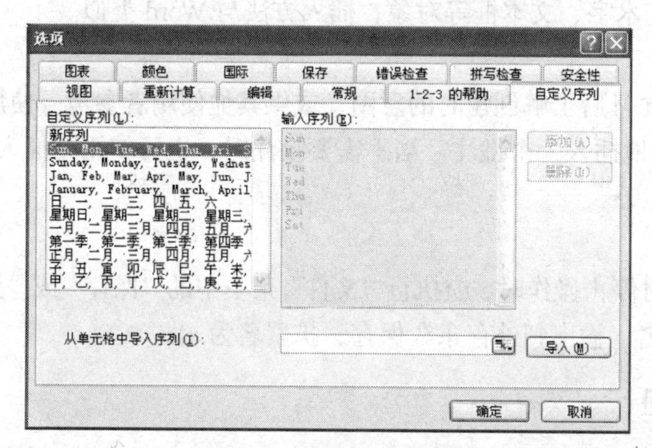

图 4-41　“选项”对话框

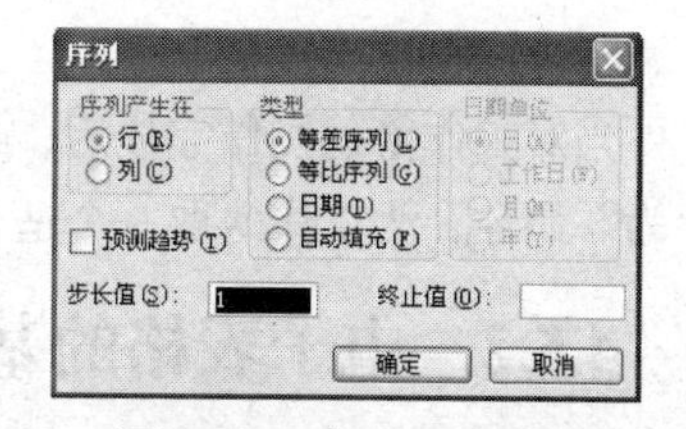

图 4-42　“序列”对话框

① 在一个单元格中输入文本“星期一”。

② 单击该单元格使其成为活动单元格。

③ 用鼠标指针指向活动单元格的填充柄，当指针变成黑色十字时按下鼠标左键，并水平拖动至星期日的格子。

图 4-43 中其他 3 个序列的填充过程也类似。等差序列需要先输入两个数据，然后选择这两个数据所在的单元格进行填充，系统会根据所选的两个单元格的等差关系来自动填充后面的数据。

（4）输入有效数据

在输入百分制的学生成绩时，为防止在单元格中输入 0～100 以外的非法数据，可使用系统提供的“有效性”功能来实现。

在工作表中选择需要设置数据有效性的单元格区域，执行“数据”菜单中的“有效性”命令，打开“数据有效性”对话框，如图 4-44 所示。在对话框的“设置”选项卡中设置输入数值的范围；在“输入信息”选项卡中输入提示信息；在“出错警告”选项卡中输入错误信息。设置结束后，单击该区域中的单元格时会显示提示信息，在单元格中输入非法数据时会显示错误信息。

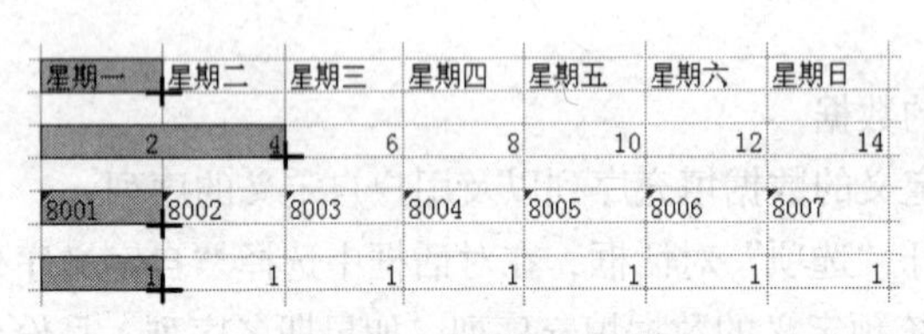

图 4-43　序列填充示例

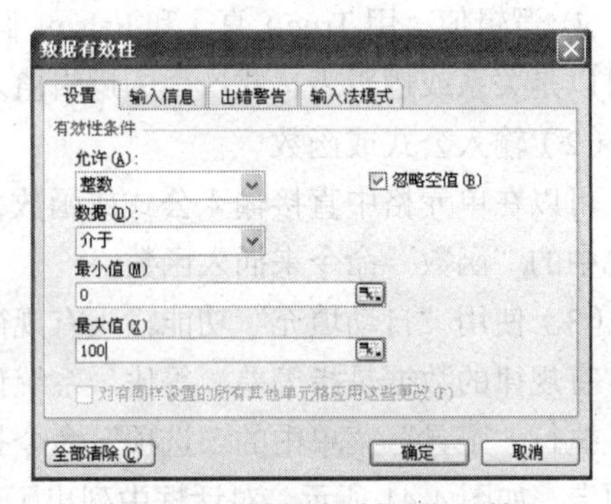

图 4-44　“数据有效性”对话框

（5）引用外部数据

执行“文件”菜单中的“打开”命令，可打开 Access、VFP 等数据库文件，打开数据库文件时会弹出“选择表格”对话框，该对话框中包含要打开的数据库文件中的所有数据表，选择一个数据表并单击“确定”按钮，即可利用所选数据表的数据生成一个 Excel 工作表。

（6）插入对象

在 Excel 中也可以插入图片、图形、艺术字、文本框等对象，插入方法与 Word 类似。

（7）插入批注

批注是对单元格内容的补充说明，以便日后了解创建时的意图，或供其他使用者参考。使用“插入”菜单中的“插入批注”命令可快速地插入一个批注。当不需要批注时，也可使用“插入”菜单中的“删除批注”命令快速地删除。

（8）保存电子表格

当对工作簿的操作完成后，或需要暂时停止操作时，应执行“文件”菜单中的“保存”或“另存为”命令，为工作簿取一个适合的文件名，输出到外存永久保存，扩展名为.xls。

4.5.2　电子表格的基本处理

工作表的数据输入完成后，一般需要对表格中的数据进行编辑修改、统计分析及格式化等操作；对工作表进行编辑修改、页面格式化、图文混排、打印输出等操作。

1. 编辑工作表中的对象

在进行编辑修改操作之前，首先要打开工作簿，然后在工作表中选择要处理的对象，如单元格、单元格区域或图片、图形、图表等，再使用相应的菜单命令、工具栏、快捷菜单或快捷键进行删除、清除、移动、复制、粘贴、选择性粘贴、填充、查找、替换等操作。编辑修改的方法与 Word 类似。

“清除”与“删除”两个操作命令是不同的。清除只删除已选择单元格或单元格区域中的部分或全部内容，如格式、批注等；删除是将内容和单元格一起删除。

“粘贴”与“选择性粘贴”两个操作命令的不同之处是：前者将已选择单元格中的内容全部粘贴到光标所在位置；后者可以只粘贴数值、公式、批注等一项和多项内容。“选择性粘贴”对话框如图 4-45 所示。

要选择图片、图形、图表等对象，可用鼠标左键单击这些对象；要选择单元格或单元格区域，可使用下列方法。

（1）选择一个单元格：单击该单元格。

（2）选择一个区域：单击该区域的第一个单元格并按住鼠标左键，然后拖动鼠标直到最后一个单元格。

（3）选择所有单元格：单击“全选”按钮。该按钮位于行号的顶部，列号的左则。

（4）选择不相邻的区域：先选择第一个区域，然后按住 Ctrl 键再选择其他的区域。

（5）选择较大的区域：单击该区域的第一个单元格，然后再按住 Shift 键单击最后一个单元格。

（6）选择整行或整列：单击行号或列号。

2. 插入行、列、单元格

使用“插入”菜单中的“行”、“列”、“单元格”命令或快捷菜单，可以方便地插入单元格、行或列。插入或删除行、列和单元格时，插入或删除处的单元格和数据会发生位置的移动。插入时将向下或向右移动，删除时将向上或向左移动。

3. 编辑工作表

编辑工作表是指对整个工作表进行的插入、删除、重命名、复制和移动等操作。用鼠标右键单击工作表的名称，打开编辑工作表的快捷菜单，如图 4-46 所示。使用快捷菜单可方便地完成工作表的编辑修改操作。

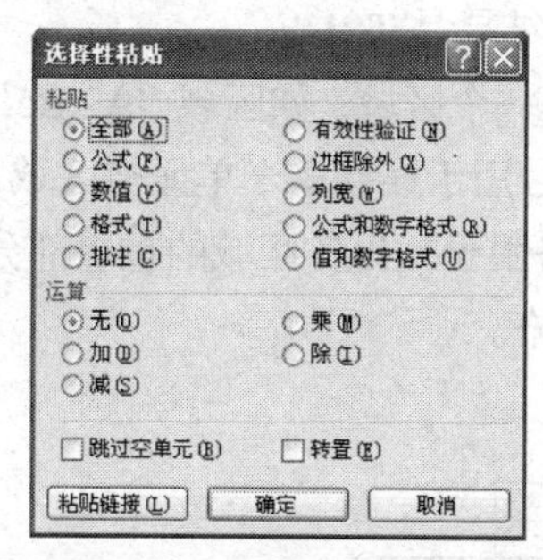

图 4-45　“选择性粘贴”对话框

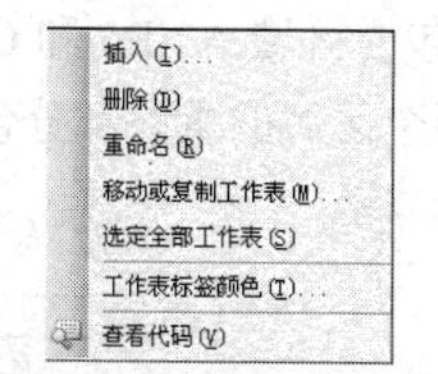

图 4-46　编辑工作表的快捷菜单

4. 引用单元格

工作表中的数据计算是通过在单元格中插入公式和函数来完成的。在公式和函数中是通过单元格引用来调用单元格中的数据进行各种计算的。单元格引用有以下 3 种形式。

（1）相对引用或称相对地址

用列号和行号直接表示，如 B10，d2:e4 等。当公式被复制到其他单元格时，相对地址会根据公式移动的位置自动调节或改变。例如，在 E4 单元格中输入公式：=B1+A2+C2，将该公式复制到 F5 时，公式将自动变为：=C2+B3+D3。

（2）绝对引用或称绝对地址

在列号和行号前均加上“$”符号，如 $B$10、$X$88 等。当公式被复制到其他单元格时，绝对地址不会根据公式移动的位置自动调节或改变。

（3）混合引用或称混合地址

在列号或者行号前加上“$”符号，如 $B10 、D$12 等。当公式被复制到其他单元格时，相对引用部分会变，绝对引用部分不变。

若在工作表 Sheet1 中要引用工作表 Sheet2 中的单元格，引用方式为：工作表名!单元格地址，如 Sheet2!A5；若在工作簿 Book1.xls 中要引用工作簿 Book2.xls 中的单元格，引用方式为： [工作簿名]工作表名!单元格地址，如：[Book2]一月!D20。

可使用剪贴板或拖动方式复制、移动公式。当公式被移动到其他单元格时，单元格引用不会改变。

5. 使用公式

公式是用运算符将常量、单元格引用、函数等连接起来形成的合法式子，用于对数据进行计算和分析。在单元格中输入公式时必须以等号开始，如“=（a1+b1）/2”。Excel 中常用的运算符如表 4-4 所示。

表 4-4　Excel 常用运算符

运算符类型	运算符表示形式及意义
算术运算符	%（百分号）、^（乘方）、*（乘）、/（除）、+（加）、-（减）
关系运算符	>（大于）、>=（大于等于）、<（小于）、<=（小于等于）、<>（不等于）、=（等于）
逻辑运算符	NOT（逻辑非）、AND（逻辑与）、OR（逻辑或）
文本运算符	&（连接两个文本）
引用运算符	冒号（区域运算符）、空格（交集运算符） 、逗号（连接运算符）

表中算术运算符%的功能是将单元格中的数值转换成百分比的形式；文本运算符&的功能是将两个文本的值连接起来，如“中国” & “昆明”的运算结果是“中国昆明”；关系运算和逻辑运算的运算结果是一个逻辑值 TRUE 或 FALSE，如 5 > 3 的结果是 TRUE。

区域引用运算符的功能如图 4-57 所示。冒号用于定义一个区域，如区域“A2:B5”，它包含以 A2 至 B5 为对角线所围成的矩形区域中的所有单元格；逗号用于连接多个单元格区域，如“A2:B5，C4:F6”，它包含区域 A2:B5 和 C4:F6 中的所有单元格；空格用于找出各区域的重叠部分，如“C4:F6 E1:E8”，两个区域的重叠部分包含 E4、E5、E6 三个单元格。

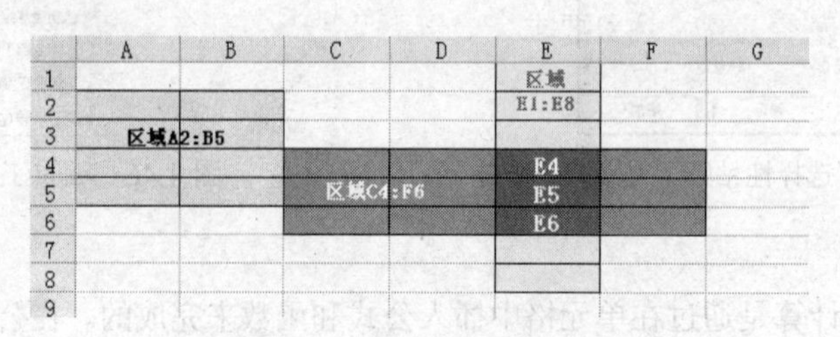

图 4-47　区域引用运算符示例

当多种类型的运算符同时出现在一个公式中时，Excel 对运算符的运算优先级有以下严格的规定。

（1）算术运算符的优先级分为 3 级：百分号和乘方最高，乘、除其次，加、减最低。

（2）关系运算符的优先级相同。

（3）逻辑运算符的优先级为：逻辑非最高，逻辑与其次，逻辑或最低。

（4）引用运算符的优先级为：冒号最高，空格其次，逗号最低。

各种类型运算符的优先级从高到低为：冒号、空格、逗号、负号、百分号和乘方、乘和除、加和减、文本运算符、关系运算符、逻辑非、逻辑与、逻辑或。可通过在公式中加圆括号来改变运算的优先级。

在工作表中使用公式进行计算时，若同行或同列的计算公式相同，只需要输入一个公式，其他的可通过自动填充得到。例如，要计算图 4-48 所示的工作表中的总评成绩，只需在单元格 F2 中输入公式“=0.4*D2+0.6*E2”，该列中其他单元格的公式可使用自动填充得到。

F2 fx =0.4*D2+0.6*E2

	A	B	C	D	E	F	G
1	学号	姓名	性别	平时成绩	考试成绩	总评成绩	备注
2	201010303105	孟轩	男	76	67.5	71	
3	201010303107	张学成	男	70	63.5		
4	201010303110	朱家佑	男	72	55.5		
5	201010303111	王俊青	男	85	74.0		
6	201010303113	王永胜	男	82	78.0		
7	201010303114	王德智	男	80	80.5		
8	201010303116	王晓亮	男	77	76.0		
9	201010303121	敖帮杰	男	86	71.5		

图 4-48 输入公式

在单元格中输入公式后，单元格中显示的是计算结果，而不是公式，公式显示在编辑栏中。可以在编辑栏的编辑框中直接修改公式，也可以双击单元格来编辑单元格中的公式。

6. 使用函数

函数是 Excel 自带的一些已定义好的公式。Excel 提供了许多内置函数，包括财务、日期与时间、数学与三角函数、统计、查找与引用、数据库、文本、逻辑、信息等类别的函数，共有几百个函数，为用户对数据进行运算和分析带来极大方便。

函数的使用格式为：

函数名（参数 1，参数 2，…）

其中，参数可以是常量、单元格引用、区域引用、公式或其他函数等。

可以直接在公式中输入函数，也可以使用粘贴函数的方法输入函数。常用的函数有 SUM、AVERAGE、COUNT、IF、MAX 等。下面举例说明函数的使用方法。

例如，现有工作表参见图 4-48，要求完成以下几项计算任务。

（1）若学生的总评成绩不及格，要求在备注列中填上“不及格”标志。

① 选择要插入的函数。单击 G2 单元格，执行“插入”菜单中的“函数”命令，打开“插入函数”对话框，如图 4-49 所示。在对话框的“或选择类别”下拉列表中选择函数类别为常用函数，在“选择函数”列表框中选择 IF 函数，这时选择函数框下方会显示出所选函数的格式和功能，单击“确定”按钮。

② 输入函数的参数。在“插入函数”对话框中单击“确定”按钮时会弹出“函数参数”对话

框，如图 4-50 所示。在对话框的“Logical_test”框中输入逻辑条件：F2<60，在“Value_if_true”框中输入条件为真时的值："不及格"，在“Value_if_false”框中输入条件为假时的值：""，单击“确定”按钮结束函数的插入。

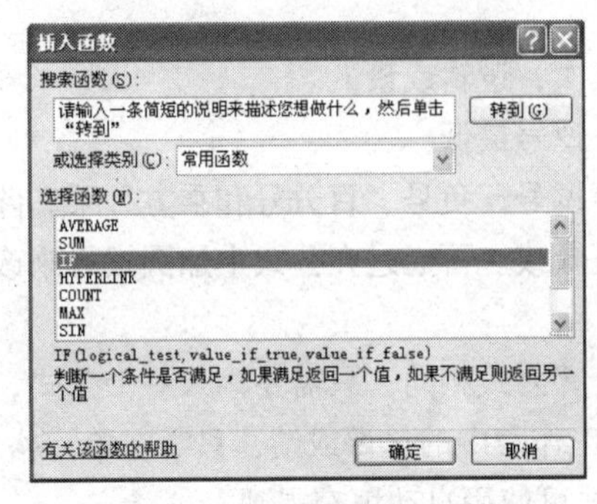

图 4-49 “插入函数”对话框

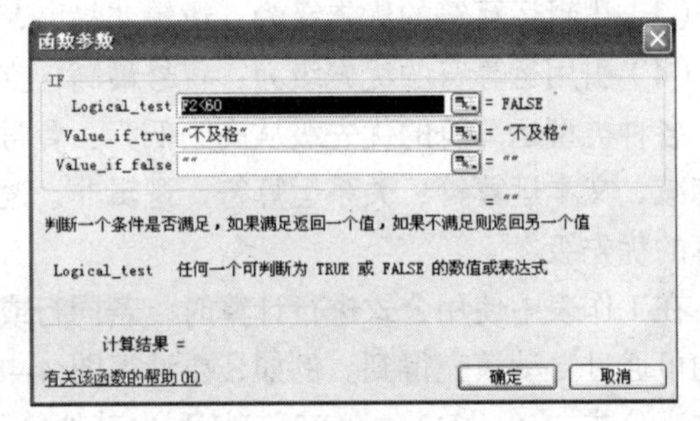

图 4-50 “函数参数”对话框

经过上述两步的操作，在 G2 单元格中插入了公式“=IF（F2<60，"不及格"，""）”。该列中其他单元格的公式使用自动填充功能输入。

IF 函数的功能是先判断逻辑条件是否为真，若条件为真返回第一个值；否则返回第二个值。IF 函数可以嵌套使用。

（2）若学生的总评成绩大于等于 90，要求在备注列中填上“优秀”标志；若学生的总评成绩不及格，要求在备注列中填上“不及格”标志。

单击 G2 单元格，输入公式“=IF（F2>=90，"优秀"，（IF（F2<60，"不及格"，"")））”。该列中其他单元格的公式使用自动填充功能输入。

（3）在 H2 单元格中统计出总评成绩在 80～89 之间的学生人数。

单击 H2 单元格，输入公式“=COUNTIF（F2:F88，">=80"）-COUNTIF（F2:F88，">=90"）”。COUNTIF 函数的功能是计算某个区域（如 F2:F88）中满足给定条件的单元格数目。

（4）要求按总评成绩排出名次，并将名次所对应的值填在备注列中。

单击 G2 单元格，输入公式“=RANK（F2，$F$2:$F$88）”。该列中其他单元格的公式使用自动填充功能输入。

RANK 函数的功能是求一个数值（如 F2 的值）在某个数值区域（如区域$F$2:$F$88）中的排位或排名。在 RANK 函数中，排名的参照数值区域必须用绝对引用，因为每一个总评成绩都是与该区域的值进行比较，使用自动填充功能输入其他单元格中的公式时，不希望排名的参照数值区域发生变化。

Excel 中的函数很多，遇到不会用的函数时，可单击“插入函数”对话框下方的“有关该函数的帮助”，在打开的“Microsoft Excel 帮助”窗格中学习使用该函数的方法。

思维训练：计算出的总评成绩常常为一个实数，若要将其四舍五入成整数，可以利用电子表格提供的“数学与三角函数”类中的函数来完成。请写出两种能完成此任务的公式。

7. 格式化

格式化包括对单元格数据的格式化、对输出页面的格式化等。简单的格式化可以使用工具栏、快捷键等完成，复杂的格式化需要使用菜单命令来完成。

（1）单元格格式化

执行“格式”菜单中的“单元格”命令，打开“单元格格式”对话框，如图 4-51 所示。通过选择“单元格格式”对话框中的数字、对齐、字体、边框等选项卡，可以将单元格中的数据设置为数值、文本、货币、百分比、日期、会计专用等类型；可以进行水平对齐、垂直对齐、合并单元格、自动换行操作；可设置字体、文字方向；可添加边框和底纹等。

在单元格中输入文本时，默认为一行。需要输入多行时，可将单元格设置为“自动换行”，即在图 4-51 中的“文本控制”选项下选择“自动换行”；也可以在换行处按下快捷键 Alt+Enter 来添加新行。

“格式”工具栏上按钮的功能是对已选择的多个单元格进行“合并及居中”操作。若在合并的单元格中有多个数据，则只有左上角单元格中的数据被保留在合并后的单元格中，其他单元格中的数据将自动删除。合并后的单元格还可以拆分为原来的样子，先选择合并后的单元格，再单击按钮即可，但单元格中的原始数据不能恢复。“合并及居中”与水平对齐中的“跨列居中”的功能是不同的，前者是将多个单元格合并成一个单元格；后者只将内容居中显示，不合并单元格。

在工作表中，单元格之间的初始的行线和列线在打印预览和打印时不会显示，这些线需要重新添加。使用“单元格格式”对话框中的“边框”选项卡，可以方便地为已选择的单元格或单元格区域加上各种样式和颜色的边框，如添加外边框、内边框、左边框、上边框等。添加边框的操作过程为：先选择单元格或单元格区域，然后设置线条样式和颜色，最后选择要加的边框类型。

（2）页面格式化

执行“文件”菜单中的“页面设置”命令，打开“页面设置”对话框，如图 4-52 所示。通过选择“页面设置”对话框中的各选项卡，可以设置纸张大小、页面方向、页边距、对齐方式、打印区域、打印标题、行号、列号等；可插入或自定义页眉页脚等。

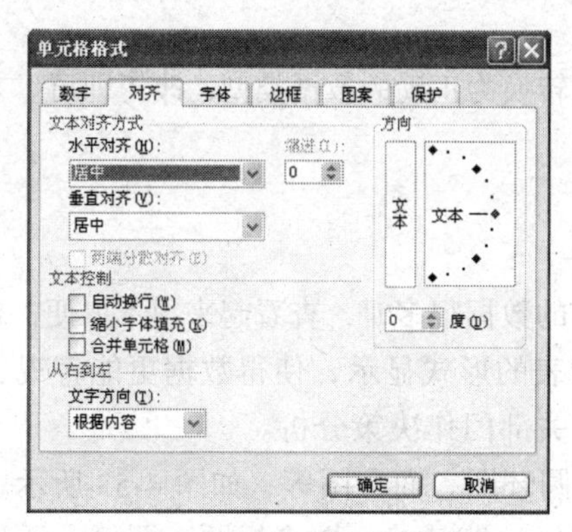

图 4-51　“单元格格式”对话框

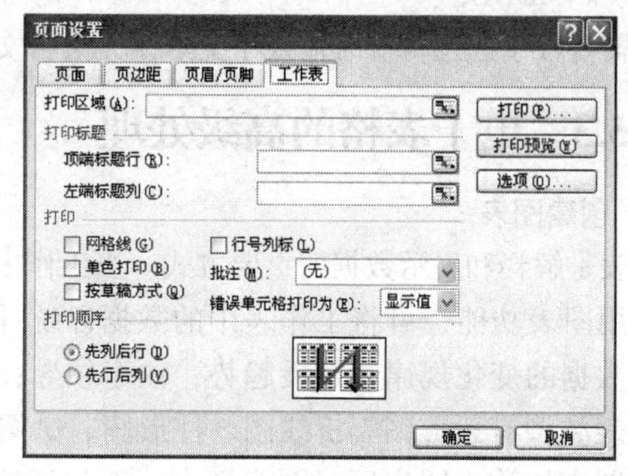

图 4-52　“页面设置”对话框

打印区域是工作表中实际需要打印输出的单元格区域；打印标题是打印输出时出现在每一页中的表格标题，可以置于页面的顶端或左端。

（3）条件格式

使用“格式”菜单中的“条件格式”命令，可以对单元格中的数值设置条件格式，如将工作表中不及格的总评成绩设置为红色显示。该命令最多可设置 3 个条件格式。

（4）自动套用格式

Excel 提供了多种样式的表格让用户套用，如简单型、古典型、会计型等，可提高表格格式化的效率。使用“格式”菜单中的“自动套用格式”命令，可以完成套用格式操作。

8. 常见的错误信息及解决方法

输入计算公式后，常常因为输入错误，使系统看不懂该公式，会在单元格中显示错误信息。例如，在进行数值运算的公式中引用了文本，删除了被公式引用的单元格等。

（1）####

在单元格中输入了太长的数值或由公式计算出的结果太长，单元格容纳不下，只要增加列宽就可解决。

（2）#DIV/0!

当公式中使用了指向空白的单元格或为零值的单元格作除数时会显示该信息，应避免。

（3）#N/A

为了避免在公式中引用没有数值的单元格而出错，可以在这样的单元格中输入#N/A，让所有引用这种单元格的公式都出现信息#N/A，以作提醒用。

（4）#NAME?

删除了公式中使用的名称或使用了不存在的名称以及拼写、输入错误，改正即可。

（5）#NULL!

使用了不正确的区域运算或不正确的单元格引用，改正即可。

（6）#NUM!

在需要数字参数的函数中使用了不能接受的参数或公式产生的数字太大或太小，Excel 不能表示，改正即可。

（7）#REF!

删除了由其他公式引用的单元格或将移动单元格并粘贴到由其他公式引用的单元格中，改正即可。

（8）#VALUE!

在需要数字或逻辑值时输入了文本，无法将文本转换为正确的数据类型，改正即可。

4.5.3 电子表格的高级处理

1. 创建图表

图表是解释和展示数据的重要方式。当工作表中的数据很多时，查看起来很不方便，效率也低。使用图表功能，可将工作表中的数据以统计图表的形式显示，使得数据更能直观、形象地反映数据的变化规律和发展趋势，便于领导和有关部门作决策分析。

图表类型有条形图、折线图、柱形图、饼图、圆环图、面积图等，如图 4-53 所示。工作表中的图表被称为图表区，图表区中一般包括绘图区、背景墙、图表标题、图例、系列与数值、数值轴标题、分类轴标题、数据表等对象，如图 4-54 中右图所示。

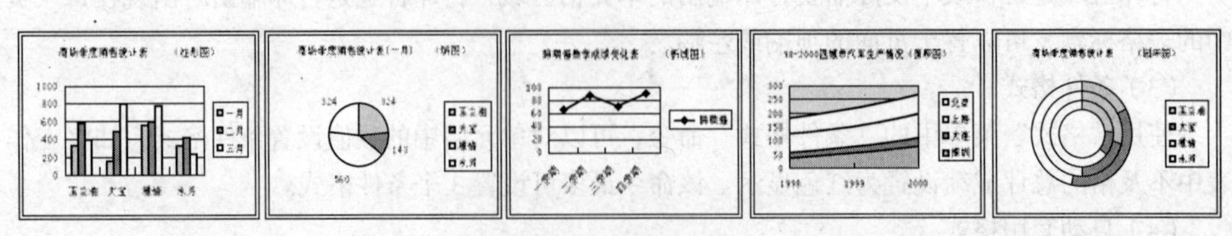

图 4-53 图表类型

图表是数值数据的图形化，其创建方法如下。

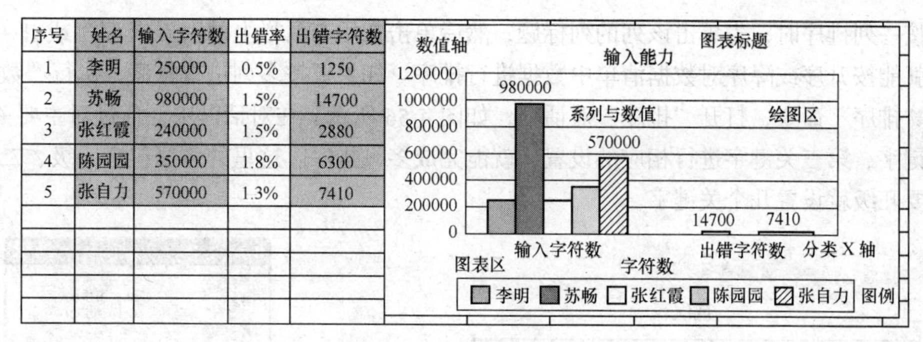

序号	姓名	输入字符数	出错率	出错字符数
1	李明	250000	0.5%	1250
2	苏畅	980000	1.5%	14700
3	张红霞	240000	1.5%	2880
4	陈园园	350000	1.8%	6300
5	张自力	570000	1.3%	7410

图 4-54　数据和图表示例

（1）选取数据

根据要求，正确、完整地选择数据区域是非常重要的，否则得不到正确的图表。如图 4-54 所示的表格中，选择了姓名、输入字符数、出错字符数 3 列数据。

（2）插入图表

选取数据后，执行“插入”菜单中的“图表”命令或单击常用工具栏中的“图表向导”按钮启动图表向导，在图表向导的提示引导下，经过选择图表类型、设置图表源数据、设置图表选项、确定图表位置 4 个方面的操作，可轻松地完成图表的制作。

（3）编辑图表

图表创建完成后，若不满意或有错，可以对其进行编辑修改。单击图表会自动打开图表工具栏，使用图表工具栏或图表菜单，可以方便地编辑修改整个图表。也可以右键单击图表区中的各个图表对象，使用弹出的快捷菜单中的命令来编辑修改单个图表对象。

（4）修饰图表

右键单击图表区中的图表对象，在弹出的快捷菜单中选择设置该对象格式的命令来修饰所选的图表对象，如图表区格式、绘图区格式、图例格式、图表标题格式等命令。

2. 数据管理

除可用公式和函数对工作表中的数据进行统计分析外，Excel 还提供了对数据清单或数据列表进行排序、筛选、分类汇总以及数据透视表等多种数据处理操作。

（1）数据清单

数据清单又称为数据列表，是工作表中由行和列组成的数据记录的集合，是一个矩形的、连续的单元格区域，也是一张二维表，如图 4-55 中的单元格区域 A3:G9。

数据清单中的每一列包含相同类型的数据，列也称为字段，是构成记录的、不可再分的基本数据单元，列标题就是字段名，如图 4-55 中的姓名、班级、语文等；每一行就是一个记录，是某个特定项的完整值，如图 4-55 中与张国强有关的所有字段值构成了一个记录。在数据清单中，列名是唯一的，不允许有空行和空列，也不允许有完全相同的两行。

在工作表中，数据清单前如果有标题行，则应与列名行隔开一行或多行，如图 4-55 所示。不要在一张工作表上放置多份数据清单。

数据清单中记录的输入、删除、修改等操作，可以直接进行，也可以通过“数据”菜单中的“记录单”命令来完成。记录单的功能是：以记录为单位，对记录进行新建、删除、还原、修改、查找等操作。

（2）排序

在数据清单中，可以根据一列或多列的数据进行排序，最多为 3 列，如图 4-56 所示。

只按一列排序时，先单击该列的列标题，然后单击常用工具栏上的 A↓Z（升序）或 Z↓A（降序）按钮，就能按升序或降序对数据清单中数据进行排序。如果要按多列进行排序，执行“数据”菜单中的“排序”命令，打开“排序”对话框，如图 4-56 所示。在对话框中，通过对主要关键字、次要关键字、第三关键字进行相应的设置，就能完成多级排序。这里的多级包含一级、二级和三级，需要几级就设置几个关键字。

G3 fx 排名

	A	B	C	D	E	F	G
1	成绩表						
2							
3	姓名	班级	语文	数学	外语	平均分	排名
4	张国强	一班	84.00	91.00	90.00	88.33	2
5	黄盈盈	一班	83.00	88.00	89.00	86.67	3
6	夏小云	一班	86.00	84.00	68.00	79.33	4
7	董雯	二班	93.00	80.00	93.00	88.67	1
8	龚大海	二班	85.00	69.00	76.00	76.67	5
9	赵艳丽	二班	67.00	78.00	83.00	76.00	6
10							

图 4-55 数据清单

图 4-56 “排序”对话框

在“排序”对话框中的“我的数据区域”下有两个单选项，即“有标题行”和“无标题行”。选择有标题行时，数据清单中的标题行不参加排序；选择无标题行时，数据清单中的标题行将参加排序。排序方式有升序和降序两种，英文字母按字母顺序排序，汉字可按笔画或拼音排序。

（3）筛选

筛选是将数据清单中不满足条件的记录在工作表中隐藏起来，只显示满足条件的数据，并不删除隐藏的记录。在记录数量很大的数据清单中，要找出符合若干条件的记录，可以使用“数据”菜单下“筛选”子菜单中的筛选命令来完成。筛选方式有两种：“自动筛选”和“高级筛选”。自动筛选是对整个数据清单操作，筛选结果将在原有数据区域显示；高级筛选的结果可以在原有区域显示，也可以在其他区域显示。

将光标定位在数据清单中，执行“自动筛选”命令，这时列标题旁会自动加上筛选箭头，如图 4-57 左边所示。单击语文列的筛选箭头打开下拉列表框，框中列出了可选择的筛选项。若要筛选出语文成绩大于等于 85 分以上的记录，应选择“自定义”筛选项，并在“自定义自动筛选方式”对话框中进行条件设置和筛选。

自动筛选示例

	A	B	C	D	E	F	G
1			成绩表				
2							
3	姓名	班级	语文	数学	外语	平均分	排名
4	张国强	一班		91.00	90.00	88.33	2
5	黄盈盈	一班		88.00	89.00	86.67	3
6	夏小云	一班		84.00	68.00	79.33	4
7	董雯	二班		80.00	93.00	88.67	1
8	龚大海	二班		69.00	76.00	76.67	5
9	赵艳丽	二班		78.00	83.00	76.00	6
10							

升序排列
降序排列
(全部)
(前 10 个...)
(自定义...)
67.00
83.00
84.00
85.00
86.00
93.00

高级筛选示例

语文	数学	外语
>=80	>=80	>=80

姓名	班级	语文	数学	外语	平均分	排名
张国强	一班	84.00	91.00	90.00	88.33	2
黄盈盈	一班	83.00	88.00	89.00	86.67	3
董雯	二班	93.00	80.00	93.00	88.67	1

图 4-57 筛选示例

若要对多个列进行自动筛选，可按上述方法逐个列地进行。当不需要自动筛选时，将“自动筛选”命令前的勾去掉，这时将恢复隐藏记录的显示。

高级筛选是对多个字段选择的条件取逻辑与或逻辑或的关系。进行高级筛选前，要在数据清单之外建立一个条件区域，如图 4-57 右边所示。条件区域至少有两行，首行输入字段名，其余行输入筛选条件，同一行的条件的关系为逻辑与，不同行的条件的关系为逻辑或。条件区域建好后，执行“高级筛选”命令，在“高级筛选”对话框中进行列表区域、条件区域等一系列设置后，便可快速得到所需的结果。

（4）分类汇总

分类汇总就是对数据清单按某一个字段进行分类，即对该字段进行排序，分类字段值相同的归为一类，对应的记录在表中连续存放，其他字段可按分好的类统一进行汇总运算，如求和、求平均、计数、求最大等。

执行“数据”菜单中的“分类汇总”命令，打开“分类汇总”对话框，如图4-58所示。分类汇总前必须先对分类字段进行排序，否则分类汇总的结果无意义。分类汇总时，应在“分类汇总”对话框中正确设置分类字段、汇总方式、汇总项，否则得不到正确的汇总结果。

例如，对图4-55中的数据清单按班级进行分类汇总，分类字段是班级，汇总字段是语文、数学、外语和平均分，汇总方式是求平均值，则汇总结果如图4-59所示。

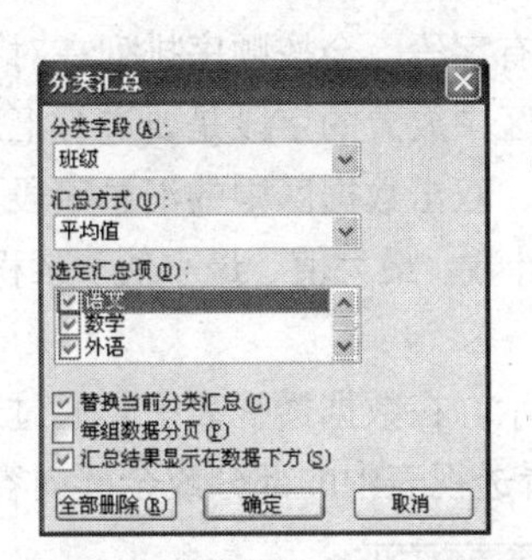

图4-58　“分类汇总”对话框

分级显示按钮

	A	B	C	D	E	F	G
1	成绩表						
2							
3	姓名	班级	语文	数学	外语	平均分	排名
4	张国强	一班	84.00	91.00	90.00	88.33	2
5	黄盈盈	一班	83.00	88.00	89.00	86.67	3
6	夏小云	一班	86.00	84.00	68.00	79.33	5
7		一班 平均值	84.33	87.67	82.33	84.78	
8	董雯	二班	93.00	80.00	93.00	88.67	1
9	龚大海	二班	85.00	69.00	76.00	76.67	6
10	赵艳丽	二班	67.00	78.00	83.00	76.00	7
11		二班 平均值	81.67	75.67	84.00	80.44	
12		总计平均值	83.00	81.67	83.17		

图4-59　分类汇总示例

对数据清单还可以进行多次分类汇总操作，但每次只能按一种汇总方式汇总。例如，要在图4-59所示分类汇总的基础上再按班级进行分类汇总，汇总字段是语文、数学和外语，汇总方式是求最大值。若要保留多次汇总的结果，应在“分类汇总”对话框中去掉“替换当前分类汇总”选项前的勾。

对数据清单进行分类汇总后，在行号的左侧会出现分级显示按钮，如图4-59所示。分级显示按钮用于显示或隐藏某些明细数据。单击分级显示按钮 1，仅显示总和与列名；单击分级显示按钮2，仅显示总和、分类总和与列名；单击分级显示按钮3，显示全部。

当要删除工作表中分类汇总的结果时，先将光标置于数据清单中，然后在打开的“分类汇总”对话框中，单击“全部删除”按钮即可。

（5）数据透视表

分类汇总只能按一个分类字段进行多次汇总，每次汇总只能按一种汇总方式进行运算。若要一次按多个分类字段进行多种分类汇总，需要使用数据透视表来完成。

数据透视表是一种可以快速汇总大量数据的交互式方法，是一个产生于数据库的动态总结报告。数据库可以是数据列表，也可以是一个外部文件，但数据中必须包括数值型和文本型两种数据。数值型数据用于总结计算，文本型数据用于描述数据。

数据透视表可以把无限的行和列的数据字转变成有意义的数据表示，以方便对数值型数据进行深入分析。

将光标定位于图4-55所示的数据清单中，执行“数据”菜单中的“数据透视表和数据透视图”命令，打开“数据透视表和数据透视图向导”对话框，在向导的指引下，经过一系列的选择和设置可方便地建立数据透视表和数据透视图。使用向导建立一个透视表要分 3 步进行：第一步是指定待分析数据的数据源类型；第二步是选定要建立数据透视表的数据源区域；第三步是对“布局”对话框的设置，如图 4-60 所示。

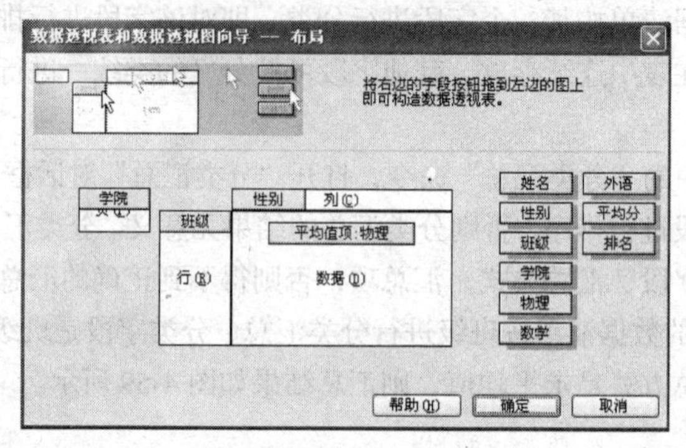

图 4-60 “布局”对话框

在“布局”对话框中，用于建立数据透视表的数据清单中的所有字段，会按顺序排列在对话框的右边，行、列、页区中放置的字段是要进行分类的字段，数据区中放置的字段是要进行汇总的字段。使用鼠标可以直接将字段拖入到行、列、页区或数据区中，双击数据区中的汇总字段可以方便地改变字段的汇总方式。字段的汇总方式有求和、求平均、计数、最大值、最小值、乘积、方差等。

按图 4-60 对布局进行设置后，生成的数据透视表如图 4-61 所示。在数据透视表中，通过选择页字段、行字段或列字段中的下拉列表中的选项，可以方便地查看透视表中的部分或全部内容。

页字段、汇总字段、行字段、列字段

	A	B	C	D
1	学院	(全部)		
2				
3	平均值项:物理	性别		
4	班级	男	女	总计
5	通信01	78.33	79.67	79.00
6	通信02	75.33	80.67	78.00
7	通信03		80.00	80.00
8	土木01	87.25	83.00	86.40
9	土木02	77.75	76.00	77.17
10	土木03	72.40		72.40
11	总计	78.05	79.71	78.76
12				

图 4-61 数据透视表

对建好的数据透视表，可以使用“格式”菜单中的“自动套用格式”命令，方便地进行表格格式化，以提高格式化的效率。

思维训练：一个公司可能有很多个销售地区或分公司，每个分公司具有各自的销售报表和会计报表，为了对整个公司的情况进行全面的了解，就要将这些分散的数据进行合并，从而得到一份完整的销售统计报表和会计报表。Excel 中的“合并计算”功能可以轻松完成这样的汇总，请自己设计两张工作表来进行合并计算操作。

4.6 演示文稿的建立与处理

用 PowerPoint 建立的演示文稿是以幻灯片的形式来展现文稿内容的电子文件。幻灯片中可以包含文本、图形、图像、声音以及视频剪辑等多媒体元素。用 PowerPoint 制作的公司产品介绍、专家报告、会议演讲报告等演示文稿，可直观、形象、生动地展示文稿的内容，具有信息量大、表现丰富、感染力强等特点。

4.6.1 演示文稿的建立及输入

1. PowerPoint 常用术语

（1）演示文稿：是 PowerPoint 的演示文件，扩展名为.PPT。演示文件中除包括若干张幻灯片外，还包括演讲者备注、讲义、大纲和格式信息。

（2）幻灯片：是演示文稿的基本构成单位，是用计机算机软件制作的一个多媒体的“视觉形象页”。演示文稿用计算机演示，每张幻灯片就是一个单独的屏幕显示；演示文稿用投影机放映，每张幻灯片就是一张 35mm 的幻灯片。

（3）对象：是制作幻灯片的“原材料”，可以是文本、图形、图片、表格、图表、声音、影像等多媒体元素。

（4）幻灯片版式：是一些对象标志符的集合，在不同的对象标志符中可以插入不同的内容。例如，幻灯片版式中有许多称为占位符的虚线框就是预先定义好的文本框，可以在其中输入文本和符号等。

（5）幻灯片母版：是一张特殊的幻灯片，可用于构建幻灯片的框架，统一幻灯片的风格。在演示文稿中，所有的幻灯片都基于幻灯片母版而创建。修改幻灯片母版的布局和内容时，所有与该母版相关的幻灯片都随着改变。

（6）设计模板：是扩展名为.POT 的一种特殊文件，也是 PowerPoint 的核心配件。它构成了 PPT 的基础、框架和脸面；它有一套预先定义好的颜色和文字特征，利用它可以快速改变幻灯片的风格和布局。

从 PowerPoint 97 开始，微软公司就提供了许多自带的 PPT 设计模板。但随着演示文稿的广泛应用，系统提供的设计模板已不能满足多种用户的需求和要求。后来，以韩国 ThemeGallery、美国 AnimationFactory 等公司为代表的国外 PPT 公司，制作了大量的专业和通用的 PPT 设计模板，并迅速在国际上普及。同时，以诺睿 PPT、锐普 PPT 为代表的国内专业 PPT 公司也迅速崛起，并设计了大量有国际水平、中国特色、动画标准的通用 PPT 设计模板。网上有免费下载的 PPT 模板，也有付费使用的 PPT 模板。

2. 制作演示文稿的基本原则

一个完整的演示文稿一般包含：片头动画、PPT 封面、前言、目录、过渡页、图表页、图片页、文字页、封底、片尾动画等。所采用的素材有：文字、表格、图片、图表、动画、声音、影片等。

幻灯片的视觉效果和放映效果，取决于幻灯片中各个元素和对象在幻灯片上的布局是否合理，格式是否合适，颜色和大小是否协调，以及幻灯片中各个元素和对象与背景颜色和模板风格是否搭配等。配音的效果、插图的效果、动画的效果也会影响演示文稿的最终效果。

（1）选择适当的模板和背景

根据演示文稿的内容和设计目的来选择和设计合适的模板和背景是非常重要的。背景与主体的色彩对比要鲜明，要能突出主体，弱化背景。因为背景只是一种衬托和辅助，主体才是需要强调和展示的内容。

一般来说，用于教学的幻灯片应选择简洁的模板，用于产品展示的幻灯片可以选择活泼的模板。在投影屏幕上放映演示文稿时，宜选择比较淡的背景，而主体颜色要深一些；在计算机和电视上放映演示文稿时，背景颜色应深一些，而主体颜色要淡一点。

（2）进行恰当的文字设置

一张幻灯片中可放置的文字很有限，通常只放置标题和提纲，即要重点展示的内容。文字内容必须条理清楚，主线明确。详细的说明和附加资料可以放置在备注页中。

幻灯片中使用的字体应选择常用的、符合文稿内容要求的、比较容易看清楚的字体，最好少用或不用草书、行书、艺术字体和偏僻字体。在一个演示文稿中最好不要使用过多种类的字体。

幻灯片中字的大小应根据演示会场或教室的大小和投放比例来设定，要看得清楚但又不能太大。标题字常用32～36磅，其他内容的字可用20～30磅，视空间情况而定。对标题加阴影、加粗效果会更好，同级内容字号大小应一致。

一张幻灯片中字的颜色最好不要超过3种，因为颜色太多会分散注意力，给人乱的感觉，不易突出重点。标题可以用比较突出和强烈的颜色。

（3）加入适当的图片、声音和动画

在幻灯片中加入适量的与文稿内容紧密相关的图片，可以减少大篇幅的文字说明，使文稿的内容展示变得直观形象。幻灯片中图片的数量不能太多，因为图片是用于辅助说明和表现文稿内容的。图片的像素大小常控制在600点以内，图片的容量大小常小于130KB，这样可以减少PPT文件的大小。

幻灯片中图片应排放在恰当的位置。图片不宜过大，以占到整个幻灯片画面的1/5～1/4为宜，最大也不要超过画面的1/3，否则会喧宾夺主，影响演示效果。

在幻灯片中加上适当的动画效果，对演示内容能够起到承上启下、因势利导及激发观众兴趣的作用。同样，动画也不能加得太多，尽量不要使用动感过强的动画效果。

根据演示文稿的内容，插入适量的解说词、音乐以及与动画或图片相关的声音，可使幻灯片的放映变得有声有色，更具观赏性。

3. 制作演示文稿的主要过程

（1）建立演示文稿

启动PowerPoint，打开PowerPoint窗口，如图4-62所示。启动时，系统会自动新建一个空白演示文稿，文稿名默认为演示文稿1.ppt。也可以通过执行“文件”菜单中的“新建”命令，在窗口的“新建演示文稿”任务窗格中选择各种模板来新建所需的演示文稿。

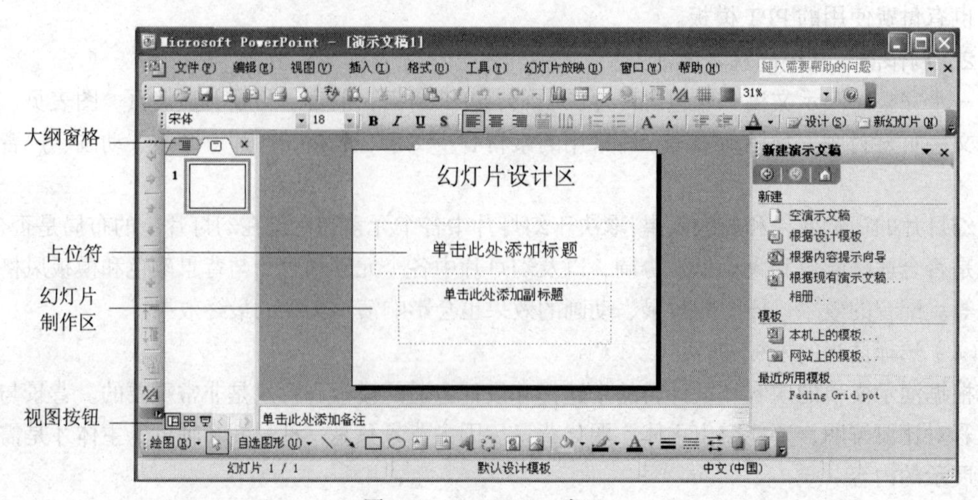

图4-62 PowerPoint窗口

PowerPoint 窗口中包含菜单栏、常用工具栏、格式工具栏、绘图工具栏、状态栏、视图按钮等，中间是用于设计和编辑幻灯片的区域。视图按钮有以下 3 种类型。

① 普通视图。是制作幻灯片和设置幻灯片外观的场所，是系统默认的视图，如图 4-62 所示。它由幻灯片、大纲和备注页 3 部分组成。在该视图中一次只能显示一张幻灯片，可在显示的幻灯片中插入对象、输入内容，并对各种对象进行编辑修改、格式化、定义动画等；还可以在备注编辑区中添加备注内容。

② 幻灯片浏览视图。在该视图中能够看到整个演示文稿的外观，即可同时显示多张幻灯片，是对幻灯片进行复制、移动、删除等编辑操作的最佳场所。

③ 幻灯片放映视图。用于全屏幕放映幻灯片，观看动画、超链接等效果，但不能进行编辑修改，按 Esc 键退出放映视图。

（2）设计幻灯片

建立好空白演示文稿后要进行的操作就是在演示文稿中插入幻灯片，选择幻灯片版式，在占位符中输入文本和特殊符号，在幻灯片中插入各种对象等。

PowerPoint 中已定义好几十种幻灯片版式，有标题幻灯片版式、标题和文本幻灯片版式、标题和内容幻灯片版式、空白幻灯片版式等。使用幻灯片版式可提高制作幻灯片的效率。制作标题幻灯片的方法如下。

① 执行“插入”菜单中的“新幻灯片”命令或单击格式工具栏上的“新幻灯片”按钮，插入一张新的幻灯片。

② 执行“格式”菜单中的“幻灯片版式”命令，在打开的“幻灯片版式”任务窗格的“文字版式”中右键单击“标题幻灯片”版式，在弹出的快捷菜单中选择“应用于选定幻灯片”命令，使刚插入的新幻灯片具有标题幻灯片的版式。

③ 依次单击幻灯片上的各个占位符，并在其中输入标题文字。

其他版式的幻灯片的制作方法类似。当鼠标指针指向“幻灯片版式”任务窗格中的某个版式时，系统会自动显示出指向的幻灯片版式的名称，很容易选择。

（3）在幻灯片中插入对象

幻灯片中可以包含多媒体对象。通过执行“插入”菜单中的各项命令，可以在幻灯片中插入图片、自选图形、文本框、声音、影片、表格、图表、幻灯片、批注、组织结构图等对象，还可以插入超链接、动作按钮等内容。插入方法与 Word 类似。

① 插入声音和影片。在演示文稿中适当地添加声音和动画，可以直观、形象、生动地展示演示内容，还能吸引观众的注意力，增加趣味性。

执行“插入”菜单下“影片和声音”子菜单中的“文件中的声音”命令，在打开的“插入声音”窗口中，可以插入.mp3、.mid、.wav 等格式的音频文件。插入声音文件后，会在幻灯片中央位置上显示一个黄色小喇叭的声音标记。声音文件可自动播放或在单击时播放，可以在整个演示文稿的放映过程中播放，也可以只在一张或多张幻灯片的放映时播放。

使用“插入”菜单下“影片和声音”子菜单中的“文件中的影片”命令，可以插入.avi、.mpg、.wmv 等格式的视频文件。

使用“插入”菜单下“影片和声音”子菜单中的“录制声音”命令，可以录制解说词等声音。录制好的声音也是以声音标记形式显示在幻灯片中，播放时单击相应的小喇叭即可。

② 插入知识结构图。办公文件中经常需要制作一些知识结构图，如组织结构图等。在幻灯片中插入一些知识结构图，可使演示内容的展示更具逻辑性，层次关系更清楚、更直观。

使用“插入”菜单中的“图示”命令，可以快速地插入组织结构图、循环图、射线图等知识结构图。单击已插入的知识结构图时，系统会自动打开相应的工具栏，如“组织结构图”工具栏、图示工具栏等。使用工具栏可方便地修改、编辑和修饰知识结构图。

③ 插入超链接。在 PowerPoint 中，可以为幻灯片中的文本和图形对象添加超链接。超链接的目标可以是本演示文稿中的一张幻灯片、另一个演示文稿、一个 Word 文档、一个网页、一个邮件地址、一个应用程序等。

先选择要添加超链接的文本或图形对象，再执行“插入”菜单中的“超链接”命令，打开“插入超链接”对话框，如图 4-63 所示。对话框中“链接到:”下可选择链接到原有文件或网页、本演示文稿中任意一张幻灯片、新建文档、电子邮件地址。

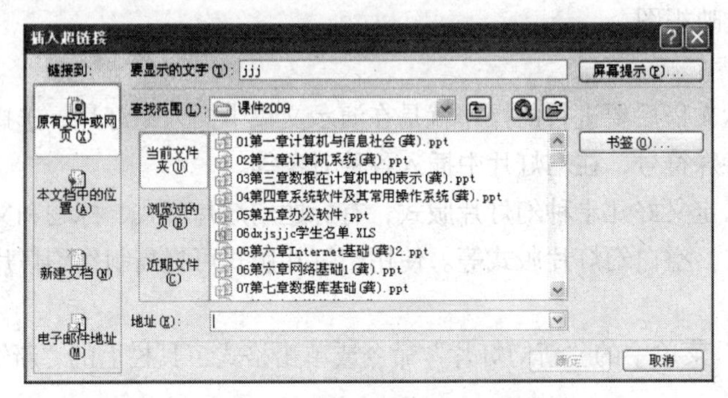

图 4-63 “插入超链接”对话框

在幻灯片放映时，当鼠标指针指向超链接时会变成手掌状，此时单击就能打开链接的文件和网页、执行链接的应用程序或显示链接的幻灯片等。文本超链接对象被访问后，文本颜色会自动变成“强调文字和已访问的超链接”的颜色。

④ 插入动作按钮。动作按钮通常用来在幻灯片中起一个指示、引导或控制播放的作用。

使用“幻灯片放映”菜单下“动作按钮”子菜单中的“动作按钮”命令，可以在幻灯片中插入各种动作按钮。插入动作按钮时会自动打开“动作设置”对话框，使用该对话框可以为动作按钮添加超链接或应用程序等，还可以为动作按钮添加要播放的声音。超链接到的目标可以是本演示文稿中的幻灯片，也可以是应用程序或网页地址。

（4）保存演示文稿

当对演示文稿的操作完成后，或要暂时停止操作时，执行“文件”菜单中的“保存”或“另存为”命令，为文稿取一个适合的文件名即可将文件保存到指定位置。

4.6.2 演示文稿的编辑和修饰

在编辑和修饰演示文稿前，应先打开演示文稿，然后选择要处理的幻灯片对象或幻灯片，再使用相应的菜单命令或快捷键来完成处理任务。

1. 编辑修改

演示文稿是由若干张幻灯片构成的，编辑修改演示文稿就是对演示文稿中的幻灯片及幻灯片中的对象进行插入、删除、复制、移动、修改等操作。

（1）可在普通视图中完成对幻灯片中各对象的编辑修改操作，方法与 Word 类似，即先选择幻灯片中的对象，再用相应的命令或快捷键来完成。

（2）可使用菜单命令或工具栏来插入幻灯片。

（3）可在幻灯片浏览视图中完成删除、复制、移动幻灯片的操作，也可以在大纲窗格中完成此类操作。在进行删除、复制、移动操作之前应先选择需要操作的幻灯片。

2. 格式化

使用“格式”菜单中的命令、格式工具栏和绘图工具栏中的按钮等，可方便地对幻灯片及幻灯片中的文本、图片、表格等各种对象进行格式化，方法与 Word 类似。

“格式”菜单中的“行距”命令的功能是为文本框中的文本设置行距、段前间距和段后间距，间距和行距的度量单位是行或磅。

利用绘图工具栏中的填充颜色、线条颜色、线型、阴影样式、三维效果样式等按钮，可以方便地设置图片或图形的多种效果。

3. 美化

当演示文稿中的所有幻灯片都制作完成，幻灯片中的对象编辑修改正确并格式化后，可使用 PowerPoint 提供的设置幻灯片外观的功能，快速地为演示文稿加上风格一致、特色鲜明的外观。控制幻灯片外观的方法有背景、母版、设计模板和配色方案 4 种。

（1）背景

幻灯片的背景可以是由一种颜色或多种颜色构成，也可由图片、图案和纹理构成。执行“格式”菜单中的“背景”命令，在打开的“背景”对话框中，可方便地为一张或多张幻灯片加上颜色背景或图案背景。

（2）母版

母版用于设置每张幻灯片的预定义格式，这些格式包括每张幻灯片中都要出现的文本、图形、图片、幻灯片标题、层次小标题、文字的格式、背景效果等，如图 4-64 所示。母版能使演示文稿中的每张幻灯片具有统一的风格和布局。PowerPoint 中有幻灯片母版、讲义母版、备注母版和标题母版 4 种母版。

执行“视图”菜单下“母版”子菜单中的“幻灯片母版”命令，打开幻灯片母版视图，如图 4-64 所示。在幻灯片母版视图中，可设置母版的标题样式和文本样式；可更改文本样式中的项目符号；可为母版添加背景效果；可改变母版中占位符的位置、大小和格式；可在母版中插入图片等对象。母版设置完成后，单击“关闭母版视图”按钮返回普通视图，这时演示文稿中所有的幻灯片都会随母版的改变而改变，再新建一张幻灯片时，可以看到新幻灯片也继承了母版的风格。

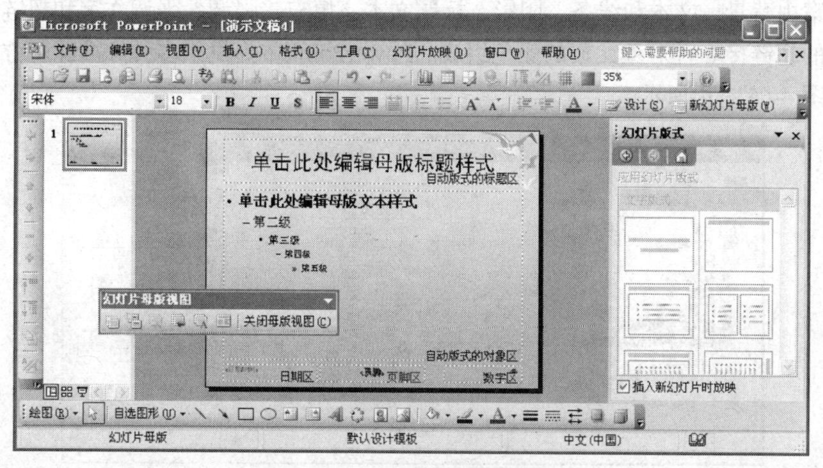

图 4-64　“幻灯片母版”视图

若要在幻灯片母版视图的日期区、页脚区和数字区显示相应的信息，可使用“视图”菜单中的“页眉和页脚”命令来完成。

（3）设计模板

PowerPoint 中提供了许多风格不同的设计模板。执行“格式”菜单中的“幻灯片设计”命令，打开“幻灯片设计”任务窗格，如图 4-65 右边所示。在“幻灯片设计”任务窗格中包含“设计模板”、“配色方案”和“动画方案”3 个超链接，单击“设计模板”超链接，然后在“应用设计模板”列表框中选择所需的设计模板，就可以对演示文稿中的一张或多张幻灯片添加新的设计模板。PowerPoin 允许一个演示文稿中的各个幻灯片具有不同的样式和布局，允许一个演示文稿中有不同的幻灯片母版。

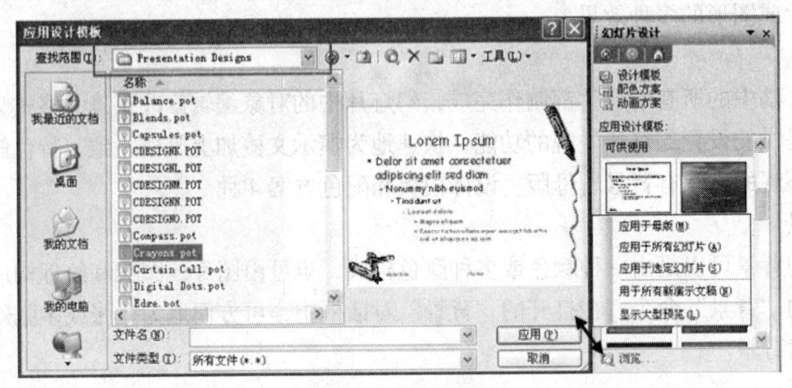

图 4-65　应用设计模板

单击“幻灯片设计”任务窗格底部的“浏览”超链接，可以打开“应用设计模板”对话框，如图 4-65 左边所示。在“Presentation Designs”文件夹中，有许多可供选择的设计模板文件，这些文件按文件名的字母顺序排列，非常容易查找。当选定某个设计模板文件时，可以在预览窗口中直观地查看该模板的效果，以便作出选择决定。

若系统提供的设计模板不能满足设计要求，可以自己设计符合要求的设计模板，也可以到网上下载免费的或付费的设计模板，还可以请专业设计公司进行设计。

（4）配色方案

在设计模板中，幻灯片中各个对象的颜色已经进行了协调、合理的配色，若不满意，用户可以自己进行修改或重新定义配色方案。

配色方案由背景、文本和线条、阴影、标题文本、填充、强调、强调文字和超链接、强调文字和已访问的超链接 8 种对象元素的颜色组成。PowerPoint 中提供了多种标准配色方案供用户选择使用，如图 4-66 右边所示。

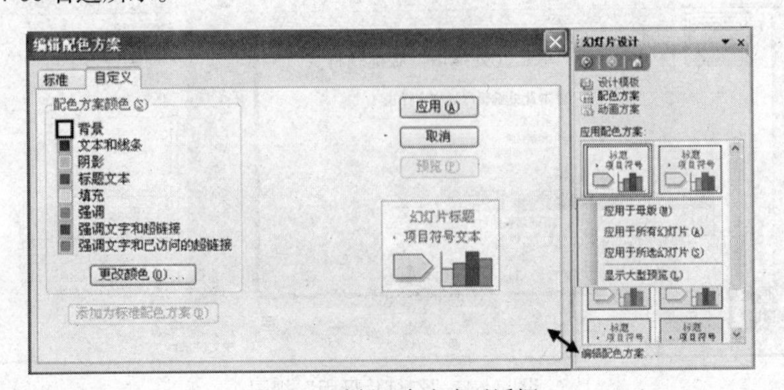

图 4-66　编辑配色方案对话框

在“幻灯片设计”任务窗格中单击“配色方案”超链接，然后在“应用配色方案”列表框中选择所需的配色方案，就可以对演示文稿中的幻灯片应用不同的配色方案。

单击“幻灯片设计”任务窗格底部的“编辑配色方案”超链接，可以打开“编辑配色方案”对话框，如图 4-66 左边所示。在该对话框中对 8 种颜色或部份颜色进行更改，就能自定义出新的、符合要求的配色方案。

4．设置页面

使用“文件”菜单中的“页面设置”命令，可方便地设置幻灯片的高度和宽度、幻灯片的起始编号、幻灯片的方向等。

5．打印输出

演示文稿中的幻灯片也可以和 Word 文档一样打印输出。执行“文件”菜单中的“打印”命令，在打开的“打印”对话框中，通过选择“打印内容”列表框中的选项，可以打印出幻灯片、讲义、备注页和大纲视图 4 种不同的内容，讲义常作为讲稿使用。

使用“文件”菜单中的“另存为”命令，可以方便地将演示文稿另存为放映类型（扩展名为.PPS）的文件。.PPS 文件可用 PowerPoint 打开和放映，也可以直接在 Windows 下自动播放，即脱离 PowerPoint 播放。

4.6.3　演示文稿的放映

PowerPoint 提供了在放映幻灯片时播放声音、动画、影片的功能，可使演示文稿的放映变得生动形象，具有动感和活力。

1．设置动画

动画效果设置是指对幻灯片中的标题、文本、多媒体对象等设置放映时出现的动画方式，可以使用系统提供的自定义动画和动画方案功能来完成。

（1）自定义动画

使用“幻灯片放映”菜单中的“自定义动画”命令，可为幻灯片上的文本、图形、图像、艺术字、声音等对象添加动画效果，使这些对象在幻灯片放映时能动态地显示，达到了突出重点、控制信息流程的目的，提高了演示文稿的趣味性。

执行“自定义动画”命令，打开“自定义动画”任务窗格，如图 4-67 所示。使用该任务窗格中的“添加效果”下拉列表框，可对已选择的对象添加进入、强调、退出时的动画效果和动作路径，如图 4-68 所示。若要添加百叶窗、飞入、盒状、菱形、棋盘以外的动画效果，可单击“其他效果”选项，在打开的对话框中选择动画效果。

在“自定义动画”任务窗格的中部，会按设置动画效果的顺序列出所有的动画设置，编号为 0、1、2、…。若对某个动画设置不满意，可以先通过单击选择它，再更改动画效果、开始方式、方向、速度、播放次序等。单击“删除”按钮可删除已选择的动画设置。

要设置更细的动画效果或为动画设置添加声音，可选择图 4-68 中动画设置的下拉列表中的“其他效果”来完成。

（2）动画方案

动画方案是系统提供的一组基本的动画设计效果，是将幻灯片、标题、文本等对象出现的动画设置以最佳的效果进行搭配，并组合在一个方案中，可快速地设置幻灯片和幻灯片上对象的动画效果。例如，选择图 4-69 中所示的“所有渐变”动画方案，可设置幻灯片切换为无切换，标题为渐变，正文为渐变。

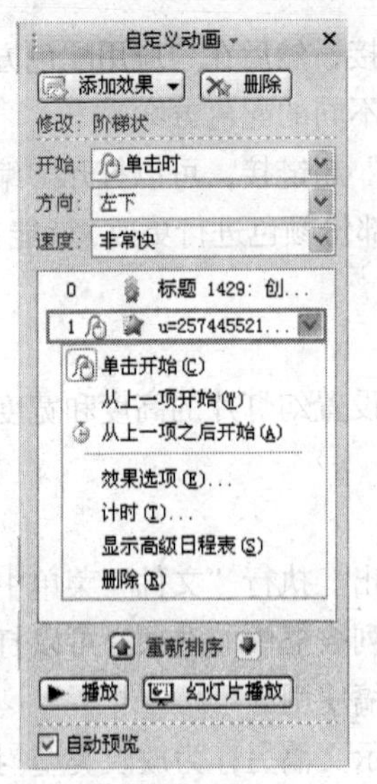

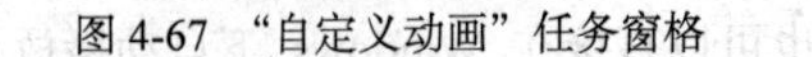

图 4-67 “自定义动画”任务窗格

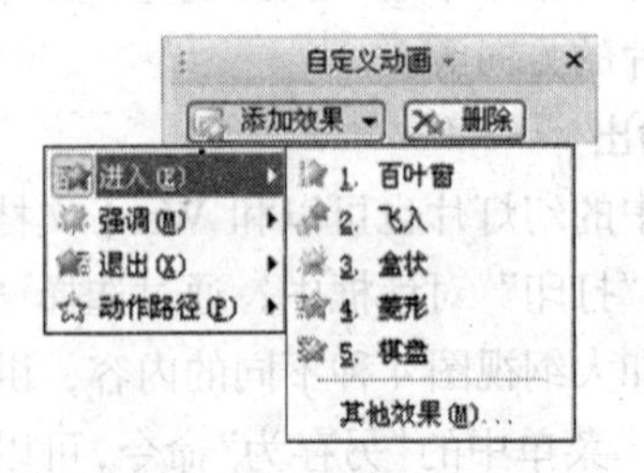

图 4-68 添加动画

执行“幻灯片放映”菜单中的“动画方案”命令，可打开“幻灯片设计”任务窗格，如图 4-69 所示。在该窗格的动画方案中选择一种动画方案，可快速地应用于当前选择的幻灯片或所有幻灯片。

2. 设置幻灯片切换效果

幻灯片切换效果是一张幻灯片放映完毕后下一张幻灯片出现的动画效果。执行“幻灯片放映”菜单中的“幻灯片切换”命令，打开“幻灯片切换”任务窗格，如图 4-70 所示。在该任务窗格中可选择切换效果，设置切换的速度、声音及换片方式等。

3. 设置放映方式

演示文稿制作完毕后可直接在“幻灯片放映”视图中放映，不需要做任何设置。在放映视图中，通过单击鼠标、按 Enter 键、按↓键或 PageDown 键等可以实现人工控制幻灯片的放映，按 Esc 键或使用快捷菜单可以结束幻灯片的放映。

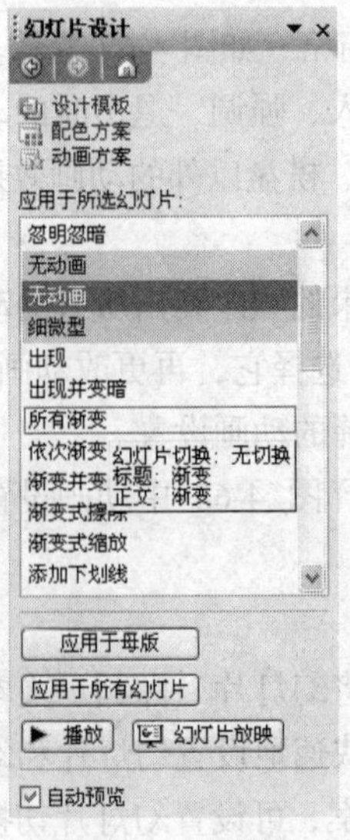

图 4-69 动画方案

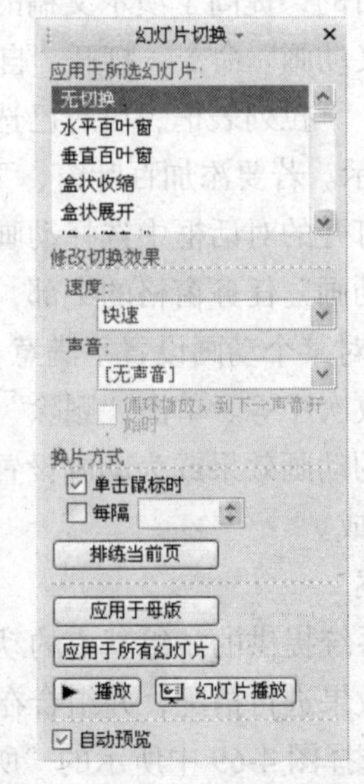

图 4-70 “幻灯片切换”任务窗格

执行“幻灯片放映”菜单中的“设置放映方式”命令，打开“设置放映方式”对话框。在该对话框中，可设置以下 3 种幻灯片的放映类型。

（1）演讲者放映：以全屏幕的形式放映演示文稿，适用于大屏幕投影，常用于会议和上课。在该放映方式中，演讲者可以完整地控制放映过程，可用绘图笔进行勾画。

（2）观众自行浏览：以小型窗口的形式显示幻灯片，适用于人数少的场合或观众自行观看幻灯片。在该放映方式中，可浏览、编辑、移动、复制和打印幻灯片。

（3）在展台浏览：以全屏幕的形式在展台上自动放映演示文稿，放映顺序按预先设定好的次序进行。使用“幻灯片放映”菜单中的“排练计时”命令可设置放映的时间和次序。

在“设置放映方式”对话框中设定好放映类型后，还要设置放映选项、换片方式、绘图笔颜色、放映幻灯片的范围等。

本章小结

本章简单介绍了办公自动化的概念、发展和功能。对办公工作中经常涉及的文件类型、文件格式及排版要求进行了说明。对常用办公软件的发展和功能进行了介绍。

办公工作中经常要处理大量的公文、科技文章、表格、讲演稿等办公文件。本章从以下 3 个方面详细介绍了使用办公软件来建立、制作及输出办公文件的完整过程。

1. 使用 Word 字处理软件的新建功能建立一个空白的、扩展名为.doc 的电子文档；使用输入功能及插入功能将公文、科技论文或科技图书中的全部内容输入到文档中；使用编辑功能对已输入的文档内容进行编辑修改；使用格式化及排版功能对修改正确的文档进行格式化和图文混排；使用输出功能将排版好的文档打印输出。

2. 使用 Excel 电子表格软件的新建功能建立一个空白的、扩展名为.xls 的工作簿；使用输入功能及插入功能将表格中的全部内容输入到工作簿的工作表中；使用编辑功能对工作表中的内容进行编辑修改；使用公式和函数对工作表中的数据进行计算；使用图表功能将工作表中的数据制作成统计图表；使用数据处理功能对工作表的数据进行统计分析；使用格式化及排版功能对工作表进行格式化和图文混排；使用输出功能将排版好的工作表打印输出。

3. 使用 PowerPoint 演示文稿制作软件的新建功能建立一个空白的、扩展名为.ppt 的演示文稿；使用输入功能及插入功能将讲演稿中的全部幻灯片输入到演示文稿中；使用编辑功能对演示文稿中的幻灯片进行编辑修改；使用格式化及排版功能对幻灯片中的对象进行格式化和图文混排；使用外观设置功能对幻灯片的外观进行修饰和美化；使用动画设置功能为幻灯片及幻灯片中的对象添加动画；使用放映功能来演示幻灯片；使用输出功能输出或发布演示文稿。

另外，本章还介绍了一些高效处理 Word 文档的方法和技巧。

习题与思考

1. 判断题

（1）在一篇文章中，所有段落的行距和段前、段后间距只能设置成一样。　（　　）

（2）无论把文本分成多少栏，在普通视图下都只能看见一栏。　（　　）

（3）Word 中用鼠标大范围选定文本时，常使用文本选择区，它位于文本的右边。（ ）

（4）数据清单经过有效的自动筛选后，被筛除的数据将永远消失。（ ）

（5）在 Excel 中，当公式被复制到新的单元格时，公式中的相对地址将保持不变。（ ）

（6）在 Excel 中，图表是指将工作表中的数据用图形的方式表示出来。（ ）

（7）在 Excel 中，清除单元格和删除单元格操作的结果完全一样。（ ）

（8）演示文稿的基本构成单位是幻灯片。（ ）

（9）在 PowerPoint 中，插入的幻灯片总是放在当前幻灯片之前。（ ）

（10）在幻灯片浏览视图中，按下 Delete 键可以删除所有幻灯片。（ ）

2. 选择题

（1）在 Word 文档中，图片的环绕方式有多种，以下________是错误的。

A. 嵌入型　　B. 上下型

C. 四周型　　D. 左边型

（2）在 Word 中，有关表格的操作，以下说法不正确的是________。

A. 文本能转换成表格　　B. 表格能转换成文本

C. 文本与表格不能相互转换　　D. 文本与表格可以相互转换

（3）在 Word 中，下列关于段落标记的叙述有错的是________。

A. 段落标记中存有段落的格式设置

B. 只有按 Enter 键才能产生一个段落标记

C. 可以显示和打印段落标记

D. 删除段落标记后则前后两段合并为一段

（4）如果某单元格显示为#VALUE!或#DIV/0!，这表示________。

A. 公式中引用的数据有错

B. 公式中引用的数据的格式有错

C. 行高不够放不下数据

D. 列宽不够放不下数据

（5）若某单元格中的公式为“=IF("教授">"助教", TRUE, FALSE)”，其计算结果为________。

A. TRUE　　B. FALSE

C. 教授　　D. 助教

（6）如果将 B3 单元格中的公式“= C3+$D5”复制到同一工作表的 D7 单元格中，该单元格中的公式为________。

A. = C3+$D5　　B. = D7+$E9

C. = E7+$D9　　D. = E7+$D5

（7）在 Excel 中，要在成绩表中求出数学成绩不及格的人数，则应使用下列________函数。

A. SUMIF　　B. COUNT

C. COUNTBLANK　　D. COUNTIF

（8）在 PowerPoint 中以讲义的形式输出幻灯片时，一张 A4 纸上最多可打印________张幻灯片的内容。

A. 任意　　B. 9　　C. 6　　D. 3

（9）在 PowerPoint 中，下面选项中的________不是幻灯片的对象。

A. 占位符　　B. 图片

C. 文本框　　D. 图表

（10）在 PowerPoint 中，不能美化幻灯片外观的是________。

A. 动画方案　　B. 背景

C. 设计模板　　D. 配色方案

3. 简答题

（1）Word 中有哪几种视图？简要说明视图的作用。

（2）样式与模板有什么区别？

（3）数据透视表与分类汇总有什么区别？

（4）简要说明自动筛选与高级筛选的区别。

（5）简要说明幻灯片母版的作用。

第5章 计算机网络与网络计算

计算机网络技术已经成为世界上最为活跃的技术之一。在图书馆、机场、银行、超市等场所中，为人们提供服务、交流的各种信息无一例外都是通过计算机网络进行传输、汇聚。离开计算机网络，信息化社会将失去信息产生、传递、接收、转换的基础而不能运作。本章介绍计算机网络的概念、架构及功能，并以局域网和互联网为核心，讲解网络的主要应用及现代社会网络数字化生存的情况。

5.1 计算机网络概述

1980 年，未来学巨匠阿尔文·托夫勒（Alvin Toffler）在其著作《第三次浪潮》中将人类社会的发展划分为：始于 1 万年前的第一次浪潮——“农业文明”，始于 18 世纪的第二次浪潮——“工业文明”以及始于 20 世纪 50 年代的第三次浪潮——“信息社会”。正如他的预见，信息社会中跨国公司盛行、SOHO（在家工作）方式打破了传统的朝九晚五的工作模式，现代科技正深刻改变着人类社会结构及人们的生活形态。计算机网络技术犹如工业文明时代的蒸汽机，是推动第三次文明浪潮的主要动力之一，是人类在 20 世纪的一项伟大的发明。

计算机网络技术是现代通信技术和计算机技术相结合而产生的，是将地理位置不同的，且具有独立功能的多台计算机及其外部设备，通过通信介质（有线的或者无线的）连接起来，在网络操作系统、网络管理软件及网络通信协议的管理和协调下，实现资源共享和信息传递的计算机系统集合。

现代通信理论创始人克劳德·艾尔伍德·香农（Claude.Elwood.Shannon）于 1948 年在论文《A Mathematical Theory of Communication》给出的通信模型如图 5-1 所示。

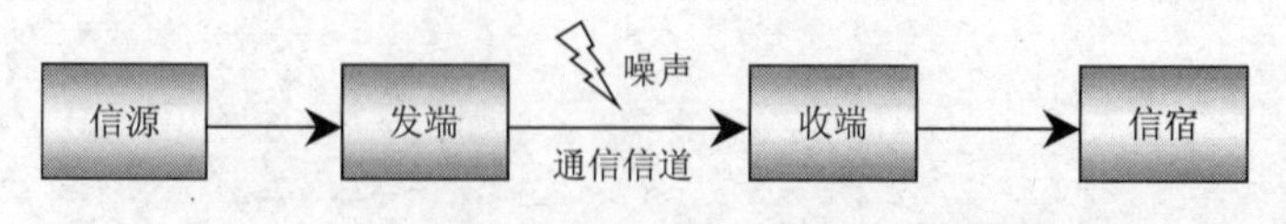

图 5-1 Shannon 通信模型

通过图 5-1 不难看出，通信的基本要素有：信源、通信信道（介质）、信宿。Shannon 指出“通信的基本问题就是精确地或近似地在一点复现另一点所选择的信号”。通过数字化实现对信息无失真地编码、解码和远程传输成为了现代通信的重要基石。如同数字计算机处理器所处理的数据一样，通信要考虑把电磁波转换为 1 和 0 构成的比特流，并在信道中传递，实现图像、文字、声音等信息的数字化传输。人们普遍认为，1947 年发明的晶体管和 1948 年诞生的信息论是网络化信息时代的重要物质基础和理论基础。

思维训练：Shannon 在信息论中提出并严格证明了在被高斯白噪声干扰的信道中，最大信息传送速率的公式：$C=B\cdot\log_2(1+S/N)$，即 Shannon 公式。公式中，C 为信息传输速率，B 为信道带宽（单位 Hz），S 为平均信号功率，N 为平均噪声功率，信噪比（S/N）通常用分贝（dB）表示。思考依据该公式，在信道带宽不变的前提下，如何提高通信性能？

5.1.1 计算机网络功能

网络出现以前，计算机只能够单机独立工作。伴随着网络时代的到来，硬件、软件、数据都可以作为共享资源提供给联网且经授权的用户所使用。网络的普及带来了丰富的应用，计算机网络主要提供了以下功能。

1. 数据通信

数据通信是计算机网络最基本的功能。借助数据通信，计算机之间或计算机与其他联网设备之间可以快速而稳定地相互传递各种信息。例如，电子邮件（E-mail）可以使相隔万里的异地用户快速准确地相互通信；电子数据交换（EDI）可以实现在商业部门或公司之间进行订单、发票、单据等商业文件安全准确地交换；文件传输协议（FTP）可以实现文件的实时传递，为用户复制和查找文件提供了强有力的工具。

2. 资源共享

资源共享是建立计算机网络最初的目的，也是计算机网络最主要的功能。利用计算机网络，既可以共享大型主机设备又可以共享其他硬件设备。例如，共享进行复杂运算的巨型计算机、海量存储器、高速激光打印机、大型绘图仪等，从而避免重复购置，并且能够提高硬件设备的利用率。此外，利用计算机网络还可以共享软件资源，如大型数据库和大型软件等，这样可以避免软件的重复开发和大型软件的重复购置，最大限度地降低成本，提高了效率。

3. 分布式处理

利用现有的计算机网络环境，把数据处理的功能分散到不同的计算机上，这样既可以使一台计算机负担不至于太重，又扩大了单机的功能，从而起到了分布式处理和均衡负荷的作用。

4. 提高系统的可靠性和可用性

在计算机实时控制和对计算机有高可靠性要求的场合，通过计算机网络实现的备份技术可以提高计算机系统的可靠性。当一台计算机出现故障时，可以立即由计算机网络中的另一台计算机来代替其完成所承担的任务。例如，工业自动化生产、军事防御系统、电力供应系统等都可以通过计算机网络设置备用或替换的计算机系统，以保证实时性管理和不间断运行系统的安全性和可靠性。

计算机网络的上述特性，革命性地改变了人类信息处理的方式，信息化社会也随之而来，计算机从以往的一种高速快捷的计算工具，演变为信息传输的通信媒体，进而成为了支撑知识经济时代的信息基础设施。

5.1.2 计算机网络的分类

计算机网络的应用范围很广。由于应用场合、网络标准和技术的不同，计算机网络存在多种分类标准。例如，某实验室内的网络，从拓扑结构角度出发可以称之为“星型网”，从传输介质角度上衡量也可以称之为“双绞线网络”，而从网络覆盖范围角度来定义又可以将其称作“局域网”。

表 5-1 列举了当今主流的几种计算机网络分类情况。

表 5-1　　网络主要分类情况表

分类依据	分类描述	具体分类
覆盖范围	联网设备覆盖的地域面积	个域网，局域网，城域网，广域网
拓扑结构	网络设备之间的物理布局	星型，总线型，环型，树型，网状
传输媒介	承载数据的线缆和信号技术	双绞线，同轴电缆，光纤，红外线，微波等
带宽	网络传输数据的能力	宽带，基带
通信协议	保证数据有序、无误传输的规则	TCP/IP，SPX/IPX，AppleTalk 等
组织结构	网络中设备之间的层次关系	客户端/服务器，对等网等

1. 按照覆盖范围对网络的分类

按照联网的计算机等设备之间的距离和网络覆盖面的不同，计算机网络可分为个域网（Personal Area Network，PAN）、局域网（Local Area Network，LAN）、城域网（Metropolitan Area Network，MAN）、广域网（Wide Area Network，WAN）。

（1）个域网

个域网是伴随个人通信设备、家用电子设备、家用电器等产品的智能化而诞生的网络类型。个域网以低功耗、短距离无线通信为主要连接方式，以 Adhoc 为网络构架，覆盖距离一般在 10m 之内，用于实现个人信息终端的智能化互连。短距离通信产品的服务多元化和个性化深受用户的喜爱，在广阔的市场需求背景下，蓝牙、UWB、Zigbee、RFID、Z-Wave、NFC 以及 Wibree 等技术竞相提出，有力地支撑 PAN 技术飞速的发展。

图 5-2　PAN 联网设备示意

（2）局域网

局域网覆盖范围一般为 1m～2km 范围之内，由于光纤技术的出现，局域网实际的覆盖范围已经大大增加。在宿舍、教学楼、实验室、办公室等范围内，各种计算机及终端设备往往通过局域网相互连接。局域网能够提供高数据传输率（10Mbit/s-10Gbit/s）和低误码率的高质量数据传输服务。

（3）城域网

城域网覆盖范围一般为 2km 至几十千米，通常以光纤为通信的骨干介质，城域网的服务定位是城区内大量局域网的互连。例如，某一所有多个校区的大学，每一个校区的教学服务网络由一个局域网承担，而校区之间的局域网互连则组成了一个更大范围的城域网。城域网以分布式队列双总线（D：Stribated Queue Dual Bus,DQDB）为通信标准，本质上有别于局域网。

（4）广域网

广域网覆盖范围从几十千米到几千千米甚至全球范围。广域网由交换线路、地面线路、卫星线路、卫星微波通信线路等组成。广域网实现不同地区的局域网或城域网的互连，可提供不同地区、城市和国家之间的计算机网络远程通信。因特网（Internet）就是一种典型的连接全球的开放式广域网。

2. 按照拓扑结构对网络的分类

拓扑（Topology）一词来自几何学。网络拓扑结构是指网络的形状，即联网设备在物理布局上的方式。计算机网络按照拓扑结构的不同，一般可以分为星型、总线型、环型、树型和网状 5 种形式。网络的拓扑结构反映网络中各个实体之间的结构关系，是计算机网络规划建设首先要考虑的要素，是实现各种网络协议的基础，它对网络的性能、系统的可靠性与通信费用等都有重大影响。

（1）星型拓扑结构

星型拓扑如图 5-3 所示，所有计算机都通过通信线路直接连接到中心设备上，这一中心设备通常是集线器（Hub）或交换机（Switch）。目前使用最普遍的以太网（Ethernet）就是星型结构。其优点是结构简单，遇有网络故障易于排除，网络的建设成本较低，并且网络容易扩展，可以在不影响系统其他设备工作的情况下，非常容易地增加和减少设备。但星型网络对中心设备依赖性强，如果中心交换设备发生故障，则会导致全网瘫痪。

（2）总线型拓扑结构

总线型拓扑结构如图 5-4 所示，所有联网计算机共用一条通信线路。在该结构中，任意时刻只能有一台计算机发送数据，否则将会产生冲突。这种结构具有费用低、用户入网灵活等优点。缺点是网络访问获取机制较复杂。尽管有上述的缺点，但由于布线简单，扩充容易，所以仍普遍用于局域网。

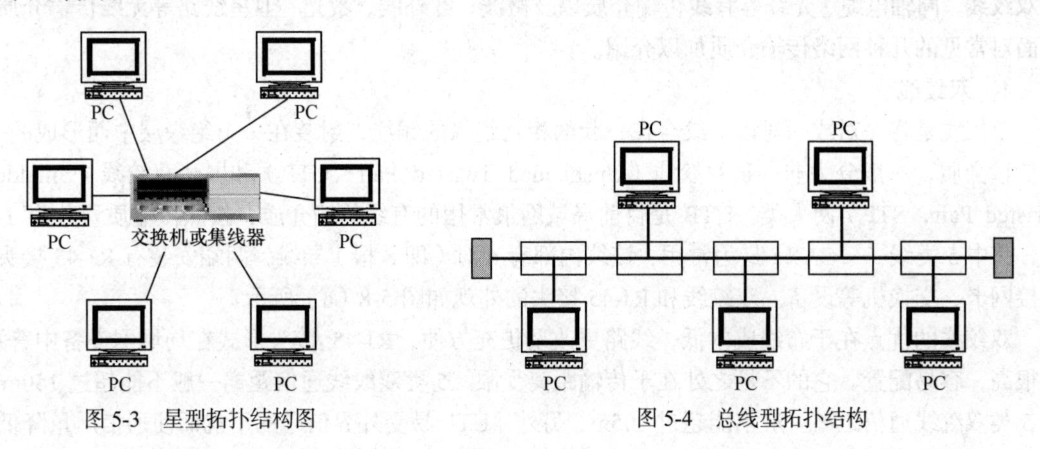

图 5-3　星型拓扑结构图　　　图 5-4　总线型拓扑结构

（3）环型拓扑结构

环型拓扑结构如图 5-5 所示。与总线拓扑类似，所有计算机共用一条通信线路，不同的是这条通信线路首尾相连构成一个闭合环。环型结构显而易见消除了终端用户通信时对中心系统的依赖性。环可以是单向的，也可以是双向的。单向的环型网络，数据只能沿一个方向传输。

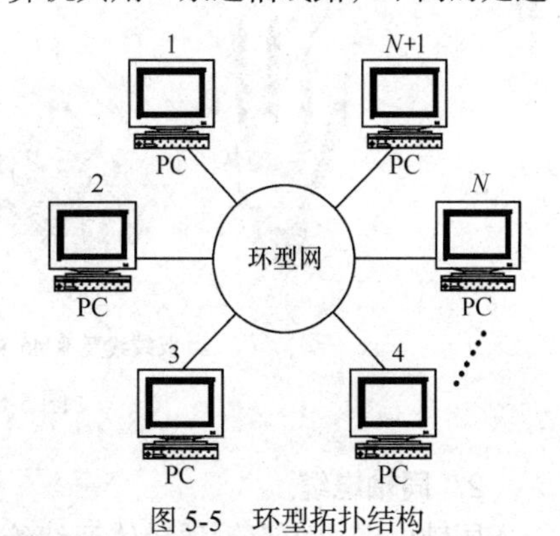

图 5-5　环型拓扑结构

（4）树型拓扑结构

树型拓扑结构如图 5-6 所示。树型结构网络本质上是星型网络和总线型网络的混合，每个 Hub 与端用户的连接仍为星型，Hub 的级联而形成树型。其优点是易于扩展。

（5）网状拓扑结构

网状拓扑结构如图 5-7 所示。用这种方式构成的网络也称为全互连网络。该结构网络主要用于广域网，由于结点之间有多条线路相连，所以网络的可靠性较高。但是由于结构比较复杂，该类型网络建设成本较高。

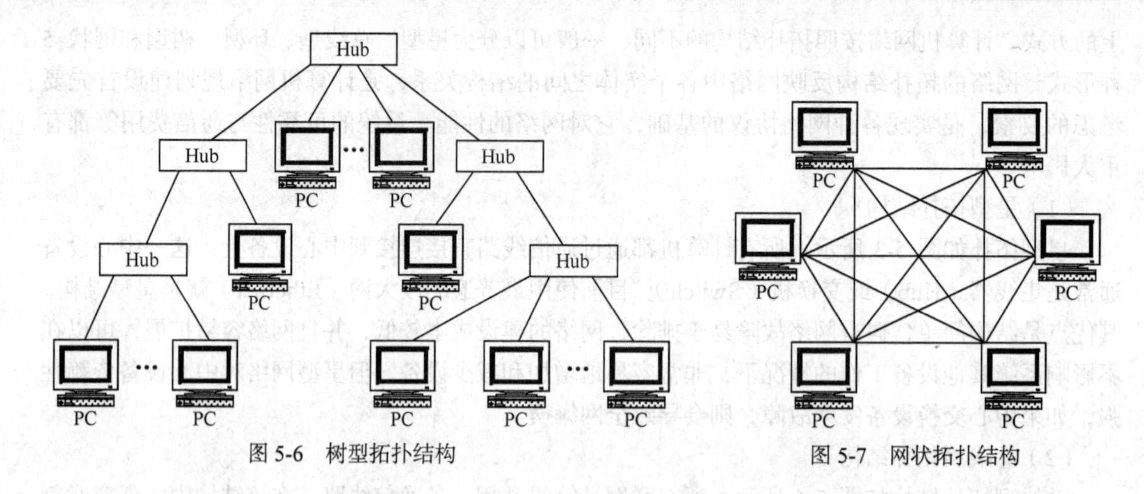

图 5-6　树型拓扑结构　　　　图 5-7　网状拓扑结构

5.1.3　网络传输介质

数据可以通过电缆、信号天线等从一个网络结点传到另一个网络结点。常见的网络传输介质有双绞线、同轴电缆、光纤等有线传输介质以及微波、红外线、激光、卫星线路等无线传输介质。下面对常见的几种网络传输介质加以介绍。

1. 双绞线

双绞线是将一对或一对以上绞合在一起的相互绝缘的铜线，封装在一个绝缘层中而形成的一种传输介质，一般分为非屏蔽双绞线（Unshielded Twisted Pair，UTP）和屏蔽双绞线（Shielded Twisted Pair，STP）两大类。UTP 是目前局域网最常用的有线传输介质，按照传输质量分为 1-7 类，其中 5 类线——CAT-5 最为常用，该线内部有 4 对（即 8 根）导线，两端安装有 RJ-45 接头、连接网卡、交换机等设备。双绞线和 RJ-45 接头的外观如图 5-8（a）所示。

双绞线的优点在于布线成本低，线路更改及扩充方便，RJ-45 接头形式在局域网设备中普及度很高，容易配置。它的不足之处在于传输距离受限，5 类双绞线通信距离一般不能超过 150m，超 5 类双绞线通信距离一般不能超过 105m，另外，UTP 易受外界信号的干扰而使通信质量降低。常用的双绞线制作与测试工具如图 5-8（b）所示。

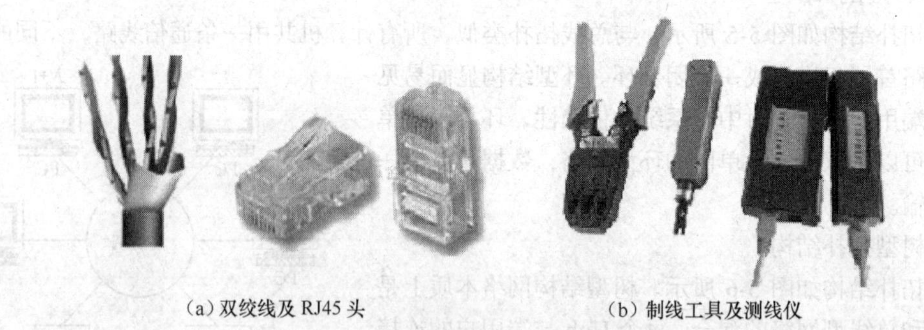

(a) 双绞线及 RJ45 头　　　　(b) 制线工具及测线仪

图 5-8　双绞线和制线工具及测线仪

2. 同轴电缆

同轴电缆由内部铜质导体环绕绝缘层以及绝缘层外的金属屏蔽网和最外层的护套组成，如图 5-9 所示。这种结构的金属屏蔽网可防止传输信号向外辐射电磁场，也可用来防止外界电磁场干扰传输信号。

根据传输频带的不同，同轴电缆可分为基带同轴电缆和宽带同轴电缆两种类型，基带同轴电缆又分为粗缆和细缆两种类型。细缆在总线结构的局域网中应用较为普遍。组网时，联网设备要带有同轴电缆专用 BNC 接头，通过 BNC 连接器接入网络，在干线的两端必须安装 50Ω的终端匹配器。细缆网络的每段干线长度最大为 185m，每段干线最多接入 30 个用户，且相邻用户之间的连线距离不能小于 0.5m。细缆安装较容易，而且造价较低，但因受网络布线结构的限制，其日常维护不方便，一旦一个用户出故障，便会影响其他用户的正常工作。同轴电缆的 BNC 接头及安装状况如图 5-10 所示。

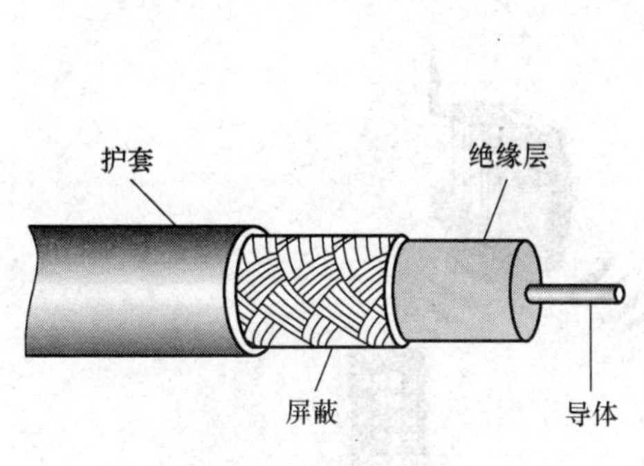

图 5-9　同轴电缆

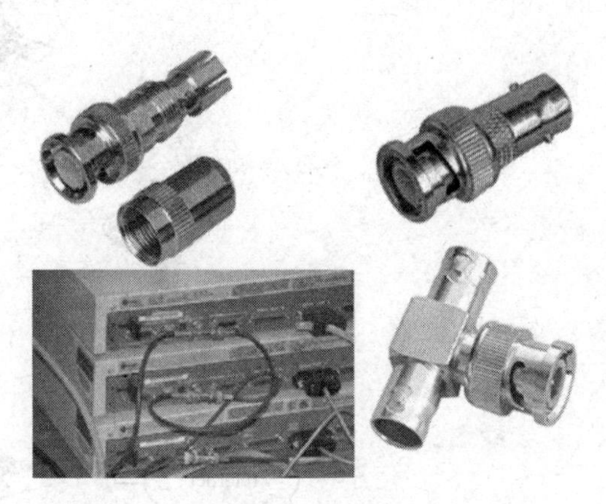

图 5-10　同轴电缆 BNC 接头及安装

3. 光纤

1966 年 7 月，华裔学者高锟发表论文《光频率的介质纤维表面波导》，从理论上分析证明了用光纤作为传输媒体以实现光通信的可能性，并预言了制造通信用的超低耗光纤的可能性。1970 年，美国康宁公司首次制成了可以用作光通信的传输衰减为 20dB / km 的光纤。从此，光纤通信技术正式走上历史舞台，光纤一跃成为世界范围内通信网络和信息高速公路的骨干传输介质。

光纤是光导纤维的简称，是广域网骨干通信介质的首选。光纤是一种细长多层同轴圆柱形实体复合纤维，简化结构自内向外依次为：纤芯→包层→护套，如图 5-11 所示。

光纤具有传统电通信介质所无法比拟的优势。

（1）高带宽，极强的数据传输通信能力。例如，我国杭州至上海早在 2005 年就开通了 3.2Tbit/s 的超高容量光纤通信系统。2011 年德国科学家在实验室创造了 26Tbit/s 的单光纤数据传输速度的新纪录。

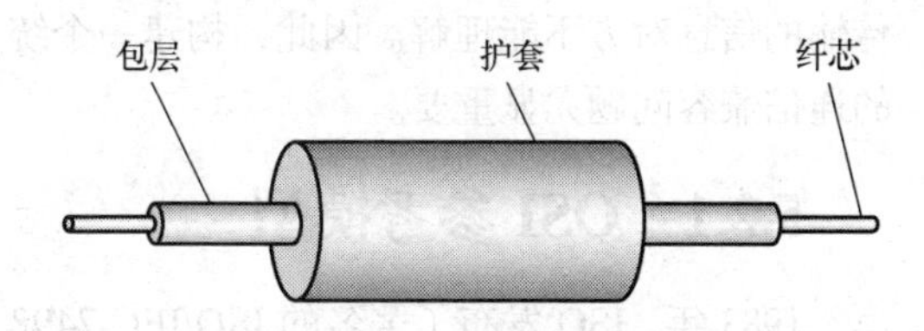

图 5-11　光纤的简化结构

（2）信号强度损耗低。目前石英光纤损耗可低于 0.2dB/km，这比目前任何传输介质的损耗都低。因此，光纤无中继传输距离可达几十、甚至上百千米。

（3）信号干扰小、保密性能好。

（4）材料来源丰富，有利于节约有色金属。

（5）物理尺寸小，重量轻，易于敷设。

当然，光纤也存在材料质地脆、机械强度差、切断和接续技术难度大、分路及耦合不灵活等缺点，但这些缺点都是可以克服的。

4. 无线传输介质

无线传输介质是通过电磁波或光波携带、传播信息信号。常用的无线传输介质有微波、红外线、无线电波、激光等。在局域网环境中，无线通信技术得到了广泛的应用，其灵活性给家庭用户、移动办公用户提供了极大的方便，支持蓝牙、Wi-Fi 等无线技术标准的通信产品得到了迅速的普及。以卫星为微波传输中继的卫星通信是无线网络的重要应用领域，卫星通信具有全球无缝覆盖的优势，在远程教育、地质勘测、军事指挥等诸多应用领域有着不可替代的作用，如图 5-12 所示。

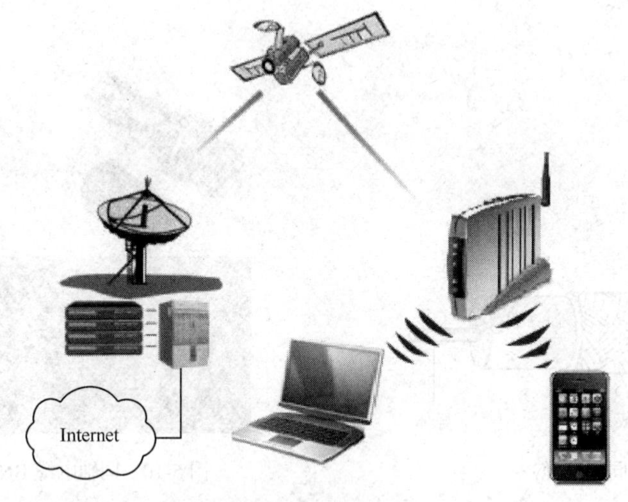

图 5-12　卫星通信系统

5.2　网络模型与协议

计算机网络技术出现的早期，计算机网络往往都是为某一具体应用而定制的。很多大型公司都拥有自己的网络技术，公司内部计算机可以相互连接共享数据，但却不能与其他公司的计算机实现连接。造成这一问题的主要原因就是当时计算机网络没有一个统一的规范，计算机之间相互传输的信息对方不能理解。因此，构建一个统一体系结构的网络模型，解决不同制造商之间产品的通信兼容问题尤显重要。

5.2.1　OSI 参考模型

1983 年，ISO 发布了著名的 ISO/IEC 7498 标准，它定义了网络互连的 7 层框架，也就是开放式系统互连参考模型，即 OSI 参考模型。该模型采取分层结构，将整个网络通信过程分为 7 层，如图 5-13 所示。

层次	名称	功能简介
7	应用层	处理网络应用
6	表示层	数据表示
5	会话层	互连设备之间的通信
4	传输层	端到端连接
3	网络层	最短路径寻址
2	数据链路层	接入介质
1	物理层	二进制传输

图 5-13　OSI 参考模型

OSI 通信参考模型各层的概要介绍如下。

1. 应用层

应用层（Application Layer）作为最高层协议，是直接面对网络终端用户的，应用层提供了应用程序的通信服务。应用层包括了丰富的网络服务，如 Telnet、HTTP、FTP、

SMTP 等都属于应用层服务协议。

2. 表示层

表示层（Presentation Layer）的主要功能是定义数据格式及加密。例如，通过 FTP 传输文件，表示层允许用户选择以二进制或 ASCII 格式传输。如果选择二进制，那么发送方和接收方不改变文件的内容。如果选择 ASCII 格式，发送方将把文本从发送方的字符集转换成标准的 ASCII 后发送数据，接收方再将标准的 ASCII 转换成接收方计算机中可接收的字符集。

3. 会话层

会话层（Session Layer）定义了会话的开始、控制和结束过程。在网络中，会话是指用户与网络服务之间建立的一种面向连接的可靠通信方式。

4. 传输层

从通信角度来看，传输层（Transport Layer）是 OSI 中最重要的一层，它负责总体的数据传输和数据控制，是资源子网与通信子网的界面与桥梁。传输层保证数据可靠地从发送结点发送到目标结点。TCP、UDP、SPX 等都是典型的传输层协议。

5. 网络层

网络层（Network Layer）负责对端到端的数据包传输进行定义。网络层不仅定义了能够标识所有结点的逻辑地址（IP 地址），还定义了路由实现的方式和学习的方式。网络层还定义了如何将一个包分解成更小的包的分段方法。IP、IPX 是网络层的典型协议。

6. 数据链路层

数据链路层（Data Link Layer）定义了在单个链路上如何传输数据的规约。这些协议与各种传输介质有关，如 ATM、FDDI 等传输介质都有自身对应的链路层协议。

7. 物理层

OSI 的物理层（Physical Layer）规范是有关传输介质的特性标准，这些规范通常也参考了其他组织制定的标准。连接接头、帧、电流、编码及光调制等都属于各种物理层规范中的内容。RJ-45、802.3 等都是物理层标准。

OSI 分层通信模型具有如下优点。

（1）分层有利于实现层次间的标准接口，为工程模块化网络标准的产生奠定了基础。

（2）分层模型降低了通信的复杂度，使网络通信程序更容易修改，使通信产品开发的速度更快。

（3）每层实现了网络层以上的高层抽象与统一，使得网络通信可以无障碍地在各种结构功能不同的设备与介质间自由传递。

OSI 参考模型由于推出的周期较长，同时期许多网络技术已经走向成熟，所以在实际环境中并没有一个真实的网络系统与之完全对应。尽管如此，OSI 参考模型仍然是研究网络通信最好的参照基础。许多网络设备，如交换机、路由器等就是遵循 OSI 参考模型而设计的。

5.2.2 网络协议

计算机网络家族庞大，体系结构千差万别，所运行的操作系统等软件也是各种各样。网络中计算机之间彼此无障碍地通信是如何实现的呢？网络中计算机之间通信的桥梁是通信双方共同遵守的通信协定——网络协议。所谓网络协议，就好像人与人之间用语言做沟通工具一样，计算机与计算机之间想要连接起来，也需要一种彼此都懂得的语言，如 Internet 就是使用 TCP/IP 作为沟通用的“语言”。

如图 5-14 所示，当打开操作系统的网络连接，选择查看网络连接的属性时，就可以看到该连接所使用的网络协议。

图 5-14　在网络连接属性中查看协议

网络协议是为网络数据交换而制定的规则、约定与标准。网络协议包括 3 个基本要素。

（1）语义，是指比特流的每一部分的意义，即需要发出何种控制信息，完成何种动作以及做出何种响应等。

（2）语法，是指用户数据与控制信息的结构与格式。

（3）时序，是事件实现顺序的详细说明，如通信双方的应答关系。

有了网络协议，网络上各种设备之间才能够实现相互之间信息的无障碍交换。常见的协议有 TCP/IP、IPX/SPX 协议、NetBEUI 协议等。

5.3　计算机局域网

局域网是家庭、学校和工作单位内最为常见的集成网络环境。打印机、服务器、传真机等许多办公及通信设备都可以通过局域网相连，并实现在局域网范围内的资源共享。大量的应用服务和管理系统也都工作在局域网环境中，为人们提供便捷、高效的服务。在今天，多数局域网都可以通过各种形式接入互联网，从而成为广域网中有效的资源结点。

5.3.1　局域网概述

相对广域网技术，局域网技术发展更快、应用更新、在通信和网络环境中更为活跃，用户在局域网环境中会感觉到更强的拥有权。局域网技术之所以发展迅速、广受欢迎，主要是由其自身的特点决定的，这些特点主要体现在如下几个方面。

1. 覆盖地域范围小，用户集中

局域网覆盖范围大致介于 1m～2km 的范围，适于教室、宿舍、办公室等小范围的联网，用户和网络共享设备集中，易于构建协同办公环境。

2. 数据传输速率高，数据传输误码率低

由于数据传输距离相对较短，局域网易于获得更高的传输速率和低的误码率，当前以双绞线为传输介质的局域网数据传输速率一般为 10～100Mbit/s，高速的局域网数据传输速度可以达到 1Gbit/s。局域网数据传输误码率一般为 10^{8}～10^{-11}，所以可以为内部用户提供高速可靠的数据传输及设备共享服务。

3. 可以使用多种连接介质，网络易于搭建

1980 年 2 月，电气电子工程师协会（Institute of Electrical and Electronics Engineers，IEEE）成立了 IEEE 802 委员会，针对当时刚刚兴起的局域网制定一系列的标准。IEEE802 规定了局域网的参考模型，还规定了局域网物理层所使用的信号、编码、传输介质、拓扑结构等规范。按照 IEEE 802 标准，局域网的传输介质有双绞线、同轴电缆、光纤和电磁波，如 802.11 为无线局域网标准，802.8 为光纤局域网标准等。多种连接介质并存使得局域网连接技术及设备类型丰富，非常

容易实现网络的搭建、维护和扩充。

5.3.2　局域网硬件

计算机网络硬件主要有计算机设备（服务器和工作站）、网络连接设备和网络传输介质。下面依次展开介绍。

1. 服务器

服务器（Server）通常是一台高性能的计算机，用于网络管理、运行应用程序、处理各网络工作站成员的信息请求等，并连接一些外部设备如打印机、CD-ROM、调制解调器等。根据其作用的不同主要分为文件服务器、应用程序服务器、数据库服务器等。

广义上的服务器（Server）是指，向运行在别的计算机上的客户端程序提供某种特定服务的计算机或是软件包。一台单独的服务器计算机上可以同时有多个服务器软件包在运行，也就是说，它们可以向网络上的客户提供多种不同的服务。

2. 工作站

工作站（Workstation）也称客户机（Client），由服务器进行管理和提供服务的、连入网络的任何计算机都属于工作站，其性能一般低于服务器。个人计算机接入 Internet 后，在获取 Internet 服务的同时，其本身就成为一台 Internet 上工作站。网络工作站需要运行网络操作系统的客户端软件。

客户机/服务器（Client/Server，C/S）系统是计算机网络中最重要的应用技术之一，在 C/S 模式中，服务器是整个应用系统资源的存储与管理中心，多台客户机则各自处理相应的功能，共同实现完整的应用。C/S 模式网络结构如图 5-15 所示。

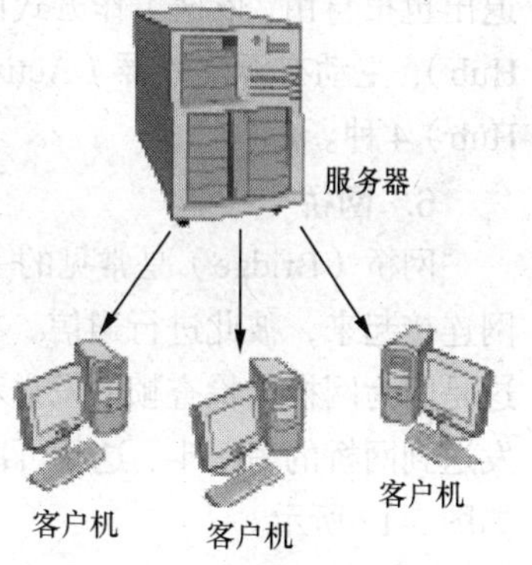

3. 网卡

网卡也称网络适配器、网络接口卡（Network Interface Card，NIC），是典型的局域网设备，用于实现联网计算机和网络电缆之间的物理连接。网卡为计算机之间相互通信提供一条物理通道，并通过这条通道进行高速数据传输。在局域网中，每一台联网计算机都需要安装一块或多块网卡，将计算机接入网络。大多数局域网采用以太（Ethernet）网卡，如 3Com 网卡、Intel 网卡等。

图 5-15　C/S 模式结构

网卡实质上就是一块实现通信的集成电路卡。它主要有如下 2 种功能：①读入由其他网络设备（路由器、交换机、集线器或其他 NIC）传输过来的数据包，经过拆包，将其变成客户机或服务器可以识别的数据；②将联网设备发送的数据，打包后输送到其他网络设备中。

网卡按照支持的网络协议分类，有以太网卡、快速以太网卡、吉比特以太网卡、FDDI 网卡、ATM 网卡等。这些网卡可以提供 RJ-45、AUI、BNC 等不同的介质连接器。按总线接口分类，网卡可分为 ISA 总线网卡、PCI 总线网卡、EISA 总线网卡等类型。

值得注意的是，当今许多微机的网卡是直接集成到主板上的，另外在家庭和小范围的办公场景中，无线网卡得到了越来越多的应用。图 5-16 所示为一块 PCI 总线、RJ-45 接口的网卡。

4. 中继器

中继器（Repeater）用于连接同类型的两个局域网或延伸一个局域网。当安装一个局域网而物理距离又超过了线路的规定长度时，就可以用它进行延伸；中继器也可以在收到一个网络信号后将其放大发送到另一网络，从而起到连接两个局域网的作用。另外，中继器还具备将两个不同传输介质的网络连接起来的功能。

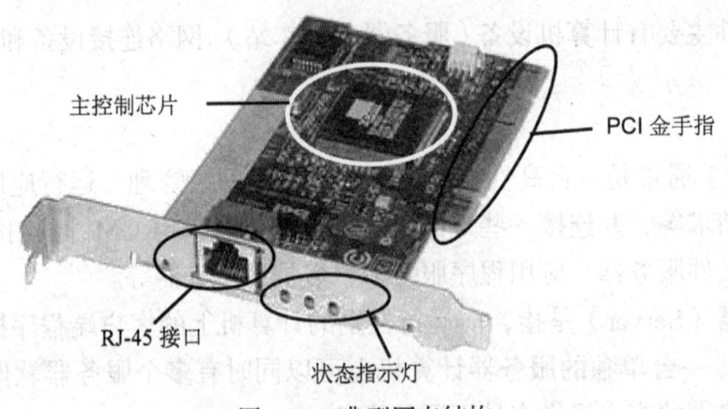

图 5-16　典型网卡结构

5. 集线器

集线器（Hub）是一种广泛应用于局域网的连接设备。顾名思义，集线器能够集中多台联网设备，并提供检错能力和网络管理等有关功能。集线器是中继器的一种形式，区别在于集线器能够提供多端口服务，也称为多口中继器。

集线器主要用于星型以太网，使用集线器组网灵活，它处于网络的一个星型节点，对节点相连的工作站进行集中管理，不让出问题的工作站影响整个网络的正常运行，并且用户的加入和退出也很自由。依据工作方式区分有较普遍的意义，可以进一步划分为被动无源集线器（Passive Hub）、主动有源集线器（Active Hub）、智能集线器（Intelligent Hub）和交换集线器（Switching Hub）4 种。

6. 网桥

网桥（Bridge）是常见的一种局域网扩展设备，利用网桥可以将同种类型但不同网段的局域网连接起来，彼此进行通信。在一个负荷很重的网络环境中，可以用网桥将其分割成两个网络。这是因为网桥会检查帧的发送和目的地址，如果这两个地址都在桥的某一半，那么数据帧就不会发送到网桥的另一半，这就可以降低整个网的通信负荷，这个功能就叫“过滤帧”。网桥工作原理如图 5-17 所示。

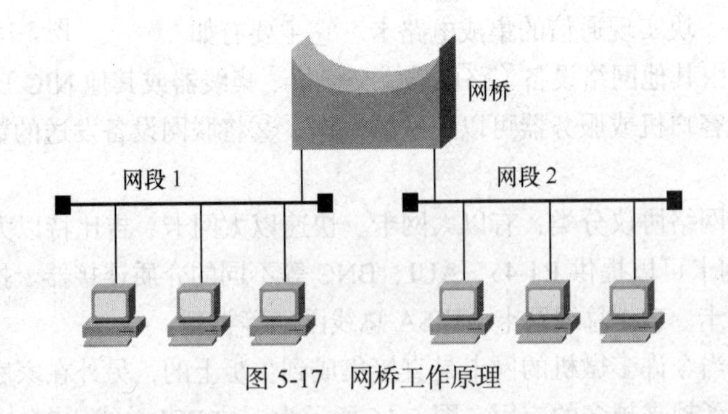

图 5-17　网桥工作原理

7. 路由器

路由器（Router）可以连接两种不同类型的网络，它主要有以下几种功能。

（1）网络互连。路由器支持各种局域网和广域网接口，主要用于互连局域网和广域网，实现不同网络互相通信。

（2）数据处理。提供包括分组过滤、分组转发、优先级、复用、加密、压缩、防火墙等功能；

（3）网络管理。路由器提供包括配置管理、性能管理、容错管理、流量控制等功能。

作为互联网的主要节点设备，路由器是互联网络的枢纽。目前，路由器已经广泛应用于各行各业，各种不同档次的产品已经成为实现各种骨干网内部连接、骨干网间互连和骨干网与互联网互连互通业务的主力军。

8. 调制解调器

调制解调器（Modem），是通过拨号接入 Internet 必需的设备。Modem 是英文 Modulation（调制）和 Demodulation（解调）的派生词汇。所谓的调制，是指将数字信号转换成模拟信号的过程，而解调是指将模拟信号转换成数字信号的过程。计算机内的信息是由“0”和“1”组成的数字信号，而在电话线上传递的却只能是模拟信号。于是，当两台计算机要通过电话线进行数据传输时，就需要一个设备负责数/模的转换。这个数/模转换器就是 Modem。

根据 Modem 的形态和安装方式，可以分为外置式 Modem、内置式 Modem、PCMCIA 插卡式 Modem（主要用于笔记本电脑）和机架式 Modem（Modem 池，一般用于电信等大型通信中心）4 种形式。

除以上 4 种常见的 Modem 外，现在还有 ISDN 调制解调器和 Cable 调制解调器，另外还有目前在我国普遍应用的 ADSL 调制解调器。

传输速率是衡量 Modem 品质的一项重要技术指标，Modem 的传输速率主要以 bit/s（位/秒）为单位。Modem 的传输速率主要包括：实际下载速率、拨号连接速率和理论最高连接速率。在购买 Modem 时，包装盒上标记的速率只是该 Modem 的拨号连接速率，即在拨号瞬间速率的理想峰值，而实际通信过程中由于通信噪声、线路质量等诸多因素的影响，实际通信速率远低于这个峰值。图 5-18 所示为利用 Modem 连接 Internet 的流程以及 Modem 的工作原理。

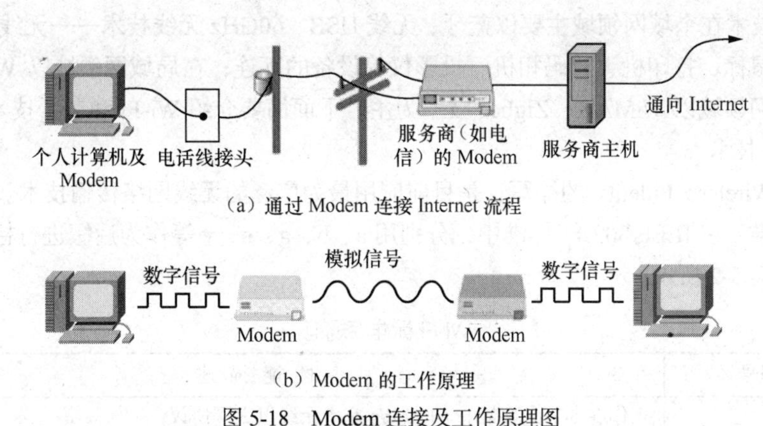

（a）通过 Modem 连接 Internet 流程

（b）Modem 的工作原理

图 5-18　Modem 连接及工作原理图

5.3.3　无线局域网

无线局域网（WLAN）已经成为局域网的重要发展趋势。无线局域网便于安装和配置，但保护其不被入侵的难度却大于传统的有线网络。

无线局域网传递数据所用的无线信号主要有无线电信号、微波信号、红外信号等。无线电信号也叫射频（Radio Frequency，RF）信号，联网计算机可以通过带有天线的无线信号收发设备发送和接收无线网络上的数据。微波和无线电波同样属于电磁信号，但微波具有明确的方向性，传输容量大于无线电波。微波的不足之处在于穿透和绕过障碍物的能力较差，一般要求接收端和发送端之间为“净空”环境。红外信号的特点是有效覆盖距离近，通常是适用于个域网设备之间的短距离通信。

1. 无线局域网的特点

无线局域网的优势主要体现在可移动性上，同时从物理安全角度看，其受到来自通信电缆的电涌及感应雷击的风险要小于有线局域网。目前国内无线局域网设备的价格与有线局域网设备基本持平，故此无线局域网几乎成为了家庭、办公网络用户的首选。如图 5-19 所示，无线网络信号遍布在人们生活环境的周围。

无线局域网也存在缺点，主要体现在以下几点。

（1）无线局域网信号易受到 2.4GHz 无绳电话基座、额定频率在 S 段（2.4～2.5GHz）的微波炉以及其他同类无线网络信号源的干扰，造成短暂的网络信号中断。正常情况下无线局域网的速度远远高于互联网，但是对于要求网络连接稳定的工作需求，快速有线网络才是最佳的选择。

（2）无线局域网信号覆盖范围受到诸多因素的影响。信号在遇到厚墙等障碍物时其衰减程度将会加剧，从而缩小了有效的覆盖范围。

（3）无线局域网相对于有线网络而言，更容易受到外部入侵，通过无线局域网信号盗用互联网连接的几率高于有线网络，因此，通过加密技术保护无线局域网的安全非常必要。

图 5-19　众多的无线信号

2. 主流的无线网络技术

目前无线网络发展迅速，新技术及新应用层出不穷，很好地满足了人们对网络应用的新的需求。无线网络技术在个域网领域主要以蓝牙、无线 USB、60GHz 无线技术——无线 HD 为主，实现无线键盘、鼠标、打印机、数码相机、投影仪等设备的互连；在局域网领域以 Wi-Fi 为主；在城域网和广域网领域以 WiMAX、Zigbee 技术为主。下面简要介绍 Wi-Fi 和蓝牙技术。

（1）Wi-Fi 技术

Wi-Fi 是 Wireless Fidelity 的缩写，是目前应用最为广泛的无线网络传输技术。Wi-Fi 是一组无线网技术标准，在 IEEE 802.11 标准中，分别用 a、b、g、n、y 等作为后缀进行标识。Wi-Fi 标准族的规范如表 5-2 所示。

表 5-2　Wi-Fi 标准族规范

IEEE 标识号	性 能 描 述
802.11a	工作在 5GHz 频带的 54Mbit/s 速率无线以太网协议
802.11b	工作在 2.4GHz 的 11Mbit/s 速率无线以太网协议
802.11e	无线局域网的服务质量（quality-of service），如支持语音 IP
802.11g	802.11b 的继任者，在 2.4GHz 提供 54Mbit/s 的数据传输速率
802.11h	对 802.11a 的补充，使其符合 5GHz 无线局域网的欧洲规范
802.11n	此规范使得 802.11a/g 无线局域网的传输速率提升一倍

Wi-Fi 信号的覆盖能力受环境内的障碍物影响较大，一般 Wi-Fi 的有效通信距离是 5～45m，

实际通信速率能达到 144Mbit/s，这一速度虽然慢于吉比特以太网，但在一般家庭和普通办公场景中，其通信能力已经足够且十分普及。Wi-Fi 组网设备十分容易获取，大多数笔记本计算机都有内置的 Wi-Fi 电路，而台式机则往往需要购置 USB 或者 PCI 接口的 Wi-Fi 适配器（无线网卡），如图 5-20 所示。

图 5-20 Wi-Fi 适配器（左：PCI 无线网卡 右：USB 无线网卡）

若无线局域网要接入因特网，那么还需要调制解调器和无线路由。上述设备就可以组成以无线路由设备为中心点的无线集中控制网络（Wireless infrastructure network）。该结构实现了 Wi-Fi 局域网与因特网的连接，具有非常灵活的组网能力和较好的安全保证，是目前非常流行的办公及家庭组网模式。其组网结构如图 5-21 所示。

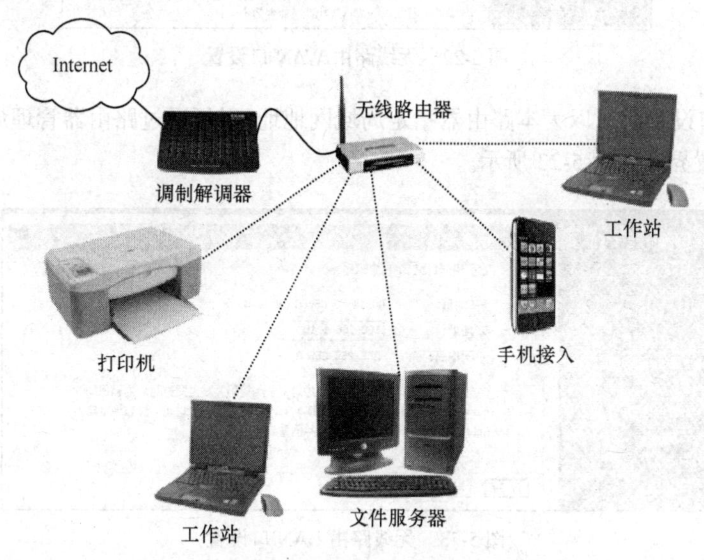

图 5-21 Wi-Fi 网络

利用无线路由器组建 Wi-Fi 网络通常包含如下基本步骤。

① 安装无线路由器并与计算机相连。无线路由器一般放置在网络设备的中心位置，要注意厚墙可能会使信号显著衰减。由于路由器本身不带有显示器和键盘，为了进行初始路由器配置，首先要用网线连接路由器和计算机。如果需要接入因特网，那么要将路由器的 WAN 口和调制解调器通过网线相连。

② 登录路由器配置程序。路由器的配置设置是存储在路由器的 EEPROM 存储器中的，用户需要登录其配置软件来调整设置。路由器会提供初始的用户名、密码及局域网地址。打开浏览器，

在地址栏输入路由器局域网地址，如输入“http://192.168.1.1”登录路由器，登录以后利用配置软件设置无线路由的关键参数，初学者可以利用“设置引导”按步骤完成基本配置。其中“网络参数”和“无线参数”最为重要，是无线路由器控制调制解调器连接因特网及控制内部局域网接入设备的关键所在。

③ 配置网络参数。网络参数包含“LAN 口设置”，“WAN 口设置”等（不同品牌的 Wi-Fi 路由器，参数项会有所区别），如果连接因特网，则首先设置 WAN 口设置项。如图 5-22 所示，WAN 口设置主要包括了“连接类型”、“上网账号”、“上网口令”和“连接模式”。其中连接类型是由接入互联网的方式决定的，如图所选的 PPPOE（Point-to-Point Protocol Over Ethernet），是目前流行的宽带接入方式——ADSL 所使用的拨号连接协议。上网账号和口令由网络服务提供商（ISP）所提供。连接模式根据用户的联网需求自己设定。

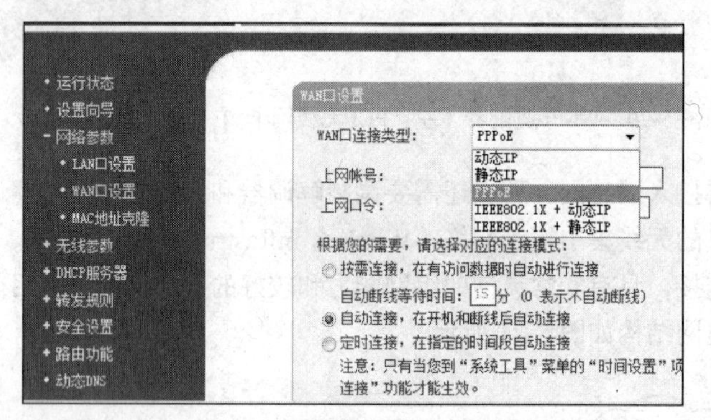

图 5-22 无线路由 WAN 口设置

进入“LAN 口设置”，可以为本路由器指定局域网地址，以便通过路由器管理局域网内的 Wi-Fi 联网客户端，设置界面如图 5-23 所示。

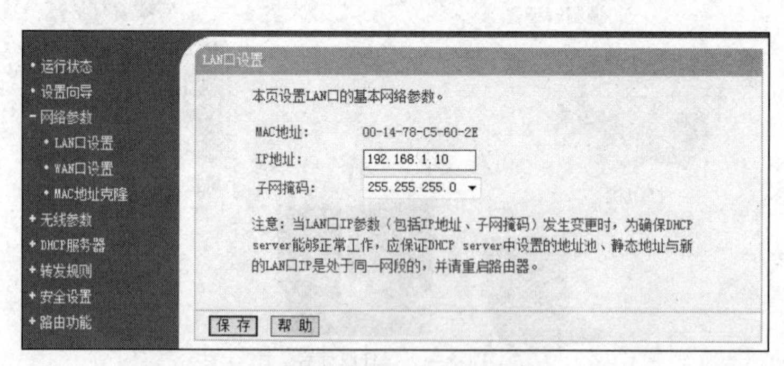

图 5-23 无线路由 LAN 口设置

④ 配置无线参数。“无线参数”配置项包含了无线网络的基本参数和基本安全配置项。完成此项后，Wi-Fi 路由器就将完成基本的配置，从而实现对外通过 Modem 连接互联网，对内接收局域网客户端访问的基本服务功能。在“无线参数”选项内选择“基本设置项”，将看到如图 5-24 所示的配置界面。

其中 SSID（Service Set Identifier）表示服务集标识，通俗地讲就是该 Wi-Fi 网络的名字。频段和模式用户可以选择，但必须保障与联网客户端的无线网卡频段保持一致，模式保持兼容，所以通常选择路由器提供的默认项。无线路由器一般都会提供“允许 SSID 广播”功能，如果不想让自己的无线网络被其他用户通过 SSID 名称搜索到，那么可以禁止“SSID 广播”。禁止 SSID 广播实质上是一种比较弱的安全措施，黑客可以利用网络嗅探工具轻易找到该网络。在联网设备全部配置好之前，至少不要禁止 SSID 广播。

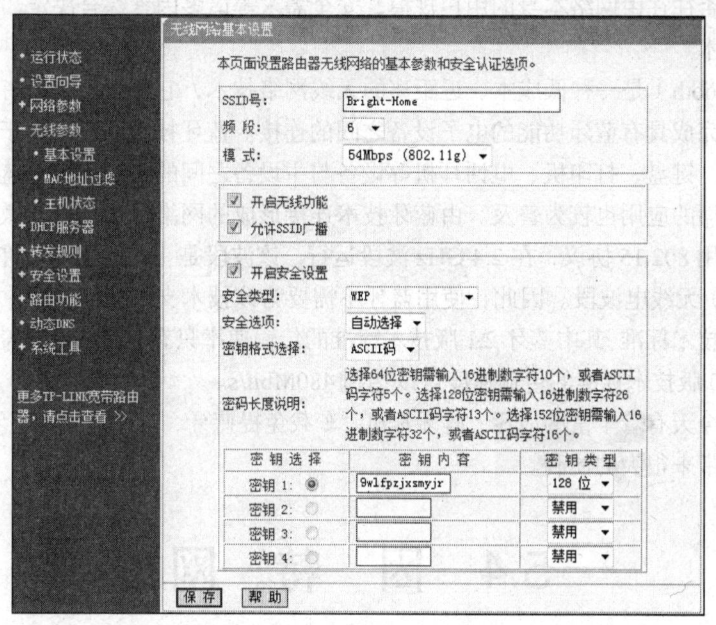

图 5-24　无线路由基本参数设置

在“安全设置”中有安全类型的选择，包括 WEP、WPA、PSK 等，目的是为了对无线设备之间传输的无线信号进行加密，以达到即便无线信号被劫持或窃听，攻击者在不知道密钥的情况下，很难获取有效的信息。计算机、iPhone 等设备进入加密网络的信号覆盖范围内，就会打开网络对话框，提示用户输入正确的密钥方可接入网络。

⑤ 配置 DHCP。对于 Wi-Fi 网络来说，接收无线客户端请求是一项重要的功能。利用“DHCP 服务器”项的配置，可以为无线客户端接入网络提供很大的便利。DHCP（Dynamic Host Configuration Protocol）即动态主机配置协议，利用该协议可以为网络接入设备动态分配 IP 地址、DNS 服务器地址等重要的网络参数，从而使得客户端几乎不需要做任何人工的网络配置。配置界面如图 5-25 所示。

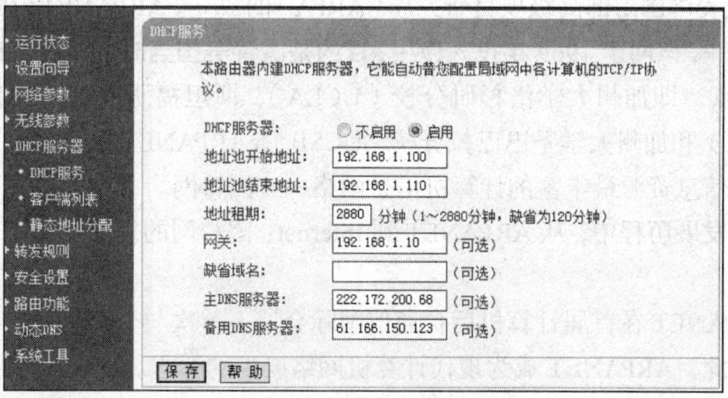

图 5-25　DHCP 服务器配置

若启用 DHCP，用户可以根据网络客户端规模和使用特点设定 IP 地址池的范围，以及地址租期的时长。当然为了安全起见，用户可以关闭 DHCP 功能，而为客户端提供静态地址分配功能。

Wi-Fi 路由器作为整个无线局域网的中心设备，还有很多辅助的参数能够供用户选择性设置。这些选项使用与否往往由网络本身的用户规模、安全需求等诸多因素综合决定。

（2）蓝牙技术

蓝牙（Bluetooth）是一种低成本、近距离的无线网络技术，它可以不借助有线介质，不通过人工干预，自动完成具有蓝牙功能的电子设备之间的连接。蓝牙技术一般不用于计算机之间的互连，而用于鼠标、键盘、打印机、电话耳机等设备与主设备之间的无线连接。蓝牙设备在手机联网、共享数据方面的应用也较为普及。由蓝牙技术连接形成的网络也被称为“微型网”。

蓝牙技术运用 802.15 协议，在 2.4 GHz 波段运行，该波段是一种无须申请许可证的工业、科技、医学（ISM）无线电波段。因此，使用蓝牙不需要为该技术支付任何费用。蓝牙技术发展至今有多个版本的技术标准，其中蓝牙 2.1 版技术标准的传输速率只有 3Mbit/s，覆盖范围一般在 10m 之内，而蓝牙 3.0 版技术标准的传输速度可以达到 480Mbit/s。

蓝牙技术在今天有着丰富的应用，蓝牙耳机、车载免提蓝牙、蓝牙键盘、蓝牙鼠标等为家居、办公及旅行通信带来很大的便利。

5.4 因 特 网

在网民总数超过 5 亿的中国，因特网（Internet）对于许多人来说，越来越像水、电、煤气一样，成为生活中必备的基本资源。浏览新闻、网络购物、聊天……因特网以几乎无难度障碍的应用吸引着各类使用者，哪怕是对计算机知识完全陌生的人群。对于出生在网络时代的年轻人来说，因特网与生俱来，在使用它的时候很少会去想因特网是如何运作的？是谁创建了因特网？网络中庞大芜杂的信息何从何去？本节将针对这些问题，和读者一起了解互联网——这宏大而美丽的剧幕。

5.4.1 因特网的诞生及发展

因特网的历史可以追溯到 20 世纪 50 年代美苏冷战时期。1957 年 10 月 4 日前苏联发射了第一颗人造地球卫星——Sputnik1。苏联在太空领域的突破，直接导致了 1958 年美国国家航空和宇航局（NASA）以及美国国防部高级项目研究局（ARPA）的成立。ARPANET（阿帕网）就是 ARPA 的重要研究项目之一，该网于 1969 年投入使用，目的是改善美国当时的科技基础设施。ARPANET 最初只有 4 个节点，即加州大学洛杉矶分校（UCLA）、斯坦福研究院（SRI）、犹他州立大学（University of Utah）和加州大学圣巴巴拉分校（UCSB）。ARPANET 最终发展成为世界上覆盖面最广、规模最大、信息资源最丰富的计算机信息网络——因特网。

在半个世纪的发展历程中，从 ARPANET 到 Internet，因特网的发展经历了若干次里程碑似的进步：

1972 年，ARPANET 在首届计算机后台通信国际会议上首次与公众见面，并验证了分组交换技术的可行性，由此，ARPANET 成为现代计算机网络诞生的标志。

1983 年，ARPANET 分为两部分：ARPANET 和纯军事用的 MILNET。1983 年 1 月 1 日，ARPA 用 TCP/IP 取代以往的 NCP，作为 ARPANET 的标准协议。其后，人们称呼这个以 ARPANET 为主干网的网际互联网为 Internet。

人们常常会有这样的疑问，究竟什么是因特网？相比其他技术，因特网为什么能够在短期内风靡世界？因特网是连接网络的网络，关于什么是因特网，人们看到的往往是诠释性的描述。从网络通信的角度来看，因特网是一个以 TCP/IP 为基础通信协议，连接各个国家、各个地区、各个机构计算机网络的数据通信网。从信息资源的角度来看，因特网是一个将各个领域的信息资源集为一体，供用户共享的信息资源网。一般认为，因特网的定义至少包含以下 3 个方面的内容。

（1）因特网是一个基于 TCP/IP 协议族的网络。

（2）因特网拥有规模庞大的用户集团，用户既是网络资源的使用者，也是网络发展的建设者。

（3）因特网是所有可被访问和利用的信息资源的集合。

因特网的构成逻辑如图 5-26 所示。

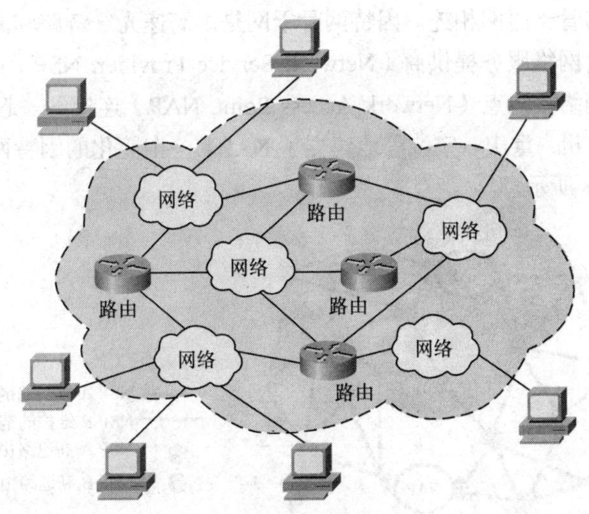

图 5-26　Internet 逻辑结构

在图 5-26 所示的因特网逻辑结构中，处于边缘的是连接在因特网上的主机，这一部分被用户直接使用，为用户提供通信和资源共享；核心部分（云图部分）由大量网络和连接这些网络的路由器所组成，它们主要为整个互联网提供连通性和交换服务。

在因特网发展早期，因特网并不像今天一样易用，当时的用户往往仅限于教育和科研工作者团队。诸如邮件收发、文件传输等工作，人们只能通过原始的命令行完成。互联网之所以能够流行，主要得益于其发展历程中的一些重要的技术突破以及软件开发者所提供的用户界面友好的因特网应用软件及工具。从 ARPANET 到 Internet，其经历的重要技术变革如图 5-27 所示。

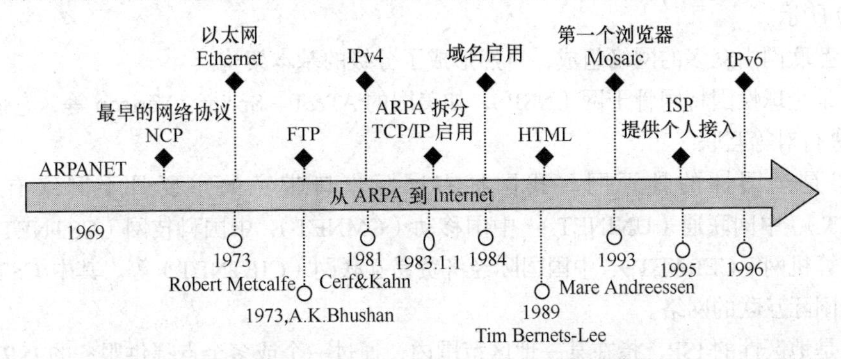

图 5-27　从 ARPA 到 Internet 的中重要发展进程

5.4.2 因特网架构

因特网并不隶属于任何政府、组织和个人。现在的因特网结构是由成千上万的网络与网络的互连，以及网络与因特网骨干网互连而自然形成的。因特网骨干网是指为因特网上的数据传输提供主干路由的高性能的通信链路网络。因特网骨干网的概念源于美国，1987 年美国国家科学基金会（National Science Foundation，NSF）建立起六大超级计算机中心，为了使美国全国的科学家、工程师能够共享这些超级计算机设施，NSF 建立了自己的基于 TCP/IP 协议簇的互连网络——NSFNET。NSFNSF 于 1990 年 6 月彻底取代了 ARPANET 而成为 Internet 的骨干网。

因特网骨干网络类似于国家高速公路网，其他网络如同省道、县道以及其他公路网一样，树枝般蔓延分布，最后与骨干路网相连。因特网骨干网是由高速光纤链路和高性能路由器组成的，骨干网路由器及链路由网络服务提供商（Network Service Provider, NSP）进行管理和维护。NSP 之间的链路可以通过网络接入点（Network Access Point, NAP）连接到一起。2000 年以后，我国陆续在北京、上海、广州、重庆、宁波等地建立了 NAP。一个简化的因特网骨干网络及其相互之间的连接结构如图 5-28 所示。

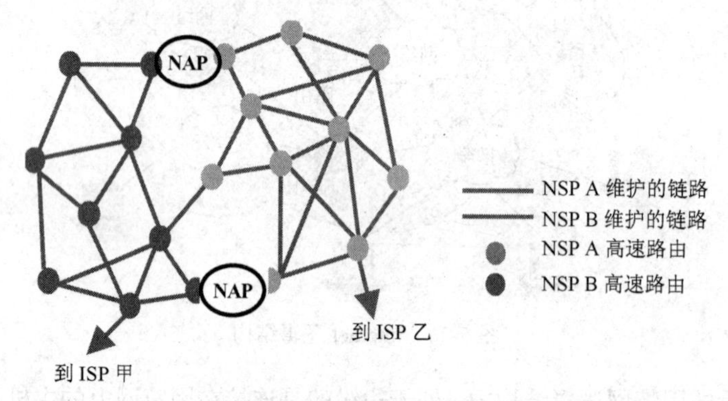

图 5-28　骨干网络的互连结构

小型网络和个人用户不能直接进入因特网骨干网，而是连接到因特网服务提供商（Internet Service Provider，ISP），再通过 ISP 与主干网相连。ISP 是一个为商业、组织机构和个人提供因特网访问服务业务的公司。ISP 接收个人用户的互联网接入服务申请，并由 ISP 提供一个通信软件以及一个用户账号，用户通过调制解调器把计算机连到电话线等通信线路上，连接好之后，ISP 就在用户计算机和因特网主干网之间进行数据传送。个人计算机及小型局域网连接 Internet 的结构如图 5-29 所示。

总之，互联网由众多的网络组成，自然形成了分级的基本架构。

第一层是全球性因特网骨干网（NSP），如美国的 AT&T、Sprint、Verizon 等，它们在一些著名的 NAP 进行对等互联。

第二层是全国性的骨干网，我国拥有国际出口带宽的主要骨干网络有中国电信（CHINANET）、中国联通（UNINET）、中国移动（CMNET）、中国科技网（CSTNET）、中国教育和科研计算机网（CERNET）、中国国际经济贸易互联网（CIETNET）等。其中 CSTNET 是我国最早实现国际互联的网络。

第三层是地区性的 ISP，指在某一地区范围内，通过一个或多个点提供服务的 ISP。

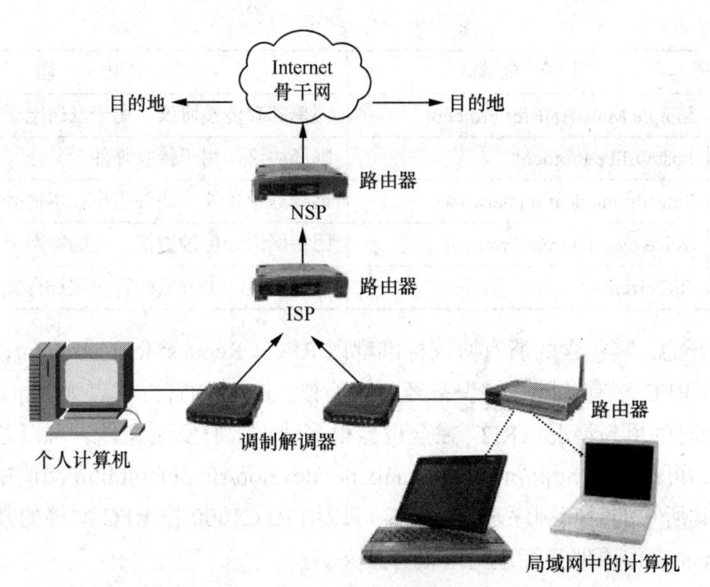

图 5-29　个人计算机及小型局域网接入 Internet

第四层是众多为个人或中、小型企业提供 Internet 服务的 ISP。

第五层是最终用户。

虽然因特网不被任何政府、组织管辖，但是作为技术发展飞速的领域，有很多机构引导着因特网的发展，并负责制定因特网的技术标准，这些机构介绍如下。

（1）万维网联盟（W3C）。该机构位于麻省理工学院（MIT），致力于为 Web 开发标准，其成员来自商业界、学术界和研究界。该机构的网址是 www.w3.org。

（2）因特网协会（ISOC）。是一个私营的非盈利组织，致力于引导因特网的发展方向，并且关注标准、公共政策、教育和培训。该机构的网址是 www.isoc.org。

（3）因特网工程任务组（IETF）。是一个大型的、开放的国际性机构。该机构按照服务的主题分为路由、传输、安全等多个工作组。著名的因特网协议需求文档就是由该机构负责发布。该机构的网址是 www.ietf.org。

（4）因特网研究任务组（IRTF）。该机构的任务是，通过建立专注于因特网协议、应用、架构和技术方面研究的、长期的小型研究组，促进对未来因特网发展有益的研究。该机构的网址是 www.irtf.org。

5.4.3　因特网基础概念及接入技术

1．因特网协议

TCP/IP（Transmission Control Protocol/Internet Protocol）即传输控制协议/网际协议，是广为人知的 Internet 的基础协议。实际上，TCP 和 IP 只是 Internet 协议簇中的两个重要协议，由于 TCP 和 IP 是大家熟悉的协议，以至于用 TCP/IP 这个词代替了整个协议簇。表 5-3 所示为 TCP/IP 协议簇中的几个常用协议。

表 5-3　TCP/IP 协议簇常用协议

协 议 名	英 文 全 称	功　能
HTTP	Hyper Text Transport Protocol	超文本传输协议，用于在 Internet 上传输超文本文件
FTP	File Transfer Protocol	文件传输协议，允许用户将远程的文件复制到本地

续表

协 议 名	英 文 全 称	功 能
SMTP	Simple Mail Transfer Protocol	简单邮政传输协议，用于发送电子邮件
POP	Post Office Protocol	邮局协议，用于接收邮件
TELNET	Telecommunication network	远程登录协议，允许用户在本地登录及操纵远程主机
VoIP	Voice over Internet Protocol	因特网语音传输协议，在因特网上传输语音会话
BitTorrent	BitTorrent	比特洪流，由分散的客户端进行文件的传输

TCP/IP 是公开的，其包含的所有协议标准都以 RFC（Request for Comment，需求注释）技术报告的形式公开，RFC 享有“网络知识圣经”的美誉。RFC 的官方站点为 http://www.rfc.net，可以检查 RFC 最及时的更新情况。RFC 在全世界很多地方都有复制文件，可以通过多种渠道获取 RFC 资料。例如，可以访问 http://man.chinaunix.net/develop/rfc/default.htm 阅读中文版 RFC 文件。

RFC 是依据其所写的时间顺序来编号的，可以用 RFC1000 作 RFC 文件的索引。阅读及研究 RFC 对了解 Internet 工作原理及管理网络很有意义。

TCP/IP 的体系结构是同 ISO/OSI 模型等价的，二者的关系如表 5-4 所示。

表 5-4　　TCP/IP 及 OSI 模型对照

TCP/IP 模型	OSI 参考模型
应用层	应用层
	表示层
	会话层
传输层	传输层
网络层	网络层
网络接口层	数据链路层
	物理层

TCP/IP 是一个 4 层协议系统，这 4 层分别是：应用层（Application Layer）、传输层（Transport Layer）、网络层（Internet Layer）和网络接口层（Network Interface Layer）。

（1）网络接口层是 TCP/IP 协议体系的最低层，负责接收 IP 数据报并通过网络发送，或者从网络上接收物理帧，抽出 IP 数据报，交给 IP 层。该层通常包括操作系统中的设备驱动程序和计算机中的网卡，负责相邻计算机之间的通信。

（2）网络层包括 IP（网际协议）、ICMP（互联网控制报文协议）、IGMP（Internet 组管理协议）等协议。

（3）传输层主要是为两台主机上的应用程序提供端到端的通信。其功能包括格式化信息流和提供可靠传输。传输层包括 TCP（传输控制协议）、UDP（用户数据报协议）等协议。

（4）应用层向用户提供一组常用的应用程序，比如电子邮件、文件传输访问、远程登录等。

2. IP 地址

在 5.5.3 小节中已经介绍过了 IP 地址的设定方法。在局域网中，IP 地址可以用来标识工作站；在因特网中，IP 地址同样是联网设备的唯一标识。

目前 Internet 使用的是 IPv4 地址，共有 32 位二进制数，为了便于识记，书写时用 3 个圆点平均分成 4 部分，每部分都用十进制表示。由于每部分 IP 地址只有 8 位二进制数，所以数的范围不能超出 0～255。正确的 IP 地址如 202.203.16.100。IP 地址主要由两部分组成：一部分是左侧若干位，用于标识所属的网络段，叫做网络号或者网间网部分；另一部分是右侧剩余的位，用于标识网段内某个特定主机的地址，叫做主机号或者本地部分。这类分层标识法在信息管理领域非常常见，如身份证的前几位数字代表所在的省、区（县），后边则是个人的信息标识。

IP 地址分为 A、B、C、D、E 五个类别，其中常用的是 A、B、C 三类 IP 地址。D 类和 E 类 IP 分别留作多点传输和将来使用。

在点分十进制的表示方法中，各类 IP 地址的分类是通过第一段的十进制数加以区别的，具体的取值范围如表 5-5 所示。

表 5-5　各类 IP 地址的前 8 位取值范围

类	开始十进制	结束十进制
A	1	126
B	128	191
C	192	223
D	224	239
E	240	255

如果用二进制来表达，不难看出：

A 类 IP 地址以 0 作为起始标识；

B 类 IP 地址以 10 作为起始标识；

C 类 IP 地址以 110 作为起始标识；

D、E 两类则分别以 1110、11110 作为起始标识。

A、B、C 三类 IP-地址的结构对比如图 5-30 所示。

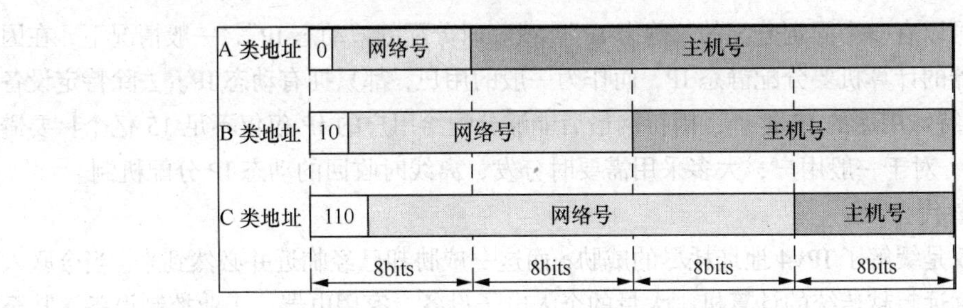

图 5-30　A、B、C 三类 IP 地址的结构对比

思维训练：根据图 5-30，你能够计算出一个完整的 A 类地址段内所拥有的主机数量吗？查找资料了解中国大陆地区目前拥有几个 A 类地址段。

在 IPv4 地址中，还有一类特殊地址，它们不被因特网地址分配机构所分配，但是在网络通信中同样扮演着重要的角色，这类地址情况如下。

（1）0.0.0.0，它表示的是暂时不清楚的主机和目的网络。比如在网络中设置了缺省网关，那么操作系统会自动产生一个目的地址为 0.0.0.0 的缺省路由。

（2）255.255.255.255，表示限制广播地址。对本机来说，这个地址代表本网段内（同一广播域）的所有主机。

（3）127.0.0.1，表示本机地址，主要用于测试。用汉语表示，就是“我自己”。在 Windows 系统中，该地址有一个别名“Localhost”。

（4）A 类 10.0.0.0～10.255.255.255、B 类 172.16.0.0～172.31.255.255、C 类 192.168.0.0～192.168.255.255，表示私有地址。这些地址被大量用于企业内部网络中。

（5）169.254.0.0～169.254.255.255，系统自动分配地址。如果主机使用 DHCP 自动获取 IP 地址，那么当 DHCP 服务器或路由器发生故障，或响应时间太长而超出系统规定的时间，系统会分配这样一个地址。如果发现主机 IP 地址是一个这样的地址，该主机的网络大都不能正常运行。

32 位的 IPv4 地址，在理论上总数最多为 2^{32} 个，即 43 亿左右。去除特殊的地址，实际可分配的 IP 总数还要小于 43 亿。2011 年 2 月，互联网数字分配机构（The Internet Assigned Numbers Authority，IANA）将最后 5 个 A 类地址分配给五大区域地址分配机构（Regional Internet Register，RIR），标志着全球 IPv4 地址总库完全耗尽。2011 年 4 月，亚太互联网络信息中心（APNIC）宣布亚太地区 IPv4 地址也已经分配完毕，最后一个 A 类地址段只用于向 IPv6 过渡。RIR 的分库将在 2011—2015 年相继耗尽，全球 IPv4 地址将真正地枯竭。那么，面对稀缺的 IPv4 资源，人们是如何应对"IP 地址危机"的呢？主要有如下几种方法。

（1）子网划分

使用子网的目的之一是为了减少 IP 的浪费。互联网中连接的网络规模差别很大，几千台主机和只有几台主机的网络并存，若仅依靠网络号和主机号构成的 IP 地址进行分配，势必浪费了很多 IP 地址，所以要划分子网。划分子网的方法源于 1985 年公布的 RFC 950，该文档规定了用子网掩码划分子网的标准。子网掩码的书写格式与 IP 地址相同，不同之处在于子网掩码前面若干位必须是连续的 1，而后面则是全 0，如 C 类地址的默认子网掩码为 11111111.11111111.11111111.00000000，十进制表示为 255.255.255.0。子网掩码全 1 的部分代表网络号，而全 0 的部分代表主机号。通过子网掩码，可以在主机号部分"开辟"出若干位作为"子网号"，从而缩小网络的规模，实现对 IP 地址的充分利用。当然，也可以通过子网掩码将若干个网络合并成一个更大的"超网"。

（2）动态 IP 的采用

一台计算机可以有一个固定分配的"静态 IP"，或临时分配的"动态 IP"，一般情况下，在因特网上作为服务器的计算机要分配静态 IP，而作为一般的用户，都只拥有动态 IP。去除特定设备保留的 IP 地址和特殊用途的 IP 地址，因特网最后能够分配给用户的 IP 仅仅不足 15 亿个！要避免 IP 用尽的情况，对于一般用户，大多采用需要时分发，离线时收回的动态 IP 分配机制。

（3）IPv6 的替代

各种方法仅仅是缓解了 IPv4 地址耗尽的威胁，而这一威胁却已经临近并必然到来。当今联入因特网的产品将远远超越传统的计算机，大量的个人电子设备、家用电器、工业控制设备、甚至汽车都已经有了连接因特网的需求。IETF 早在 20 世纪 90 年代就意识到了 IP 地址危机并着手解决这一问题，IPv6 最终被确定为下一代 IP 协议。

IPv6 拥有 128 位长度，较之 32 位的 IPv4，不是仅仅增长 96 位，而是巨大的指数级别的跨越。如果 IPv4 的地址容量为 1 立方厘米的话，则 IPv6 的总容量相当于半个银河系的规模。因此，可以说 IPv6 的地址几乎是无限的。采用 IPv6 可进一步减少设备体积、减轻机器的负担、提高设备的安全性和服务质量。我国 IPv6 技术首先在中国教育与科研网（CERNET）上进行试验，成熟后将进行推广及商业应用。

提示：关于 IPv6，本书不再展开叙述，读者可以访问 http://www.cernet2.edu.cn 进行学习及实践。

3. 域名

尽管 IP 地址可以用来标识联网的计算机，但是记住 IP 地址这样的数字串仍然很不方便。为了便于用户记忆，因特网在 1985 年开始采用域名系统（Domain Name System，DNS）。域名的结构为：计算机主机名.机构名.网络名.最高层域名。域名用英文或中文等文字书写，比用数字表示的 IP 地址容易记忆。例如，清华大学的域名分析如图 5-31 所示。

DNS 是一个庞大的数据库，每个域名都有唯一的 IP 地址与之对应。域名服务器承担着域名与 IP 地址的转换，提供一种目录服务，通过搜索计算机名称实现因特网上该计算机对应的 IP 地址的查找，反之亦然。承担域名转换任务的服务器称为 DNS 服务器。域名转换的原理如图 5-32 所示。

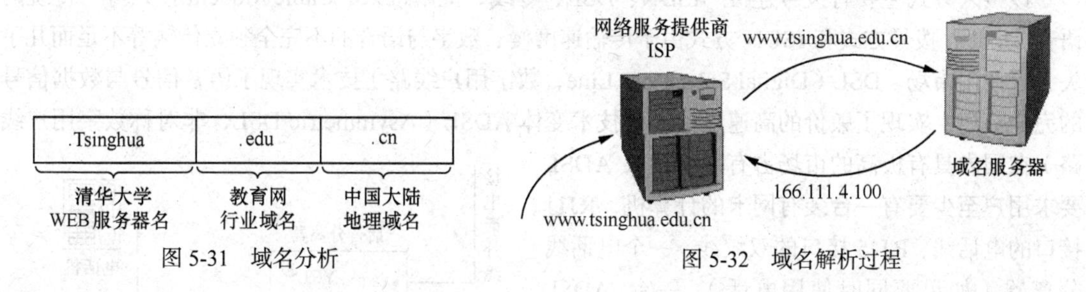

图 5-31　域名分析　　图 5-32　域名解析过程

作为网络用户，了解域名定义的常识是必要的，表 5-6 所示为比较常见的顶级行业域名及顶级地理域名。

表 5-6　常见域名描述表

顶级行业域名	
域名	域名描述
biz	未严格限定，但一般用于商务机构，是近些年定义的新域名
com	未严格限定，但一般用于商务机构，较 Biz 出现早
edu	严格限定必须用于教育机构
gov	严格限定必须用于非军事的政府机关
int	严格限定用于国际组织
net	未严格限定，但一般用于网络服务机构
org	未严格限定，但一般用于非赢利性的非政府组织机构
mil	严格限定用于军事机构
顶级地理域名	
域名	域名描述
cn	China，中国大陆地区
tw	Taiwan，中国台湾地区
hk	Hong Kong，中国香港特别行政区
mo	Macau，中国澳门特别行政区

域名由申请域名的组织机构或个人选择，然后再向 Internet 网络信息中心（NIC）（在中国是 CNNIC，中国互联网络信息中心）登记注册。由于域名的唯一性，所以它同 IP 地址一样，是一种有限的资源。在 ICANN 2008 巴黎年会上，ICANN 理事会一致通过一项重要决议，允许使用其他语言包括中文等作为互联网顶级域字符。至此，中文国家代码“.中国”将正式启用。中文域名也成为一种在因特网上炙手可热的资源。

4. 因特网接入

因特网接入技术发展迅速，对于因特网用户来说，选择满足自己特定需求的 ISP 及接入方式非常重要。下面分类介绍几种常用的接入方式。

目前因特网接入技术可以分为固定有线网接入、固定无线网接入及便携移动式接入 3 大类别，而尤其以固定有线接入技术最为普及。

（1）固定有线因特网接入方式

该接入方式主要有拨号连接、ISDN、DSL、专线、卫星接入、Cable Modem 接入等。传统的语音 Modem 拨号方式和 ISDN 方式由于传输速度慢、数字与语音的不完全独立传输等不足而几乎失去了使用市场。DSL（Digital Subscriber Line，数字用户线路）技术实现了语音信号与数据信号的完全分离，实现了廉价的高速连接，其技术变体 ADSL（Asymmetric DSL，非对称数字用户线路）在国内具有极高的市场占有率。接入 ADSL 要求用户至少要有一台装有网卡的计算机，RJ11 接口的电话线，RJ45 接口的双绞线，一个电话线分离器（如果要同时使用电话），一台 ADSL Modem。ADSL 逻辑连接图如图 5-33 所示。

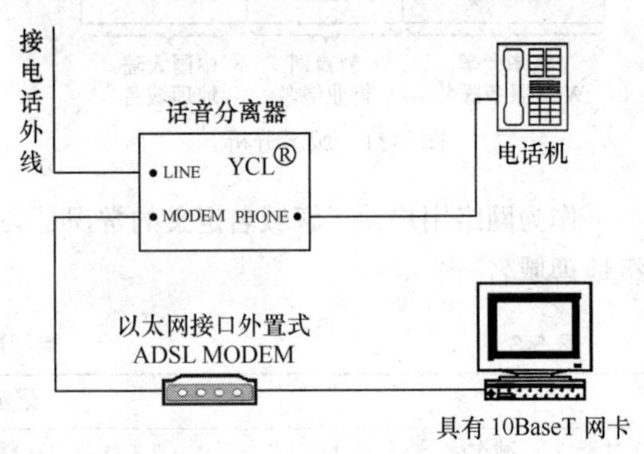

图 5-33 ADSL 逻辑连接图

（2）固定无线因特网接入方式

该接入方式也叫无线宽带服务，该接入方式符合 MAN 网标准，可以通过覆盖多数城市及边远郊区的广播数据信号为企业及家庭提供服务。国际上最为流行的固定无线接入技术是 WiMAX（Worldwide Interoperability for Microwave Access，微波存取全球互通），该技术目前在中国未得到很好的普及。

（3）便携及移动接入方式

在因特网无处不在的今天，该接入方式得到越来越多用户的欢迎。目前在中国，便携及移动接入的因特网网民总数已经超过了 3.18 亿，并仍然保持高速增长。笔记本电脑、IPAD、智能手机等便携式个人电子设备的流行使得人们在上下班、旅行途中接受因特网服务的需求愈加强烈，便携及移动接入方式便满足了这类需求，其中以蜂窝电话（手机）的移动接入技术最为普及。目前，3G 以上技术已经具备了成熟的高速语音及数据传输速率，有望达到 DSL 的速度。

总之，利用何种技术接入因特网，要依据具体的应用需求，综合考虑各项技术因素加以选择。与接入技术的选择同样重要的还有对 ISP 的选择。由于 ISP 的规模以及所提供服务内容及费用等的不同，用户在具体的选择过程中一般要衡量以下几个方面因素。

（1）地理覆盖范围。被选择的 ISP，其提供的通信线路敷设的范围或者无线信号的覆盖范围一定要包含用户的上网地点。例如，远离本地交换局（5.5km 以上），就不能选择 ADSL 接入。

（2）网络出口带宽。网络出口带宽可反映出 ISP 的服务器和因特网的连接速率，带宽越大则每个用户连接速率就会越高，网络出口带宽是体现该 ISP 接入能力的一个关键参数。原则上 ISP 的网络出口带宽应该越大越好，目前国内很多 ISP 都利用了 Chinanet 的出口，一般具有通信背景的 ISP 在这方面具有先天优势。

（3）接入速率。ISP 的接入速率就是 ISP 提供的拨号联网端口速率。接入速率越高，访问因特网速度就越快。

（4）资费标准。申请时需要初装费，使用中需要月租费或端口费。

（5）信誉和服务。信誉和售后服务的好坏是衡量一个 ISP 实力的重要标志，是否提供免费的用户培训及用户支持也是网络入门者所需考虑的因素之一。

表 5-7 所示为常见因特网接入方式。

表 5-7　常见因特网接入方式

接入类型	接入方式	速　率	特　点	适用对象
固定因特网有线接入	普通拨号	56kbit/s	安装简单，通过 Modem 连接电话线拨打 ISP 的接入电话号实现接入；传输速率低，对通信线路质量要求高，上网时独占电话线，无法一边打电话一边上网	家庭、对上网要求不高的人群
	ISDN	64～128kbit/s	在一根普通电话线上提供两个 64kbit/s 的信道用于通信，用户可以在一条电话线上打电话和上网，当有电话打进打出时，自动释放一个信道，接通电话	家庭、对上网要求不高的人群
	ADSL (DSL)	上行：640kbit/s 下行：8Mbit/s	在同一电话线上分别传送数据和语音信号，既能高速上网又可一边打电话，数据信号不通过电话交换机设备，无须缴付另外的电话费	家庭、企事业单位
	Cable Modem	下行：3～10Mbit/s 上行：200kbit/s～2Mbit/s	通过有线电视同轴电缆（天线）接入因特网，带宽高，不影响收看有线电视节目，不占用电话线，不限时间上网	家庭、企事业单位
	DDN	2Mbit/s 以下	由光纤、数字微波或卫星等数字传输通道和数字交叉复用设备组成，为用户提供全数字、高质量的数据专线传输通道，传送各种数据业务	银行、证券、气象、民航、智能小区、其他电脑联网通信部门
	光纤接入	100～1000Mbit/s	通信量大、损耗低、不受电磁干扰	大型企业、学校，政府及军事等专用网络
固定因特网无线接入	WiMAX	70Mbit/s	可以补充因离基站过远而无法使用 ADSL 的用户需求。WiMAX 发射塔可以覆盖 5km 的距离，延时短于卫星通信，适合在线游戏、IP 电话和电话会议等方面的用户。	企业、家庭
便携及移动因特网接入	CDMA(2G)	14.4kbit/s	数字语音服务、非持续在线的数据连接	移动办公的用户
	GPRS(2.5G)	115kbit/s	高速传输、不受电缆束缚、可移动，能解决有线网布线困难所带来的问题	移动办公的用户
	TD-SCDMA(3G)	2Mbit/s（慢速移动峰值）	高级数字语音服务，宽带多媒体数据服务	移动办公的用户

5.4.4　因特网基本应用

用户接入因特网就相当于加入了全球数据通信系统，因特网的基础协议（如 TCP、UDP、IP 等）保障了数据在因特网中的传输。而因特网应用协议（也叫补充协议）保证了因特网向人们提供层出不穷的实用的服务，这正是因特网的迷人之处。本小节将简要介绍因特网几项基本的但却“青春永驻”的应用。

1. Web 服务

Web（World Wide Web，WWW）也叫万维网，是目前应用最广的因特网基应用。Web 是指通过 HTTP 在因特网上连接和访问文档、图像、视频、声音等资源的集合，是一个庞大的“超文本系统”，可以说是世界上最大的信息资源库。

通过互连实现文档之间相互访问的思想可以追溯到 20 世纪 40 年代。美国科学家，“曼哈顿工程”的领导者和组织者，范内瓦·布什（Vannevar Bush）1945 年在《Atlantic Monthly》中发表了一篇名为“As We May Think”的文章。文章描述了一种被称为 MEMEX 的机器，其中已经具备今天的超文本和超连接的概念。他因此而被称为互联网先知。1960 年，Ted Nelson 构思了一种通过计算机处理文本信息的方法，并称之为超文本（hypertext），这成为了 HTTP 超文本传输协议标准的发展根基，他因此获得“HTTP 之父”的认同。1989 年，欧洲粒子物理研究中心（CERN）的科学家蒂姆·伯纳斯·李（Tim Berners-Lee）提出了 HTML、URL（通用资源位置）和 HTTP 的技术规范，并于 1990 年公布了自己创建的网站——http://info.cern.ch，这也是世界上的第一个网站，如图 5-34 所示。

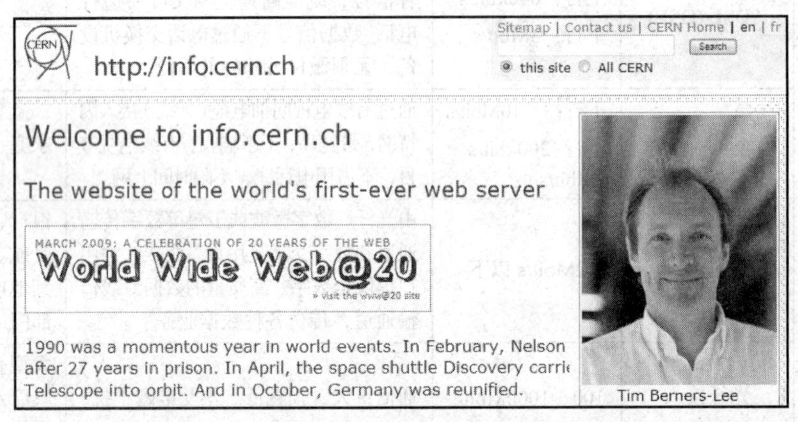

图 5-34　Tim Berners-Lee 创建的世界首个网站

1994 年，蒂姆·伯纳斯·李联合 CERN、DARPA 和欧盟，在麻省理工学院计算机科学实验室组织成立了致力于创建 Web 相关技术标准并促进 Web 向更深、更广发展的国际组织——W3C（World Wide Web Consortium，万维网联盟）。HTML、XHTML、CSS、XML 等重要标准都是由 W3C 制定的，Web 的每一步发展、技术成熟和应用领域的拓展，都离不开 W3C 的努力。

早期的 Web，虽然有着丰富的信息，但是却只有文本，没有图像、声音，没有色彩，也仅用于科研及学术机构。1993 年，Illinois 大学的在校本科生马克·安德森（Marc Andreessen）革命性地推动了 Web 的流行——他开发出了世界上第一款集文字、图像、声音于一体的通用浏览器——Mosaic。Mosaic 赋予了 Web 极大的活力，和传统印刷出版业相比，Web 具有实时性，而且成本很低，将文件发到世界上任何一个角落，费用几乎为零。Mosaic 明显加速了 Web 的普及和走向商业应用。

2. 电子邮件

电子邮件是因特网最早的应用功能，人们对因特网的应用始于电子邮件。目前全球每天在因特网上传送的电子邮件数量近 3 000 亿封，这一惊人的数据说明电子邮件已经成为人们生活中一种重要的通信手段。在名片上，电子邮件地址已经像电话号码一样不可缺少，拥有电子邮件账号已经成为网民的一个基本特征。

像传统的邮政邮件一样，电子邮件在通信中也需要收信人地址和发信人地址。电子邮件地址都遵循“用户名+@+邮件服务器域名”的格式，即 userid@domain，如“birght@sina.com”就是一个典型的电子邮件地址。在这个地址中，用户名是“bright”，邮件服务器域名是“sina.com”。在一个地址中不可以含有空格，@符号（读作“at”）作为分隔符必不可少。

目前可供 Internet 用户使用的邮箱主要有免费邮箱、企业/单位/学校专用邮箱、收费邮箱等几种。从安全性和存储空间大小上来说，往往收费邮箱和专用邮箱要好于免费邮箱。电子邮件的收发途径主要有登录邮件服务器的 Web 方式收发和通过软件（如 Outlook，Foxmail）的本地收发两种方式，有 80%以上的网民习惯于 Web 方式收发电子邮件。

电子邮件由 3 部分组成，即邮件头、正文和附件。邮件头中的发件日期及时间、发件人地址由系统自动填充，收件人地址可以从通讯录中选择，也可以手工填写。邮件的正文末尾可以自动添加设置好的发件人签名。目前邮件服务系统都支持 MIME（Multipurpose Internet Mail Extensions，多用途互联网邮件扩展协议），利用这一协议，电子邮件可以交换图形、声音、传真等非文本的多媒体信息。邮件的附件可以是任意类型扩展名的文件，附件大小的限制由邮件服务器决定。

电子邮件支持群发功能，如商业信函或者会议通知等。可以在收件人栏添加多人的电子邮件地址，彼此用“;”隔开，或者在抄送（carbon copy，Cc）栏/秘密抄送（blind carbon copy，Bcc）栏填入多人的电子邮件地址，彼此用“;”隔开。

电子邮件的发送需要通过发送邮件的服务器，并遵守“简单邮件传输协议（Simple Mail Transfer Protocol，SMTP）”。这个协议是 TCP/IP 协议集中的一部分，它描述了邮件的格式以及传输时应如何处理，而信件在两台计算机之间传输仍采用 TCP/IP。

接收电子邮件需要通过读取信件服务器，并遵守“邮局协议（Post Office Protocol 3，POP3）”。这个协议也是 TCP/IP 协议集中的一部分，它负责接收电子邮件。

因特网信息存取协议（Internet Message Access Protocol，IMAP）也是常用的电子邮件接收协议。当使用电子邮件应用程序（如 Outlook Express、Foxmail）访问 IMAP 服务器时，用户可以决定是否将邮件拷贝到自己的计算机上，以及是否在 IMAP 服务器中保留邮件副本。而访问 POP3 服务器时，邮箱中的邮件被拷贝到用户的计算机中，不再保留邮件的副本。目前，支持 IMAP 协议的服务器还不多，大量的邮件服务器还是 POP3 服务器。

在因特网上发送和接收电子邮件的过程，与普通的邮政信件的传递与接收过程十分相似。邮件并不是从发送者的计算机上直接发到接收者的计算机上，而是通过 Internet 上的邮件服务器进行中转的。电子邮件的收发原理如图 5-35 所示。

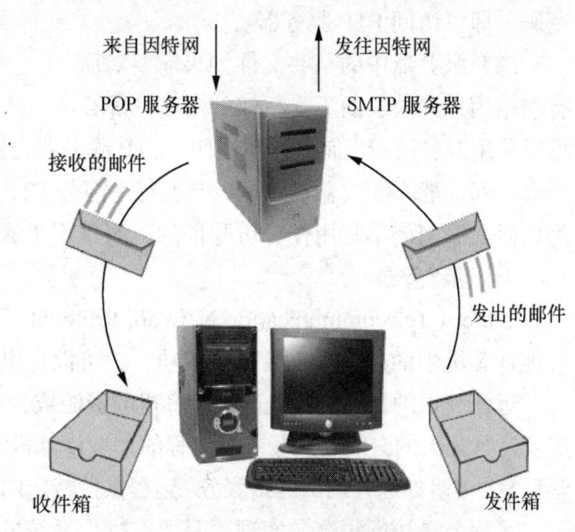

图 5-35　电子邮件收发原理

思维训练： 现实世界中，人与人之间的交往有不少约定俗成的礼仪，在网络虚拟世界中，也同样有一套不成文的规定及礼仪，即网络礼仪（netiquette），你了解网络礼仪吗？在撰写和收发 E-mail 时，应该注重的网路礼仪有什么？

3. 文件传输服务

文件传输服务（File Translation Protocol，FTP）是因特网提供的存取远程计算机中文件的一种服务，也是因特网早期提供的基本服务之一。因特网建立的重要目的之一就是把文件从一处传输到另一处，FTP 就承担了这一任务。尽管现在有很多非专门用于文件传输的技术包含文件传输的功能，如互联网即时通信软件、电子邮件、网络服务器等，但是这些技术均缺乏一些必要的功能。比如电子邮件的附件虽然可以用于传输文件，但邮件服务器往往限制附件空间的大小，网络服务器则不利于文件的批量下载，即时通信软件则不利于文件的长时间的存放。所以 FTP 在多种文件传输技术的选择中仍然具备专业优势，广泛用于文件的共享及传输。现在，许多实用的 FTP 工具软件使得 FTP 更加易用、便捷，使用者不需要任何专业背景知识，同时目前大多数浏览器和文件管理器都能和 FTP 服务器建立连接。通过浏览器或文件管理器，利用 FTP 操控远程文件，如同操控本地文件一样。

FTP 提供的是一种客户机/服务器（Client/Server）工作模式。集中存放文件并提供上传、下载功能的一端是 FTP 服务器，用户工作的一端是客户机。FTP 文件传输原理如图 5-36 所示。

FTP 是一种授权访问服务，只有获得 FTP 服务器的访问授权，才能利用该服务器进行文件传输工作，同时 FTP 服务器还可以对访问用户的权限进行管理，如是否允许用户从服务器读取信息、是否允许用户向服务器写入信息、是否允许用户在服务器内执行删除等。简言之，用户若要使用 FTP 服务，至少需要知道 FTP 服务器的地址或域名，并且需要合法的账户和授权（密码）。通过 IE 输入 FTP 服务器地址，输入授权的用户名及密码，即可访问 FTP 服务器。

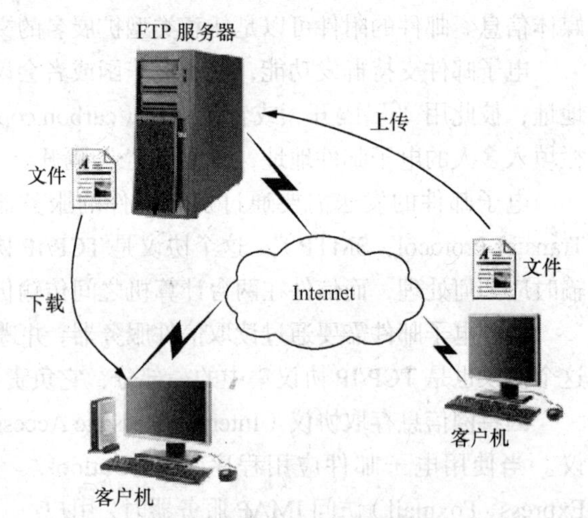

图 5-36 FTP 文件传输原理

FTP 服务器中的某些文件如果需要对所有网络用户开放，而不受授权的限制，那么可以采用匿名访问机制。按照惯例，FTP 服务器会建立一个匿名访问账户，账户名为 Anonymous，匿名访问一般不需要输入密码，但也有一部分 FTP 服务器要求用户使用自己的电子邮件账户名作为密码，该密码不是用作身份验证的，而是用于遇到意外问题时向用户发送电子邮件。

4. 远程登录

Telnet（Telecommunication Network Protocol，远程通信网络协议）提供了一种登录到 Internet 其他计算机中的途径。一旦登录成功，就可以操纵已经登录的那台计算机。

远程登录的目的就是让远程计算机的资源成为本地服务，如一个大型的仿真程序在本地 PC 上需要运行几天的时间，而登录到远程的大型计算机上，只需要运行几分钟。远程登录不仅仅用于科学计算，在诸如远程调试网站服务、远程操控特定的服务程序工作等很多领域都可以采取远程登录。

远程登录访问很容易实现，只要在操作系统的命令行或命令窗体中输入 Telnet 和要访问的主机名或 IP 地址即可。远程登录的连接过程可能要求输入授权的用户名及密码，一旦连接成功，则相当于用本地的键盘和鼠标操纵远端的计算机。利用在 Windows 系统中远程登录到操作系统为 Linux 的计算机中，那么用户将需要使用 Linux 命令而非 Windows 命令操作远端的计算机。

当前，操作系统和应用软件的许多功能均可实现类似于 Telnet 的功能，如 Windows 的

Netmeeting、远程桌面应用，以及 QQ 的远程控制功能等。

5.5　网络数字化生存

在以网络为主要载体的信息化社会中，生成、拥有、使用、发布信息成为一种重要的经济和文化行为。网络数字化已经渗透到现代生活的核心部分，人们可以通过网络购买机票、完成信用卡还款、参加网络会议、观看最新的影片、交换或出售自己收藏的物品等，网络数字化生活打破了传统社会的时空界限，促进了经济及社会生活方式全球化的进程。在拥有发达科技和新兴经济的国家里，人们对网络数字化生存方式的依赖将是深远而持久的。下面通过即时通信、信息检索、电子商务等几个示例介绍现代社会的网络数字化生活概况。

5.5.1　网络即时通信

自 1996 年 ICQ 诞生以来，即时通信（Instant Messenger，IM）在短时间内获得了迅速发展，并成为继电话、电子邮件之后的第三种现代通信方式。当前，即时通信的功能集成了电子邮件、博客、音乐、电视、游戏、搜索等多种功能。即时通信已经从单纯的通信工具发展成集交流、资讯、娱乐、搜索、电子商务、办公协作、企业客户服务等为一体的综合化信息平台。

CNNIC《第 28 次中国互联网发展状况调查报告》显示，截至 2011 年 6 月底，我国即时通信用户规模为 3.85 亿人，成为中国网民的第二大互联网应用。经过十余年的迅猛发展，目前有 QQ、MSN、飞信、阿里旺旺、天翼 Live、Skype 等 20 余种即时通信软件在国内得到普遍应用。伴随着 3G 的商用，用户体验不断提升的同时通信资费不断下降，QQ、MSN、飞信等手机终端用户增长迅猛。2011 年，手机即时通信工具在手机网民中的使用率达到 71.8%，是使用率最高的移动互联网应用。

1．即时通信的发展趋势

（1）跨平台、跨网络的开放性

即时通信已经普遍在计算机网络、移动通信网络等平台间运用，即时通信运营商为增加新客户、提升用户体验，都在不断提升自身的开放性。

（2）商务化应用

即时通信已经由个人通信逐渐发展为商业化应用必备的工具。如图 5-37 所示，在淘宝交易中，阿里旺旺等已经成为专业电子商务合作的必备工具。

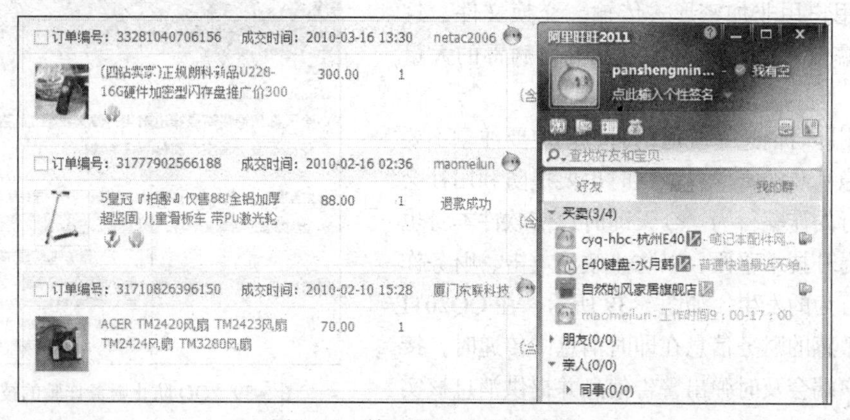

图 5-37　利用阿里旺旺进行交易

（3）产品多元化

即时通信软件不断推陈出新，所能承载的服务也层出不穷，深受用户的欢迎。举例来说，仅 Android 平台手机支持的即时通信软件就有超过 60 种。图 5-38 所示为 Android 平台下运行的部分 IM 产品。

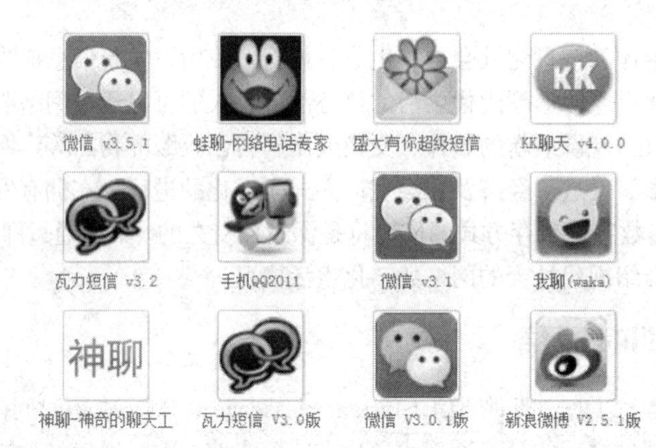

图 5-38　Android 平台下运行的部分 IM 产品

2. 即时通信软件工作原理

多数即时通信软件是基于客户机/服务器模式工作的，用户与用户之间的消息包是由服务器处理的。用户登录即时通信客户端的过程就是连接服务器的过程，用户登录成功后由服务器传回用户的联系人列表或者“好友”列表。

当某一用户发送消息时，即时通信客户端软件会利用消息协议将消息分割成数据包，根据系统的不同，这些数据包被发送到服务器进行分发或者直接发给接收者。一些协议会在消息发送之前对消息进行加密。主要的消息协议有 IRC（Internet Relay Chat，因特网中继聊天）、MSNP（Mobile Status Notification Protocol，移动状态通信协议）等。

3. 即时通信的安全问题

大多数即时消息软件在设计的时候都没有充分地考虑安全问题。几乎所有免费的在线即时通信系统都缺乏加密功能，其中大多数都具备绕过传统的企业防火墙的功能，为网络管理带来了很大的困难。此外，这些系统中的密码管理不够安全，使账户容易受到攻击，还可能受到拒绝服务等方式的攻击。另外，即时通信系统还允许用户用非加密形式传输、交换文件，这样会导致蠕虫、特洛伊木马以及混合病毒的大量传播。

在利用即时消息系统通信时，用户要注意不要泄露个人隐私及涉密信息。同时也要提防利用社会工程学进行的诈骗行为。今天即时通信软件本身也在不断地提升技术手段，以防止政治攻击、财务诈骗等非法行为的发生。如图 5-39 所示，在 QQ2011 中，当有敏感的财务信息在即时消息中传递时，接收方的客户端会及时弹出警告信息并提供消息核实和举报的渠道。

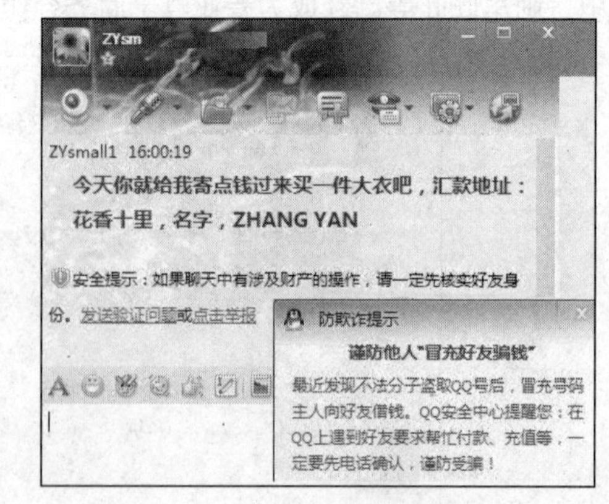

图 5-39　QQ 防止财务诈骗的技术手段

5.5.2　搜索引擎及网络信息检索

Web 时代以信息爆炸式增长为主要特征，在浩如烟海的信息中，“知识”的获取空前简单与繁荣。试想，当面对老师布置的一道难题时，现在多少学生会如同查找公交线路一样，直接求助百度或者谷歌，而丝毫不去思考。来自纽约时报的一句话——“Information is no longer a scarce resource - attention is.”（注意力，而不是信息，才是这个时代所稀缺的资源）道出了人们在信息时代所遇到的尴尬。

快速而有效地获取知识已经成为现代人生活与工作中必备的技能。搜索引擎便是人们具备该项技能的有效的工具。

搜索引擎是指一种通过能在 Web 上收集信息、编制索引、查找和排列信息，最后供用户通过简单关键字快速定位 Web 信息的程序。由于常用的搜索引擎都是存放在网站上的，并且会被站点自动启用，所以不少用户会将搜索引擎与搜索引擎站点混为一谈，如 www.baidu.com、www.google.com.hk、www.yahoo.com 等严格地说都属于搜索网站。Google、Baidu 是拥有自主知识产权的搜索引擎，而有些搜索网站则是以付费的形式使用第三方搜索引擎，如 www.altavista.com 站点使用的是 Yahoo 的搜索引擎。

1. 搜索引擎的工作原理

搜索引擎是由网络蜘蛛程序（Web Spider）、索引程序、数据库和查询处理器构成的。网络蜘蛛是遍寻 Web 页面，收集页面关键信息的程序，而索引程序则会把网络蜘蛛收集来的大量 Web 信息转换成存储在数据库中的关键字列表和 URL 列表。查询处理器允许用户以多种形式输入查询关键字，进而访问数据库，为用户反馈与查询内容相关的页面列表。

依据上述原理，读者要清楚一个事实：人们在利用搜索引擎搜索时，并不是借助搜索引擎直接到 Web 世界中查找有用的信息，而是在搜索引擎预先整理好的网页索引数据库中查找想要的信息。好的搜索引擎一定要具备高性能的网络蜘蛛程序算法，以便这只快速而聪明的“蜘蛛”能够不重复地尽可能“爬遍”所有的 Web 页面。事实是，即便当今最好的网络蜘蛛算法，其 Web 覆盖率也没有超过 20%，所以在信息检索中，尝试用不同的搜索引擎综合查询是必要的。另外，网络蜘蛛无法收集需要登录和密码验证的 Web 站点的信息，一些专业的知识或者电子商务、电子政务信息，还需要登录专门的站点，用该站点提供的搜索工具加以检索。

2. 常用信息检索技巧

缩小查找范围，在尽可能少的查询结果中找到更加有效的网页列表，是提高信息检索效率最直接的目的。下面列举几项一般性的查询规则。

（1）选择描述性强的词汇作为检索关键词

不要使用描述性不强的词汇，如“文件”、“城市”、“大学”、“information”这样的词汇。另外，要注重词汇的使用区域性和普遍性，如用“电脑软体”作为关键词，查询到的往往是来自台湾地区的信息，而用“计算机软件”作为关键词查询到的一般是来自大陆的中文网站。

（2）尽量简明扼要地描述要查找的内容

查询中的每个关键词都应使目标更加明确，多余的词汇只能对查询结果进行不必要的限制。用较少的关键词开始搜索的优点在于：如果没有找到需要的结果，那么所显示的结果很可能会提供很好的提示，帮助用户了解需要添加哪些字词来优化下次的查询。例如，实现如图 5-40 所示的搜索，显然用“昆明红嘴鸥”作为关键词，比用“昆明市民与红嘴鸥再次相聚翠湖”更有利于进一步优化搜索。

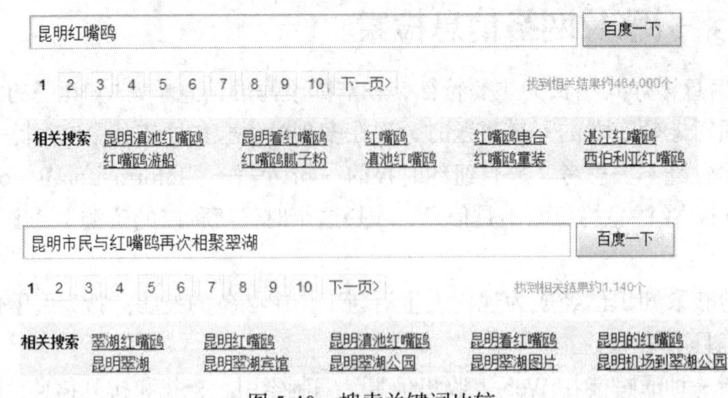

图 5-40 搜索关键词比较

（3）运用双引号限定查询条件

若查询关键词准确无误，则用双引号加以限定，查询结果将更加准确。

（4）了解搜索引擎忽略的条件

若查询词汇是英文，大多数搜索引擎会忽略大小写，并且会自动搜索关键词的派生词汇，高频出现的冠词，如 the、a 等会被忽略。

（5）用好布尔运算符

19 世纪英国数学家乔治·布尔（George Boole）定义了最早的逻辑系统，布尔运算符得名于此。在搜索中，布尔运算符号可以用来描述搜索关键字之间的关系，使得用户可以形成更加精确的查询条件。布尔运算符及含义如表 5-8 所示。

表 5-8 布尔运算符及含义

运 算 符	含 义
AND	逻辑与。用 AND 组合两个以上关键词，搜索出的页面必须同时包含用 AND 连接的所有关键词。如用“陶潜 AND 归隐”作为关键字检索，则可能搜索到包含陶潜归隐真相新解、陶潜归隐图等信息的页面。有些搜索引擎用加号（+）代替 AND
OR	逻辑或。用 OR 连接两个以上关键字，搜索结果可能只包含关键词中的一个或者几个，也可能包含全部
NOT	逻辑非。NOT 代表排除。搜索结果的任何一个页面都不会包含跟在 NOT 后面的关键词。一些搜索引擎，如 Google，用减号（−）代替 NOT。“A-B”表示搜索包含 A 但没有 B 的网页，减号之前必须留一空格，减号与其后的关键字之间不能有空格

（6）善用帮助性搜索

现在许多搜索站点都提供了实用性很强的帮助性搜索功能，如完成简单的计算、换算、翻译等功能。如图 5-41 所示，当用户在百度中输入“10+6=?”时，百度就会调用科学计算器帮助完成运算，而当输入“1 加仑=”时，则会调用度量衡换算工具完成单位换算。

图 5-41 帮助性搜索示例

（7）掌握专题检索

搜索引擎不仅仅可以搜索网页，视频、流媒体、软件等皆可通过网络加以搜索，专题检索站点可以帮助用户实现对指定内容和媒体形式的检索。例如，在诸多大学的图书馆，都通过学校出资，拥有大型学术数据库的检索链接，供师生免费使用，这是非常有价值的专题检索资源。

总之，用户只有针对不同的信息存储载体形式运用不同的检索策略、熟悉搜索引擎常用的语法、明确自己的检索目的，才能够得心应手地在信息海洋中找到自己希望拥有的信息资源。

5.5.3　电子商务

电子商务（E-Commerce）是利用计算机技术、网络技术和远程通信技术，实现整个商务过程中的电子化、数字化和网络化。电子商务的范围很广，一般可分为企业对企业（Business-to-Business，B2B），企业对消费者（Business-to-Consumer，B2C），消费者对消费者（Consumer-to-Consumer，C2C），企业对政府（Business-to-government，B2G）等模式。

随着因特网用户的激增，利用因特网进行网络购物并以银行卡付款的消费方式已日渐流行，市场份额也在迅速增长，电子商务网站也层出不穷。电子商务经营的“商品”包含许多有形的商品、数字产品及服务。

电子商务的有形产品可以通过现代物流快速地运送到购买者手中，而销售者也可以不必大量囤积货物，而是根据订单需求做到“零库存”销售，从而最大限度降低销售成本。整个物流过程可以方便地进行跟踪和追溯，如图 5-42 所示。

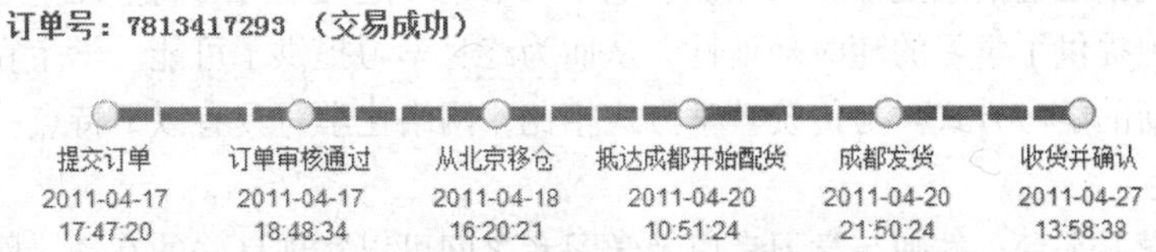

图 5-42　电子商务可跟踪的物流过程

电子商务中的数字产品包括了音乐、软件、数据库、有偿电子资料等多种基于知识的商品，这类产品的独特性在于商品是以比特数据流的形式，在订单产生并付款完成交易后直接通过 Web 传递到购买者手中。数字产品的销售不需要支付有形产品销售中的运送费用，如苹果公司的在线销售商店 iTunes Store，2010 年在线音乐销售量已经超过了 100 亿首。

图 5-43　iTunes Store

电子商务也可以把服务作为商品出售，如在线医疗咨询服务、经验和技能、陪驾等，随着人们生活节奏的加快，排队付费、购票等时间成本付出愈发明显，在电子商务站点中，“跑腿”、“代办事”等已经成为了逐渐普及的付费服务项目。

电子商务的便捷、低成本、服务多样化等优势使得这种商务活动很快就风靡全球，中国作为互联网用户第一大国，电子商务规模增长迅速而稳定。2011 年中国电子商务交易总额达到 7 万亿元，仅次于美国居世界第二。预计 2015 年中国将拥有世界上规模最大、最为领先的电子商务服务产业。

思维训练：许多在线购物者最为担心的是在线支付的安全性，以及在交易过程中个人信息以及信用卡账号信息等是否会被泄露。针对这一问题，请你对目前的在线支付方式和安全连接、安全网站等进行一次调研，然后给出自己的见解及观点。

5.5.4 网络化学习

网络化学习（E-Learning），即在教育领域建立互联网平台，学习者通过网络进行学习的一种全新的学习方式。网络化学习依托丰富的多媒体网络学习资源、网上学习社区及网络技术平台构成的全新的网络学习环境。在网络学习环境中，汇集了大量针对学习者开放的数据、档案资料、程序、教学软件、兴趣讨论组、新闻组等学习资源，形成了一个高度综合集成的资源库。在学习过程中，所有成员都可以发表自己的看法，将自己的资源加入到网络资源库中，供大家共享。广义的网络学习包括通过信息搜索获取知识、电子图书馆、远程学习与网上课堂等多种形式。

网络化学习提供了学习的随时随地性，从而为终身学习提供了可能。学生在网络化学习环境中可以体验全新的学习方式。与传统教学方式相比，网络化学习具有以下特点。

1. 互动性

通过网络学习平台，教师与学习者以及学习者之间可以实现良好的互动。网络学习不存在时间和空间上的差异，学习者往往可以通过站内 E-mail、BBS 进行非实时讨论，也可以通过视频会议系统、聊天室等技术进行在线交流，实时讨论，求助解疑。

2. 实时性

传统学习方式的缺点是教师和学习者在同一时间内只能单向地向对方传递信息和反馈，特别是学习者的反馈不能实时地反馈给教师。网络学习的良好互动使得信息和反馈的传递能够同时进行。

3. 个性化

学习者通过网上注册，可以进入一个完全适合个人特点的课程体系，实现一对一的学习，并且可以向“社区”定制自己所需的课程、资源来满足自己的学习需求，学习时间也更具弹性，完全体现了以学习者为中心的新型教学模式的特点。

网络学习可以让学习者根据自己的自学能力和学习特点，以更大的弹性来选择甚至定制学习。

4. 协作性

网络学习可以实现平等的协助学习方式。网上社区有来自各个地区的学习者。网上社区提供了丰富的资源和工具，为所有学习者提供了良好的合作环境。WiKi 技术在网络学习环境中的应用日渐普及，WiKi 最好的功能是实现协同创作。针对一个学习主题，学习者把自己的知识共享出来，实现对知识点进行扩展，挖掘。通过这种不断地扩展形成知识链，最终形成一个知识库，以供大家使用。

网络学习的出现无疑将改变人们的学习方式，它具有不受地域、时间限制，学习有更高的自主性等优势，这是传统课堂教育所无法企及的。近年由耶鲁大学、哈佛大学、麻省理工学院等著名高校发起的网络公开课堂，对传统封闭的课堂教学形成了一定的冲击。网络传播的诸多开拓思维型精彩课程使得学习者可以轻易分享大师的思考、学识和智慧，也为网络学习提供了清新而丰富的教学资源。2010年开始，开放课程在国内逐渐形成热潮，网易公开课、新浪公开课、腾讯公开课频道——淘课等相继开放。“淘课”成为网络学习的新方式。

本章小结

1. 计算机网络是计算机技术与现代通信技术结合的产物。建立网络的主要目的是实现信息共享。

2. 计算机网络可以根据覆盖范围、通信介质、通信协议、拓扑结构等方式进行多种方式的分类。

3. 计算机网络设备包括网卡、集线器、路由器、交换机、Modem、网桥等，不同的网络设备用于不同的联网环境及需求。网卡是计算机连接局域网的唯一途径。

4. 网络协议是为完成计算机网络通信而制定的规则、约定和标准。网络协议由语法、语义和时序三大要素组成。

5. 以Wi-Fi和蓝牙为代表的无线网络技术是目前局域网组网的热门技术。

6. 因特网是全球规模的广域网，由资源子网和通信子网构成，用户可以选择多种形式接入因特网。

7. TCP/IP是因特网的核心协议。

8. 因特网提供Web、FTP、E-mail等基本服务，以及即时通信、网络学习、电子商务等新兴服务。

习题与思考

1. 判断题

（1）分布式处理是计算机网络的特点之一。（　　）

（2）组建一局域网时，网卡是必不可少的网络通信硬件。（　　）

（3）Windows 7主要是为服务器开发的多用途操作系统。（　　）

（4）分组交换技术是将需交换的数据，分割成一定大小的信息包分时进行传输。（　　）

（5）WWW中的超文本文件是用超文本标识语言写的。（　　）

（6）IE是微软Web浏览器Internet Explorer的简称。（　　）

（7）每次打开IE浏览器最先显示的Web页面不能由用户自行设置。（　　）

（8）发送电子邮件时，一次只能发送给一个接收者。（　　）

（9）网卡的物理地址也简称为MAC地址。（　　）

（10）Modem的作用是提高计算机之间的通信速度。（　　）

（11）Internet网站域名地址中的gov表示该网站是一个商业部门。（　　）

（12）192.168.6.16属于C类IP地址。（　　）

2. 选择题

（1）计算机网络的最主要的功能是________。

A. 互相传送信息　　B. 资源共享

C. 提高单机的可用性　　D. 增加通信距离

（2）如下网络设备中，________承担着数据报传输路径选择的任务。

A. 交换机　　B. 调制解调器　　C. 路由器　　D. 集线器

（3）LAN 是________的英文的缩写。

A. 城域网　　B. 网络操作系统　　C. 局域网　　D. 广域网

（4）“星型网”是按照________作为分类依据的一种网络类型。

A. 拓扑结构　　B. 通信介质　　C. 覆盖范围　　D. 通信协议

（5）双绞线作为通信介质，对应的网线接头应该是________。

A. BNC　　B. RJ-11　　C. COM　　D. RJ-45

（6）Internet 源自________网。

A. ARC NET　　B. CER NET　　C. AT&T　　D. ARPA

（7）Internet 的通用协议是________。

A. TCP/IP　　B. FTP　　C. UDP　　D. Telnet

（8）下面的选项中，________不是选择 ISP 的主要考虑因素。

A. 初装及月租价格　　B. 付费方式

C. 地理位置　　D. 服务质量

（9）IP 地址 130.1.23.8 属于________类 IP 地址。

A. A 类　　B. B 类　　C. C 类　　D. D 类

（10）将域名地址转换为 IP 地址的协议是________。

A. DNS　　B. ARP　　C. RARP　　D. ICMP

（11）下面协议中，用于 WWW 传输控制的是________。

A. URL　　B. SMTP　　C. HTTP　　D. HTML

（12）目前普通家庭连接因特网，以下几种方式中传输速率最高的是________。

A. ADSL　　B. 调制解调器　　C. ISDN　　D. WAP

（13）电子邮件（E-mail）的特点之一是________。

A. 比邮政信函、电报、电话、传真都更快

B. 在通信双方的计算机之间建立直接的通信线路后即可快速传递信息

C. 采用存储转发式在网络上传递信息，不像电话那样直接、即时，但费用低廉

D. 在通信双方的计算机都开机工作的情况下即可快速传递数字信息

（14）下列 4 项中，合法的电子邮件地址是________。

A. Wang-em.hxing.com.cn　　B. em.hxing.com.cn-wang

C. em.hxing.com.cn@wang　　D. wang@em.hxing.com.cn

（15）开放系统互连参考模型的基本结构分为________。

A. 4 层　　B. 5 层　　C. 6 层　　D. 7 层

（16）因特网使用 DNS 进行主机名与 IP 地址之间的自动转换，这里的 DNS 指________。

A. 域名服务器　　B. 动态主机

C. 发送邮件的服务器　　D. 接收邮件的服务器

（17）WWW 的作用是________。

A. 信息浏览　　B. 文件传输

C. 收发电子邮件　　D. 远程登录

（18）电子邮件使用的传输协议是________。

A. SMTP　　B. TELNET　　C. HTTP　　D. FTP

（19）互联网上的服务都是基于一种协议，远程登录是基于________协议。

A. SMTP　　B. TELNET　　C. HTTP　　D. FTP

（20）局域网硬件中占主要地位的是________。

A. 服务器　　B. 工作站　　C. 公用打印机　　D. 网卡

（21）网络类型按通信范围分________。

A. 局域网、以太网、ATM 网　　B. 局域网、城域网、广域网

C. 电缆网、城域网、Internet 网　　D. 中继网、局域网、宽带网

（22）IPv4 地址由________位二进制数组成。

A. 16　　B. 24　　C. 32　　D. 64

3. 简答题

（1）交换机与服务器有什么区别？

（2）什么是 IP 地址，IPv4 地址是怎么分类的？

（3）因特网提供哪些新兴的服务？具体的功能是什么？

（4）简述至少 3 种互联网的接入方式。

（5）网络即时通信与 E-mail 各有什么特点？

第6章 问题求解与程序设计

美国科学院与工程院设立的“计算机科学基本问题委员会”在研究报告中得出一个重要结论：“计算机科学是研究计算机以及它们能干什么的一门科学，它研究抽象计算机的能力与局限、真实计算机的构造与特征，以及用于求解问题的数不清的计算机应用”。由此可见，计算机应用的本质就是在计算能力可行的范围内，通过人类思维获得求解问题的方法，并通过计算机加以计算的过程。计算机是数学、物理学在人类现代工业技术能力支持下结出的硕果，计算机的出现帮助人类实现了计算能力的飞跃，增强了认识世界和改造世界的能力。

目前，计算机能够解决的问题已经远远超越了“狭义”数学的概念。在计算机应用领域，提及计算，很容易联想到游戏的攻关、文档的编辑处理、手机购物等超出传统数值计算及数理统计之外的丰富应用。冯·诺依曼（Von Neumann）早在1949年就有过这样的预测——“看上去我们已经到达了利用计算机技术可能获得的极限了，尽管下这样的结论得小心，因为不出 5 年这听起来就会相当愚蠢”。直到今天，计算机能够求解的问题域仍然在不断地拓展和深入。

6.1 计算机求解问题的方法

在用计算机求解客观世界中复杂多变的问题时，通常要抓住问题的主要特征，通过分析及转化，建立一个与实际问题等价的、抽象的模型，而这个模型有利于降低问题的复杂程度，且具有同类问题的一般性。计算机求解问题的一般步骤如图6-1所示。

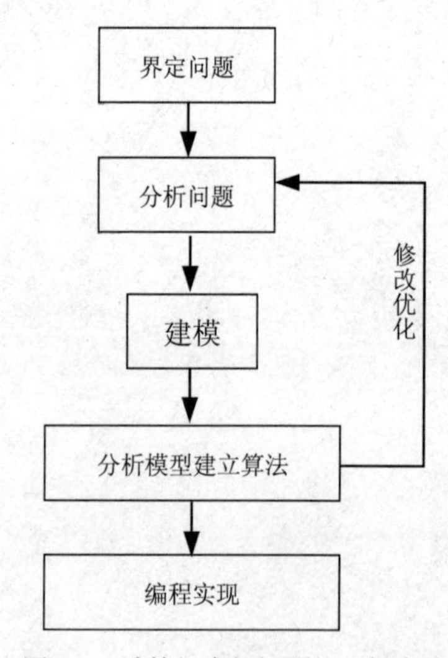

图6-1 计算机求解问题的一般步骤

通过图6-1可见，计算机求解问题的几个关键步骤如下。

（1）界定问题。计算机求解问题要从能够清楚地定义将要求解的问题意图入手，来陈述和界定问题。界定问题的过程要能够清晰地定义要达到的结果或者目标。

（2）分析问题。在弄清楚问题的前提下，进一步为求解问题而进行分析，找出问题中的已知数据，需要求解得出的数据、问题的规模及复杂程度等。

（3）建模。模型是对现实问题的一种描述，是现实问题的抽象和简化。模型由现实问题的相关元素组成，能够反映这些元素之间的关系，从而反映现实问题的本质。模型分为物理模型和数学模型两大类。物理模型由物理元素构成，也叫形象模型。而数学模型由关系、函数等数学对象符号组成，又称为逻辑模型或抽象模型。模型和现实问题从本质上说是等价的，但是模型比现实问题更具抽象性，模型中各个量之间的关系更加清晰，更加容易找到规律，从而为问题最终的计算机求解奠定可行的基础。图论模型、动态规划模型和数学模型是建模常用的模型形式。

（4）分析模型建立算法。根据模型为编程准备可以执行的一系列步骤，这些步骤要从问题的已知条件入手，通过一系列的操作最终得出解决方案。算法的建立通常使用不针对任何一种编程语言的格式来编写，以免陷入某一种计算机编程语言的语法细节。在算法的制定过程中要充分考虑在特定的计算环境内解决问题的可行性与解决问题的效率，算法的修改和优化往往需要回溯到对问题的分析和建模的环节。

总之，只有掌握了计算机求解问题的特征，才能够使现实世界中的问题在计算机世界得以更加有效地解决。

6.2　算法及算法的描述

计算机求解问题的关键在于算法设计。算法的设计与实现是客观世界向抽象世界转化，并由抽象世界步入计算机世界的过程。计算思维的运用在算法设计中十分重要。

6.2.1　算法的定义

算法（Algorithm）是指完成某一特定任务所需要的具体方法和步骤，是有穷规则的集合。在日常生活中随处可见算法的影子，如超市收银员，为防止小额钞票被用光，总是尽量用最少张数的钞票完成补零，这就是贪心算法在生活中的自觉应用。人们在出行前选择车次、航班，总是在省钱和省时间两者之间权衡，这与购买计算机时人们总是在性能和价格之间选择一样，是典型的动态规划算法的应用。

算法在数学领域历史悠久。公元前 2000 年，巴比伦人在黏土板上记载了大量的数学问题，其中一个典型的例子就是计算利息何时能够等于本金，被认为是最早的关于算法的记录；公元前 300 年左右，欧几里得在《几何原本》中创立了逻辑演绎体系；公元 1 世纪，西汉张苍编撰《九章算术》，记述了大多形成于先秦的计算方法，创立了机械化算法体系。算法在这两部东西方数学最早的典籍中都有系统的描述。例如，在《九章算术.方田》中记载“半广以乘正从，广即其底，正从即其高。”的相似三角形面积互补的公式。刘徽在《九章算术注》中详细证明了该算法：如图 6-2 所示，将三角形的Ⅰ、Ⅱ移至Ⅰ′、Ⅱ′处，便构成一个长方形，其底为三角形的底的一半，高为三角形的高，三角形的面积与其相等，完成了证明。

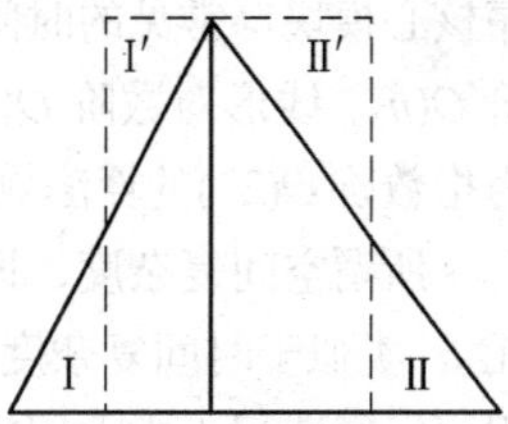

图 6-2　《九章算术注》三角形面积算法

计算机算法源于艾达·拜伦（Ada Byron）于 1842 年为巴贝奇（Babbage）分析机编写求解伯努利微分方程的程序，因此艾达·拜伦被认为是世界上第一位程序员。20 世纪英国数学家阿兰·麦席森·图灵（Alan Mathison Turing）提出了著名的图灵论题，并提出一种假想的计算机的抽象模型，这个模型被称为图灵机。图灵机的出现解决了算法定义的难题，图灵思想对算法的发展起到了重要的作用。

6.2.2 算法的基本特征

著名的计算机科学家尼克劳斯·沃思（Niklaus Wirth）指出：算法是程序设计的“灵魂”，并提出，算法+数据结构=程序。算法独立于任何具体的程序设计语言，一个算法可以用多种程序设计语言来实现。

算法要有一个清晰的起始步，表示处理问题的起点，且每一个步骤只能有一个确定的后继步骤，从而组成一个步骤的有限序列，要有一个终止步，表示问题得到解决或不能得到解决。归纳起来，算法具有以下基本特征。

（1）输入：一个算法有 0 个或多个输入，用以表征算法开始之前运算对象的初始情况，所谓 0 个输入是指算法本身已经给出了初始条件。

（2）输出：一个算法必须有一个或多个输出，输出是算法计算的结果，没有任何输出的程序是没有意义的。

（3）确定性：算法对每一步骤的描述必须确切而无歧义，以保证算法的实际执行结果精确地符合要求或期望。

（4）有穷性：算法必须在有穷步骤内完成任务，并且每一步骤都可以在有穷时间内完成。

（5）可行性：算法中描述的操作都是可以通过已经实现的基本运算，执行有限次数来实现。

通常算法都必须满足以上 5 个特征。需要说明的是一个实用的算法不仅要求有穷的操作步骤，而且应该是尽可能有限的步骤。例如，对线性方程组求解，理论上可以用行列式的方法。但是要对 n 阶方程组求解，需要计算 $n+1$ 个 n 阶行列式的值，要做的乘法运算是（$n!$）（$n-1$）（$n+1$）次。假如 n 取值为 20，用每秒千万次的计算机运算，完成这个计算需要上千万年的时间。可见，尽管这种算法是正确的，但它没有实际意义。由此可知，在设计算法时，要对算法的执行效率作一定的分析。

6.2.3 算法的评价

对于算法的评价有两个基本标准：时间复杂度和空间复杂度。

所谓时间复杂度，即执行这个算法需要多少时间。实际上算法确切的执行时间不通过上机测试是无法得出的，一般认为一个算法花费的时间与算法中语句的执行次数成正比例。算法的时间复杂度表示为 $T(n) = O(f(n))$，其中 $f(n)$ 表示算法中基本操作重复执行的次数的函数，n 代表程序核心模块。常见的时间复杂度，按数量级递增排列依次为：常数 $O(1)$、对数阶 $O(\log_2 n)$、线形阶 $O(n)$、线形对数阶 $O(n\log_2 n)$、平方阶 $O(n^2)$、立方阶 $O(n^3)$、指数阶 $O(2^n)$。显然，时间复杂度为指数阶 $O(2^n)$的算法效率极低，当 n 值稍大时，算法就失去了实际的应用价值。

所谓空间复杂度，即执行这个算法需要占用多少资源（可以理解为占用了多少计算机存储单元）。类似于时间复杂度，空间复杂度表示为 $S(n)=O(f(n))$。空间复杂度计算的空间资源，是除了程序运行期间正常占用内存以外所要开销的辅助存储单元的规模。

此外，随着计算机硬件性能的不断提高，程序的规模越来越庞大，算法的可读性也成为了衡量算法优劣的一个重要指标。

6.2.4 算法的描述

下面以常见的双假设条件盈亏问题为例，建立模型及算法，为编程实现做准备。

现有若干人合买某件商品，假设每人出 8 元钱，买完商品后还会盈余 3 元钱；假设每人出 7

元钱，那么购买该商品还差 4 元钱。求合买商品的人数和该商品的售价（元）。

1. 界定问题

这是一个整数求解的问题，毋庸置疑，人数为整数，根据题意，商品的价格也应该为以元为单位的整数。

2. 分析问题

该问题中已知数据源自两次假设，在人数固定的前提下，两次改变每人所出的钱数，而盈亏的钱数是以该商品的售价为标准而界定的。需要求解的有两个未知变量，即商品的售价（元）和合买人数（人）。按照正向的代数思维，很容易想到利用二元一次方程组联立进行这类问题的求解，算法的时间复杂度为 O(1)。

3. 建模

根据题意，首先完成数学模型的建立。

原题所述基本可以作为物理模型，忽略其非重要的细节，抓住本质性的元素，对其实现符号化，用数学的方法描述出来。设人数为 x，物价为 y，则有：

$$\begin{cases} y = 8x - 3 \\ y = 7x + 4 \end{cases} \tag{6-1}$$

需要解决的问题就转化为求解二元一次方程组的问题，这就是数学模型。其次，根据数学模型完成算法的设计。考虑到设计算法的通用性，将式（6-1）转化为一般二元一次方程组：

$$\begin{cases} a_1 x + b_1 y = c_1 \\ a_2 x + b_2 y = c_2 \end{cases} \tag{6-2}$$

依笛卡尔坐标可知，若 $a_1b_2 - a_2b_1 \neq 0$，方程组有唯一解，否则无解或有无穷组解。当然双假设的盈亏问题是式（6-2）的特例，在“盈不足”问题中，$a_1 \neq a_2$ 且 $b_1=b_2=-1$，显然有唯一解。用加减消元法求得：

$$x = \frac{c_1b_2 - c_2b_1}{a_1b_2 - a_2b_1} \tag{6-3}$$

$$y = \frac{a_1c_2 - a_2c_1}{a_1b_2 - a_2b_1} \tag{6-4}$$

4. 分析模型建立算法

根据解二元一次方程组的数学方法，记录解决问题的实际步骤，就能设计出利用计算机可以实现的算法。

（1）输入系数 a_1，b_1，c_1，a_2，b_2，c_2。

（2）计算 $k = a_1b_2 - a_2b_1$。

（3）如果 $k = 0$，输出“方程组无解或有无穷组解”，转向执行（8）。

（4）计算 $x = (c_1b_2 - c_2b_1)/k$。

（5）若 x 不为整数，输出“所求人数非整数，题目假设条件错误”，转向执行（8）。

注：步骤（5）仅限于求解“盈不足”问题，一般二元一次方程组求解不用步骤（5）。

（6）计算 $y = (a_1c_2 - a_2c_1)/k$。

（7）输出 x，y。

（8）是否输入其他系数继续求解？设参数 d，通过 d=“Y”或 d=“N”决定是否继续求解。

（9）如果 d=“Y”，转（1）。

（10）结束。

若要解决上面提出的“盈不足”问题，只要输入已知的参数，如 b_1=−1，b_2=−1，a_1=8，a_2=7，c_1=3，c_2=−4，就可以按以上算法计算出结果：x=7，y=53，即 7 人合购售价 53 元的商品。

上述算法只要借助具体的计算机编程语言，就可以通过设置简单变量和算术表达式轻松实现。

此类盈亏问题，早在《九章算术.盈不足》中就有比设立方程组更加简洁的算法描述。原书给出的解法之一，解释成计算步骤如下。

（1）盈、不足相加作被除数：设盈为 x，不足为 y，本题 $3+4=7$。

（2）用所出之率以少减多，余数为除数：设所出钱数多的为 m，少的为 n，本题 $8-7=1$。

（3）以除数去除被除数得结果人数：设人数为 p，则本题 $p=\dfrac{x+y}{m-n}=7\div 1=7$ 人。

（4）求得人数 p 后，带入假设条件之一，即求得物价。$g=p\times 8-3=53$ 元。

当然，在编程过程中，可以考虑步骤 3 所求人数是否为整数，若为非整数则需要重新输入参数，方法同上一个算法。

可见，古法算法相对于现代求解一般多元方程组的算法，显然更为简单，但是通用性不如现代求解算法。在没有代数和方程概念的时期，古人可以用假设中总体盈余与不足的差值除以假设中个体所出钱数的差值，得到人数，进而求得物价，不可不谓之巧法。自先秦以来，盈不足类问题已经在民间演绎出“韩信点兵”、“镜花缘——廖熙春设问”、“杨损陟吏”等数十种谜题。盈不足问题的解法更是中国古代数学家的一项伟大创造，在世界数学史上占有一定的重要地位。

计算机算法无非是将人脑抽象出的模型程序化，而求解问题的关键还是在于人类本身的思维。当然对于二元一次方程组这样简单的数学问题，求解当中不需要考虑过多的计算机语言特征。而在大规模和复杂运算的算法设计过程中，人们还要考虑计算机本身的运算能力和存储特征以及未来所用计算机编程语言的特点等因素，尽量通过降低时间、空间复杂度、提高程序的可读性等方法来优化算法，使其可以快速、稳定地在特定的计算环境能得以求解。

6.2.5 算法的表示

在计算机编程领域，算法是软件工程师之间的语言。常用的计算机软件，如字处理软件 Word，其代码超过 75 万行，而 Windows 7，其代码多达 5 千万行！研究数据表明，在成熟的软件开发团队中，一名成员平均每天只能编写、测试并存档 20 多行代码。所以软件开发过程中，有效的合作至关重要。而提高合作的效率，重点在于算法设计的合理性及其提高算法的表达清晰程度。算法的清晰表达，需要选择一种合适的描述算法的工具。常用的描述工具有：流程图、N-S 图、PAD 图、伪码等。

1．流程图

流程图是算法表达最常用的一种方法。流程图是一种用程序框、流程线及文字说明来表示算法的图形。在程序框图中，一个或几个程序框的组合表示算法中的一个步骤，带有方向箭头的流程线将程序框连接起来，表示算法步骤的执行顺序。流程图中常用的元件如表 6-1 所示。

表 6-1　程序流程图常用元件

流程图元件	名　称	功　能
（圆角矩形）	起止框	表示一个算法的起始和结束，是任何流程图不可少的
（平行四边形）	输入、输出框	表示一个算法输入和输出的信息，可用在算法中任何需要输入、输出的位置

续表

流程图元件	名　称	功　能
▭	处理框	赋值、计算。算法中处理数据需要的算式、公式等分别写在不同的用以处理数据的处理框内
◇	判断框	判断某一条件是否成立，成立时在出口处标明“是”或“Y”；不成立时标明“否”或“N”
→ ↴	流程线	连接程序框，带有控制方向
○	连接点	连接程序框的两部分

画流程图的基本规则如下。

（1）使用标准的图形元件。

（2）遵守从上至下、从左到右的顺序。

（3）除判断框外，大多数流程图符号只有一个入口和一个出口。判断框是具有超过一个出口的唯一元件。

（4）判断框分两大类：一类判断框是“是”与“否”两分支的判断，而且有且仅有两个结果；另一类是多分支判断，有几种不同的结果。

（5）在图形符号内描述的语言要简练、清楚，且无二义性。

依照上述规则，盈不足问题的现代一般方程组解法的流程图表示如图 6-3 所示。

合适的软件工具可以帮助设计者快速而规范地设计出算法流程图。现在大多数的办公软件平台及软件工程辅助软件（Computer Aided Software Engineering，CASE），如金山文字、MS Word、Visio、Rational ROSE 等都提供流程图基本元件的内嵌，很容易学习和掌握。

2. 伪代码

伪代码（pseudo code）是算法的另外一种表示方法。伪代码也叫虚拟代码，是一种由自然语言和没有限定的多种编程语言元素混合而成的。伪代码表示法类似算法的注释系统，它不拘泥于算法具体在什么样的计算机编程环境中实现，而是追求更加清晰地表达算法。伪代码的应用要求用户具备一定的高级语言编程基础。由于伪代码介于自然语言和计算机语言之间，所以它兼具自然语言通俗易懂的优点，同时和高级语言的混杂会减少自然语言易产生“歧义性”的缺点。

例如：求解 n!，n 的定义域是非负整数。用伪代码可以表示为：

```
BEGIN(算法开始)
READ  n         //输入 n 的值，例如输入 5，则 5! =5×4×3×2×1
IF (n=0 OR n=1) THEN
  t=1            //0!=1、1!=1 作为特例
ELSE
    { t←n          //令 t=n
     i←n-1
     WHILE (i>=1)
      {
       t←t*i
        i←i-1
      }
    }
PRINT  t
END(算法结束)
```

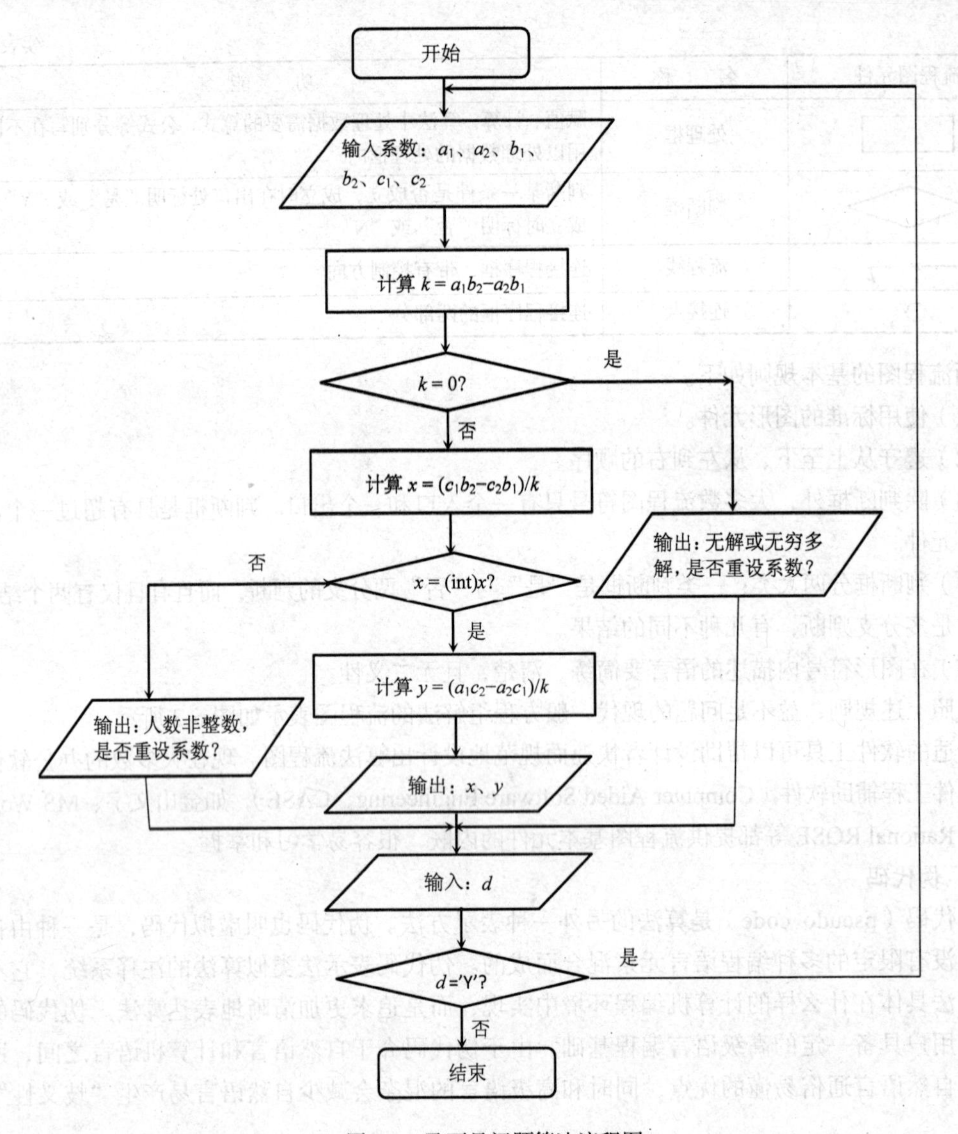

图 6-3　盈不足问题算法流程图

在本算法中采用当型循环，WHILE 意思为“当”，它表示当 i>=1 时执行循环操作。

思维训练： 试想，若用户输入一个不在定义域范围内的数字时，在伪代码描述的算法中该如何处理？

6.3　程序设计语言及程序设计

6.3.1　程序设计语言

算法要通过程序设计语言，编写成为计算机能够通过编译或解释执行的语句序列，才能最终通过计算机完成执行和验证。程序设计语言是指一组由关键字和语法规则构成的，并且可以被计算机所处理和执行的指令规则。程序设计语言的种类千差万别，但其基本成分主要包括以下4种。

（1）数据成分。用以描述程序中所涉及的数据，如常量、变量、各种数据类型等。

（2）运算成分。用以描述程序中所包含的运算，包含运算符号和运算规则，有算术运算、逻辑运算、关系运算等。

（3）控制成分。用以表达程序中的控制构造，如顺序结构、选择结构和循环结构。

（4）传输成分。用以表达程序中数据的传输。

编写程序的基本要求：首先是保证语法上的正确性。然后是保证语义的正确性，也就是通过运行程序，得到需要的正确结果。高质量的程序还应体现在4个方面：可靠性高、运行速度快、占用存储空间小和易懂性。

程序设计语言种类繁多，有着不同的分类方式。按照与计算机硬件的依赖程度，可以分为低级语言和高级语言；按照应用范围，可以分为通用语言和专用语言；按照使用方式，有交互式语言和非交互式语言之分。总之，在程序设计语言的发展中，经历了如下几个阶段。

1. 第一代编程语言——机器语言

机器语言是直接用二进制代码指令表达的计算机语言，指令是用0和1组成的一串代码，相当于已经通过硬链接方式嵌入到微处理器电路中的指令集。

对应不同的 CPU 或微处理器，就有不同的机器语言。机器语言对人来说既难理解又难掌握，编出的程序不易查错纠错。机器语言在现在主要用于CPU中嵌入的指令集设计，而几乎不再用于编写程序。

2. 第二代编程语言——汇编语言

汇编语言比机器语言直观，它的每一条符号指令与相应的机器指令有对应关系，同时又增加了一些宏、符号地址等功能。由于用汇编语言可以直接操纵处理器、寄存器和内存地址等硬件资源，这对于编写设备驱动程序、编译程序、操作系统等系统软件非常有用。不同指令集的处理器系统有自己相应的汇编语言。

现在汇编语言仍在直接操作硬件层次的指令编写中发挥重要的作用。程序员常用汇编语言编写系统软件，如编译器、操作系统和设备驱动程序。

机器语言和汇编语言同属于低级语言。低级语言包括特定 CPU 或微处理器所特有的系列命令，低级语言要求程序员直接为最底层的硬件编写指令。所谓的“低级”，是指低级语言可以直接或者相对容易地转换为机器指令而被计算机“识别”，与人类自然语言相去甚远。

3. 第三代编程语言——高级语言

高级程序设计语言构想从20世纪50年代就开始出现。与低级语言相比，高级语言提供给程序员的指令更像人类自然语言，它为计算机应用的普及起到了重要作用。例如，高级语言中的关键字 Print 或 Write 代表的命令，能够代替数行的汇编语言操作码或者冗长的机器语言的0、1指令序列。

人们用高级程序设计语言编程直观、方便，但计算机最终执行的还是二进制表示的机器指令，这中间需要编译程序或解释程序来做翻译工作。 高级程序设计语言不再与具体的计算机硬件相对应，同一高级程序设计语言，只要给出不同的编译程序或解释程序，就可以用在不同类型的计算机上。这就是高级程序设计语言的通用性。高级语言又分为过程性语言、面向对象语言和专用语言。

（1）过程性语言

过程性的编程语言适合于那些结构化设计的算法。用过程性语言编写的程序有一个起点和一个终点，程序从起点到终点执行的流程是直线型的。BASIC、COBOL、FORTRAN、C、Pascal都属于过程性语言。

（2）面向对象语言

面向对象的程序设计语言是建立在用对象编程方法的基础上的。程序被看成是正在进行通信的若干对象的集合。程序设计就是定义对象、建立对象间的通信关系。面向对象的程序设计语言提供了类库，类库中定义了包括窗口类在内的各种各样的类供程序使用，从而使大型软件的开发变得容易。面向对象的程序设计语言有 Visual Basic、C++、Java、Delphi 等多种语言。

（3）专用语言

专用语言是为特殊应用而设计的语言。通常有特殊的语法形式，面对特定的问题，输入结构及词汇表与该问题的相应范围密切相关。

今天仍有数百种专用语言在流通，最有代表性的包括 LISP、Prolog、APL 和 Forth。LISP 和 Prolog 适用于人工智能领域，特别是关于知识表示和专家系统构造；APL 是为数组和向量运算设计的简洁而强有力的语言；Forth 是为开发微处理机软件设计的语言，它支持用户自定义函数并以面向堆栈方式执行，以提高速度和节省内存。

专用语言针对特殊用途设计，一般应用面窄，翻译过程简便、高效，但与通用语言相比，可移植性和可维护性差。

4. 第四代编程语言——4GL

第四代语言上升到更高的一个抽象层次，尽管还用不同的语法表示程序结构和数据结构，但已不再涉及太多的算法性细节。迄今，使用广泛的第四代语言是数据库查询语言，它支持用户以复杂的方式操作数据库。流行的结构化查询语言（Structured Query Language，SQL），支持数据库的定义和操作，它功能强大，简单易学。

程序生成器（Program Generators）代表更为复杂的一类 4GL，只需要很少的语句就可生成完整的第三代语言程序，不必依赖预先定义的数据库作为它的着手点。

此外，一些决策支持语言（Decision Support Language）、原型语言（Prototyping Language）、形式化规格说明语言（Formal Specification Language）也被认为属于 4GL 的范畴。

5. 第五代编程语言

1982 年，日本研究者用 Prolog 语言进行第五代编程语言的研究项目。Prolog 的特点是使用符号运算而非数字计算，虽远达不到自然语言的要求，但却是第五代语言的雏形。智能化语言、知识库语言、人工智能语言，是最接近自然语言的程序语言，普遍被认为是第五代编程语言的特征。

第一代至第四代编程语言，人们在偏重符合计算机特征的环境里解决问题；第五代编程语言，人们在符合人类思维特征的环境里解决问题。

通常情况下，一项任务可以用多种编程语言来实现。当为一项工程选择程序设计语言时，主要考虑以下几个因素。

（1）应用领域。

（2）算法和计算复杂性。

（3）数据结构复杂性。

（4）软件运行环境。

（5）性能方面的需要与实现的条件。

（6）软件开发组成员是否都精通这门语言。

其中，项目所属的应用领域常常作为首要考虑的因素，这是因为若干主要的应用领域长期以来已固定地选用了某些标准语言，积累了大量的开发经验和成功先例。

例如，C 语言经常用于系统软件的开发，FORTRAN 在工程及科学计算领域占主导地位（当然 Pascal、BASIC、C 也广为使用），数据库管理系统在信息处理领域广泛使用（其中 SQL 使用较广），汇编语言在工业控制领域被广泛使用，面向对象的语言 VB、C++常被用来开发大型的软件系统，Java 语言在网络应用方面发挥重要作用等。

6.3.2　程序设计过程

程序设计(Programming)是为利用计算机解决特定问题而进行的一种智力活动，是利用程序设计语言构造软件活动中的重要组成部分。广义的程序设计过程包括分析、设计、编码、测试、排错等不同阶段。狭义的程序设计过程是指编写源程序、编译、链接、发布等阶段。本节主要描述狭义的程序设计过程。

1．编写源程序

编写源程序是按程序设计语言的语法要求，用合适的编辑软件进行相应语言源程序的书写。编写源程序的前提是已经做好了特定问题的分析并得出了解决问题的算法，即在抽象世界已经明白了做什么和怎么做。

2．编译/解释

编译就是用相应的编译器对源程序进行编译，产生计算机能够识别的目标文件。高级语言源程序经过编译产生目标文件后，今后的重复执行就不需要再次进行编译了，除非源代码发生了更改。值得注意的是，和编译过程相似的还有解释过程，部分高级语言将源代码作为输入，解释一句就提交计算机执行一句，并不形成目标文件。

相对而言，解释程序执行效率较低，如源程序中出现循环，则解释程序也重复地解释并提交执行这一组语句，这就造成很大浪费。多数的计算机高级语言采用编译方式，如 C、C#、Pascal 等。而与网页、交互脚本、接口相关的部分对速度要求不高的语言采用解释方式，如 JavaScript、VBScript、Matlab 等。

3．链接

经过编译产生的目标文件与程序执行所需要的相关函数库，要通过链接方式相结合，才能生成最终可以运行的可执行文件或者生成一个新的函数库文件。若程序包含多个目标文件，链接过程可以将这些目标文件连接成一个统一的可执行文件或者函数库文件。

4．发布

发布阶段将可执行文件及相关程序和资源文件安装到操作系统中，使其脱离编程环境可以独立运行。

6.4　程序设计方法

程序设计的基本目标是用算法对问题的原始数据进行处理，从而获得所期望的效果。但这仅仅是程序设计的基本要求。要全面提高程序的质量，提高编程效率，使程序具有良好的可读性、可靠性、可维护性以及良好的结构，编制出好的程序来，应当是每位程序设计工作者追求的目标。

而要做到这一点，就必须掌握正确的程序设计方法和技术。

6.4.1 结构化程序设计方法

结构化程序设计方法是由荷兰著名计算机学家，图灵奖得主迪杰斯特拉（E.W.dijkstra）在 1965 年提出的，其主要思想是通过分解复杂问题为若干简单问题的方式降低程序的复杂性。它的主要观点是采用自顶向下、逐步细化的程序设计方法，同时严格使用 3 种基本控制结构构造程序。3 种基本控制结构是指顺序结构、选择结构和循环结构。计算机科学家 Bohm 和 Jacopini 证明了任何简单或复杂的算法都可以由这 3 种基本结构组合而成。

1. 顺序结构

顺序结构表示程序中的各操作是按照它们出现的先后顺序执行的，其流程如图 6-4 所示。

在此控制结构中的处理框 A 和 B 是顺序执行的。顺序控制结构是最简单的一种基本结构。

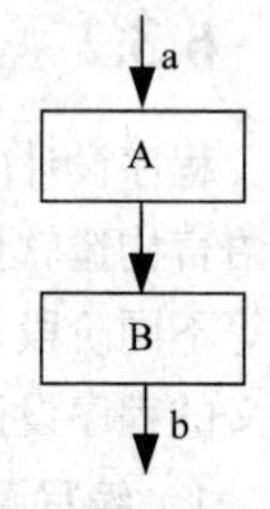

图 6-4 顺序结构

2. 选择结构

选择结构也称为分支结构，告诉计算机根据所列条件的正确与否选择执行路径，如图 6-5 所示。

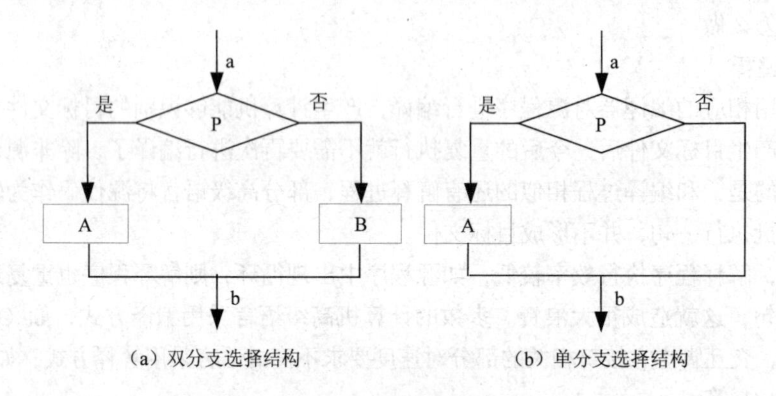

图 6-5 选择结构

在此控制结构中有一个判断框，图中 P 代表条件。如图 6-5（a）所示，若为双分支结构，则 P 条件成立，执行 A 框的处理，否则执行 B 框的处理。如图 6-5（b）所示，若为单分支结构，只有当条件 P 成立时才执行 A 框的处理，否则将不做任何处理。

3. 循环结构

循环结构是指可以重复执行一条或多条指令直到满足退出条件。循环结构主要有以下两种。

（1）当型（WHILE DO 型）循环结构，如图 6-6（a）所示。当条件 P 满足时，反复执行 A 框。一旦条件 P 不满足时就不再执行 A 框，而执行它下面的操作。如果在开始时，条件 P 就不满足，A 框一次也不执行。

（2）直到型（UNTIL 型）循环结构，如图 6-6（b）所示。先执行 A 框，然后判断条件 P 是否满足，如条件 P 不满足，则反复执行 A 框，直到某一时刻，条件 P 满足则停止循环，执行下面的操作。可以看到，不论条件 P 是否满足，至少执行一次 A 框。

以上 3 种基本控制结构有以下共同的特点。

（1）只有一个入口和一个出口。

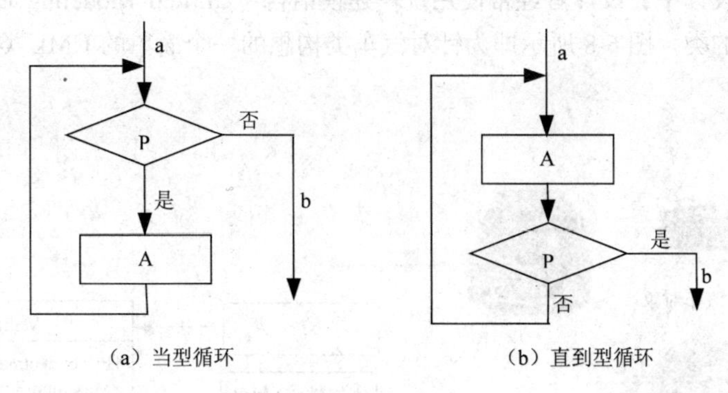

（a）当型循环　　（b）直到型循环

图 6-6　循环结构

（2）结构内的每一部分都有机会被执行到，也就是说，每一个框都应当有一条从入口到出口的路径通过它。

（3）结构内没有死循环（无限循环）。

1971 年，尼克劳斯・沃斯发布的 PASCAL 语言是第一个系统地体现了迪杰斯特拉定义的结构化程序设计概念的语言。同一时代产生的程序设计语言 BASIC、C 语言等也是典型的结构化程序设计语言。

6.4.2　面向对象程序设计方法

自 20 世纪 80 年代开始，在软件设计思想上又产生了一次革命——面向对象的程序设计方法。在此之前的高级语言，几乎都是面向过程的，程序的执行严格按照定义好的流程，在一个模块被执行完成前，不允许动态地改变程序的执行方向，这和人们日常处理事务的方式是不一致的。在客观世界中，人们更多地是面向具体的应用，即面向对象，根据对象的特征、属性、行为来解决问题，而不是面向过程，以固定的公式的形式来处理问题。

如同工业化的标准件的生产，面向对象设计方法重视软件的集成化，如同硬件的集成电路一样，生产一些通用的、封装紧密的功能模块。这些功能模块与具体应用无关，但能相互组合，完成具体的应用功能，同时又能重复使用。对使用者来说，只关心它的接口（输入量、输出量）及能实现的功能，而不用关心它内部的工作原理。C++、Java、C#等语言就是典型的面向对象程序设计语言。

面向对象的程序设计语言一般都含有 3 个方面的语法机制，即对象和类、继承性、多态性。

1．对象和类

对象（Object）的概念、原理和方法是面向对象程序设计语言最重要的特征。对象是指一个数据单元，表示一个抽象或者现实世界的实体。例如，一个对象可以表示选课系统中的某一位选修程序设计课程的学生，另一个对象可以表示一门 4 学分的必修课程。现实世界中这样的对象不胜枚举，也有很多对象的特征和行为非常类似，如选课系统中的几千名学生，他们在选课系统里拥有相同的权限，要在相同的时段完成近乎相同的操作。因此，在面向对象程序设计语言中，将特性类似的一组对象用一个通用的模板加以定义，就构成了类。

对象是类（Class）的一个实例，而类是对象的抽象。如图 6-7 所示，某一品牌的汽车可以作为一个对象，而汽车对象的某些对于解决问题（如销售）有意义的特征信息就构成了汽车类的属性框架。

面向对象程序设计中，设计者经常使用统一建模语言（Unified Modeling Language，UML）来设计程序中使用的类。图 6-8 所示即为针对汽车类构想的一个简单的 UML 类图。

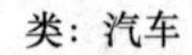

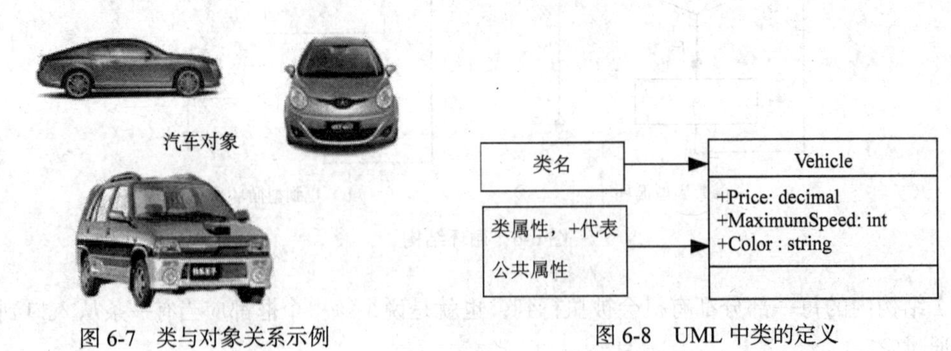

图 6-7　类与对象关系示例　　　　图 6-8　UML 中类的定义

2．继承性

在面向对象程序设计的术语中，继承是指将某些特定的特性从一个类传递到其他类。如果一个类 B 继承自另一个类 A，就把这个 B 称为“A 的子类”，而把 A 称为“B 的父类”。继承可以使得子类具有父类的各种属性和方法，而不需要再次编写相同的代码。

在令子类继承父类的同时，可以重新定义某些属性，并重写某些方法，即覆盖父类的原有属性和方法，使其获得与父类不同的功能。另外，为子类追加新的属性和方法也是常见的做法。例如，“越野车”就可以作为“汽车”类的子类，继承来自“汽车”父类的“Price”、“Maximum Speed”等公共属性，同时也允许“越野车”子类拥有自己特有的属性，如“front-wheel drive”等。

3．多态性

在面向对象程序设计中，类的同一操作（类的方法）作用于不同的对象（参数不同），可以有不同的解释，产生不同的执行结果，这就是多态性。不同的面向对象编程语言对于多态性的处理时机和处理机制是有较为明显的区别的。

以 C#为例，在下列程序中，定义了父类 Vehicle 和派生的子类 Car 及派生子类 Truck。Car 和 Truck 子类都继承了父类的公共属性 Price 和 Maximumspeed，并且都具备父类定义的虚方法——Speak()。但是在两个子类中都对继承自父类的虚方法 Speak()进行了重载，即实现了方法 Speak()的多态化。

```
class Vehicle                                   //定义汽车类
   { public decimal Price;                      //价格
    public int Maximumspeed;                    //最高时速 km/h
    …
    public virtual void Speak( )                //虚方法 Speak()，用于描绘汽车的喇叭鸣叫
         { Console.WriteLine( " 汽车鸣喇叭! " ); }
    }
class Car:Vehicle                               //定义 Car 类，继承父类 Vehicle
    { …
    public override void Speak( )               //覆盖父类虚方法，形成多态
          { Console.WriteLine( " 轿车鸣笛:滴—滴!" ); }
    }
```

```
class Truck:Vehicle                          //定义卡车类，继承父类 Vehicle
    {…
    public override void Speak( )            //覆盖父类虚方法，形成多态
        { Console.WriteLine( " 卡车鸣笛:叭-叭!" ); }
    }
static void Main(string[] args)
    {Vehicle v1 = new Vehicle(0,0 );
     Car c1 = new Car(120.5M,200);
     Truck t1 = new Truck(6,200.34M,150);
     v1.Speak( );  //v1,c1,t1 分别调用 Speak 方法，得到不同的结果
     c1.Speak( );
     t1.Speak( );
     }
```

程序运行结果如图 6-9 所示。

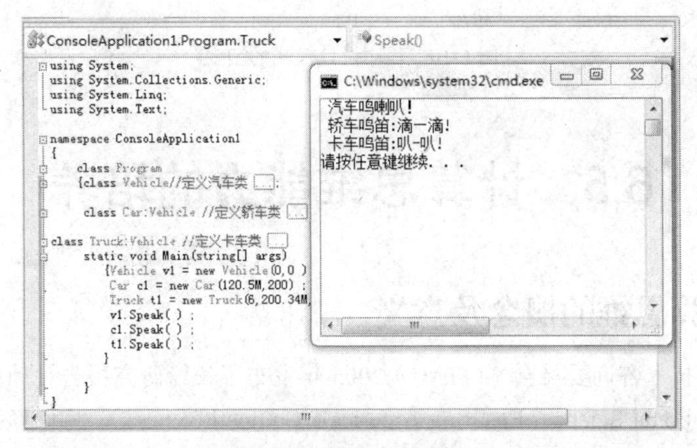

图 6-9　C#中多态示例

在生活中，多态化的实例非常普遍。例如，在使用 Word 绘制几何图形时，绘图栏中的形状就属于一个类。该类中所有的对象（具体的几何形状）都有着相同的属性和操作方式（方法），但是当选中不同的形状进行拖曳绘制（不同的对象调用同一个方法）时，自然会得到不同的结果形状，这便是多态。

面向对象程序设计方法更加接近于人类感知现实世界的方法，利用面向对象程序设计方法，程序员更加容易设想问题的解决方案。面向对象程序设计在很多方面还能够提高编程的效率，特别是对于规模庞大的应用，因为封装的对象可以被改写和复用在很多不同的程序之中。

当然面向对象程序设计方法相对于面向过程的程序设计方法来说，需要更多的内存和系统资源，运行效率是它可能存在的缺点。以上面的程序代码为例，如果仅仅是为了得到汽车、卡车鸣叫声音的文字输出，使用面向对象的程序设计绝对是低效的。

在计算机科学领域，程序设计方法并没有止步于面向对象程序设计。人们发现，目前成熟的程序设计方法更多地是以数据处理为重要事务的，而未来计算机所能处理的事务中，非数值问题要远远多于数值问题。让计算机通过处理文字、概念等非数值信息，从而做出解决问题的决策，已经成为了部分科学家开始探索和尝试解决的问题。纵贯程序设计语言的发展历程，各种程序设计模式的发展演变概况如图 6-10 所示。

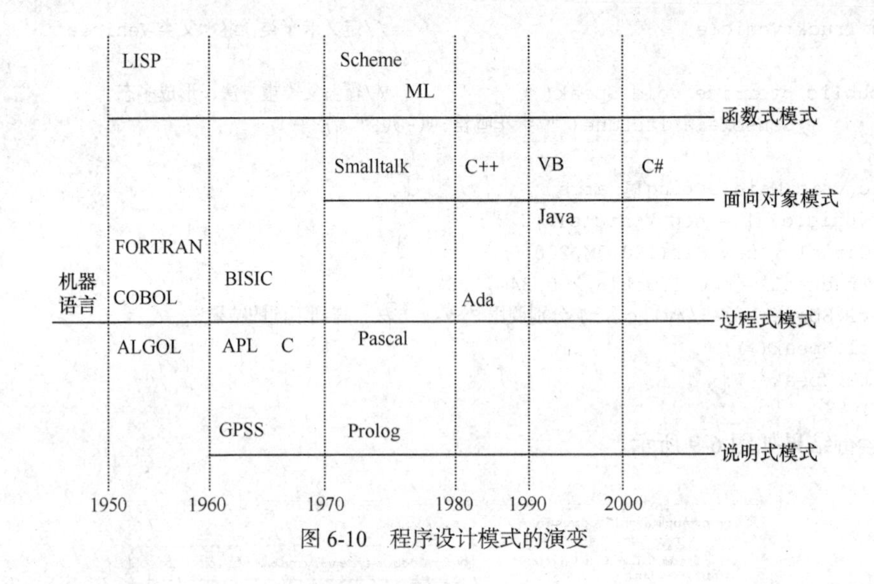

图 6-10　程序设计模式的演变

6.5　计算思维能力的培养

6.5.1　计算思维的概念及意义

美国总统信息技术咨询委员会（PITAC）2005 年发布了长篇研究报告《计算科学：确保美国竞争力》（Computational Science: Ensuring America's Competitiveness），将计算科学提升到国家战略竞争力加以阐述。该报告经过一年的充分调研得出结论：21 世纪科学上最重要的、经济上最有前途的前沿研究都有可能通过先进的计算技术和计算科学而得到解决。

2006 年 3 月，美国卡内基・梅隆大学的周以真（Jeannette M. Wing）教授在计算机权威期刊《Communications of the ACM》中首次明确地提出了“计算思维”的概念。周教授认为：“计算思维涉及运用计算机科学的基础概念去求解问题、设计系统和理解人类的行为。计算思维涵盖了反映计算机科学广泛性的一系列思维活动”，并把计算思维能力培养提高到和传统国际公认的基础科学文化素质——3R'S（阅读 Read、写作 Write a composition、算术 Arithmetic，简称）培养具有同等重要性的地位。

图灵奖得主、微软工程师 Jim Gray 对人类的科学发展总结出 4 个范式，可以较好地用来诠释计算思维的重要性。

（1）科学的实证阶段：人类的实证思维能力可追溯到几千年前。人们靠经验来证实或证伪某种猜想，逐步形成人类的知识。依靠实验及观测来描述和解释自然现象是现代科学诞生之初一种可靠而有效的科学方法。伽利略正是通过自己制作的简易望远镜观测到了土星环和凸凹不平的月球表面。

（2）数学理论分析阶段：几百年前，理论和数学分析逐渐成为了人类科学研究的有力武器。人们开始为各种物理现象和物理过程建立理论模型。牛顿定律、狭义相对论、广义相对论等人类文明进程中闪光的智慧成果就是在这一阶段诞生的。数学理论分析能力的增长，使人类拥有了超越实证与观测的能力。19 世纪中叶，英法科学家就是通过天王星运行轨迹受引力干扰偏离的现象，通过理论分析和计算，较为准确地推测出了当时尚未观测到的海王星的存在。

（3）计算模拟阶段：随着理论模型越来越复杂，思维也越来越抽象，缺乏直观性。在过去几十年间，随着计算机技术的成熟，用计算机模拟物理现象和物理过程开始流行。网络足球游戏、蚁群算法、E-mail、电子商务等都是对人及人类社会活动的模拟，CAD、CAM 等工程设计领域的计算机应用则是对物理世界的模拟和计算。

（4）数据探索阶段：信息爆炸时代的今天，各种理论、实验、模拟都统一在信息处理这种数据探索框架之下。科学研究就是收集数据，计算数据，分析数据。这些数据的来源可以是传感器也可以是计算模拟结果，通过软件进行分析计算，结果存储在数据库中。科学家必须能够用统计学知识对这些计算数据进行挖掘、探索和提炼。

科学发展的范式表明，计算密集型和数据密集型成为今天科研、生产工作中主要的计算形式。“计算”二字在今天同诸多学科形成了紧密的结合，计算材料学、计算经济学、计算生物学等新兴学科方向不断涌现。计算机犹如人类的外脑，凭借海量的存储和高速的运算能力，使人类在自然科学、工程技术等诸多领域的研究探索能力得到很大程度的增强。正如算法大师迪杰斯特拉所说，“我们所使用的工具影响着我们的思维方式和思维习惯，从而也将深刻地影响着我们的思维能力”。计算机是人类的数学思维和工程思维的互补与融合结出的硕果，使人类能用自己的智慧去解决那些计算时代之前不敢尝试的问题，建造那些功能仅仅受制于人类想象力的系统。

6.5.2　计算思维的特征

计算思维的涵盖远远超出计算机编程的狭义领域，是抽象的、多层次的思维，是人类的基本思维方式。在现代社会，人们用以接近和求解问题、管理日常生活、与他人交流和互动等，都需要计算思维。与数学界的自由性不同的是，由于计算机电气特性和结构逻辑的限制，计算性思考与纯粹的数学性思考存在着诸多差别。计算思维具有如下的特征。

1. 可计算性

可计算性就是计算的能力和极限，知道哪些问题可以计算，哪些问题不可能计算。比如采用“穷举法”来破译加密信息，似乎仅仅是时间问题，然而在实际的应用中，即便是由多位符号明文组合的密码，组合方法也多得惊人，需要的破译时间也会长得没法接受，有时可能会长达数年，甚至更久。假设某类明文密码仅由乱序的小写拉丁字母组成，PC 每秒钟穷举 10 个字符，专业服务器每秒钟穷举 100 万个字符，且假设计算机的处理性能每两年翻一番，在计算性能增长后密码破解所用的时间如表 6-1 所示。

表 6-2　　穷举法破解密码所需时间

密 码 长 度	PC 破解	专业服务器破解
1	2 秒	1 秒
3	30 分钟	1 秒
5	14 天	1 秒
7	10 年	1 秒
9	26 年	9 分钟
11	46 年	4 天
13	64 年	4 年

在天气预报、地球与空间科学、生物医学、工程问题的非线性运算等诸多领域，问题的求解所需要的运算量都是惊人的，在这些问题的求解思考上，可计算性是非常重要的要素。所以，计算思维要求首先要学会抽象，而且是合理抽象，把有待解决的问题抽象成有效的计算过程。

2. 计算方法多样性

用计算思维计算和处理事务，可运用广泛而科学的思维方法，比如递归、抽象和分解、冗余、保护、容错、启发式推理、不确定性规划、学习和调度等。

计算环境的发展也推动了一些新型计算方法的涌现，如在因特网和宽带技术推动下于 20 世纪 90 年代出现的网格运算，在解决金融、国防、医药、复杂决策、协作设计等领域的海量计算方面发挥了巨大的作用。

目前运行于伯克利开放式网络计算平台——BOINC（Berkeley Open Infrastructure for Network Computing）上的 SETI@home 项目就是一个运作成功的网格计算案例。该项目将世界上最大的射电望远镜——Arecibo 采集到的海量信息分成一个个小数据包，发送到互联网上，每台安装了 SETI@home 客户端的计算机都可以自动下载这些数据包，以运行屏幕保护或者后台程序的方式参与数据分析，用来寻找地外文明的证据。目前，共有 234 个国家和地区、超过 500 万的个人和团体参加了这项浩大工程，使用的 CPU 时间超过 224 万年，如此多的计算机联合起来，已经超过了世界上任何一台超级计算机的处理能力。除了寻找地外文明，该平台还有更具现实意义的计算项目，如分析计算蛋白质的内部结构和相关药物的 Folding@home 项目、研究艾滋病的生理原理和相关药物的 FightAIDS@home 等。SETI@HOME 用户计算机界面如图 6-11 所示。

图 6-11　SETI@HOME 用户计算界面

3. 兼具数学和工程特性

计算思维在本质上源自数学思维和工程思维。数学思维的运用可以帮助人们构造解决现实世界真实问题的系统，而基本计算设备的电气、存储特性的限制又迫使软件设计者和使用者必须计算性地思考，不能只是数学性地思考。同时，在计算思维领域，构建虚拟世界的自由使人们能够设计超越物理世界的各种系统。

4. 计算思维的普遍性

计算思维作为一种科学的思维方式，早已超越了单纯的计算机科学领域。远在计算机诞生之前，人类便具有了解决算术、代数、解析几何、微积分、数理方程、数值计算等问题的丰富计算实践，也有研发和运用数值计算的大量实践活动。计算思维在计算机科学、自然科学、数学、社会学科、语言艺术、美术、生命科学等几乎所有学科领域都发挥着深刻的影响力。

本 章 小 结

1. 本章从计算机求解问题的特点及广义的计算开始，阐明了计算机求解问题的主要步骤。培养利用计算机进行求解问题的思维，了解利用计算机求解问题的特点及过程是本章的目的。

2. 算法是完成特定问题所需要的具体方法和步骤，是有穷规则的集合。算法的规划和定义是利用计算机求解问题的核心。

3. 算法的表示需要利用科学的方法和工具，要从逻辑上避免二义性的出现。算法的正确性、时间复杂度、空间复杂度以及可读性是评价算法优劣的主要标准。

4. 求解问题需要建立模型、设计算法及数据结构，并利用适当的计算机程序设计语言将其实现为可执行的程序。

5. 狭义的程序设计过程包括了编写源程序、编译（解释）、链接、发布等阶段。程序包括数据成分、运算成分、控制成分、传输成分等要素。

6. 计算机程序设计语言经历着从面向机器特性到面向人类思维特性的发展历程，不同的程序设计语言决定了程序不同的设计模式。面向过程和面向对象的程序设计模式是两种发展成熟的程序设计模式。

7. 计算思维能力伴随着人类的文明与进步，同时计算思维在不同的时代有着不同的可行性特征和边界。

习题与思考

1. 判断题

（1）算法就是程序。（　　）

（2）汇编语言要通过编译转换为目标代码文件才能够被计算机识别、执行。（　　）

（3）面向对象程序设计方法优于面向过程的程序设计方法。（　　）

（4）UML 是面向对象程序设计方法中常用的建模语言。（　　）

（5）计算思维是伴随着计算机的科学发展而诞生的思维模式。（　　）

（6）在面向对象方法中，对象是类的实例化。（　　）

（7）子类在继承父类的属性和方法之后，允许有自己私有的属性和方法。（　　）

（8）对于某一特定的问题，其算法是唯一的。（　　）

（9）计算思维解决的仅仅是现实世界中的数值处理类问题。（　　）

（10）程序流程图和伪代码可以等效用于表示同一算法。（　　）

2. 选择题

（1）下面结论正确的是________。

A. 一个程序的算法步骤是可逆的　　B. 一个算法可以无止境的进行下去

C. 完成一件事情的算法有且只有一种　　D. 设计算法要本着简单方便的原则

（2）算法的有穷性是指________。

A. 算法必须包含输出　　B. 算法中每个步骤都是可执行的

C. 算法的步骤必须有限　　D. 以上说法均不对

（3）下面不是高级语言的是________。

A. Java 语言　　B. PASCAL 语言

C. Python 语言　　D. 汇编语言

（4）下列语言采取解释执行的是________。

A. Java 语言　　B. C 语言

C. JavaScript 语言　　D. C#语言

（5）下列结果中，叙述不正确的是________。

A. 算法可以理解为由基本运算及规定的运算顺序构成的完整的解题步骤

B. 算法可以看成按要求设计好的有限的确切的运算序列，并且这样的步骤或序列可以解决一类问题

C. 算法只是在计算机产生之后才有的算法

D. 描述算法有不同的方式，可以用日常语言和数学语言

（6）程序的流程图便于表现程序的流程，其中关于流程图的规则说法不正确的是________。

A. 使用标准流程图便于大家能够各自画出流程图

B. 除判断框外，大多数流程图符号只有一个进入点和一个，判断框是具有超过一个退出点的唯一符号

C. 在图形符号内描述的语言要非常简练、清楚

D. 流程图无法表示出需要循环的结构

（7）下列关于条件结构说法正确的是________。

A. 条件结构的程序框图有一个入口和两个出口

B. 无论条件结构中的条件是否满足，都只能执行两条路径之一

C. 条件结构中的两条路径可以同时执行

D. 对于一个算法来说，判断框中的条件是唯一的

（8）下面对算法描述正确的一项是________。

A. 算法只能用自然语言来描述　B. 算法只能用图形方式来表示

C. 同一问题可以有不同的算法　D. 同一问题的算法不同，结果必然不同

（9）任何一个算法都必须有的基本结构________。

A. 顺序结构　　B. 结构条件结构

C. 循环结构　　D. 3 个都有

（10）流程图中表判断框的是________。

A. 矩型框　　B. 菱形框

C. 圆形框　　D. 椭圆形框

（11）下面概念中，不属于面向对象方法的是________。

A. 对象　　B. 继承

C. 类　　D. 过程调用

（12）算法的时间复杂度是指________。

A. 执行算法程序所需要的时间

B. 算法程序的长度

C. 算法执行过程中所需要的基本运算次数

D. 算法程序中的指令条数

（13）面向对象的设计方法与传统的面向过程的方法有本质不同，它的基本原理是________。

A. 模拟现实世界中不同事物之间的联系

B. 强调模拟现实世界中的算法而不强调概念

C. 使用现实世界的概念抽象地思考问题从而自然地解决问题

D. 鼓励开发者在软件开发的绝大部分中都用实际领域的概念去思考

（14）下列对派生类的描述中错误的说法是________。

A. 派生类至少有一个基类

B. 派生类可作为另一个派生类的基类

C. 派生类除了包含它直接定义的成员外，还包含其基类的成员

D. 派生类所继承的基类成员的访问权限保持不变

（15）________意味着一个操作在不同的类中可以有不同的实现方式。

A. 多态性　　B. 多继承

C. 类的可复用　　D. 信息隐蔽

3. 简答题

（1）简述程序设计的基本过程。

（2）算法和程序之间有什么相同之处和不同之处？

（3）现行的公历源自 1852 年意大利教皇宣布颁行的格里历。在格里历中闰年规则为：公元年份除以 400 余数为 0，或者除以 4 余数为 0 且除以 100 余数不为 0 的，为闰年。

请根据以上的规则，画出求解闰年的流程图。

（4）简述面向对象的编程原理。

（5）图 6-12 所示为典型的网上银行登录系统界面，如果你是系统设计师，请用自然语言为网上银行登录认证过程设计一个尽量安全实用的登录认证算法。

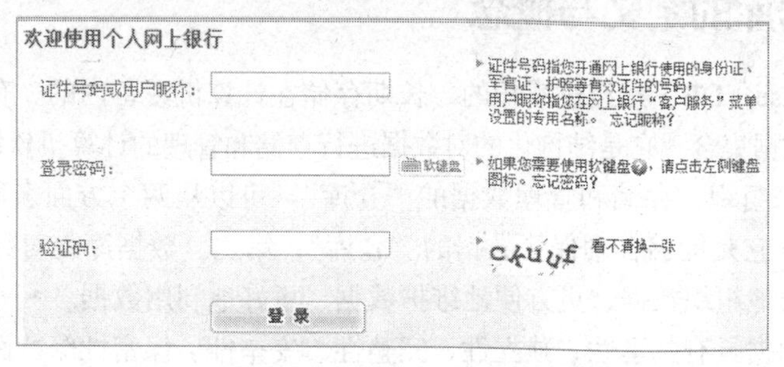

图 6-12 网上银行登录界面

第7章 数据库技术

数据库技术是计算机科学与技术的组成部分，数据库技术在信息社会中扮演的角色越来越重要。学习掌握数据库应用技术，是应用计算机的基本技能之一。

本章介绍数据库技术发展简况、数据库的类型、数据库管理系统和数据库系统、常用的数据库管理系统的发展及基于 Access 数据库系统的应用技术。

7.1 数据库技术概述

随着计算机应用技术的发展和计算机的普及，以数据的组织、存储和管理为核心的数据库技术得到了快速发展，特别是在当今信息社会中，数据库技术的应用范围越来越广泛，被用于越来越多的领域。人们要处理数据、管理信息，就离不开数据库技术。下面分别介绍数据库的定义与概念、数据库的发展。

7.1.1 数据库的定义与概念

数据库（Database，DB）是经过累积的、长期存储在计算机设备内的、有组织结构的、可共享的、统一管理的数据集合。它是结构化的对数据进行存储和管理的计算机软件系统。通俗地讲，数据库是计算机用来组织、存储和管理数据的“仓库”。可以从两个方面来理解数据库：第一，数据库是一个实体，它是能够合理保管数据的“仓库”；第二，数据库是对数据管理的一种方法和技术，它能更有效地组织数据、更方便地维护数据、更好地利用数据。

在数据库中，数据具有共享性、独立性、完整性、安全性、保密性等特性，同时要求最大限度的减少数据的冗余度，它是计算机软件系统的一个重要组成部分。

各行各业根据自己的需要，都建立了自己的数据库，如银行的储户数据库、学校的学生数据库、人事部门的人才数据库、商业部门的物资进销存数据库等，这些数据库的建立为本部门的数据统计、查询提供了数据来源，为信息化建设奠定了坚实基础。数据库的存储量从几兆字节（MB，$1M=10^6$）到几百吉字节（GB, $1G=10^9$）、几百太字节（TB，$1T=10^{12}$）甚至几百拍字节（PB，$1P=10^{15}$），也就是通常所说的小型数据库、中型数据库、大型数据库和超级数据库。这些数据库都是通过数据库管理系统建立的，不同的数据库管理系统都有自己的运行机制，本章将介绍基于 Access 数据库管理系统的应用方法。

7.1.2 数据库技术的发展

数据管理技术经历了从文件管理到数据库管理的发展。文件管理系统所管理的数据在共享方面不能满足用户需求，随之而来的是数据存储重复率高，造成了很大浪费，很难适应大量数据存储和处理的需要。随着人们对数据共享性、独立性、完整性、安全性等各项性能要求的不断提高，数据库管理技术得到了快速发展。

数据库技术发展经历了以下几个阶段。

1. 第一阶段

这是数据库技术发展的初期阶段。在 20 世纪 60 年代，计算机硬件已进入第二代成熟时期，外存储器已有了磁鼓、磁盘和磁带。计算机应用也大规模地转向数据处理，数据的存储量剧增，社会的需求促使人们去研究一种较新、较好的工具和方法来在存储数据，以达到共享数据、提高数据利用率的目的。数据库的概念在这时期应运而生，产生了基础理论，形成了数据库的基本应用技术。

这个时期比较有代表性的数据库有以下两种。

（1）IDS（Integrated Data Store）。它是由 C.W Bachmam 设计开发的，于 1963 年投入使用，可为 COBOL 程序提供数据共享。

（2）IMS（Information Management System）。它是由 IBM 公司 McGee 等人设计开发的一个层次式数据库系统，于 1969 年投入使用，是一个商品化的数据库系统。

这一阶段的数据库的主要是建立在层次模型和网状模型上的数据库，这两种数据库奠定了现代数据库发展的基础。

2. 第二阶段

这是数据库技术的发展阶段。在 20 世纪 70 年代，计算机硬件已进入第三代成熟期，第四代已初见端倪，计算机速度越来越快，存储容量越来越大，数据存储及处理需求呈爆炸性增长。各类软件商品化，PC 出现，计算机快速走向社会，这一切都大大促进了数据库技术的大发展，这个时期比较有代表性的工作如下。

（1）DBTG 报告。这一报告是美国 CODASYL（Conference On Data System Language，数据库系统语言协会）关于数据库一系列工作报告的其中之一，它提出了许多基本概念，澄清了一些说法，建立了许多有权威的观点，对网状系统的研究起了很大的推动作用。

（2）“大型共享数据库的关系模型”一文发表。这是 E.F.Codd 发表的一篇具有划时代意义的论文。他在 IBM 公司从事数据库研究，于 1970 年发表该著名论文，对数据库的关系、规范化理论等问题作了明确阐述。该篇论文对数据库技术的发展作出了重大贡献，因此，E.F.Codd 获得了的 1981 年度的图林奖。

（3）数据库系统的结构标准化。1978 年美国标准化组织发表了 ANSI/X3/SPARC 建议，它是一个关于数据库结构的最终报告，报告中规定了数据库系统的总体结构及特征。

（4）关系数据库系统商品化。1979 年美国 ORACLE 公司推出了第一个商品化大型关系数据库系统，这是走向社会、创造值价的一个标志，也代表了数据库应用技术向大众化发展的方向。

这一阶段的数据库主要是建立在关系模型上的关系数据库。

3. 第三阶段

这是数据库技术的成熟阶段。从 20 世纪 80 年代起，特别是 80 年代以后的十几年，计算机硬件、软件技术迅猛发展，许多大型数据库系统已能移植到小型机、微型机上运行，数据库应用技术进入了各行各业，如银行、交通、海关等行业大量应用数据库技术来处理业务，各种统计检索、企业管理、办公自动化等领域都广泛地应用数据库技术为其服务。关系数据库技术已日臻成熟，得到了广泛应用。随着计算机网络化、智能化的发展，数据库向分布式关系数据库系统、面向对象方法的工程数据库系统、演译数据库系统、知识库系统等方向发展，其成熟的标志和特点如下。

（1）分布式数据库实用化。1986 年投入使用的 SQL* STAR 和 INGRES/STAR 是两个较有代表性的分布式数据库系统。

（2）大型数据库普及化。ORACLE、SyBase SQL Server 等大型数据库系统被广泛应用于各类中小型管理信息系统的开发研制中。

这一阶段的数据库主要是在关系数据库数据库的基础上发展、延伸、扩大。这个时期的数据库支持多种数据模型，如关系模型和对象的模型；结合多种新技术，如分布处理技术、并行计算技术、人工智能技术、多媒体技术、空间数据技术等；同时应用于广泛的领域，如商业管理、地理信息系统、生产计划管理等。

经过以上 3 个阶段的发展，数据库技术成了信息技术的主要组成部分，是信息社会不可缺少的重要应用技术。

思维训练：数据库需要保持数据的完整性、一致性，如何理解数据一致性与完整性？数据库能杜绝数据冗余吗？

7.2 数据模型

数据模型是对现实世界数据的特征进行抽象，它描述各数据的构造和数据之间的联系。通过对数据和信息进行建模，人们能够比较真实地模拟现实世界，在模型的帮助下人们更深刻真实地理解数据和信息，更便于在计算机上实现对数据和信息的表示和处理。本节不讨论如何建模，只简单介绍和数据模型有关的概念。

7.2.1 数据和信息

在信息社会，工业自动化、农业自动化、办公室自动化、家庭自动化是大势所趋，社会在快速通信化、计算机化和自动控制化的推动下快速发展。在农业社会和工业社会中，物质和能源是主要资源，在信息社会中，信息成为比物质和能源更为重要的资源，因此，数据就成为了当今信息社会的重要资源。

1. 数据

数据（data）指所有能输入到计算机并被计算机程序处理的符号，如各种字母、数字符号的组合、语音、图形、图像等统称为数据。

从表示方式来看，数据有表示事物属性的数据，如居民地、河流、道路等；有反映事物数量特征的数据，如长度、面积、体积等几何量，重量、速度等物理量；有反映事物时间特性的数据，如年、月、日、时、分、秒等。

从表现形式来看，数据可分为数字数据、模拟数据。数字数据由数字组成，如各种统计或量测数据。模拟数据由连续函数组成，是指在某个区间连续变化的物理量，如声波、电磁波等。

数据还可以分为图形数据，如点、线、面；按数字化方式分为矢量数据、格网数据等。

总之，在信息技术中，“数据”的概念已经由单一的“数字”演变成了一个综合概念。

2. 信息

信息（Information）是指经过加工后的数据。信息即不是物质，也不是能量。物质、能量和信息是构成世界的三大要素。信息是客观事物状态和运动特征的一种普遍形式，客观世界中大量地存在、产生、传递、表现着各种各样的信息。

信息论的创始人香农认为：“信息是能够用来消除不确定性的东西”。

信息就是指以声音、语言、文字、图像、动画等方式所表示的实际内容。人们通过信息认识物质、认识能量、认识系统、认识周围世界。物质的属性，如质量、体积、形状、颜色、温度、强度等都是以信息的形式表达的。

信息有下列特性。

（1）可识别性

信息是可以识别的，人们可以通过直接和间接的方式来识别信息。直接识别是指通过感官的识别，如看到、闻到的信息；间接识别是指通过各种测试手段的识别，如电压、水流、距离等。

（2）可存储性

信息是可以通过各种方法存储的，如存储在磁盘上、记录在书本上、记忆在大脑里。

（3）可扩充性

信息随着时间的变化，将不断扩充。过去的信息、将来的信息、未来的信息，通过不断积累，种类越来越多，数量越来越大。

（4）可压缩性

人们对信息进行加工、整理、概括、归纳就可使信息相对原来的量被压缩变少。

（5）可传递性

信息的可以通过各种媒介传递到不同的地方，信息的传递是其基本的特征。

（6）可转换性

信息可以由一种形态转换成另一种形态，如数码照相机将形象、颜色转换成了数字形式。

（7）有效性

信息在特定的范围内是有效的，而在某些范围是无效的。如课表上的信息对学生是有效的，但对工人是无效的。

此外，信息还有主观和客观的两重性、无限延续性、不守恒性等特性。

信息的客观性表现为信息是客观事物发出的信息，信息以客观为依据；信息的主观性反应是人对客观的感受，是人们感觉器官的反应和在大脑思维中的重组。

信息的无限延续性是指知识是信息、科学技术是信息，它们都是用符号表达社会信息。科技知识却是永不消失，长久存在的。信息不仅在时间上能无限延续，而且在空间上还能无限扩散，这是由于信息具有“不守恒”的特性。

信息不守恒表现为以声、光、色、形、热等构成自然信息，以及各种以符号表达的信息都可以产生，信息可以扩散、湮灭，可以放大、缩小，也可以畸变、失真。正是由于信息的不守恒才演化出了千变万化的物质世界。

思维训练：数据是信息的载体，信息通过数据表现出来，针对不同形式的信息需要不同形式类型的数据表示，有哪些类型的数据？各有什么特点？

7.2.2 数据模型

在数据库技术中主要有层次模型、网状模型、关系模型和面向对象模型。

1. 层次模型

层次模型用树型结构来描述数据间的联系，如图 7-1 所示。树型结构有严密的层次关系，每个节点（除根节点）仅有一个父节点，节点之间是单线联系。

2. 网状模型

网状模型用网状结构来描述数据间的联系，如图 7-2 所示。在网状结构中，节点之间可以有两个或多个联系。

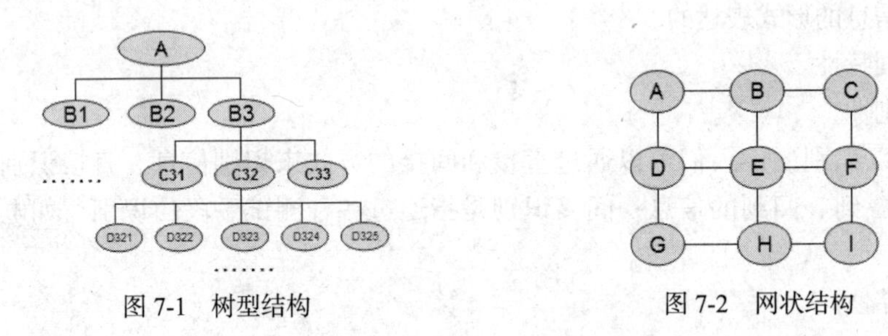

图 7-1 树型结构　　图 7-2 网状结构

3. 关系模型

关系模型用二维表结构来描述数据间的联系，如表 7-1 至表 7-3 所示。可以看出，整张表就是一个关系。

表 7-1 学生情况表

学　号	姓　名	性　别	出生年月	民　族	出生地	专　业	照　片
201010102101	陈晓瑜	女	1992-1-13	汉族	四川	测绘工程	
201010102105	宋艳华	女	1991-11-26	汉族	云南	测绘工程	
201010103101	刘锵	男	1991-12-9	壮族	广西	信息系统	
201010103104	张明琪	男	1990-1-1	汉族	江西	信息系统	
201010103108	陈达龙	男	1991-11-1	汉族	云南	信息系统	
201010405101	李路阳	男	1990-1-16	汉族	云南	计算机应用	
201010405103	杜佳	男	1991-11-10	汉族	云南	计算机应用	
201010405109	蔡婷婷	女	1991-12-5	黎族	海南	计算机应用	
201010405212	段斌	男	1991-7-17	汉族	山西	计算机应用	
201010902103	陈丹红	女	1991-3-10	汉族	天津	市场营销	
201010902105	冯平丽	女	1991-9-13	汉族	新疆	市场营销	

表 7-2 课程表

课程号	课程名称	学　分	课程分类	考察类型
1101001	高等数学	4	必修	考试
2101001	大学英语	4	必修	考试

续表

课程号	课程名称	学分	课程分类	考察类型
3102001	大学计算机基础	2	必修	考试
3102002	大学计算机基础上机实践	2	必修	考查
3102003	程序设计语言	2	必修	考查
3102108	多媒体技术	2	必修	考查
3102111	计算机安全技术	2	选修	考查

表 7-3　成绩表

学号	姓名	课程号	课程名称	学期	成绩
201010103101	刘锵	1101001	高等数学	第一学期	87
201010103101	刘锵	2101001	大学英语	第一学期	90
201010103101	刘锵	3102001	大学计算机基础	第一学期	95
201010103101	刘锵	3102002	大学计算机基础上机实践	第一学期	93
201010902103	陈丹红	1101001	高等数学	第一学期	87
201010902103	陈丹红	2101001	大学英语	第一学期	90
201010902103	陈丹红	3102001	大学计算机基础	第一学期	95
201010906123	董娜	3102003	程序设计语言	第一学期	87
201010906123	董娜	3102108	多媒体技术	第一学期	81
201010906123	董娜	1101001	高等数学	第一学期	87
201010405212	段斌	3102108	多媒体技术	第一学期	83
201010405212	段斌	1101001	高等数学	第一学期	90

二维表由行、列构成关系，但并不是所有二维表都可作为一个“关系”，必须是规范化的二维表才能构成“关系”。

从上面 3 张表可以看出，它们都是由行和列构成，而且表头没有出现嵌套，它们是规范的，所以可以把它们称为关系模型的表。

面向对象模型不在本节介绍，读者可以参考有关教材。

思维训练：由行和列构成的表称二维表，但不是所有二维表都可以构成关系，什么样的二维表不能构成关系？

7.2.3　关系数据库

建立在关系数据模型上的数据库就是关系数据库。关系数据库具有数据结构简单、概念清楚、理论成熟、格式单一等特点。目前使用的数据库大多数都是关系型数据库，如 ORACLE、Informix、DB2、SQL Server、Visual FoxPro、Access 等。

从关系数据模型的角度来看，“关系”就是二维表，表的第一行用来描述属性，有几列就有几个属性。表 7-1 直观地表示了学生基本情况的“关系”。在表的开始第一行就定义了“学号”、“姓名”、“性别”、“出生年月”、“民族”、“出生地”、“专业”和“照片” 8 个属性。从第二行以下各行是具体的内容，每一行称为一条记录。对于表 7-1 来说，每个学生的 8 个属性构成数据库中的一条记录，若干条记录就构成一个关系数据库。

如果用关系模式来描述，表 7-1 的形式为：

学生情况表（学号，姓名，性别，出生年月，民族，出生地，专业，照片）。

相当于构造了一个表头，根据这一表头，逐行往下填写对应的具体内容，就形成了一张二维表格。

关系数据库中对数据的操作都以关系操作为基础。有下列 3 种基本关系操作。

（1）筛选。这一操作用来完成选取二维表中的满足条件的行，即平行选取某些记录。例如，从“学生情况表”中选出“出生地”为云南的男生。

（2）投影。这一操作用来完成选取二维表中的满足条件的列，即垂直选取某些字段的内容。例如，只选取“姓名”和“性别”两列进行处理。

（3）连接。这一操作用来完成两个数据库的连接，生成一个新的数据库，即由两个二维表联合成一个更宽的二维表。

7.3 数据库系统与数据库管理系统

数据库系统是信息处理系统的主要组成部分，在当今社会，数据库系统已经应用到许多领域，它已经成为信息社会的基础。数据库管理系统属于计算机软件，它是数据库的核心，数据库系统在数据库管理系统的支撑下进行工作。

7.3.1 数据库系统

数据库系统是指计算机系统引进数据库技术后的整个系统，它由 4 个部分组成。

1. 计算机硬件

计算机硬件指构成计算机系统的各种物理设备，包括存储数据所需的设备。为保证能存储和处理大量的数据，计算机必须配有足够大的内存和外存。

2. 计算机软件

计算机软件包括支撑计算机正常工作的操作系统、数据库管理系统及应用程序。数据库管理系统（DataBase Management System，DBMS）是数据库系统的核心软件，是在操作系统的支持下工作的软件，该软件具有科学地组织和存储数据、高效获取和维护数据的功能。具体地说，数据库管理系统的主要功能包括数据定义功能，数据操纵功能，数据库的运行管理功能。数据库系统中的计算机软件确保了数据库的正常运行和工作。

3. 数据库

数据库是对数据进行存储、处理的地方。数据库中的数据按一定的数学模型组织、描述和存储，具有较小的冗余度，较高的数据独立性和易扩展性。在数据库中存放着大量数据供各种用户共享使用。

4. 工作人员

工作人员指负责对整个系统进行建立、维护、协调工作的技术人员，主要有 4 类。第一类为系统分析员和数据库设计人员，负责应用系统的需求分析和规范说明，他们和用户及数据库管理员一起确定系统的硬件配置，并参与数据库系统的设计，同时负责完成对数据库中各级数据模式的设计；第二类为应用程序员，负责编写使用数据库的应用程序，他们编写的应用程序可对数据进行检索、建立、删除或修改；第三类是数据库管理员（DataBase Administrator，DBA），负责数据库总体信息的控制；第四类为最终用户，他们利用系统的接口和查询语言对数据库进行访问和应用。

只有上述 4 个部分都配备齐全，协调运行，才能构建成一个完整的数据库系统。

7.3.2 数据库管理系统

数据库管理系统是一组计算机软件系统，它的功能和作用是对数据库进行集中控制，并能够建立、运行数据库，从而实现数据共享，保证数据的完整性、安全性和保密性。

数据库管理系统分为大型系统、中型系统和小型系统。大型系统功能较全，处理能力较强，它们常用于国家级大型管理信息系统（Management Informatin System，MIS）开发；中型系统处理能力相对小一些，常用于省、市级的管理信息系统的开发应用；小型系统的处理能力相对更小，数据处理量有限，如 FoxPro X 系列、Access 等，常用于小型桌面管理信息系统开发，满足办公需要。

1. 数据库管理系统的主要功能

（1）定义数据库：它能够完成对数据库逻辑结构的定义，存储结构的定义及其他一些结构和格式的定义。

（2）数据管理功能：它能够控制数据的存储、查找和更新，保证数据的完整性和安全性。

（3）建立数据库和维护数据库：它能够建立新的数据库，重新组织数据、恢复数据、更新数据库结构及监管数据库。

（4）通信功能：它能够与其他应用程序或软件有相应的数据交换接口。

2. 常见的数据库管理系统

（1）ORACLE 数据库

ORACLE 是甲骨文软件公司开发的大型功能齐全的数据库管理系统。ORACLE 数据库产品被很多大型公司采用，许多大型网站、银行、证券、电信部门在建设开发数据库系统时等都选用了 ORACLE。1988 年发布第 6 版，1997 年，ORACLE 推出了面向网络计算的数据库 ORACLE 8。1999 年，ORACLE 正式提供世界上第一个 Internet 数据库 ORACLE 8i。ORACLE 9i、ORACLE 10g、ORACLE 11g 是 ORACLE 系列数据库的较新版本。

（2）SQL-Server

SQL-Server（Structured Query Language Server）是一个网络型关系数据库管理系统（DBMS），是以 Microsoft 公司为主推出的数据库管理系统，它有许多先进的功能，具有使用方便、可伸缩性好、与相关软件集成程度高等优点，受到广大用户的青睐。

（3）DB2

DB2 是 IBM 公司研制的一种关系型数据库系统。DB2 主要应用于大型应用系统，具有较好的可伸缩性，可支持从大型机到单用户环境，应用于 OS/2、Windows 等平台。DB2 提供了高层次的数据利用性、完整性、安全性、可恢复性，以及从小规模到大规模应用程序的执行能力，具有与平台无关的基本功能和 SQL 命令。DB2 它以拥有一个非常完备的查询优化器而著称，还具有很好的网络支持能力。

（4）Informix

Informix 是为 UNIX 等开放操作系统提供专业的关系型数据库产品。公司的名称 Informix 便是取自 Information 和 UNIX 的结合。Informix 第一个真正支持 SQL 的关系数据库产品是 Informix SE（StandardEngine）。Informix SE 是在当时的微机 UNIX 环境下主要的数据库产品。它也是第一个被移植到 Linux 上的商业数据库产品。

（5）MySQL

MySQL 是一个小型关系型数据库管理系统，开发者是瑞典的 MySQL AB 公司。目前 MySQL 被应用在 Internet 上的中小型网站中。由于速度快、成本低、开放源码等这些特点，许多中小型网站为了降低网站总体成本而选择了 MySQL 作为网站数据库管理系统。

（6）Visual FoxPro

Visual FoxPro 原名 FoxBase，最初是由美国 Fox Software 公司于 1988 年推出的数据库产品，在 DOS 上运行，与 xBase 系列兼容。FoxPro 是 FoxBase 的加强版。1992 年，Fox Software 公司被 Microsoft 收购，对该软件加以发展，使其可以在 Windows 上运行，并且更名为 Visual FoxPro，在功能和性能上又有了很大的改进，主要是引入了窗口、按钮、列表框、文本框等控件，进一步提高了系统的开发能力。主要用于桌面系统的开发。

（7）Access

Access 属于关系型数据库管理系统，是微软办公自动化套件 Office 中的组件之一，比较适应于桌面数据库应用系统。它具有较好的向导和大量的实用工具。对于非专业人员，可以在向导的指引下完成数据库的开发和管理，还可以应用 VBA（Visual Basic for Application）开发功能较全、综合性更强的数据库系统。

思维训练：DB、DBMS、MIS、DBA 这几个概念有一定的联系，它们之间是什么联系？Access 属于其中的哪一个？

7.4 基于 Access 的数据库应用设计

要创建数据库必须应用一个数据库管理系统作为开发工具才能完成。本节介绍应用 Access 数据库管理系统创建数据库及应用数据库的方法。

Access 是微软公司推出的基于 Windows 的桌面关系数据库管理系统（Relational Database Management System，RDBMS），属于小型关系数据库管理系统。Access 具有许多工具和向导，还提供可视化操作，能够让使用者高效快速的开发桌面数据库系统。它具有界面简单、操作方便、兼容性好、工具丰富、管理简洁等特点。

在 Access 数据库中，包括了数据表、查询、窗体、报表、页、宏、模块等对象。使用 Access 可以完成建立表、生成查询、设计窗体、输出报表等操作。Access 提供了多种向导、生成器和模板，能把数据存储、数据查询、界面设计、报表生成等操作规范化。Access 在操作时非常方便，普通用户不必编写代码，就可以完成大部分数据管理的任务。Access 能够存取 SQL Server、ORACLE 和任何 ODBC 兼容数据库内的数据。

7.4.1 创建数据库和数据表

1. 创建数据库

数据库是存放数据的仓库，如何把数据存放到“仓库”中，使之能够被方便查询、快速统计，这是创建数据库的目的。首先，应该明确要将什么数据存放进去，希望得到什么信息；其次，还要明白如何把数据组织好，使它们容易存储，方便查找，主体明确，关系清晰，冗余度小。

例如，学生管理数据库主要用于处理学生的信息，包括课程选择、成绩记载等信息；图书管理数据库主要用于处理图书的购置、借阅、归还等信息；工资数据库用于处理员工的工资记录、发放、统计等信息。

在 Access 中，如果要建立学生管理数据库，具体操作就是利用数据库向导创建文件名为“学生管理.mdb”文件。建立了该数据库文件，就意味着构建了一个针对学生数据管理的框架，接下来就是根据需要，再建立表、查询、窗体等具体应用对象。

【例 7-1】　创建学生管理数据库。

分析：该学生管理数据库的功能主要是用于对学生的日常学习进行简单管理，其基本数据应该包含学生的基本情况、选课科目、学习成绩等信息。在数据库中应该包含“学生情况表”、“成绩表”和“课程表”3 个基本表，通过这 3 个表的操作，可以对数据进行筛选、排序、连接组合等处理，实现对数据的查询、统计、显示功能。该数据库命名为“学生管理”。

实现：在 Windows 环境下，通过“开始”按钮或桌面快捷方式，启动 Access 数据库管理系统。使用“新建数据库”命令在该系统中建立名称为“学生管理”的数据库，存放到硬盘的指定位置。启动 Access 所显示的工作窗口如图 7-3 所示。

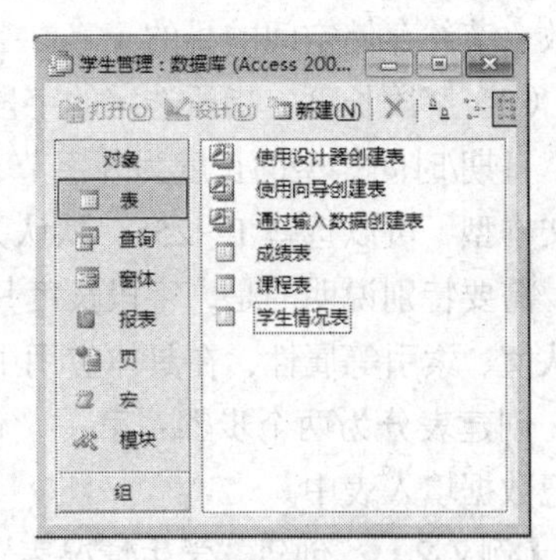

图 7-3　Access 创建的“学生管理”数据库

说明：

（1）Access 将几乎所有的对象（表、查询、窗体、报表、宏、模块）除了“页”都放在了同一个数据库文件中，这样很方便对数据库文件的管理，但有时候也会由于文件太大而带来复制、传送的困难。

（2）在这个数据库中，可看到所有的应用对象都集成在一起，很方便操作。

2. 创建数据表

在 Access 中，数据库包含了表、查询、窗体、报表、页、宏、模块等对象，用来完成不同功能，处理不同需求。其中，“表”是最基本的对象，是数据库的基础。在“表”中存放着数据库的基础数据。所以，一个数据库的创建，关键是“表”的建立。根据需要，在一个数据库中，可以建立多个“表”。例如，在“学生管理”数据库中，根据需要可以建立“学生情况表”、“成绩表”和“课程表”3 个表。

在设计数据库的“表”时，我们应该先确定表的字段名称、字段类型和字段长度。

（1）字段：字段表示属性。一个字段代表“表”中的一个属性。它有名称，称为字段名或属性名。例如，在“学生情况表”中设计了“学号，姓名，性别，出生年月，民族，出生地，学院，专业”8 个字段；在“成绩表”中设计了“学号，姓名，课程号，课程名称，学期，成绩”6 个字段。

（2）字段类型：指表中字段的数据类型。为了对数据进行分类管理，在 Access 中设置了 10 种不同的数据类型。

① 文本型（Text）：用于存储文字、符号或文本与数字的组合，如姓名、学号、电话号码等信息。文本型字段最大长度为 255 字符。

② 备注型（Memo）：用于存储相对较长的的文字、符号和数字，如说明或备注。最大长度可以达到 65 535。

③ 数字型（Number）：用于存储纯数字。数字类型包括字节、整型、单精度、双精度。不同的类型可存储的数字大小不同，如“字节”存储 0～255 的数；“整型”存储-32 768～32 767 的数，

不带小数；单精度存储$-3.402823*10^{38}$～$3.402823*10^{38}$的数，可带小数。

④ 日期及时间型（Date/Time）：用于存储日期和时间。

⑤ 货币型（Currency）：用于存储表示币值的数据。

⑥ 自动编号型（AutoNumber）：自动生成递增编号。

⑦ 是/否型（Yes/No）：用于存储逻辑型数据，如 Y 或 N，T 或 F。

⑧ OLE 型（Object）：用于链接由其他程序所创建的对象，如图片、声音、表格、文档等。在表中存放链值不能显示，只能在窗体和报表中显示，最大值为 1GB。

⑨ 超链型（Hyperlink）：用于存储超链字段。

⑩ 查阅向导型（Lookup Wizard）：用于存储使用组合框来选择某一列表中的值。

以上 10 种类型，各有特点，各尽其用。在选用时，要充分考虑其特点和作用，以达到合理、高效、节约存储空间的目的。

（3）字段长度：指所选定的字段类型所占的长度。在 Access 中，有些字段的长度是固定的，如“日期/时间”型的长度为 8 字节，“是/否”型的长度为 1 位。有些字段的长度可以自行定义，如文本型，可以选择 1～255，默认为 255。

需要特别说明的是，字段长度只是字段众多属性的一个常用属性，还有小数位、输入掩码、默认值、索引等属性，在具体应用中再作说明。

创建表分为两个步骤：第一，创建“表结构”，即先建立表的框架；第二，输入表的内容，即把数据填入表中。

【例 7-2】 创建“学生情况表”。

分析：根据表 7-1 所列表格，为了将学生的基本情况都存入数据库，定义该表的字段为 8 个，分别是学号，姓名，性别，出生年月，民族，出生地，专业，照片。实际上就是选取了表头的全部字段，也可根据具体需求只选取其中的某些字段或再增加一些字段。在这些字段中，每字段的类型和长度如表 7-4 所示。

表 7-4 学生情况表结构

字段名称	字段类型	字段大小
学号	文本	12
姓名	文本	4
性别	文本	1
出生年月	日期/时间	8
民族	文本	4
出生地	文本	4
专业	文本	12
照片	OLE 对象	

根据实际需求来确定字段的类型和长度，如学号 12 字符，姓名 4 字符，民族 4 字符，是根据学号用了 12 位数字，姓名和民族在一般情况下不会超过 4 个汉字这一实际情况来决定的。

实现：在“学生管理”数据库中，通过选择“表”选项，再选择“使用设计器创建表”命令，即可进入表结构设计视图，如图 7-4 所示。

在设计视图中，通过输入“字段名称”，选择“数据类型”和“字段属性”，就可将所设计好的“学生情况表”的结构建立完毕。

“学生情况表”的结构创建完成之后，就可以将具体数据逐条输入到表中进行保存，如图 7-5 所示。

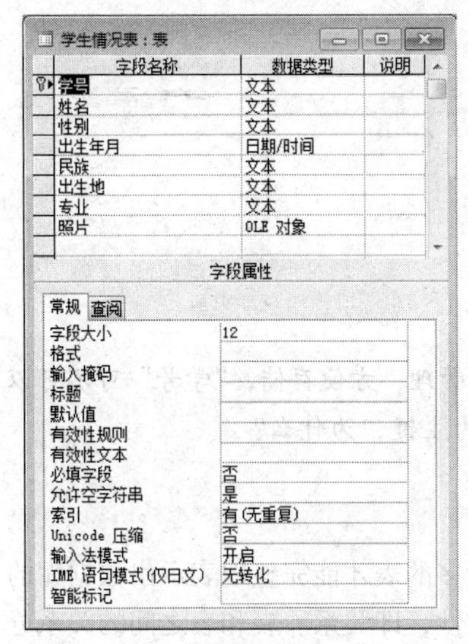

图 7-4　表设计视图

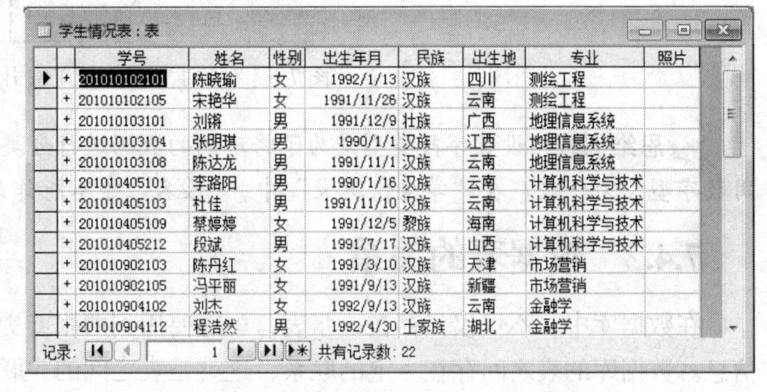

学生情况表：表

学号	姓名	性别	出生年月	民族	出生地	专业	照片
201010102101	陈晓瑜	女	1992/1/13	汉族	四川	测绘工程	
201010102105	宋艳华	女	1991/11/26	汉族	云南	测绘工程	
201010103101	刘锵	男	1991/12/9	壮族	广西	地理信息系统	
201010103104	张明琪	男	1990/1/1	汉族	江西	地理信息系统	
201010103108	陈达龙	男	1991/11/1	汉族	云南	地理信息系统	
201010405101	李路阳	男	1990/1/16	汉族	云南	计算机科学与技术	
201010405103	杜佳	男	1991/11/10	汉族	云南	计算机科学与技术	
201010405109	蔡婷婷	女	1991/12/5	黎族	海南	计算机科学与技术	
201010405212	段斌	男	1991/7/17	汉族	山西	计算机科学与技术	
201010902103	陈丹红	女	1991/3/10	汉族	天津	市场营销	
201010902105	冯平丽	女	1991/9/13	汉族	新疆	市场营销	
201010904102	刘杰	女	1992/9/13	汉族	云南	金融学	
201010904112	程浩然	男	1992/4/30	土家族	湖北	金融学	

记录：1　共有记录数：22

图 7-5　在数据库中的学生基本情况表

说明：

（1）建立表除了通过选择“使用设计器创建表”命令之外，还可以用“使用向导创建表”或“通过输入数据创建表”等方法。

（2）表的结构可以通过“设计器”进行维护和修改。可以增加或删除字段；可以改变字段的类型和属性。

3. 建立主键

关键字段是指表中具有唯一值的字段，它确定表中唯一一条记录。在一个表中关键字可以是一个字段，也可以是多个字段，选中其中一个关键字字段作为主关键字，称为主键。主键不能为空，不能重复。例如，学生情况表中的“学号”是唯一不重复的数据，所以把它定为主键，在图 7-4 中，“学号”旁有一个小钥匙图标，表示主键。可以通过右击“学号”左边的方框来建立主键。

4. 建立索引

在数据库中，建立索引是为了实现快速查找和排序。对于经常要进行搜索查找的字段，需要建立索引，如学号、姓名。表的主关键字自动建立索引。备注型、超链型、OLE 型不能建立索引。索引建立太多会影响整个系统的运行速度，这一点要注意。

【例 7-3】　给“学生情况表”的“学号”、“姓名”两字段建立索引。

分析：为了实现对“学号”和“姓名”的快速查找，有必要建立索引。“学号”已经被定为主键，已自动建立索引，只需建立“姓名”的索引即可。

实现：打开“学生情况表”，选择“设计器”命令，选择“姓名”字段，在字段属性中选“索引”打开列表框，然后选“有”（表示有重复记录），如图 7-6 所示（还可以通过在设计视图中单击“视图”菜单，选择“索引”命令来建立索引）。

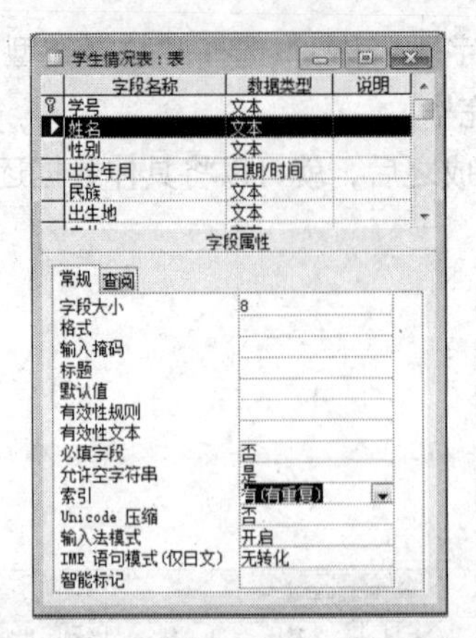

图 7-6　对学生情况表建立索引

思维训练：设置字段类型是为了将不同的数据进行分类管理，方便存储，“学号”可不可以用数字型，为什么？在“学生情况表”中，“姓名”能不能作为主键，为什么？

7.4.2　数据表的关系

在数据库中，不仅仅只存在一张表，可能要用到两张或更多的表才能完整地表示出数据库的信息。数据库的表之间存在一定的联系，这就是表之间的关联性，即关系。表和表之间的关系分为 3 种，即一对一关系、一对多关系和多对多关系。

（1）一对一关系：基本表的一条记录只对应另一相关联表中的一条记录，反之亦然。

（2）一对多关系：基本表的一条记录对应另一相关联表中的多条记录，但相关联表中的一条记录只能与基本表的一条记录对应。

（3）多对多关系：基本表的一条记录对应另一相关联表中的多条记录。反过来，相关联表中的一条记录也能与基本表的多条记录对应。

建立表之间的关系主要是为了让数据库中多个表的字段能够协调一致，从而达到快速、准确地获取数据。关系的建立是通过与关键字的对应匹配来实现的。例如，学生表中的学号是主关键字，它与“成绩表”中的学号可建立一对多的关系，“课程表”中的课程号与“成绩表”的课程号也是一对多的关系。3 个表的关系如图 7-7 所示。

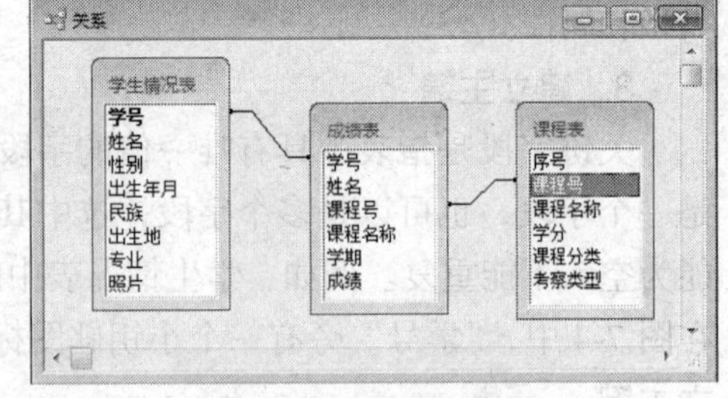

图 7-7　3 个表的关系

思维训练：建立关系可以将多张“小表”链接成一张“大表”，以便查找完整的信息。两张表之间要建立关系，需要满足什么条件？

7.4.3　数据查询

查询是向一个数据表发出检索信息的请求，通过一些限定条件提取特定的记录，是快速获取信息的方法。如果要快速检索到存储在表中的信息，可以通过“查询”来完成。

查询可以直接对一个表进行操作，也可以将不同的表连接起来，组成新的数据集。查询的结果生成了一个新的数据库应用表。该表可以看成是一个新的数据源，为其他操作提供数据。查询可以对字段进行选取，还可以输入条件来完成对记录的筛选。

【例 7-4】　查询“学生情况表”，只显示“学号、姓名、性别、专业”4 个字段的内容。

分析：该查询是对“学生情况表”一个表的单一查询，在查询过程中将“出生年月、民族、出生地、照片”都省去不查。

实现：在数据库中选“查询”，选择“使用向导创建查询”命令，如图 7-8 所示。根据向导的提示，选中“学生情况表”，在选择字段时只选“学号、姓名、性别、专业”4 个字段，最后生成一个“学生情况表查询”的查询对象。

说明：

（1）“使用向导创建查询”相对简单一些，但是不能进行条件组合，需要进行条件组合查询时，用“在设计视图中创建查询”命令。

（2）如果要改变查询的名称，可以通过单击鼠标右键进行改名。

【例 7-5】　查询学生的成绩。要求能够显示学生的“学号、姓名、性别、专业、课程名称、学分、成绩”7 项字段的信息。

分析：通过观察可以看到题目中的 7 个字段分散在 “学生情况表”、“成绩表”和“课程表”3 个表中，必须将 3 个表关联起来，分别从 3 个表中选取字段，才能组合构成所需的查询结果。3 个表的关系在创建表时已经建立，只需选择需要的字段即可完成组合查询。

实现：在数据库中选“查询”，选择“使用向导创建查询”命令，根据向导的提示，选中“学生情况表”，在选择字段时只选“学号、姓名、性别、专业”4 个字段，再选“课程表”中的“课程名称”和“学分”字段，再选“成绩表”中的“成绩”字段，最后生成一个名为“学生成绩查询”的查询对象。3 个表关联生成的查询如图 7-9 所示。

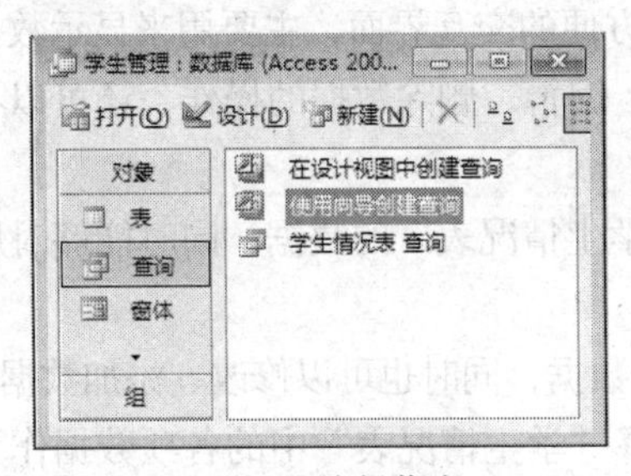

图 7-8　查询操作窗口

学生情况表(查询成绩)：选择查询

学号	姓名	性别	专业	课程名称	学分	成绩
201010103101	刘锵	男	地理信息系统	高等数学	4	87
201010103101	刘锵	男	地理信息系统	大学英语	4	90
201010103101	刘锵	男	地理信息系统	大学计算机基础	2	95
201010103101	刘锵	男	地理信息系统	大学计算机基础上机实践	2	93
201010103101	刘锵	男	地理信息系统	程序设计语言	2	87
201010103101	刘锵	男	地理信息系统	多媒体技术	2	86
201010902103	陈丹红	女	市场营销	高等数学	4	87
201010902103	陈丹红	女	市场营销	大学英语	4	90
201010902103	陈丹红	女	市场营销	大学计算机基础	2	95
201010906123	董娜	女	国际经济与贸易	程序设计语言	2	87
201010906123	董娜	女	国际经济与贸易	多媒体技术	2	81
201010906123	董娜	女	国际经济与贸易	高等数学	4	87
201010405212	段斌	男	计算机科学与技术	多媒体技术	2	83
201010405212	段斌	男	计算机科学与技术	高等数学	4	90

记录：15　共有记录数：15

图 7-9　3 个表关联生成的查询

【例 7-6】　在“学生情况表”中，查询出生地是云南的男生，不显示照片字段。

分析：该查询是对“学生情况表”的有条件查询，必须在性别字段输入“男”，在出生地字段输入“云南”构成筛选条件，才能完成查询。

实现：在“应用向导创建查询”过程中，在“完成”步骤之前，选择“修改查询设计”进入修改模式，输入条件，如图 7-10 所示。在修改视图中，在“性别”列输入“男”，在“出生地”列输入“云南”，即能构成所要查询的条件，操作方法如图 7-11 所示，查询结果如图 7-12 所示。

说明：

（1）构造条件查询一般只能通过“在设计视图中创建查询”命令来实现。如果要通过“使用向导创建查询”命令，必须在进行到第二步时，选择“修改查询设计”进入修改视图来完成。

（2）还可以通过“分组”操作来进行数据统计，在分组操作中，可以完成求和、求平均值等计算，还可以用表达式来构建查询。

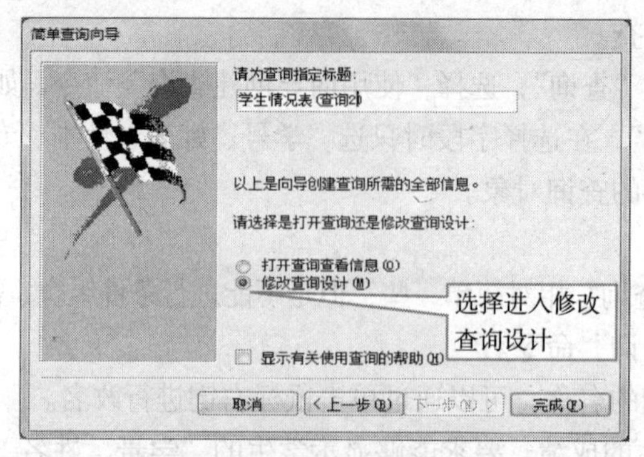

图 7-10　选择进入修改查询设计

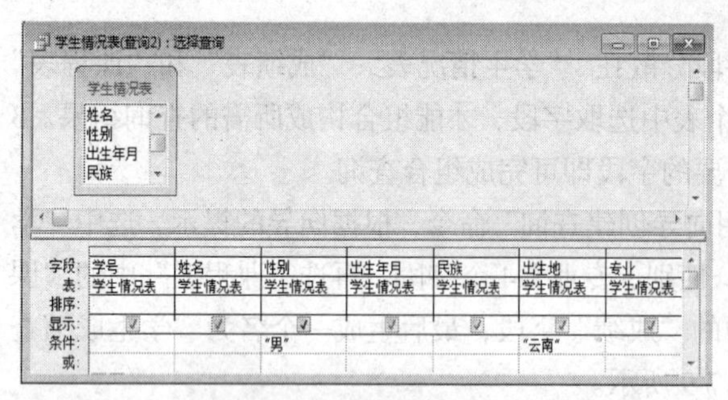

图 7-11　输入条件的方法

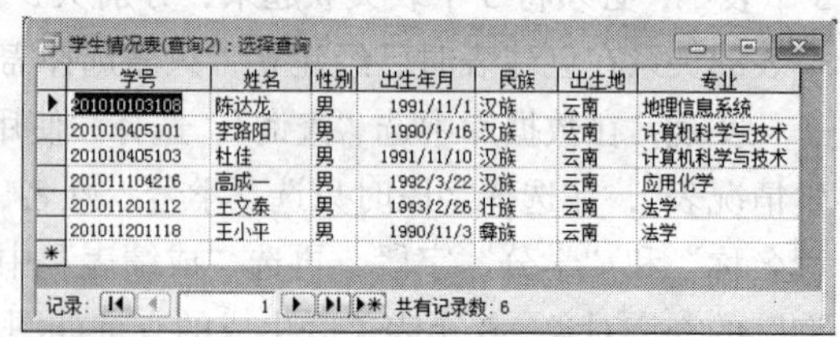

学号	姓名	性别	出生年月	民族	出生地	专业
201010103108	陈达龙	男	1991/11/1	汉族	云南	地理信息系统
201010405101	李路阳	男	1990/1/16	汉族	云南	计算机科学与技术
201010405103	杜佳	男	1991/11/10	汉族	云南	计算机科学与技术
201011104216	高成一	男	1992/3/22	汉族	云南	应用化学
201011201112	王文泰	男	1993/2/26	壮族	云南	法学
201011201118	王小平	男	1990/11/3	彝族	云南	法学

图 7-12　查询结果

7.4.4　窗体

窗体是 Access 数据库最常用的一个对象，它是一个比较方便的交互界面，主要用来显示数据和编辑数据。在窗体上可以很方便地完成查找、建立、添加、编辑、删除数据的操作，还可以在窗体上利用控件来完成对数据的维护或较复杂而灵活的操作。

【例 7-7】　建立一个数据的窗口，使之能方便地显示“学生情况表”的数据，同时能够对原有数据进行修改，并能添加新的记录。

分析：窗体是一个交互界面，可以方便直观地显示表中的数据，同时也可以修改、添加数据，应用窗体可以完成题目提出的要求。在设计窗体时，直接选择“学生情况表”中的各项数据作为窗体的显示数据。

实现：在数据库中选“窗体”，选择“使用向导创建窗体”命令；根据向导的提示，选中“学生情况表”，再选择所有字段；在布局中选择“纵栏式”，在窗体样式中选择“标准”，最后生成一个名为“学生情况表”的窗体对象，如图 7-13 所示。

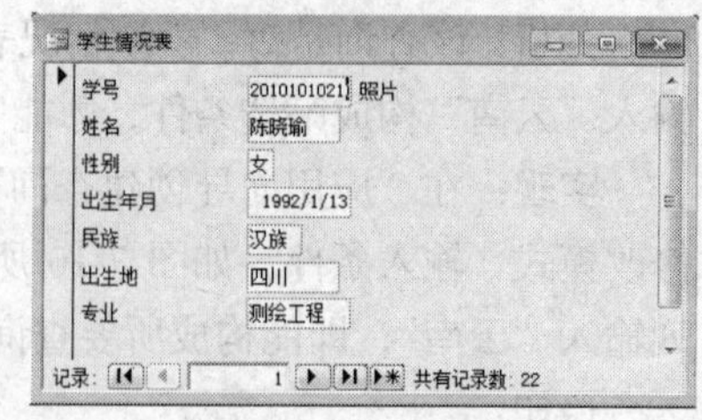

图 7-13　学生情况表窗体

说明：

（1）在创建的窗体中，每次显示一条记录，单击左右箭头可以向前或向后翻阅下一条记录。

（2）可以在所显示的记录上进行数据修改，如更改学号、修改姓名等操作。

（3）可以单击带“*”的箭头，添加新的记录。

【例 7-8】　应用窗体显示“学生成绩”，要求显示学号、姓名、课程名称、成绩和学分 5 项的内容。

分析：在数据库的“成绩表”和“课程表”中，没有一个表完全包含这 5 项的数据，首先要应用“查询”生成一个应用表，然后才能通过窗体显示这 5 项数据。

实现：

（1）通过“查询”生成一个“学生成绩查询”应用表（可参照例 7-5）。

（2）在数据库中选“窗体”，选择“使用向导创建窗体”命令；根据向导的提示，选中“查询 学生成绩查询”，再选择所有字段；在布局中选择“表格”，在窗体样式中选择“标准”，最后生成一个名为“成绩表”的窗体对象，如图 7-14 所示。

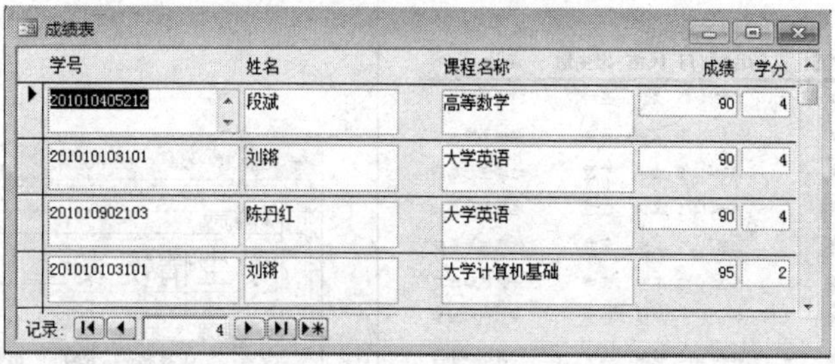

成绩表

学号	姓名	课程名称	成绩	学分
201010405212	段斌	高等数学	90	4
201010103101	刘锵	大学英语	90	4
201010902103	陈丹红	大学英语	90	4
201010103101	刘锵	大学计算机基础	95	2

记录：4

图 7-14　成绩表窗体

说明：

（1）由于“学生成绩查询”数据表是通过两个表组合而成，在生成窗体时，中间有一个选择过程，要选择“通过成绩表”，如图 7-15 所示，才能使窗体成为单个窗体，使之按照表格的形式显示数据，否则会出现子窗体。

（2）可以通过窗体设计器（视图）对窗体进行加工处理，在窗体设计器中可以进行布局调整、背景设置、增加或删除控件、字段的属性选择等操作，如图 7-16 所示。

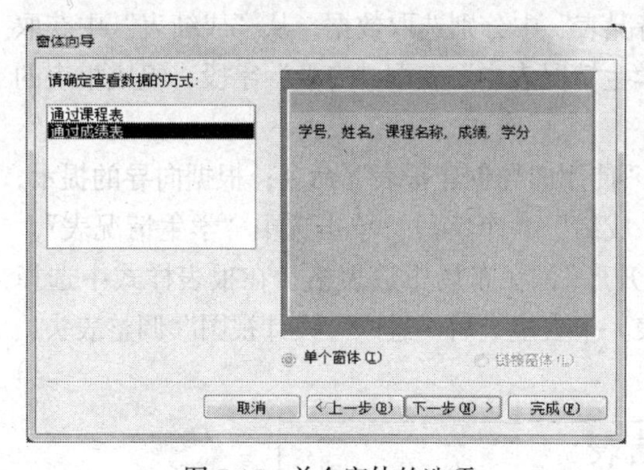

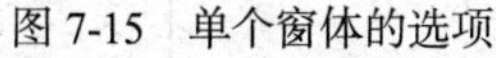

图 7-15　单个窗体的选项

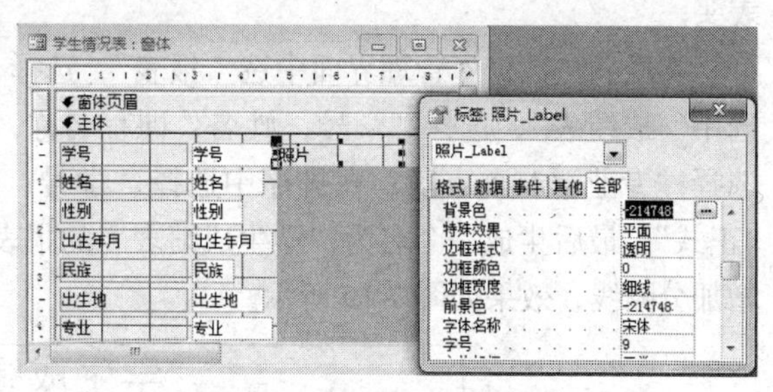

图 7-16　窗体设计视图和属性框

7.4.5　报表

存放在数据库中的数据，经常需要以各种报表的形式打印输出。在 Access 中，应用“报表”来完成这一功能。报表的数据源可以是基本数据表、查询生成的表以及用 SQL 语句生成的表。在设计过程中，可以用线条、图形、图表来修饰报表，使之清晰明了，方便易用。

【例 7-9】　以报表的形式输出“学生情况表”。

分析：在“学生情况表”中，共有“学号，姓名，性别，出生年月，民族，出生地，专业，照片”8 个字段，在输出普通报表时一般不用照片，这样使得报表可以在一张常用纸（A4）上排列输出。

实现：在数据库管理界面中选“报表”，选择“使用向导创建报表”命令；根据向导的提示，选中“学生情况表”，再选择“学号，姓名，性别，出生年月，民族，出生地，专业”7个字段，在排序中选择“学号，升序”，在布局中选表格；在报表样式中选择“正式”，最后生成一个名为“学生情况表”的报表，如图7-17所示。

说明：该报表中每行之间没有分隔线，如果需要，可以通过“报表设计器”进行修改加工，如图7-18所示。

学生情况表

学号	姓名	性别	出生年月	民族	出生地	专业
201010102101	陈晓瑜	女	1992/1/13	汉族	四川	测绘工程
201010102105	宋艳华	女	1991/11/26	汉族	云南	测绘工程
201010103101	刘翀	男	1991/12/9	壮族	广西	地理信息系统
201010103104	张明琪	男	1990/1/1	汉族	江西	地理信息系统
201010103108	陈达龙	男	1991/11/1	汉族	云南	地理信息系统
201010405101	李晓阳	男	1990/1/16	汉族	云南	计算机科学与
201010405103	杜佳	男	1991/11/10	汉族	云南	计算机科学与
201010405109	蔡婷婷	女	1991/12/5	黎族	海南	计算机科学与
201010405212	段斌	男	1991/7/17	汉族	山西	计算机科学与
201010902103	陈丹红	女	1991/3/10	汉族	天津	市场营销
201010902105	冯平丽	女	1991/9/13	汉族	新疆	市场营销
201010904102	刘杰	女	1992/9/13	汉族	云南	金融学
201010904112	程浩然	男	1992/4/30	土家	湖北	金融学

图7-17　学生情况报表

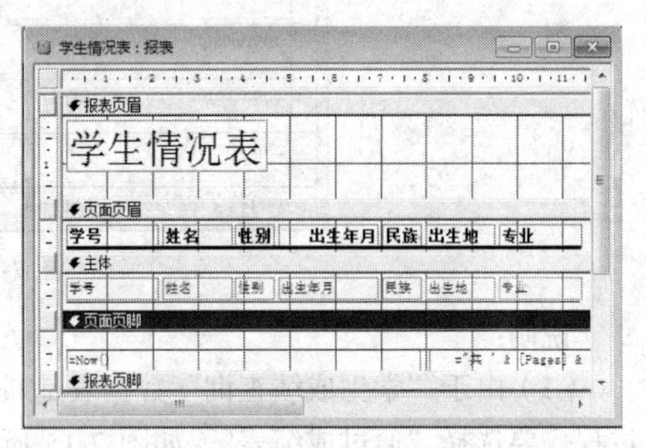

图7-18　报表设计器界面

【例7-10】　输出学生成绩表，要求包括“学号，姓名，专业，课程名称，成绩”5个数据项，调整表头到中间位置并增加每行间的分隔线。

分析：生成本表需要从“成绩表”和“学生情况表”中分别选取数据，从“成绩表”中获取“学号，姓名，课程名称，成绩”4个字段，从“学生情况表中”获取“专业”字段，组成报表的表头。

实现：在数据库管理界面中选“报表”，选择“使用向导创建报表”命令；根据向导的提示，选中“成绩表”，选择“学号，姓名，课程名称，成绩”4个字段；单击选中“学生情况表”，选择“专业”1个字段；在排序中选择“学号，升序”，在布局中选表格；在报表样式中选择“正式”，最后生成一个名为“学生成绩表”的报表。报表生成后，进入“设计视图”调整表头，增加分隔线，效果如图7-19所示。

学生成绩表

学号	姓名	专业	课程名称	成绩
201010103101	刘翀	地理信息系统	大学英语	90
201010103101	刘翀	地理信息系统	大学计算机基础	95
201010103101	刘翀	地理信息系统	程序设计语言	87
201010103101	刘翀	地理信息系统	高等数学	87
201010103108	陈达龙	地理信息系统	多媒体技术	89
201010103108	陈达龙	地理信息系统	大学计算机基础上机实验	90
201010405103	杜佳	计算机科学与技	多媒体技术	95
201010405212	段斌	计算机科学与技	高等数学	90
201010405212	段斌	计算机科学与技	多媒体技术	83
201010902103	陈丹红	市场营销	高等数学	87

图7-19　由两个表组合生成的学生成绩表

7.5　结构化查询语言

结构化查询语言（Stuctured Query Language，SQL），是一种标准的关系数据库查询语言，具有良好的交互能力，广泛地应用于许多软件环境中。SQL 在 1976 年由 IBM 公司首先推出，ORACLE 公司将其不断完善，使之能力不断增强，后来，由美国国家标准局（ANSI）和国际标准化组织（ISO）采纳为关系数据库管理系统的标准语言。SQL 是一种功能齐全的数据库语言，在使用它时，只需要发出"做什么"的命令，不用具体考虑"怎么做"。SQL 功能强大、简单易学、使用方便，已经成为了数据库操作的基础，大多数的关系型数据库管理系统都支持 SQL。要充分发挥关系型数据库的功能，掌握 SQL 是必不可少的。

7.5.1　SQL 介绍

1. SQL 的组成

SQL 由 3 部分组成，分别完成不同的功能。

（1）数据定义语言（Data Definition Language，DDL）：定义数据库所需的的基本内容，主要用来建立数据库中的表、视图、索引等，同时也可进行结构修改、删除操作。

（2）数据操作语言（Data Manipulation Language，DML）：对数据库中的数据进行操作，主要用来对数据库进行插入、修改、删除和检索提取，是操作数据的工具。

（3）数据控制语言（Data Control Language，DCL）：对数据进行控制，主要用来获取或放弃数据库的特权，用于事务提交、恢复及加锁处理等控制操作，是保障数据库安全的主要工具。

由这 3 部分组成的 SQL 是非过程化语言，它对数据提供自动导航功能，还可以操作记录集，在操作时不需要定义数据的存取方法。

2. SQL 的基本语句和功能

SQL 为用户提供了许多语句，在实际应用中常用的语句大致分为 3 类，一是创建定义类，二是查询类，三是更新类。

（1）创建定义类。这一类语句在 SQL 中的作用是创建数据库、数据表、视图、索引、函数等对象，主要语句是 CREATE。

例如：CREATE DATABAS…创建数据库。

CREATE TABLE…创建表。

CREATE VIEW…创建视图。

CREATE FUNCTION…创建函数。

在创建的过程中，同时定义了相关的数据库、数据表、视图的逻辑结构和属性。

（2）查询类。这一类语句在 SQL 中的作用是查询数据库中的数据。其主要语句是 SELECT，这是一个功能强大、应用广泛的语句。在 7.5.2 小节中详细介绍。

（3）更新类。这一类语句在 SQL 中的作用是更新数据库中的数据。其主要语句是 ALTER、INSERT、DELETE、UPDATE 等，这些语句用于在已有的表中更改、添加、修改、删除数据。

例如：ALTER TABLE　用于修改表结构，在已有的表中添加、修改或删除列。

INSERT INTO TABLE VALUES(…) 在已有的表中插入数据。

UPDATE TABLE…　在已有的表中修改数据。

DELETE FROM TABLE … 在已有的表中删除数据。

上述语句，基本上能够完成对数据库的常用操作，尤其是 SELECT 语句，通过与许多子句的结合，能够完成大量的数据处理功能。

3. SELECT 查询语句应用

数据库的主要任务是完成对数据的存储和查询。查询功能主要依靠 SELECT 语句来完成。SELECT 语句的基本格式如下：

```
SELECT 列名 FROM 表名
  [WHERE 条件表达式 ]
  [GROUP BY 列名 [HAVING 表达式 ]]
  [ORDER BY 列名 [ASC | DESC]    ]
```

第一行必可少，属于基本语句，也可以看成是主句。第二、三、四行（在方括号中）可以选择使用，称为子句。

在数据库管理系统中，完成一项查询操作任务，系统在后台就会自动生成等效的 SELECT 语句。例如，在 Access 中，完成例 7-6（在“学生情况表”中，查询出生地是云南的男生，不显示照片字段）的查询后，在 SQL 视图中就可以看到等效的 SELECT 语句，如图 7-20 所示。

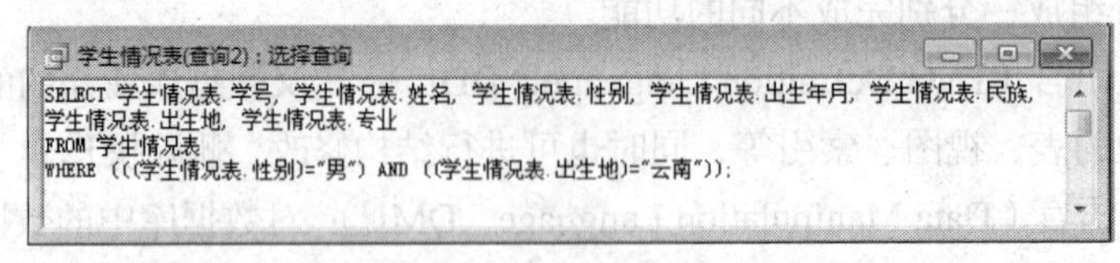

图 7-20 执行查询后 Access 自动生成的 SELECT 语句

说明：

（1）在 Access 中，对 SELECT 语句没有专门的输入环境，要通过对“查询”的操作，才能完成，方法如下。

① 在 Access 数据库窗口，选“查询”。

② 在“查询”中，选择“在设计视图中创建查询”命令，进入对话框后，单击“关闭”按钮（生成了一个空查询）。

③ 从“视图”菜单中，选择“SQL 视图”命令。

④ 输入 SELECT 语句。

⑤ 单击“!”执行。

（2）SELECT 语句中的字母不区分大小写。

（3）要注意在汉英字符混合输入时，逗号、引号、括号不能输入成全角码。

（4）需要修改 SELECT 语句时，在显示结果框单击鼠标右键，选择“设计视图”命令。

7.5.2 SQL 查询

1. 从一个表中查询出全部记录

命令格式：SELECT * FROM 表名

功能：从一个表中查询出数据，并将其列出。

说明：这是 SQL 的最基本语句，也称为 SELECT 语句。其中，“*”号代表表中全部字段，“表名”指已存在的一个数据表。

【例 7-11】 用 SELECT 语句将“学生情况表”中的全部内容列出。

操作命令：

```
SELECT  *  FROM  学生情况表;
```

2. 选择字段输出

对于一个表中的字段，可以有选择地将其列出。

命令格式：SELECT 字段 1，字段 2，字段 3，…FROM　表名

【例 7-12】　用 SELECT 语句，将“学生情况表”中的“姓名，性别，出生年月，专业”4 项内容列出。

操作命令：

```
SELECT 姓名，性别，出生年月，专业  FROM  学生情况表
```

例 7-11 和例 7-12 的区别在于，所显示的字段数量不同。例 7-11 将表（学生情况表）中的全部字段列出，而例 7-12 对表中的字段进行了选择，只列出所选的 4 个字段。

进行字段选择输出时应注意以下几点。

（1）所列字段必须是 FROM 子句后表中已经具有的字段，命令行中的字段名必须与表中字段名一致。

（2）字段之间用逗号分隔，最后一个字段不用任何符号。

（3）选择字段时，可以任意排列字段的先后位置。

例如：SELECT 专业，出生年月，姓名，性别　FROM　学生情况表；

3. 有条件选择查询

命令格式：
```
SELECT 字段名
 FROM  表名
  WHERE  条件
```

功能：按条件从表中查询数据，并将结果列出。

说明：WHERE 子句之后是条件表达式，可以是单个表达式也可以是复合表达式。

【例 7-13】　将“学生情况表”表中性别为男的学生列出。

操作命令：
```
SELECT  *  FROM  学生情况表  WHERE  性别="男";
```

【例 7-14】　将“学生情况表”表中 1991 年 2 月 3 日前出生的全部女生列出。

操作命令：
```
SELECT * FROM 学生情况表
WHERE 出生年月<=#1991/2/3# and 性别="女";
```

表达式的有关说明：

（1）表达式中常用关系运算符

=（等于）、<>（不等）、<（小于）、>（大于）、<=（小于等于）、>=（大于等于）

（2）逻辑运算符

NOT（非）、AND（与）、OR（或）应用时，不分大小写。在多个逻辑运算中，它们的优先级为 NOT→AND→OR，可用括号改变其优先级。

（3）逻辑型变量在引用时，直接引用取真（T）值；在逻辑型变量前加否定词 NOT 取假（F）值。

例如，当“婚否”字段为逻辑型（是/否）时，条件表达式为“WHERE　婚否”取真值“T”，“WHERE NOT 婚否”取假值“F”。

（4）日期型变量

应用日期型数据时，要用“#”号将数字按日期格式括起来。

例如，#2012/1/20#表示 2012 年 1 月 20 日。当“出生日期”字段为日期型时，条件表达式应写成：

```
WHERE  出生日期=#2000/10/20#
```

（5）应用字符型数据时，要将数据用引号（单、双引号均可）引起来。

例如：当“性别”字段为字符型时，条件表达式应写成：

```
WHERE  性别="男"
```

4. 过滤查询

过滤查询将某一字段内容重复的记录过滤掉，使得这一个字段中相同的内容只剩一条。

【例 7-15】 在学生情况表的记录中“出生地”有重复（见图 7-21），经过对出生地的过滤处理后，每一个出生地只剩下一条记录（见图 7-22）。

图 7-21 过滤前的查询结果

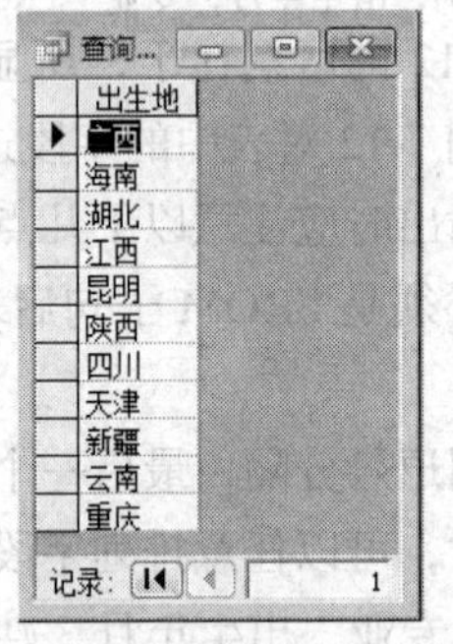

图 7-22 过滤后的查询结果

操作命令：

```
SELECT  DISTINCT 出生地
   FROM 学生情况表;
```

5. 查询中的排序

通过排序子句，可将被排序的字段内容按升序或降序排列输出。

```
命令格式：SELECT  *  FROM  表名
          ORDER  BY  字段名;
```

说明：“ORDER BY 字段名”之后，如果没有子句，则隐含取升序，如果加上“DESC”表示降序。

【例 7-16】 查询学生情况表，按学号的降序排列。

操作命令：

```
SELECT  *  FROM 学生情况表
   ORDER  BY  学号  DESC;
```

注意：如果有 WHERE 子句，ORDER 字句放在 WHERE 子句之后。

排序的字段，还可以是多个，它按所列排序字段的先后次序，依次排序后列出。

【例 7-17】 将学生情况表中的所有记录按出生地、性别、姓名排序输出。

操作命令：

```
SELECT  *  FROM  学生情况表
   ORDER  BY  出生地，性别，姓名;
```

排序结果是：同一出生地的人，按性别排序；同一性别的，则按姓名排序。

6. 特殊比较符的应用

除了常用的关系运算符外，还可以运用 BETWEEN、IN、LIKE 等比较符，使条件表达式简化。

（1）BETWEEN 的用法

它用于描述“在某一范围内的全部”这类条件。

【例 7-18】 查询成绩表中成绩在 60 分至 90 分的全部学生。

```
方法 1：SELECT  *  FROM  成绩表
     WHERE 成绩>=60  AND  成绩<=90;
方法 2  SELECT  *  FROM  学生情况表
     WHERE  成绩  BETWEEN  60  AND  90;
```

（2）IN 的用法

它用于描述“在某一范围内的任意一个”这类条件。

【例 7-19】 查询学生情况表中专业是市场营销、应用化学或计算机科学与技术的学生。

```
方法 1：SELECT  *  FROM  学生情况表
       WHERE 专业="市场营销" OR 专业="应用化学"
            OR 专业="计算机科学与技术";
方法 2：SELECT  *  FROM  学生情况表
        WHERE  专业  IN ("市场营销","应用化学","计算机科学与技术");
否定的用法：WHERE  NOT  IN ...
```

（3）LIKE 的用法

它用于描述模糊的查询数据项，可构造模糊查询。用“?”替代一个字符，用“*”替代多个字符。

【例 7-20】 查询学生情况表中名叫“张 X”的学生。

```
SELECT  *  FROM  学生情况表
   WHERE  姓名 LIKE "张? "
```

要查询学生情况表中名字最后一个字叫“刚”的学生，用下列方法完成：

```
SELECT  *  FROM  学生情况表
   WHERE  姓名 LIKE "*刚";
```

7. 连接查询

以上的操作都是在一个表中进行的，如果要对互有联系的多个表进行查询，可用连接查询的方法来完成。将两个或两个以上表连接起来，选取数据合成一个查询结果称为连接查询。

学生情况表和学生成绩两个表中相关的字段是“学号”，下面的例子完成对它们的连接查询。

【例 7-21】 将学生情况表和成绩表两个表连接起来，查询学号、姓名、性别、专业、课程名称和成绩。

操作命令：

```
SELECT 学生情况表.学号，学生情况表.姓名，学生情况表.性别，学生情况表.专业，成绩表.课程名称，成绩表.成绩
   FROM 学生情况表，成绩表
   WHERE 学生情况表.学号=成绩表.学号;
```

说明：

（1）当被连接的表中有相同的字段时，字段名之前要加上表名作前缀，并用句点分隔。例如，上面 SELECT 子句中“学生情况表. 学号”，以及 WHERE 子句中“学生情况表. 学号=成绩表. 学号”，均用句点连接“学号”，指明它们分别是“学生情况表”和“成绩表”两个表中的字段。

（2）使用连接查询时，应当用条件子句加以限制，否则，被连接表中的记录将重叠输出。

（3）条件子句“WHERE 学生情况表. 学号=成绩表. 学号”所用的关系算符是等号“=”，所以这样的连接也称等价连接。还可用其他关系算符构造其他连接。

查询结果如图 7-23 所示。

8. 子查询

在一个查询中嵌套一个或多个查询，被嵌套的查询称为子查询。应用子查询可以构造出嵌套查询语句，完成很复杂的查询任务，这就是 SQL 功能非常强大的原因之一。下面对子查询的基本

应用方法作介绍。

查询(连接查询)：选择查询

学号	姓名	性别	专业	课程名称	成绩
201010103101	刘锵	男	地理信息系统	高等数学	87
201010103101	刘锵	男	地理信息系统	大学英语	90
201010103101	刘锵	男	地理信息系统	大学计算机基础	95
201010103101	刘锵	男	地理信息系统	大学计算机基础	93
201010103101	刘锵	男	地理信息系统	程序设计语言	87
201010103101	刘锵	男	地理信息系统	多媒体技术	86
201010902103	陈丹红	女	市场营销	高等数学	87
201010902103	陈丹红	女	市场营销	大学英语	90
201010902103	陈丹红	女	市场营销	大学计算机基础	95
201010906123	董娜	女	国际经济与贸易	程序设计语言	87
201010906123	董娜	女	国际经济与贸易	多媒体技术	81
201010906123	董娜	女	国际经济与贸易	高等数学	87
201010405212	段斌	男	计算机科学与技术	多媒体技术	83
201010405212	段斌	男	计算机科学与技术	高等数学	90
201010405103	杜佳	男	计算机科学与技术	多媒体技术	95
201010103108	陈达龙	女	地理信息系统	多媒体技术	89
201010103108	陈达龙	女	地理信息系统	大学计算机基础	90

记录：1 共有记录数：17

图 7-23　两表连接查询

（1）简单子查询

只嵌套一个子查询并且条件构造很简单的查询称简单子查询。

【例 7-22】　在学生情况表中查询与“杜佳”在相同专业的同学。

操作命令：

```
SELECT 姓名, 性别, 专业
   FROM 学生情况表
   WHERE 专业=(SELECT 专业 FROM 学生情况表 WHERE 姓名= "杜佳");
```

执行这一查询的顺序是：首先完成子查询，获得杜佳的专业，然后再依据所查到的专业去查询其他同学。

在子查询前用也可用 ANY、ALL、IN 等关键词，用于描述更复杂的查询组合。

（2）复合子查询

复合子查询是指在简单子查询的基础上再加入或嵌套子查询。

① 两子查询并行。

【例 7-23】　在学生情况表表中，查询与“杜佳”在相同专业并且是相同出生地的学生。

操作命令：

```
SELECT 姓名, 性别, 专业
   FROM 学生情况表
   WHERE 专业=( SELECT 专业 FROM 学生情况表
            WHERE 姓名="杜佳")
          AND 出生地=( SELECT 出生地 FROM 学生情况表
                  WHERE 姓名="杜佳");
```

这是用 AND 连接的复合子查询，AND 将 WHERE 子句中的两个子查询联合起来，同时完成姓名和出生地两个条件的查询。在这一语句中实现了多条件复合查询操作。

② 复合子查询的连接。

完成复合子查询的同时，还可同时完成表与表之间的连接查询。

【例 7-24】　将学生情况表和成绩表两个表连接起来，查询与杜佳同专业、同出生地的学生，同时输出他们的成绩。

操作命令：

```
SELECT 学生情况表.姓名，学生情况表.性别，学生情况表.出生地，学生情况表.专业，成绩表.课程名称，成绩表.成绩
  FROM 学生情况表，成绩表
  WHERE 专业=(SELECT 专业 FROM 学生情况表 WHERE 姓名="杜佳")
  AND 出生地=(SELECT 出生地 FROM 学生情况表WHERE 姓名="杜佳") AND 学生情况表.学号=成绩表.学号；
```

本例命令在主查询中用了两个AND，第一个连接一个子查询，第二个连接一个限制条件。在子查询中并没有嵌套子查询。

9. 表达式与函数

在SQL中，表达式和函数可以配合SQL子句完成许多运算，使SQL的功能更强大更完善。

（1）表达式

表达式有算术表达式、关系表达式等。算术表达式由算术运算符、列名（字段名）和数值组成，关系表达式由关系运算符、列名（字段名）和数值组成。表达式可以用在SELECT、WHERE、GROUP BY等子句中。

【例7-25】 列出学生成绩表中成绩在90分以上，课程名称为“大学计算机基础”的学生。

操作命令：

```
SELECT 学号,姓名,课程名称,成绩
  FROM 成绩表
  WHERE 成绩>=90 AND 课程名称="大学计算机基础";
```

（2）函数

SQL配有强大的函数库，通过SELECT语句与函数的联合应用，可以完成复杂的统计和计算。

① 求平均值函数 AVG()

【例7-26】 求出学生成绩表中成绩的平均分。

操作命令：

```
SELECT AVG(成绩) AS 平均分
  FROM 成绩表;
```

应用求平均值函数将表中成绩的平均分求出，通过 AS 为平均分设置标题。

② 求和函数SUM()

【例7-27】 求出学生成绩表中成绩的总分。

操作命令：

```
SELECT SUM(成绩) AS 总分
  FROM 成绩表;
```

应用求和值函数将表中成绩的总分求出，通过 AS 为总分设置标题。

③ 舍入函数ROUND(N，d)

【例7-28】 分别求出学生成绩表中成绩的平均分，结果保留一位小数。

操作命令：

```
SELECT ROUND(AVG(成绩),1) AS 平均分
  FROM 成绩表;
```

此外，常用函数还有计数COUNT( )，求最大值MAX( )，求最小值MIN( )等。

10. 分组汇总

SQL具有很强的分组汇总功能，可以很方便地汇总统计操作。这一功能主要通过GROUP BY子句来完成。

【例 7-29】 在成绩表中求各课程成绩的平均分。

操作命令：

```
SELECT 课程名称, AVG(成绩) AS 总平成绩
   FROM 成绩表
   GROUP BY 课程名称;
```

这一命令将成绩表中的全部学生，按课程归类统计得出各门课程的平均分。

本例的统计项目还可根据需要进一步统计。

【例 7-30】 在成绩表中按课程分别求选课门次数、成绩的总分及平均分。

操作命令：

```
SELECT 课程名称, COUNT(*) AS 人数, SUM(成绩) AS 总分, AVG(成绩) AS 总平均分
   FROM 成绩表
   GROUP BY 课程名称;
```

其中，COUNT（*）用于计算门次数。同样，分组汇总的操作也能在多个表之间连接进行。

【例 7-31】 在学生情况表和成绩表两个表中按专业分别求男女生的上课门数、成绩总分和平均分。

操作命令：

```
SELECT X.专业, X.性别, count(*) AS 人数, SUM(成绩) AS 总成绩, avg(成绩) AS 平均分
   FROM 学生情况表 AS X, 成绩表 AS C
   WHERE X.学号=C.学号
   GROUP BY X.专业, X.性别;
```

查询结果如图 7-24 所示。

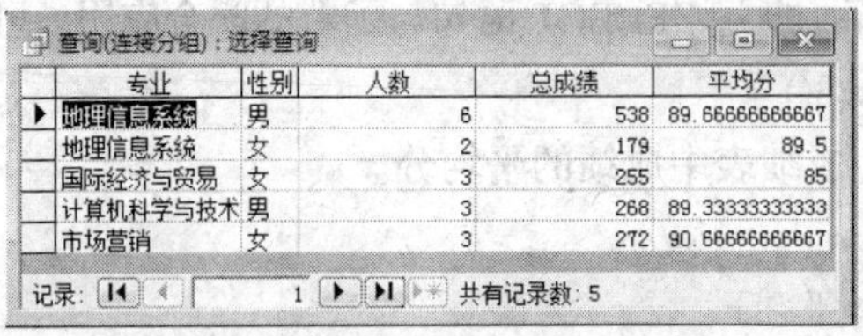

查询(连接分组)：选择查询

专业	性别	人数	总成绩	平均分
地理信息系统	男	6	538	89.66666666667
地理信息系统	女	2	179	89.5
国际经济与贸易	女	3	255	85
计算机科学与技术	男	3	268	89.33333333333
市场营销	女	3	272	90.66666666667

记录：1 共有记录数：5

图 7-24 两表连接后的查询结果

其中，“学生情况表”和“成绩表”两个表分别用了别名 X 和 C，这样是为了在输入命令时能够简化一些。

思维训练：应用数据库管理系统中的函数，可以快速方便地进行数据处理，在上例中，用了计数函数、求和函数、求平均值函数，如果要让平均分的值保留两位小数，应该怎样处理？

经过 GROUP BY 子句分组后，如果还需要进一步对数据进行筛选，可用 HAVING 子句来完成。

【例 7-32】 在学生情况表表和成绩表两个表中按专业分男生的上课门次数、成绩总分和平均分，而且只列出男生的门次。

操作命令：

```
SELECT X.专业, X.性别, count(*) AS 人数, SUM(成绩) AS 总成绩, avg(成绩) AS 平均分
   FROM 学生情况表 AS X, 成绩表 AS C
   WHERE  X.学号=C.学号
   GROUP  BY  X.专业, X.性别
   HAVING  性别="男";
```

与例 7-31 比较可以看到，由于用了“HAVING 性别="男"”子句，输出结果只将每组中的男生所上课门数列出，这就达到了筛选过滤的目的。

注意，HAVING 子句跟在 GROUP BY 子句之后。

查询结果如图 7-25 所示。

查询（带having过滤）：选择查询

专业	性别	人数	总成绩	平均分
地理信息系统	男	4	359	89.75
计算机科学与技术	男	3	268	89.33

记录：1 共有记录数：2

图 7-25　经过 having 过滤的查询结果

本 章 小 结

本章介绍了数据库的定义与概念、数据模型、数据库系统与数据库管理系统、基于 Access 的数据库应用设计和结构化查询语言（SQL）5 个方面的内容。应该重点掌握下面的内容。

1. 数据库在信息技术中的地位和重要性。

2. 在数据库中，数据模型的概念，特别是要清楚关系模型以及关系数据库的概念。

3. 了解数据库系统和数据库管理系统，主要了解常用的数据库管理系统，如 Access、SQL Server、VFP 等的特点，重点掌握 Access 的基本应用方法。

4. 对于 Access 数据库，要求掌握建立和修改基本表、查询、窗体和报表的方法。

5. 对于 SQL，要求掌握 SELECT 查询语句的基本用法。能够应用 SELECT 组织数据，进行简单的查询和统计。需要掌握的语句有：

（1）SELECT……FROM……

（2）SELECT……FROM……WHERE…….

（3）SELECT……FROM……WHERE……ORDER BY……

（4）SELECT……FROM……WHERE……GROUP BY……

（5）SELECT……FROM……WHERE……GROUP BY……HAVING……

总之，这些只是一个开头，要全面了解、掌握数据库技术，还必须在这个基础上阅读专门的教科书，做大量的上机实践才能达到目的。

习题与思考

1. 判断题

（1）数据库（DB）是长期存储在计算机设备内数据的集合。（　　）

（2）人们在日常生活中处理数据、管理信息，离不开数据库技术。（　　）

（3）文件管理系统所管理的数据可以满足用户共享方面的需求。（　　）

（4）第三阶段的数据库支持多种数据模型，如关系模型、对象模型。（　　）

（5）数据指所有能输入到计算机并被计算机程序处理的符号。（　　）

（6）信息是经过加工后的数据，它可以是物质，也可以是能量。（　　）

（7）在信息处理技术中，数字数据、模拟数据都是一个概念。（　　）

（8）建立在关系数据模型和网状模型上的数据库都是关系数据库。（　　）

（9）在 Access 中，表是最基本的对象，它用于存放数据。（　　）

（10）查询是向一个数据表发出检索信息的请求，并提取特定的记录。（　　）

（11）SELECT 语句是 SQL 的主要语句，它完成查询功能。（　　）

（12）SELECT *表示只选择了表中的一个列。（　　）

2. 选择题

（1）数据库是对________的一种方法和技术，它能更有效地组织数据、更方便地维护数据、更好地利用数据。

A. 计算机软件　　B. 数据管理

C. 操作系统　　D. 计算机硬件

（2）在 Access 中，下面关于数据类型的说法，不正确的是________。

A. 日期型字段长度为 8 个字节　　B. 是/否型字段的宽度为 1 个二进制位

C. OLE 对象的长度是不固定的　　D. 数字型字段的长度为 999 个字符

（3）Access 是________数据管理系统。

A. 关系型　　B. 层次型

C. 树型　　D. 网状

（4）在 Access 的下列数据类型中，不能建立索引的数据类型是________。

A. 数字型　　B. 日期型

C. 文本型　　D. 备注型

（5）在关系型数据库中，二维表中的一行被称为________。

A. 一个数据　　B. 一条记录

C. 一个文件　　D. 一条命令

（6）在一个人事数据库中，字段“简历”的数据类型应该是________。

A. 数字型　　B. 备注型

C. 文本型　　D. 日期型

（7）在 Access 中，用于存放数据的是________。

A. 窗体　　B. 报表

C. 表　　D. 宏

（8）语句“SELECT　*　FROM　学生情况表”中，“*”号表示________。

A. 一个字段　　B. 全部字段

C. 一条记录　　D. 全部记录

（9）SELECT 语句中的“ORDER　BY　学号”表示________。

A. 对学号排序　　B. 对学号筛选

C. 删除学号　　D. 对学号分组

（10）SELECT 语句中的“GROUP　BY　学号”表示________。

A. 修改学号　　B. 过滤学号

C. 对学号排序　　D. 对学号分组

（11）在设计数据库的一个表时，应该先确定表的________、字段的类型和字段长度。

A. 字段名称　　B. 记录

C. 内容　　D. 关联

（12）________不是 Access 表中的数据类型。

A. 字符型　　B. 数字型

C. 关系型　　D. 备注型

（13）数据库管理系统（DBMS）是一组计算机软件系统，它的作用不包括________。

A. 对数据库进行集中控制　　B. 建立数据库

C. 运行数据库　　D. 维护操作系统

（14）________不属于关系型数据库管理系统。

A. BAISC　　B. VFP

C. Access　　D. ORACLE

（15）关系数据库中对数据有筛选、________和连接 3 种基本关系操作。

A. 排序　　B. 投影

C. 复制　　D. 删除

3. 思考题

（1）什么是数据库？它的作用是什么？

（2）在数据库中，数据具有哪些特性？

（3）简述数据库的发展。

（4）什么是数据？什么是信息？它们有什么联系？

（5）什么是数据模型？主要有几种数据模型？分别是什么？

（6）数据库管理系统（DBMS）具有什么功能？它与数据库系统有什么区别？

（7）ORACLE、Sybase、SQL Server、Access 属于什么数据库管理系统？

（8）Access 数据库管理系统中有哪些对象？它们分别是什么？

（9）SQL 是什么？SQL 由哪几部分组成？

（10）在 SELECT 语句中，ORDER BY、GROUP BY 各自完成什么功能？

第8章 多媒体技术

多媒体技术使计算机具有综合处理多种媒体的能力，它以形象丰富的媒体形式和方便的交互性，极大地改变了人们使用计算机的方式，为计算机进入人类生活的各个领域打开了方便之门，给人们的工作、生活和娱乐带来了深刻的变化。

8.1 多媒体技术基础

在计算机发展的早期阶段，主要应用于科学计算领域。随着计算机技术的发展，人们开始用计算机处理和表现图形、图像，使计算机更形象、逼真地反映自然事物和运算结果，逐渐形成了多媒体技术。

多媒体技术能处理的媒体由当初的单一媒体形式逐渐发展到目前的文字、声音、图形、图像、动画、活动影像等多种媒体形式。数字化技术的采用，特别是用来解决音频数据压缩的 MP3 技术、解决视频数据压缩的 MPEG 技术等多媒体数据压缩技术的出现，使得多媒体在各个领域的应用更加普遍。

8.1.1 多媒体概述

多媒体（Multimedia）一词由 Multiple 和 Media 组合而成。在计算机领域媒体指媒质和媒介。媒质是存储信息与传输信息的实体，如磁盘、磁带、纸张、光盘、半导体存储器、通信网络等；媒介是表示信息的载体，如数字、文字、声音、图形、图像、动画、影视节目等。

1. 媒体的分类

媒体客观地表现了自然界和人类活动中的原始信息。国际电信联盟（International Telecommunication Union，ITU）从纯技术的角度将媒体分为 5 种：感觉媒体、表示媒体、表现媒体、存储媒体和传输媒体。

（1）感觉媒体

感觉媒体（Perception Media）是指直接能够作用于人的感觉器官，使人产生直接感觉的媒体，即能使人类视觉、听觉、嗅觉、味觉和触觉器官直接产生感觉的一类媒体。感觉媒体包括人类的语言、音乐、声音、各种图形、图像、动画等。

（2）表示媒体

表示媒体（Representation Media）是指为了加工、处理和传输感觉媒体而人为研究、构造出来的一种媒体，借助表示媒体可以更加有效地将感觉媒体传送到另外一个地方。表示媒体有各种编码方式，如语言编码、静止和活动图像编码等，即声、文、图、活动图像的二进制表示。

（3）表现媒体

表现媒体（Presentation Media）是指把感觉媒体转换成表示媒体、表示媒体转换成感觉媒体的物理设备。一般分为两类：一类是输入表现媒体，如键盘、鼠标、扫描仪、话筒、摄像机等；另一类为输出表现媒体，如显示器、打印机、扬声器、投影机等。

（4）存储媒体

存储媒体（Storage Media）是指用于存储表示媒体（把感觉媒体数字化后的二进制编码进行存储），以便计算机随时处理加工和调用信息编码的物理实体。存放二进制编码的存储媒体有激光存储器、半导体存储器、磁盘、磁带等。

（5）传输媒体

传输媒体（Transmission Media）是指将信息从一端传送到另一端的通信媒体，如通信电缆、光纤、卫星、微波等。

通常将感觉媒体中各种成分的综合体，即文字、声音、图形、图像等单一媒体融合而成的信息综合表现形式称为多媒体。多媒体是多种媒体的综合、处理和利用的结果。不同媒体和计算机系统的关系如图8-1所示。

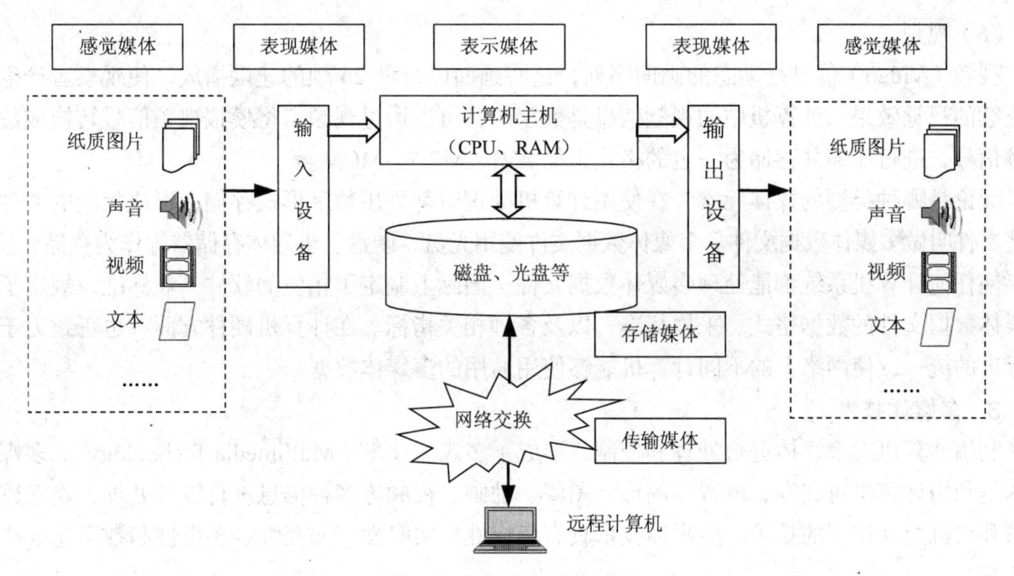

图8-1　媒体与计算机系统

2. 多媒体中的媒体元素

多媒体中的媒体元素是指在多媒体应用中，用户可实际使用的媒体成分，这和ITU从纯技术的角度划分是不同的。常用的媒体元素包括文字、音频、图形、图像、动画和视频。

（1）文字

文字（Text）是指各种字体、大小、格式及色彩的文本，在多媒体应用中适当使用文字可以使作品更容易理解。文字主要采用文字处理软件（如Word）进行编辑处理。

（2）音频

音频（Audio）包括语音、音乐等。音频可以通过声卡和音频编辑处理软件采集、处理，存储后的音频文件可使用音频播放软件播放。数字音频可分为波形声音和MIDI音乐。

（3）图形

图形（Graphics）是计算机绘制的几何图，也称为矢量图，图形文件记录了图形生成的算法和图上的某些特征点信息，如图形的大小、关键点的位置、颜色等。需要显示图形时，矢量图绘图程序从图形文件中读取特征点信息，调用对应的生成算法，并将其转换为屏幕上可以显示的图形。图形具有文件体积小、几何变换不失真、线条变化圆滑等优点。但在显示时需要调用生成算法计算，所以显示的速度比图像慢。

（4）图像

图像（Image）是通过图像输入设备，如数码相机、数码摄像机、扫描仪捕获的实际场景画面，或者以图像处理软件绘制的画面。图像由许多像素点组成，计算机存储像素点的颜色信息，因此图像也称为位图，图像显示时通过显示卡合成。

（5）动画

动画（Animation）是活动的画面，实质是一幅幅静态画面以一定的速度连续播放，利用人眼的"视觉残留"特性，给人造成一种流畅的视觉变化效果，形成动画。计算机动画的分类方法较多，从不同的角度有不同的划分。如果按计算机动画的性质划分，可分为帧动画和矢量动画；如果按照计算机动画的表现形式划分，可分为二维动画、三维动画和变形动画 3 大类。

（6）视频

视频（Video）信号是动态的画面序列，这些画面以每秒 24 帧的速度播放，使观察者产生平滑连续的视觉效果。计算机中的视频信息是数字的，可以通过视频卡将模拟视频信号转换成数字视频信号，进行压缩并存储为一定的格式，如 AVI、MPG、MOV 等。

无论是哪种类型的媒体元素，在使用计算机处理时都采用数字形式存储，形成相应的文件，这些文件叫做多媒体数据文件。多媒体数据文件使用光盘、硬盘、半导体存储器等作为存储介质。为了使任何计算机系统都能处理多媒体数据文件，国际上制定了相应的软件工业标准，规定了各个媒体数据文件的数据格式、采样标准，以及各种相关指标。在计算机硬件方面，也正致力于硬件标准的统一，使网络上的不同计算机能够使用通用的多媒体数据。

3. 多媒体技术

利用计算机对多媒体进行处理和控制，形成了多媒体技术（Multimedia Technology）。多媒体技术是利用计算机对文本、声音、图形、图像、动画、视频等多种信息进行综合处理、建立逻辑关系和人机交互作用的技术。多媒体技术具有集成性、实时性、交互性、多样性和数字化 5 个基本特征。

（1）多样性：指媒体种类及其处理技术的多样化。

（2）集成性：主要表现在多种媒体信息的集成和处理这些媒体的软硬件技术的集成两个方面。

（3）交互性：多媒体技术向用户提供有效的控制和使用信息的手段，除了操作上的控制自如（键盘、鼠标、触摸屏等）外，在媒体综合处理上也具有很大的灵活性。

（4）实时性：声音、动画和视频是与时间密切相关的连续媒体，多媒体技术必须要支持实时处理。

（5）数字化：处理多媒体信息的关键设备是计算机，要求不同形式的媒体信息要进行数字化。

多媒体技术涉及多媒体数据压缩技术，计算机专用芯片技术，大容量信息存储技术，多媒体输入输出技术，多媒体软件技术，多媒体通信技术等方面，是一门综合性技术，也是计算机技术和社会需求相结合的产物。计算机技术的发展，为多媒体技术的产生创造了技术条件，而社会需求则刺激了多媒体技术的发展。需要指出，真正的多媒体技术所涉及的对象是计算机技术的产物，而其他领域的单纯事物，如电影、电视、音响等，均不属于多媒体技术的范畴。

在众多多媒体技术中，多媒体数据压缩技术对多媒体的应用推广起到了重要作用。多媒体计算机需要实时处理多种类型的媒体数据。数字化的图像、音频、视频，其数据量非常大，对数据的存储、信息的传输以及计算机的运行速度都带来了极大的压力。

图像、音频、视频等多媒体数据数字化后，数据中存在大量的冗余信息。使用数据压缩技术可有效减少数据量，将数据压缩后，既节省了存储空间，又提高了传输效率。压缩处理包括编码和解码两个过程，编码就是将原始数据按一定的压缩算法进行压缩；解码是将编码后的数据按照一定的算法进行逆运算，还原为可以使用的数据。

数据压缩可分为无损压缩、有损压缩和混合压缩3种类型。无损压缩是指去掉或减少数据中的冗余数据，这些冗余数据解码时可以重新插入到数据中，因此无损压缩是可逆的。常见的无损压缩算法有RLE行程编码、哈夫曼编码、LZW编码等。有损压缩是去掉多媒体数据中人类视觉和听觉器官不敏感的那部分数据来减少数据量，减少的数据不能再恢复，因此有损压缩是不可逆的。常用的有损压缩算法有预测编码、变换编码、插值与外推等。混合压缩综合了无损压缩和有损压缩的长处，在压缩比、压缩效率和保真度之间取得了平衡点，JPEG、MPEG标准就采用了混合压缩算法。

思维训练： 平时我们使用WinZIP、WinRAR等压缩软件压缩文件便于存储和传输，这和多媒体数据压缩是一回事吗？

8.1.2　常用多媒体软件

多媒体硬件设备的各种功能需要多媒体软件的支持才能发挥作用。多媒体软件包括多媒体驱动软件、多媒体操作系统、多媒体素材制作软件、多媒体编著软件、多媒体应用软件和多媒体应用系统。这里主要介绍多媒体素材制作软件和多媒体编著软件。

由于多媒体涉及的媒体类型众多，要处理这些不同类型的媒体素材，需要使用相应的软件，分别有文字编辑软件、音频处理软件、图形图像处理软件、动画制作软件、视频处理软件等。由于素材制作软件各自的局限性，因此，在制作和处理稍微复杂一些的素材时，往往使用几个软件来完成。

1. 图像处理软件

图像处理软件用于获取、处理和输出图像，其主要作用是对构成图像的数据进行运算、处理和重新编码，以此形成新的数字组合和描述，从而改变图像的视觉效果。该类软件主要用于平面设计领域、制作多媒体产品、广告设计等领域。

能够实现图像处理功能的软件很多，从专业级软件到流行的家用软件，功能有大而全的，也有小而精的，而使用的难易程度也依软件的不同而不同。典型的图像处理软件有Photoshop、Paint Shop Pro、光影魔术手等。

2. 音频处理软件

声音处理软件的作用是把声音数字化，并对其进行编辑加工、合成多个声音素材、制作某种声音效果，以及保存声音文件等。

声音的处理不仅与软件有关，而且与硬件环境有关。高性能的声音处理软件必须与高性能的声音适配器配合使用，才能发挥真正强大的作用。声音处理软件主要包括以下两类。

（1）音频数字化转换软件

音频数字化转换软件把声音转换成数字化音频数据，使计算机能够处理声音。具有代表性的软件是 Exact Audio Copy，该软件用于把音乐光盘中的音轨批量转换成 WAV、MP3 等格式的数字化音频文件。

（2）音频编辑软件

通过此类软件，可对自然界的声音进行录音，对数字化声音进行剪辑、编辑、合成和处理，还可对声音进行声道模式变换、频率范围调整、生成各种特殊效果、采样频率变换、文件格式转换等。常见的软件有 Goldwave、Adobe Audition（以前称 Cool Edit Pro）。

3. 动画制作和处理软件

动画是最具趣味性和表现力的媒体形式，承载信息量最大、内容最丰富。目前，在商业广告、多媒体教学、影视娱乐业、航空航天技术、工业模拟等领域，计算机动画匀得到了广泛应用。

动画制作软件主要有两种类型。

（1）绘制和编辑动画软件

这类软件具有丰富的图形绘制和上色功能，并具备自动动画生成功能，是原创动画的重要工具。具有代表性的有 Animator Pro、3D Studio MAX、Maya、Cool 3D、Flash 等。

（2）动画处理软件

对动画素材进行后期合成、加工、剪辑和整理，甚至添加特殊效果，对动画具有强大的加工处理能力。典型的软件有 Animator Studio、Premiere Pro、GIF Construction Set、After Effects 等。

4. 视频处理软件

此类软件具有视频、音频同步处理能力，提供可视化的编辑界面，且操作简单明了。可以完成视频影像的剪辑、加工和修改，叠加和合成多个视频素材且形成复合作品，运用视频滤镜对视频影像进行加工，以生成特殊视觉效果、视频片段的连接以及产生连接的过渡效果，在动态底图上播放影片。具有代表性的视频处理软件有 Adobe Premiere Pro、Sony Vegas Movie Studio 等。

5. 编著软件

当各种多媒体素材制作完成后，需要使用某种软件把它们结合在一起，形成一个互相关联的整体，并且提供操作界面的生成、添加交互控制、数据管理等功能，完成这种功能的软件就是所谓的“编著软件”。编著软件有高级程序设计语言（Visual Basic、Visual C++等），用于多媒体素材连接的专用软件，还有既能运算、又能处理多媒体素材的综合类软件等。这类软件完成的主要作用如下。

（1）控制各种媒体的启动、运行与停止。

（2）协调媒体之间发生的时间顺序，进行时序控制与同步控制。

（3）生成面向用户的操作界面，设置控制按钮和功能菜单，以实现对媒体的控制。

（4）对输入/输出方式进行控制。

（5）能对多媒体素材进行打包。

比较常见的平台软件有 Adobe Authorware、Adobe Director、Microsoft PowerPoint 等。

8.1.3 多媒体的应用领域

多媒体技术在工业、农业、商业、金融、教育、娱乐、旅游、房地产开发等各行各业、各个领域中，尤其在信息查询、产品展示、广告宣传等方面正得到越来越广泛的应用。

1. 教育领域

教育领域是应用多媒体技术最早的领域，也是进展最快的领域。多媒体能够产生出一种新的图文并茂、丰富多彩的人机交互方式，而且可以立即反馈。采用这种交互，学习者可以按照自己的学习基础、兴趣来选择自己所要学习的内容，主动参与。此外，以互联网为基础的远程教学，使得远隔千山万水的学生、教师和科研人员突破时空的限制，及时地交流信息、共享资源。目前，网络大学在国内外都迅速地发展起来，多媒体技术将会改变教学模式、教学内容、教学手段和教学方法，它必然会对教育、教学过程产生深刻的影响。

2. 影视娱乐

随着多媒体技术的发展逐步趋于成熟，在文化娱乐业，使用先进的计算机技术已成为一种时髦趋势，大量的计算机效果被注入到影视作品中，从而增加了艺术效果和商业价值。例如，动画片从传统的手工绘制到时尚的计算机绘制，从经典的平面动画到体现高科技的三维动画，由于计算机的介入，使动画的表现内容更丰富、更离奇、更刺激。多媒体技术在影视娱乐业中的主要应用还体现在：特殊视觉效果和听觉的制作与合成；影视作品数字化，便于作品的加工、传播和保存；影视作品网络化，充分利用网络资源和网络特点；向业外人士提供参与制作影视作品的机会，自主创意和制作影视作品。同样，计算机和网络游戏由于具有多媒体感官刺激并使游戏者通过与计算机的交互或互动身临其境、进入角色，真正达到娱乐的效果，因此大受欢迎。此外，数字照相机、数字摄像机、数字摄影机、DVD 和 BD（蓝光）光碟的使用，以及数字电视的到来，将为人类的娱乐生活开创一个新的局面。

3. 商业广告

多媒体广告不同于平面广告，当多媒体技术应用于商业广告时，几乎使人们的视觉、听觉和感觉全部处于兴奋状态。近年来，由于互联网的兴起，使广告范围更为扩大，表现手段更为多媒体化，人们接收的信息量也成倍地增长。从影视广告、招贴广告，到市场广告、企业广告，其丰富绚丽的色彩、变化多端的形态、特殊创意的效果，不但使人们了解了广告意图，而且得到了艺术享受。多媒体技术在商业广告领域中可以提供最直观、最易于接受的宣传方式，在视觉、听觉、感觉等方面宣扬广告意图；提供交互功能，使消费者能够了解商业信息、服务信息，以及其他相关信息；提供消费者的反馈信息，促使商家及时改变行销手段和促销方式：提供商业法规范咨询、消费者权益咨询、问题解答等服务。

4. 电子商务

将有关的合同和各种单证按照一定的国际通用标准，通过互连网络进行传送，从而提高交易与合同执行的效率。通过网络，顾客能够浏览商家在网上展示的各种产品，并获得价格表、产品说明书等其他信息，据此可以定购自己喜爱的商品。电子商务能够大大缩短销售周期，提高销售人员的工作效率，改善客户服务，降低上市、销售、管理和发货的费用，形成新的优势条件。电子商务已成为一种重要的销售手段。

5. 过程模拟

在化学反应、火山喷发、海水流动、天气预报、天体演化及生物进化等自然现象，以及设备运行等诸多方面，采用多媒体技术模拟其发生过程，可以使人们能够轻松、形象地了解事物变化的基本原理和关键环节，并能建立必要的感性认识，使复杂的、难以用语言准确描述的变化过程变得形象具体。

除了过程模拟，多媒体技术还可以进行智能模拟。把专家们的智慧和思维方式融入计算机软件中，从而人们就能利用这种具有“专家指导”意义的软件，获得最佳的工作成果和最理想的过程。例如，某些多媒体软件把特级大师的棋艺编制在其中，与人们对弈。

8.1.4 多媒体的应用前景

多媒体技术交互式应用的最终目标是能让用户完全进入到虚拟的具有5个感觉的空间，使人们能通过最为接近自然环绕的方式与计算机交流信息。目前，处于世界前沿的研究领域主要有如下几个方面。

1. 虚拟现实

虚拟现实（Virtual Reality，VR），就是将计算机、传感器、图文声像等多种设置结合在一起，创造出一种虚拟的“真实世界”。在这个世界里，人们看到、听到和触摸到的，都是一个并不存在的虚幻，是现代高科技的模拟技术使人们产生了身临其境的感受。不但如此，在这一系统中，人们还能以自然的方式与虚拟环境进行交互操作。

2. 可视化计算

科学计算可视化就是将计算机中的数字信息转变为图形或图像，使得随时间或空间变化的物理现象或物理量形象直观地呈现在研究者面前。例如，在核爆炸数值模拟中，高温高压下物质状态的动态变化规律可用动态三维图形显示出来；当飞行器高速穿过大气层时，人们也能从显示屏上逼真地看到其周围气流运动的情况。通过这种方式，能使研究者发现常规计算发现不了的现象，获得意料之外的启发和灵感，大大提高了研制效率和质量。

3. 智能多媒体

智能多媒体技术，是人工智能技术与计算机多媒体技术相结合的、具有广泛交叉性的前沿技术，旨在实现人类智能的计算机模拟。智能多媒体技术的研究领域十分广阔，从图形、图像、语言、文字的识别到自然语言的理解，从自动程序设计、自动定理证明到数据库的自动检索，从计算机视觉到智能机器人等，在这些方面已经取得了不少新的成果，并且已经很好地应用到了多媒体计算机的系统开发中。

4. 多媒体通信

随着多媒体技术与网络技术日益紧密的结合，多媒体通信网已成为通信网发展的必然趋势，形成了为这两个领域共同关心的热点技术，这就是多媒体通信技术。

现代通信技术以1835年的电报和1876年的电话的诞生为标志。20世纪40年代计算机问世，20世纪80年代计算机网络崛起，对通信技术更产生了深远的影响。20世纪90年代人类进入信息化时代，冷战时期的空间竞争已让位于信息技术的竞争，传统的通信技术已远不能满足人们对信息获取、利用与交换的要求。多媒体通信技术就在这样的背景下应运而生。多媒体通信技术的发展目前在一些领域已经进入实用，电视会议便是其中的典型应用。实际上，在全球化信息高速公路的建设与发展中，多媒体通信技术是它的重要基石。

8.2 多媒体硬件

多媒体硬件设备主要是指与计算机有关的基本设备和扩展设备。由于目前开展多媒体应用的主流计算机是个人计算机（PC），所以多媒体硬件设备将以多媒体个人计算机为主进行讨论。

8.2.1　多媒体个人计算机

多媒体个人计算机（Multimedia Personal Computer，MPC）是在个人计算机基础上加上一些多媒体硬件板卡及多媒体软件，使其具有综合处理声、文、图、像等信息的功能。MPC 不仅代表多媒体个人计算机，还代表 MPC 的工业标准。

多媒体是一项综合性技术，它涉及计算机、通信、声像（电视）、电子产品等各个领域和行为。为了使不同厂家生产的产品也能够方便地组成多媒体个人计算机系统，就需要解决产品标准化问题。MPC 的工业标准由多媒体个人计算机市场协会（Multimedia PC Marketing Council，MPMC）制定，从 1990 年 11 月开始，已先后制定了 4 个 MPC 的标准，1996 年的 MPC-4 为最新标准。

目前，主流的个人计算机都具备多媒体处理功能，成为了家庭管理和娱乐的中心，而且配置已远远高于 MPC-4 标准。随着多媒体技术的发展，特别是激光存储器的使用、数据压缩技术的不断完善，MPC 能处理的媒体种类不断增加，输入输出也发生了重要的变化。例如，在输入方面有如语音输入、手写输入、文字识别、触控输入等；在输出方面有语音输出、投影输出等。图 8-2 所示为多媒体计算机的基本结构示意图。

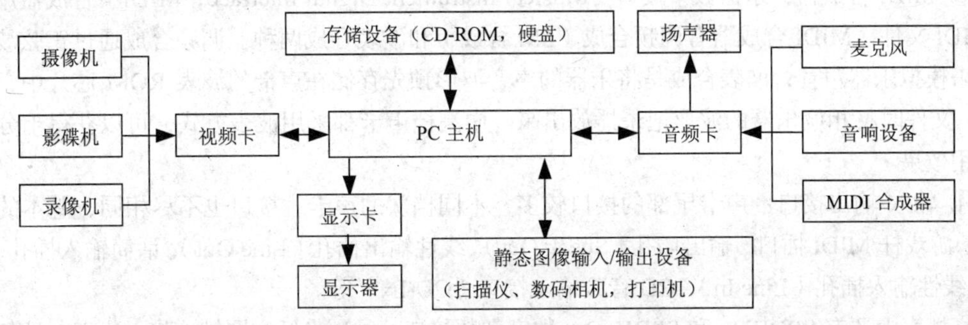

图 8-2　多媒体计算机的基本结构

8.2.2　多媒体设备

多媒体计算机涉及的硬件设备较多，有些设备是必需的，称之为基本硬件设备，包括音频卡与声音还原设备、显示卡与显示器、激光存储器等。在基本配置之外的设备就叫做"扩展设备"。扩展设备几乎包括了所有对多媒体产品开发有用的设备，具有代表性的扩展设备包括触摸屏、扫描仪、数码照相机、数码摄像机、视频卡、彩色打印机、彩色投影仪等。

1．声卡与声音还原设备

声卡是多媒体计算机中用来处理声音的接口卡，声音还原设备用于声音的回放。

（1）声卡

声卡也称音频卡（Audio Card），是多媒体计算机中实现模拟声音信号和数字声音信号相互转换的一种硬件卡。声卡的基本功能是把通过麦克风等设备获取的语音、音乐等模拟声音加以转换，变成数字信号交给计算机处理，并以文件形式存储，还可以把数字信号还原成为真实的声音输出到耳机、扬声器、扩音机等声响设备，或通过音乐设备数字接口（MIDI）使乐器发出美妙的声音。

1）声卡的组成

声卡由各种电子器件和输入/输出接口组成，如图 8-3 所示。

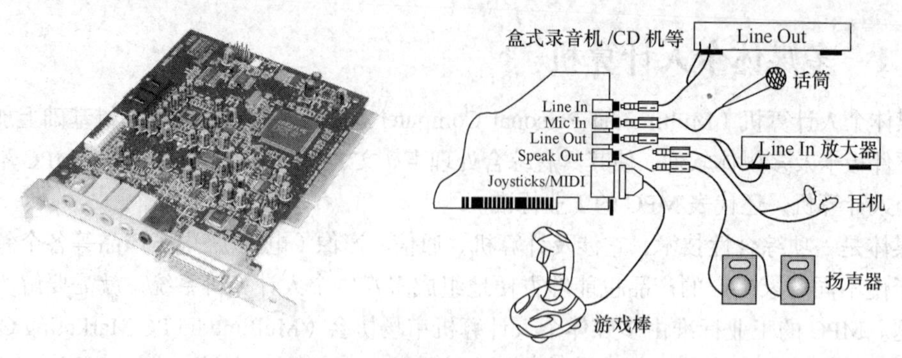

图 8-3　音频卡及其输入/输出接口

① 声音控制芯片：负责把从输入设备中获取的声音模拟信号通过模/数转换器（ADC）转换成数字信号，采样存储到计算机中。重放时，这些数字信号经过数/模转换器（DAC）还原为模拟信号，放大后送到声音还原设备回放。

② 数字信号处理器：数字信号处理器（Digital Signal Processor，DSP）芯片用于数字音频信号的实时压缩和解压缩，增加特殊声效等。中高档声卡才配有 DSP 芯片。

③ MIDI 合成器：乐器数字接口（Musical Instrument Digital Interface，MIDI）合成器用于播放 MIDI 文件。MIDI 合成器有调频合成（FM 合成）和波表合成两种。调频合成通过正弦波相互调制来模拟乐器声音；波表合成是将乐器的声音波形预先存储在声卡的波表 ROM 芯片中，播放 MIDI 文件时将相应乐器的波形记录播放出来。中高档声卡都采用波表方式，可以获得十分逼真的使用效果。

④ 输入/输出接口：声卡尾部的接口较多，不同档次的声卡，接口也不尽相同，基本的接口包括：游戏杆/MIDI 插口、输出插孔（Speak Out）、线性输出插孔（Line Out）、话筒输入插孔（Mic In）、线性输入插孔（Line In）、CD 音频输入接口（CD-IN）等。

高档声卡还有 SPDIF In 和 SPDIF Out 数字音频接口，通过光纤和同轴连接，让声卡具备更加强大的设备扩展能力。

2）音频卡的性能指标

① 采样频率：采样频率是指录音设备在一秒钟内对声音信号的采样次数，采样频率越高声音的还原就越真实越自然。采样频率一般分为 3 个等级：22.05kHz、44.1kHz、48kHz。

② 采样位数：采样位数为声卡处理声音的精度。这个数值越大，精度就越高，录制和回放的声音就越真实。声卡的位是指在采集和播放声音文件时所使用数字声音信号的二进制位数。8 位代表 2^8=256，16 位代表 2^{16}=64K。16 位声卡能把一段音乐信息分为 64K 个精度单位进行处理，而 8 位声卡只能处理 256 个精度单位，造成较大的信号损失。如今市面上的主流声卡都是 16 位的声卡。

③ 全双工：全双工是新型声卡必备的功能。它能使用户在因特网上打国际电话时充分发挥这一功能，其最大好处是可以节省大量的通话时间(这意味着节省费用开支)。如今，无论是名扬世界的大厂，还是名不见经传的小厂，所生产的声卡几乎全都支持全双工模式。

④ 信噪比（SNR）：信噪比是音频产品中最常见的一个指标，是一个诊断声卡抑制音频噪音能力的重要指标。通常用信号和噪音信号的功率比值就是 SNR，单位为分贝（dB）。信噪比值越大则声卡的滤波效果越好。根据 AC'97 的规范，信噪比至少要在 85dB 以上。现在市面上声卡的信噪比一般在 85～95dB。

（2）声音还原设备

声音还原设备包括立体声耳机、放置在显示器内的内置扬声器、自带音频放大器的音箱等。如果要求音质好，应采用带有功率放大器的外置扬声器，与音频卡的线路输出（Line Out）接口相连，其特点是输出功率大；如果要获得高品质的音响效果，则可以采用独立的扬声器系统，包括音响放大器、专业音箱和专用音频连接线。独立的扬声器系统又可以分为普通立体声系统、高保真立体声系统、临场感立体声系统、环绕立体声系统等若干类别。

目前，比较有代表性的 5.1 环绕立体声系统包括 5 个宽音域音箱、1 个重低音音箱和 1 个可遥控的调谐控制器。5.1 环绕立体声系统的排放摆放非常讲究，否则得不到理想的环绕效果。视听效果不仅受制于房屋空间，也与设备的摆放位置密切相关。图 8-4 所示为数字环绕声系统（5.1 声道）各个音箱摆放位置的示意图。

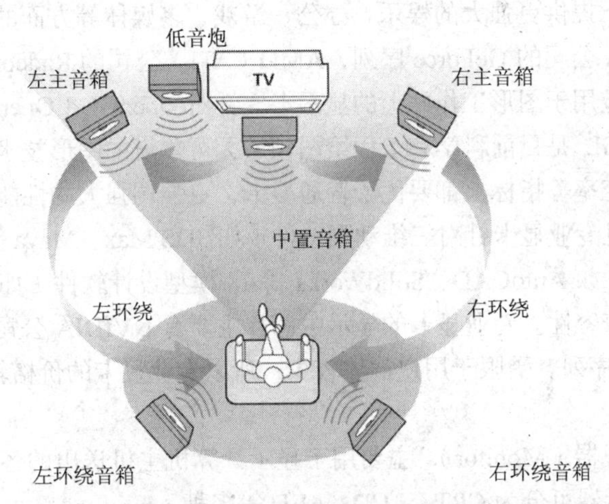

图 8-4　数字环绕声系统（5.1 声道）

考虑到聆听者实际位置的不同、房间形状的不同、墙壁材质等因素，各个音箱的声压级和摆放位置要经过精心调整，以确保声像位置的准确性。

2. 显示卡与显示器

计算机的显示系统由显示卡和显示器组成，是决定计算机视觉效果的重要部件，无论是简单的文字、数据显示，还是图像、动画、视频处理，都需要显示卡和显示器的支持。

（1）显示卡

显示卡简称显卡，主要任务是规定屏幕图形的显示模式（包括分辨率和彩色数等），并完成各种复杂显示的控制。独立显卡内部通过 PCI-E 接口与主板相连，外部则通过电缆与显示器相连；集成显卡则是把显示主芯片集成在主板上，目的是为了降低成本。在多媒体应用领域，独立显卡具有更好的性能。

显卡由显示主芯片、显示内存、显卡 BIOS、数字模拟转换器（RAMDAC）等组成，目前大多数显卡都将 RAMDAC 集成到了主芯片中。多功能显卡还配备了视频输入/输出功能（VIVO 功能）。

① 显示主芯片：显示主芯片的性能直接决定了显示卡性能的高低。目前，显卡的显示主芯片都是图形处理器（Graphic Processing Unit，GPU），GPU 使显卡减少了对 CPU 的依赖，承担了部分原本由 CPU 完成的处理工作，支持 3D 加速，硬件 T&L（Transform and Lighting，多边形转换与光源处理）等特性。在 3D 图形处理、视频编码、视频解码这类需要大量 CPU 运算的工作中，

GPU 能大大减小 CPU 的负荷。GPU 的性能指标主要有制造工艺和核心频率。GPU 主要由 NVIDIA 和 AMD（ATI）两个厂商生产。

② 显示内存：显示内存的主要功能是暂时储存显示芯片要处理的数据和处理完毕的数据。图形核心的性能越强，需要的显存也就越多。目前，主流显卡采用的是 DDR3 显存，显存的主要性能指标包括显存容量、显存位宽和显存频率。

③ 显卡 BIOS：GPU 的控制程序存放在显卡 BIOS 中，显卡厂商提供显卡 BIOS 数据和升级程序。通过刷新显卡 BIOS，可以使显卡具有更强的处理能力并消除旧版的缺陷。

按照显卡的接口形式，可分为 ISA 显卡、PCI 显卡、AGP 显卡和 PCI-E 显卡；按照显卡的适用类型，把显卡分为普通显卡和专业显卡。

普通显卡是个人计算机所使用的显卡，针对 Direct 3D 加速，更注重于民用级应用，强调的是在用户能接受的价位下提供更强大的娱乐、办公、游戏、多媒体等方面的性能。普通显卡的显示主芯片主要有 NVIDIA 公司的 GeForce 序列，AMD（ATI）公司的 Radeon 序列。

专业显示卡是指应用于图形工作站上的显示卡，针对 OpenGL（Open Graphics Library，开放图形库）加速，OpenGL 是目前科学和工程绘图领域无可争辩的图形技术标准。专业显卡在多边形产生速度或像素填充率等指标上都要优于普通显卡，更强调强大的性能、稳定性、渲染精度、绘图精度等方面，而且专业显卡针对三维动画软件（如 3DS Max、Maya 等）、渲染软件（如 3DS VIZ 等）、CAD 软件（如 AutoCAD、SolidWorks 等）、模型设计软件（如 Rhino 等）进行了必要的优化，有着极佳的兼容性。专业显卡的显示主芯片主要有 NVIDIA 公司的 Quadro 序列，AMD（ATI）公司的 FireGL 序列。受限于用户群体较少，所以专业显卡的价格较高。

（2）显示器

显示器也称为监视器（Monitor），主要用于显示计算机主机送出的各种信息，触摸屏也可作为输入设备使用。显示器可分为 CRT、LCD、LED 等多种。

在多媒体应用上，要考虑显示器的尺寸、分辨率、点距、色彩数、可视角度、响应时间等技术指标。

3. 视频卡

视频卡一般具有在视频输入时支持不同制式的视频，能实现图形与视频叠加混合，能采集视频，对视频画面进行处理等特性。

视频卡是在多媒体计算机中用于处理视频信息的功能插卡。视频卡将影像和动画引进到了计算机系统，是普通计算机向多媒体计算机系统升级的一个不可或缺的功能插卡。目前，尽管市场上视频卡产品的种类很多，各种产品实现的功能也不相同，但是依据它们实现的功能可以将视频卡产品分为以下几类。

（1）视频采集卡

视频采集卡用于将摄像机、录像机等设备播放的模拟视频信号经过数字化的采集，以文件形式存储起来。通常视频采集卡通过输入模拟的复合视频信号，可以在视窗内显示、播放视频画面。有些视频采集卡只能采集数字式的静止画面，这类视频采集卡也称为视频叠加卡。大多数视频采集卡不仅能够捕捉静止画面，而且还可以捕捉动态画面，其中有一类视频采集卡是用于专业级动态视频的采集、编辑和回放，具有硬件视频压缩功能。

（2）视频压缩/解压缩卡

视频压缩/解压缩卡用于将静止和动态的视频图像按照 JPEG 或 MPEG 标准进行压缩，或者将已经压缩好的数字化的视频解压缩还原成影像。目前，市场上的视频压缩/解压缩卡的典型产品是

MPEG 解压卡。

（3）视频输出卡

视频输出卡将计算机中加工处理的数字式视频信号重新编码后转换为 PAL、NTSC 或者 SECAM 制式的模拟视频信号，供在录像带上记录或通过电视机播放。使用这类产品可以在电视机上观看计算机画面，或用录像机录制计算机演示过程。这类产品分为外置和内置的两种，内置产品是一块功能插卡，插入计算机主板的 I/O 扩展槽中；外置产品是一只类似于肥皂盒大小的编码盒。

（4）视频接收卡

视频接收卡简称视频卡，它将从电视节目中捕捉到的视频图像进行转换处理，使其能够与计算机生成的文字及图形叠加在一起，送显示器显示。使用这类产品可以利用计算机收看电视节目，不过目前市场上销售的电视接收卡通常只能接收有线电视的电视信号。

视频卡的种类还有很多，大多数视频卡具有多种功能，各视频卡之间既有不同点，也有相同点，其功能互相交错。在选择视频卡时，应注意该卡具有的功能和实用性。视频卡如图 8-5 所示。

图 8-5　视频卡

4. 光盘存储器

激光盘存储技术是采用磁存储以来最重要的一种新型数据存储技术，以其标准化、容量大、寿命长、工作稳定可靠、体积小、单位价格低及应用多样化等特点成为数字媒体信息的重要载体。激光存储器由激光盘和激光驱动器构成。激光盘用于存储数据，激光驱动器用于读写激光盘中的数据。不同类型的激光盘对比如表 8-1 所示。

激光盘通过光学方式来记录和读取二进制信息。光盘是在聚碳酸脂材料上用凹痕和凸痕的形式记录二进制“0”和“1”，然后覆上一层薄铝反射层，最后再覆上一层透明胶膜保护层，并在保护层的一面印上标记。通常称光盘的两面分别为数据面和标记面。目前通常用的光盘直径为 12cm，厚度约为 1mm，中心孔直径为 15mm。图 8-6 所示为激光盘的数据面。

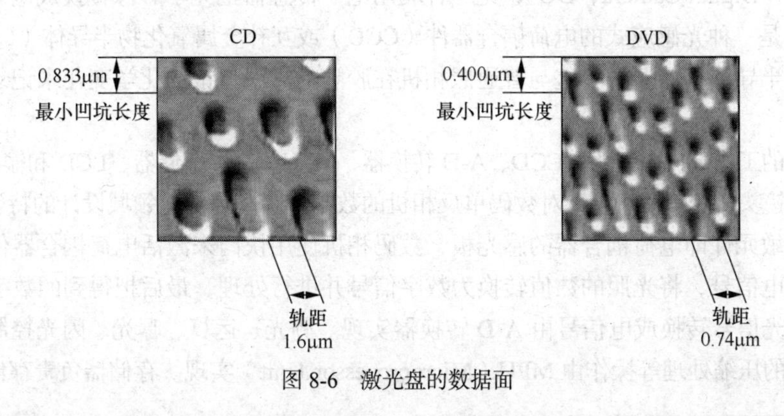

图 8-6　激光盘的数据面

存储数据时，激光驱动器通过激光头把激光束照射到光盘铝反射区的微小区域，在局部烧出凹坑。有凹坑和无凹坑代表了二进制信息的“0”和“1”，从而把数据记录在光盘上。如果要制作大量光盘，则一般先制作母盘，再用母盘压制激光盘，目前商品光盘均采用此方法。

表 8-1　不同类型的激光盘

光盘类型	CD 光盘		DVD 光盘	Blu-ray 光盘（BD）
光盘直径	5.25 in	3.5 in	5.25 in	5.25 in
单层容量	650MB	185MB	4.7GB（D-5）	25GB
最高容量	800MB	200MB	17.08GB（D-18）	128GB
激光波长	780nm 红色激光		650nm 红色激光	405nm 蓝色激光
最小凹坑长度	0.83μm		0.4μm	0.15μm
轨距	1.6μm		0.74μm	0.32μm
主要用途	数据存储、软件发行、影视、音乐，游戏		数据存储、软件发行、影视、音乐、游戏	影视

5. 扫描仪

扫描仪（Scanner）可将图片、照片、胶片及各类文稿资料通过扫描输入到计算机中存储，配合光学字符识别软件（Optic Character Recognize，OCR）还能将扫描的文稿转换成计算机的文本形式。

扫描仪是利用物体对光波的吸收和反射特性进行工作的，核心部件是光学读取装置和模/数（A/D）转换器。目前常用的光学读取装置有两种：CCD 和 CIS(Contact Image Sensor，接触式图像传感器)。

扫描仪的类型较多，按照扫描原理可划分为反射式扫描仪和透射式扫描仪。反射式扫描仪通过反射镜片和透镜将稿件上的影像聚焦到光感应器 CCD 上形成电信号，再由数/模（D/A）转换器转化成数字图像。

透射式扫描仪让光线透过胶片原稿，经过反射镜片、透镜聚焦，被 CCD 接收，形成电信号，经过译码生成图像数据。由于大多数透明胶片均为负片，色影与正常颜色正好相反（即互补），因此透射式扫描仪带有颜色补正装置，将数字图像还原成正常颜色。透射式扫描仪的扫描分辨率和精度非常高，一般在 4 800dpi 以上，适应尺寸较小的照片底片。

扫描仪的主要性能指标包括分辨率、灰度级、颜色数、扫描速度、扫描幅面等。

6. 数码相机

数码相机（Digital Camera，DC），是一种利用电子传感器把光学影像转换成电子数据的照相机，其传感器是一种光感应式的电荷耦合器件（CCD）或互补金属氧化物半导体（CMOS），拍摄的图像存储在半导体存储器中。这与普通照相机在胶卷上靠溴化银的化学变化来记录图像的原理不同。

数码相机的工作部件由镜头、CCD、A-D 转换器、MPU、内置存储器、LCD 和输出接口组成。镜头分为定焦镜头、变焦镜头、针对数码单反相机的数码镜头和为专业领域设计的特殊镜头。CCD 是一块布满光敏元件即电荷耦合器的感光板，数码相机使用快门来激活电荷耦合器件传感器，把光信号转换成电信号，将光照的数值转换为数字信号并进行处理，最后把得到的数字图像保存在存储器中。而光信号转换成电信号由 A-D 转换器实现。测光、运算、曝光、闪光控制、拍摄逻辑控制以及图像的压缩处理等操作由 MPU（Microprocessor Unit）实现。存储器负责存储数码照片。

通过输出接口把数码照片传输到电脑。

数码相机按用途可分为：卡片数码相机、单反数码相机、长焦相机等。在选购数码相机时，要优先考虑像素、使用的镜头、LCD 尺寸和分辨率和防抖功能（注重光学防抖）。

卡片机

单反数码相机

长焦相机

图 8-7　数码相机

7. 数码摄像机

DV（Digital Video）的本意是"数字视频"的意思，是由索尼、松下等多家著名家电公司联合制定的一种数码视频格式。然而，在绝大多数场合 DV 则是代表数码摄像机。

数码摄像机进行工作的基本原理简单地说就是光-电-数字信号的转变与传输，即通过感光元件（CCD 或 CMOS）将光信号转变成电流，再将模拟电信号转变成数字信号，由专门的芯片进行处理和过滤后得到动态画面。数码摄像机具有清晰度高、色彩纯正、无损复制、体积小、重量轻等特点。

按照数码摄像机的使用用途可分为：广播级机型、专业级机型和消费级机型。不同机型的性能、价格、体积和适用领域不尽相同，应根据实际情况选择。按照数码摄像机的存储介质可分为磁带式、光盘式、硬盘式和存储卡式。目前的主流是硬盘式。

8. 彩色投影仪

彩色投影仪（Color Projector）是一种显示设备。作为计算机设备的延伸，投影仪在数字化、小型化、高亮度显示等方面具有鲜明的特点，被广泛地用于教学、广告展示、会议、旅游等很多领域。

彩色投影仪主要有 4 大类：阴极射线管（Cathode Ray Tube，CRT）投影仪、液晶（Ligquid Crystal Device，LCD）投影仪、数字光处理（Digital Light Processing，DLP）投影仪和硅液晶（Liquid Crystal On Silicon，LCOS）投影仪。CRT 投影仪目前已淘汰，其他 3 类投影仪如图 8-8 所示。

LCD 投影仪

DLP 投影仪

LCOS 投影仪

图 8-8　彩色投影仪

LCD 投影仪使用液晶板作为成像元件，一般采用 3 片液晶板，目前最为成熟。投影画面色彩还原真实鲜艳，色彩饱和度好，光利用效率很高，是目前市场占有率最高的产品。

DLP 投影仪以数字微反射器（Digital Micro-mirror Device，DMD）作为光间成像器件，在图像灰度、色彩等方面达到很高的水准。DLP 投影仪由于使用了数字技术，使图像灰度等级达 256～1 024 级，色彩达 256～1 024 色，图像噪声消失，画面质量稳定。另外，反射式 DMD 器件的应用，使成像器件的总光效率达60%以上，对比度和亮度的均匀性都非常出色。

LCOS是一种基于反射模式、尺寸非常小的矩阵液晶显示装置。这种矩阵采用CMOS技术，在硅芯片上加工制作而成，又称为CMOS-LCD。由于LCOS尺寸一般为0.7英寸，所以相关的光学仪器尺寸也大大缩小，与其他投影技术相比，LCOS 技术最大的优点是分辨率高，采用该技术的投影仪产品在亮度和价格方面也有一定优势。

彩色投影仪的技术指标包括亮度、对比度、均匀度、分辨率、光源寿命等。

8.3 数字音频处理

声音是人类感知自然的重要媒介，在多媒体产品中，声音是必不可少的对象，通过对声音的运用，使人们更加形象地认识产品所表现的内容，突出媒体的渲染力。

8.3.1 声音基础知识

由振动源产生振动，依靠周围的弹性介质以机械波的形式进行传播，由人耳所感知，再反映到大脑，就意味着产生了声音（Sound）。声音是指自然声，是随时间变化的连续模拟信号，是一种连续的波，但声音在不同介质中的传播速度和衰减率不一样。声波的反射、折射和衍射特性决定了声音的传播方向。

声音有3个重要特性：振幅、周期和频率。振幅是声波的高低幅度，表示声音的强弱；周期是两个相邻波之间的时间长度，表示声波振动快慢；频率是每秒钟声波振动的次数，以Hz（赫兹）作为单位。

人的听觉器官能感知的频率范围是20Hz～20kHz，低于20Hz和高于20kHz的声音听不到。频率低于20Hz的声音叫做“次声”，高于20kHz的声音叫做“超声”。

1. 声音的三要素

声音的三要素是音强、音调和音色。

（1）音强

音强是声音的强度，也被称为声音的响度，常说的“音量”也是指音强。音强与声波的振幅成正比，振幅越大，强度越大。唱盘、CD激光盘以及其他形式声音载体中的声音强度是一定的，通过播放设备的音量控制，可改变聆听时的响度。如果要改变原始声音的音强，在把声音数字化以后，使用音频处理软件提高音强。

（2）音调

音调代表声音的高低，与频率有关。频率越高，音调越高，反之亦然。在使用音频处理软件对声音的频率进行调整时，其音调也会随之产生变化。不同的声源有自己特定的音调，如果改变了声源的音调，声音会发生质的转变，使人们无法辨别声源本来的面目。

（3）音色

音色是声音的特色。影响声音特色的主要因素是复音。所谓“复音”，是指具有不同频率和不同振幅的混合声音，自然声中的大部分是复音。在复音中，最低频率的声音是“基音”，它是声音的基调，其他频率的声音称为“谐音”，也叫“泛音”。基音和谐音是构成声音音色的重要因素。各种声源都具有自己独特的音色，如各种乐器的声音、每个人的声音、各种生物的声音等，可依据音色来辨别声源种类。

2. 声音信号的指标

声音信号的指标包括频带宽度、动态范围和信噪比。

（1）频带宽度

声音信号的频带宽度越宽，所包含的声音信号分量就越丰富，音质越好。例如，调幅广播（AM）的声音比电话语音的声音好，调频广播（FM）的声音比调幅广播的声音好，CD-DA 的声音比调频广播声音好，尽管 CD-DA 的频带宽度已超出人耳的可听域，但正是因为这一点，把人们的感觉和听觉充分调动起来，才产生了极佳的声音效果。常见声源及频带宽度如图 8-9 所示。

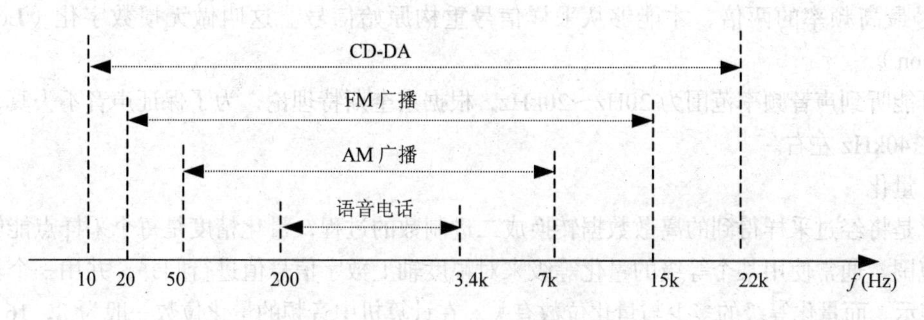

图 8-9　常见声源及其频带宽度

（2）动态范围

动态范围越大，信号强度的相对变化范围越大，则音响效果越好。不同音质的动态范围如表 8-2 所示。

表 8-2　常见声音的动态范围

音质效果	AM 广播	FM 广播	数字电话	CD-DA
动态范围（dB）	40	60	50	100

（3）信噪比

信噪比（Signal Noise Ratio，SNR）是有用信号与噪声之比的简称，单位是 dB（分贝），如式（8-1）所示。噪声可以分为环境噪声和设备噪声。设备的信噪比越高表明它产生的杂音越少。一般来说，信噪比越大，说明混在信号里的噪声越小，声音回放的质量越高，否则相反。信噪比一般不应该低于 70dB，高保真音箱的信噪比应达到 110dB 以上。

$$\text{SNR}=\frac{\text{有用信号的平均功率}}{\text{噪声的平均功率}} \tag{8-1}$$

8.3.2　音频数字化

模拟音频信号经过数字化处理进入计算机，成为数字音频。数字音频处理技术为计算机用户提供了前所未有的应用功能，用户可以体验高质量的数字音频带来的震撼感受。

1. 音频数字化过程

现实世界中的声音信号是连续变化的模拟量，波形曲线是振幅与时间的连续函数，在一定的时间范围内，时间的取值是无穷的，所以振幅值是无穷的。而计算机不可能用无穷多个数据（振幅值）来记录一段声音信息，只能是按照固定的时间间隔截取信号的振幅值，再把该振幅值采用若干位二进制数表示，这个过程称之为音频数字化。音频数字化涉及 3 个问题，一是每秒钟采集多少个声音样本；二是每个声音样本的比特数（二进制位数）应该是多少；三是采用什么格式记录数字数据，压缩还是不压缩数据，如果需要压缩，采用什么算法。

音频数字化的过程主要包括采样、量化和编码。

（1）采样

采样是指每隔一个时间间隔在声音的波形上截取一个振幅值，把时间上连续的模拟信号变成时间上的离散信号。在单位时间内采集得到声音样本数称之为采样频率。采样频率越高，音质越好，数据量也越大。

采样频率的选择应该遵循奈奎斯特采样理论（Nyquist Sampling Theory）：只有采样频率高于输入信号最高频率的两倍，才能够从采样信号重构原始信号。这叫做无损数字化（Lossless-Digitization）。

人耳能听到声音频率范围为20Hz～20kHz，根据奈奎斯特理论，为了保证声音不失真，采样频率应在40kHz左右。

（2）量化

量化是将经过采样得到的离散数据转换成二进制数的过程，量化精度是每个采样点能够表示的数据范围，通常使用某个等级的量化等级来对幅度轴上数字信号值进行归并，并用一个具体的数值来表示。而量化等级的多少与量化位数有关。在计算机中音频的量化位数一般为8、16、24、32位（bit）等。

采样和量化如图8-10所示。

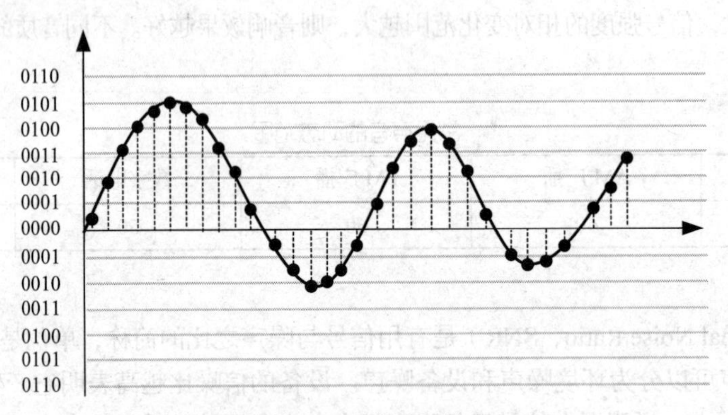

图8-10 采样和量化

（3）编码

经采样与量化之后的数字化音频，需对其编码，即用二进制数表示每个采样的量化值。编码的作用有两个，其一是采用一定的格式来记录数字数据，其二是采用一定的算法来压缩数字数据以减少存储空间和提高传输效率。经过编码后的数字音频以文件的形式进行存储和编辑。

常用的编码方法是波形编码方法，这种算法简单、易于实现，在声音恢复时能保持原有的特点，因此被广泛使用。波形编码方法有PCM编码（Pulse Code Modulation，脉冲编码调制），DPCM编码（Differential Pulse Code Modulation，差分PCM编码），ADPCM编码（Adaptive Differential Pulse Code Modulation，自适应差分PCM编码）3种。

PCM 编码是一种未经压缩的数字音频信号，直接对声音信号进行模数转换，用一组二进制编码表示，得到的文件是WAV格式。PCM不需要复杂的信号处理技术就实现数据量化还原。特点是信噪比比较高，保真度高，解码速度快，但编码后的数据量大。而 DPCM 编码、ADPCM 编码是对 PCM 编码算法的改进，在保证数字化声音质量的同时，降低编码的数据量。

2．数字音频的主要参数

（1）采样频率

采样频率决定了声音的保真度，以 Hz 作为单位。比如 44.1kHz，理解为每秒钟采样的次数是 44 100 次，相当于每秒钟的声音用 44 100 个采样样本数据来表示。

常见的采样频率为 11kHz（电话）、22kHz（FM 电台）、44.lkHz（CD）、192kHz（DVD）。非专业声卡的最高采样率为 48kHz，专业声卡的采样频率可以高达 96kHz 或以上。

采样频率越高，相同时间内采样的次数越多，获得的样本值越多，数字化后的音频信号就越可能接近原始信号，但所需要的存储空间也就越大。

（2）量化位数

量化位数是指采样得到的每个样本数据用多少位二进制来表示，它决定了模拟信号数字化以后的动态范围。量化位数越高，信号的动态范围越大，数字化后的音频信号就越可能接近原始信号，音质越细腻，但所需要的存储空间也就越大。

一般有 8、16、24、32 位几种。如果量化位数为 8 位，可提供最多 2^8（即 256）个级别；16 位可提供最多 2^{16}（即 65 536）个级别。

（3）声道数

单声道（Mono）每次只能生成一个声波数据，而立体声（Stereo，双声道）每次生成两个声波数据，并在录制过程中分别分配到两个独立的声道中输出，效果较好。Dolby AC-3 音效（5.1 声道）是由 5 个全频声道和一个超重低音声道组成的环绕立体声。

声道数越多，音质和音色越好，但数字化后所占用的空间也越多。

（4）编码方法

编码的作用一是采用一定的格式来记录量化后的数字数据，二是采用一定的算法来压缩数字数据以减少存储空间，提高传输效率。

波形编码方法得到的 WAV 文件未经压缩，数据量最大。而压缩可采用有损压缩，如 MP3、AAC、有损 WMA 等；也可采用无损压缩，如 APE、FLAC、无损 WMA 等。压缩编码的基本指标之一就是压缩比，根据不同的应用，应该选用不同的压缩编码算法。

如果对音质有更高要求，可采用 Dolby 公司的第三代音频编码方案（Dolby AC-3）、DTS 公司的 DTS 编码方案（Digital Theatre System，数字化影院系统）进行音频编码。

（5）数据率

数据率定义为每秒的比特数（bit/s），也称编码率、比特率，与数据在计算机中的实时传输有直接关系。数据量定义为每秒的字节数(B/s)，它与计算机的存储空间有关。未经压缩的数字音频数据率和数据量可以按照式（8-2）、式（8-3）计算：

数据率（bit/s）=采样频率（Hz）×量化位数×声道数　　（8-2）

文件大小（B）=采样频率（Hz）×声音时间（s）×（量化位数÷8）×声道数　　（8-3）

一般来说，采样频率、量化位数越高，声音质量也就越高，保存这段声音所用的空间也就越大。立体声（双声道）的数据量是单声道文件的两倍。

不同质量的声音其数据率对比如表 8-3 所示。

表 8-3　　　　声音质量和数据率

质　量	采样频率（kHz）	量化位数（bit）	声道数	数据率（kB/s）(未压缩)	频 率 范 围
语音电话	8	8	1	8	200～3.4k Hz
AM 广播	11.025	8	1	11.0	50～7 kHz
FM 广播	22.050	16	2	88.2	20～15 kHz
CD-DA	44.1	16	2	176.4	20～20 kHz

例如，录制 1 分钟采样频率为 44.1kHz，量化精度为 16 位，立体声的声音（CD 音质），其数据率和文件大小分别为：

$$44.1 \times 1\,000 \times 16 \times 2 = 1\,411\,200 \text{ bit/s} \approx 1\,411 \text{ kbit/s}$$

$$44.1 \times 1\,000 \times 60 \times (16 \div 8) \times 2 = 10\,584\,000 \text{ B} \approx 10.09 \text{ MB}$$

可以简单理解为：CD 唱盘上 1 分钟的音乐大约需要 10MB 的存储空间。

3. 常见数字音频文件的格式

模拟声音信号经过采样和量化后变成了数字化音频信号。由于人耳所能听到的声音频率范围是 20Hz～20kHz，因此采样频率应该介于 40Hz～50kHz 之间，而且对每个样本需要更多的量化位数。音频数字化的标准是每个样本 16 位（16bit，96dB 的信噪比），采用线性脉冲编码调制 PCM 编码，每一个量化步长都具有相等的长度。在数字音频文件格式的制定中，正是采用这一标准。常见的数字音频文件格式及特点如下。

（1）CDA

CDA 即通常所说的 CD 音轨，是 CD 音乐光盘中的文件格式。其最大的特点是近似无损，也就是说基本上忠实于原声，因此是音乐发烧友的最佳选择。在 CD 光盘中看到以 CDA 为后缀名的文件并没有真正包含声音的信息，只是一个索引信息文件，大小是 44 字节，如果直接把文件复制到硬盘上，是无法播放的，只有使用专门的抓音轨软件（如 Exact Audio Copy）才能对 CD 格式的文件进行转换。

（2）WAV 格式

WAV 格式是 Microsoft 公司开发的一种声音文件格式，也叫波形声音文件，文件扩展名为.WAV，WAV 文件来源于对声音模拟波形的采样、量化，其质量与采样频率和量化位数密切相关。WAV 文件声音层次丰富、还原性好、表现力强，主要用于自然声音的保存与重放。但其数据量与采样频率、量化位数和声道数成正比，存储空间需求太大，不便于交流和传播。

（3）MP3 格式

MP3 的全称为 MPEG Audio Layer 3，是一种音频压缩技术，所以把它简称为 MP3。MP3 是利用 MP3 压缩编码技术，将音乐以 1:10 甚至更高的压缩比进行压缩，能够在音质丢失很小的情况下把文件压缩到更小的程度。如果采用 128kbit/s 的数据率进行 MP3 编码压缩，1 分钟音乐只有 1MB 左右大小。

（4）AAC 格式

AAC 全称为高级音频编码（Advanced Audio Coding），是由杜比实验室等公司共同开发的一种音频格式，目的是取代 MP3，是 MPEG-2 规范的一部分。AAC 的音频算法在压缩能力上远远超过了以前的一些压缩算法（比如 MP3 等）。它还同时支持多达 48 个音轨、15 个低频音轨、更多种采样率和比特率、更高的解码效率，是目前最好的有损格式之一。

（5）WMA 格式

WMA 的全称为 Windows Media Audio，是微软公司力推的一种音频格式。WMA 格式是以减少数据流量但保持音质的方法来达到更高的压缩率目的，其压缩率一般可以达到 1:18，生成的文件大小只有相应 MP3 文件的一半；此外，WMA 还可以通过 DRM（Digital Rights Management）方案加入防止拷贝，或者加入限制播放时间和播放次数，甚至是播放机器的限制，可有力防止盗版。

（6）APE 和 FLAC

APE 和 FLAC 是目前流行的数字音乐文件格式。采用无损压缩技术，APE（或 FLAC）的文件大小约为 CD 的一半，随着宽带的普及，这两种格式受到了许多音乐爱好者的喜爱，在存储和传输上可以帮助他们节约大量的资源。

（7）MIDI 格式

MIDI 是数字化乐器接口（Music Instrument Digital Interface）的缩写，它的真正含义是一个供不同设备进行信号传输的接口，允许将音乐合成器、乐器和计算机连接起来。现在的计算机声卡支持 MIDI 合成技术，允许数字合成器与计算机及其他设备交换数据。声卡将来源于 MIDI 音源的声音信息转换为数字信息并以 MIDI 文件格式进行存储。MIDI 并不记录录制好的声音信息，而是记录如何再现声音的一组指令，这些指令包括指定发生乐器、力度、音量、延迟时间、通信编号等信息。MIDI 文件占用存储空间小，1 分钟的 MIDI 音乐只需要 5～10kB 的存储空间。可以满足记录长时间音乐的需要。不过 MIDI 文件重放的效果完全依赖于声卡的档次，其主要用于原始乐器作品、游戏音轨、电子贺卡背景音乐、手机铃声等。

4. 数字音频获取

音频素材的获取方法主要有以下几种。

（1）使用声卡录音

声卡提供了 Mic In 和 Line In 接口，Mic In 可录制麦克风输入的声音，Line In 可录制其他音频设备如 CD 唱机输入的声音。录音效果的好坏取决于录音设备的性能、录音环境、录音参数的设置等。

（2）从唱片、影片中提取

CD 唱盘、影视光盘中包含了丰富的音频素材，利用光盘驱动器配合相应的软件可提取需要的音频片段，并按需要保存为不同格式的音频文件。

（3）从网络下载或从素材库中获取

因特网提供的音频素材是最丰富的，利用 Google、Baidu 等搜索引擎可还可直接搜索 MP3、WMA 等格式的音频文件。

（4）使用声卡及 MIDI 设备创作

音乐爱好者可通过声卡和 MIDI 设备制作直接制作数字化音频。

8.3.3 数字音频处理

获取的音频素材，除了最基本的回放之外，还可以对音频进行处理，以满足不同的需要。常用的音频软件有 Goldwave、Adobe Audition 等。Goldwave 的主界面如图 8-11 所示。

Goldwave 是一个集音频播放、录制、编辑、转换等功能于一体的音频制作处理软件。使用 Goldwave 可以录制音频文件，可以对音频文件进行剪切、复制、粘贴、合并等操作；可以对音频文件调整音量、调整音调、降低噪音、进行静音过滤等操作；可以在音频中设置回声、倒转、镶边、混响等多种特效；可以在多种音频格式之间进行转换。Goldwave 的主界面包含两个窗口，音频编辑窗口和控制窗口，所有的声音编辑和处理均在音频编辑窗口中进行，控制器可控制录制、播放和进行一些设置操作。

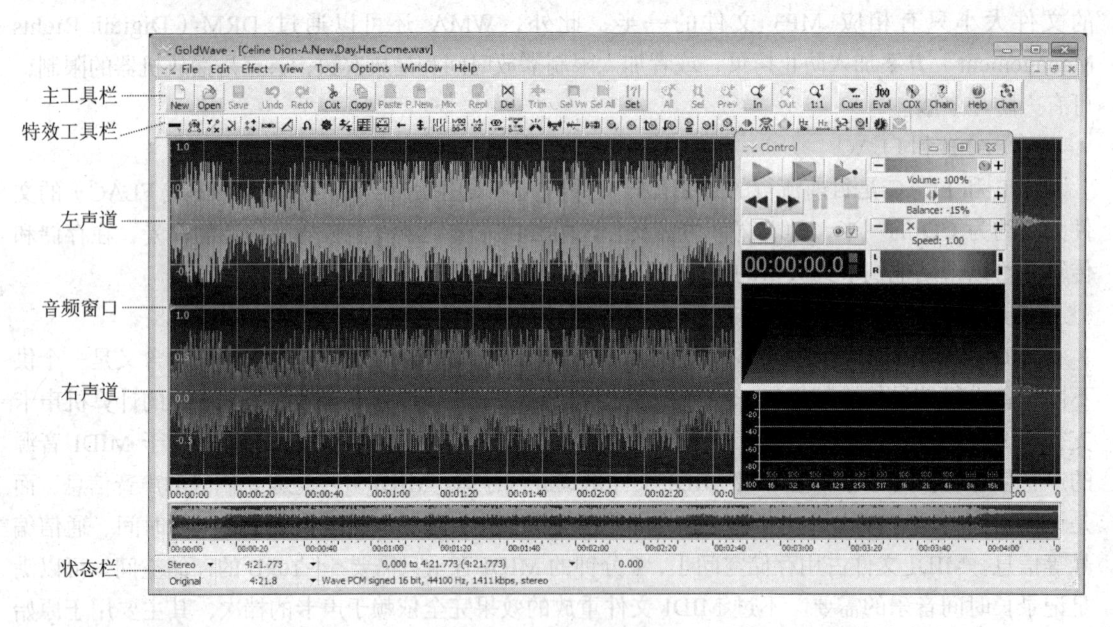

图 8-11 Goldwave 主界面

1. 数字录音

数字录音操作是指通过数字化方式，将自然界中的声音或者存储在其他介质中的模拟声音，通过"采样-量化-编码"的方式变成计算机或其他数字音频设备能够识别的数字声音。

首先创建新声音文件，设置好录音参数，包括采样频率、声道数和声音长度、利用控制窗口上的录音控制按钮进行录音。

2. 声音编辑

声音剪辑的目的是对数字音频素材进行复制、剪切、删除等操作，操作对象可以是声音的整个全部，也可以是声音片段。例如，将某个音频文件中的多余片段去除；或者将需要重复的声音片段复制到该素材中的其他时间位置，或者是将两段（或多段）声音片段按照时间顺序链接在一起等。

Goldwave 的声音编辑和声音合成主要利用"主工具栏"或"Edit（编辑）"菜单下的命令完成，如图 8-12 所示。首先打开要编辑的音频文件，如果只编辑声音片段，还需要设置开始标记（Start Marker）和结束标记（Finish Marker）选择操作片段（选区），然后进行编辑操作。

图 8-12 Goldwave 的主工具栏

① 删除片段：选择好声音片段，利用"删除（Delete）"功能删除选中的片段；利用"裁剪（Trim）"功能删除选区两侧的片段（未选择部分）。操作后，音频文件的持续时间变短。

② 保存片段：选择好声音片段，利用"保存选区（Save Selection）"功能把选择的片段保存为文件。保存片段相当于把音频中的某一时间段内的音频数据存为一个新文件。保存声音片段不会改变原声音的持续时间。

③ 制作静音：选择好声音片段，利用"静音（Mute）"功能实现。操作后选中的片段波形消失，音频持续时间不变。

④ 插入静音：设置开始标记，利用"插入静音（Insert Silence）"功能实现，需要设置静音持续时间。

⑤ 灵活的剪贴板：Goldwave 的剪切、复制和粘贴功能异常强大，灵活应用可实现连接、插入、合成等效果。复制（Copy）、剪切（Cut）把选中的片段复制到剪贴板，复制到（Copy To）把声音片段直接复制为新文件。执行粘贴（Paste）时有 4 种方式选择。

粘贴（Paste）：将剪贴板中的声音波形段插入到选定位置。

粘新（Paste New）：将剪贴板中的声音波形段粘贴为一个新文件。

混音（Mix）：将剪贴板中的声音波形段与选定的波形段混合。

替换（Replace）：将剪贴板中的声音波形替换选定的波形段。

3. 声音合成

声音合成是指将两个或两个以上的声音素材组合在一起，形成多个声音共鸣的效果。声音合成是制造气氛、丰富声音表现力的重要手段。常见的合成效果有：配乐朗诵（背景音乐与语音的合成）、自然交响曲（音乐与鸟鸣声、海涛声、大风呼啸声等的合成）、人为的热烈气氛（现场掌声与后期制作节目的合成）等。在合成之前，一般要对声音素材进行处理。例如，调整各自声音的时间长度、尽可能使各个声音的采样频率一致、音量一致，处理后的音频素材务必以新文件名保存，以免覆盖原始文件。

声音合成时要注意，如果把素材的左右声道同时混音，则无法单独修改原素材。为解决这一问题，可利用 Goldwave 的声道切换功能。例如，要将两个声音合成时，可取一个素材的左声道和另一个素材的右声道进行合成，需要编辑时，可对左、右声道单独处理。

4. 增加特效

增加特效是指对原始的数字音频素材进行听觉效果的优化调整，使其符合实际需要。例如，增加混响时间，润色声音；生成回声效果，产生空旷感觉；改变声音的频率，产生特殊效果；提高频率，使声音尖利而窄；降低频率，使声音低沉而宽厚；制作声音的淡入、淡出效果；把声音数据的排列顺序颠倒过来，产生只有计算机才有的"倒序声音"，可使效果更加丰富。

Goldwave 中增加特效主要通过"特效工具栏"或"特效（Effect）"菜单下的命令完成，如图 8-13 所示。

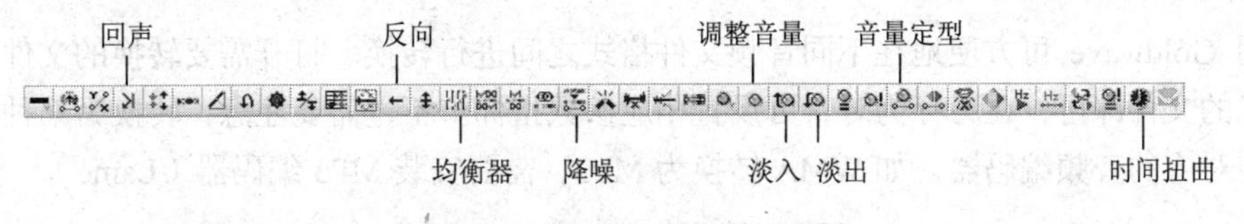

图 8-13　Goldwave 的特效工具栏

（1）调整音量

调整音量是指改变原始声音文件中的波形幅度。如果调节的只是音频的一部分，那么调节点处与未调节部分会出现明显的"台阶"，造成音量不统一。

（2）音量定型

为了解决上面的“台阶”问题，可利用“音量定型（Shape Volume）”功能调节处理。

（3）调整播放速度

利用“时间扭曲（Time Warp）”功能可调整音频的播放速度。

（4）添加回声

产生回声的基本原理是几个声音进行叠加，原来的声音为 1 次波，后来叠加的是 2 次波。2 次波比 1 次延迟一段时间，声量也要小一些，听起来就是回声。乐曲和歌曲不宜制作回声，制作回声最理想的对象是语音，可利用“回声（Echo In）”功能来完成。

（5）制作倒序声音

倒序声音是把声音数据反向排列而形成的一种听觉效果，播放出来谁也听不懂，这是计算机独有的声音。倒序声音可用于声音的加密传送，只有对方采用相同的软件，进行相同的倒序处理才能把声音还原，可利用“Reserve（反向）”功能完成。

（6）声音淡入淡出

所谓“谈入”效果，是指声音从无到有，由弱到强；“淡出”效果正好相反，声音由强到弱，从有到无。淡入效果常用于产生由远渐近的听觉效果；淡出效果则用于表现逐渐远去的意境。当多段声音进行合成时，也经常使用淡入淡出的处理手法，以便产生柔和过渡的听觉效果，可利用“淡入（Fade In）”或“淡出（Fade Out）”的功能来完成。

（7）调整频率均衡

频率均衡控制通常用于高级音响设备上，可以对还原声音的低音、中音、高音等各个频段进行调节，满足听觉要求。最简单的频率均衡控制只有两段，即低音和高音。很多录音机、收音机采用这种简单方式。而家用组合音响和一些高级音响放大器，则采用多段的频率均衡控制，常见的有 10 段。段数越多，精确调节各个频段的能力越强，声音的还原就越具有可选择性，以此满足各种听觉爱好。调整频率均衡利用“均衡器（Equalizer）”功能来完成。

（8）降噪

很多录制的声音都有噪声，去掉声音中的噪声是一件很困难的事，因为各种各样的波形混合在一起，要把某些波形去掉是不可能的，而 GoldWave 能将噪声大大减少。此外，Goldwave 还提供了利用“噪声样本”进行降噪处理，先把噪声样本复制到剪贴板，“降噪”设置时选择“使用剪贴板选项”即可。降噪可利用“均衡器（Noise Reduction）”功能来完成。

5. 文件操作

文件操作是指对整个音频文件进行操作，而非改变其音色或音效。例如，新建文件、保存文件、转换音频文件指标（参数）、转换文件格式、播放数字音频文件、网络发布、刻录光盘等操作。

利用 Goldwave 可方便地在不同音频文件格式之间进行转换。打开需要转换的文件，另存为其他格式的文件即可，在另存为时，可设置相应参数指标。不过需要注意，转换为某种格式时，需要安装对应的音频编码器，如 WMA 转换为 MP3，需要安装 MP3 编码器（Lame）。

8.4 数字图像处理

图像是自然界中人们最熟悉的事物，丰富多彩的景物和生物通过人的视觉观察，在大脑中留下印记，这就是图像。图像具有文字无法比拟的优点，也是多媒体作品中使用最多的素材。要利用计算机对图像进行处理，必须把图像数字化，称为数字图像。

8.4.1 图像基础知识

图像是指绘制、摄制或印刷的形象。图像处理是将已有的图像改编成一幅新的、更好的图像。表现“图”的手段有两种：图形和图像。

1. 图像分类

（1）图形

图形由经过精确定义的直线和曲线组成，是经过计算机运算而形成的抽象化结果，这些直线和曲线称为向量。图形使用坐标、运算关系以及颜色数据进行描述，故称为“矢量图”。矢量图的数据量小，通常用于表现直线、曲线、复杂运算曲线以及由各种曲线围成的图形，不适合描述色彩丰富、复杂的自然景象。

矢量图与分辨率无关，可以缩放到任意尺寸，可以按任意分辨率打印，而不会丢失细节或降低清晰度。

（2）图像

图像又称栅格图像，由像素点组成，像素点是组成图像的最基本单位。图像中的每个像素点用若干个二进制进行描述，并与显示像素对应，这就是“位映射”关系，因此称为“位图”。在处理位图图像时，所编辑的就是像素。位图图像是连续色调图像，可以表现阴影和颜色的细微层次，还可以更好地表现细节。

因为位图图像与分辨率有关，在屏幕上缩放位图图像时，可能会丢失细节，每张位图图像包含固定数量的像素，并且为每个像素分配特定的位置和颜色值。如果在打印位图图像时采用的分辨率过低，位图图像可能会呈锯齿状，因为此时增加了每个像素的大小。

Photoshop 主要是用来处理位图图像的，但仍然包含矢量信息，如路径。

2. 图像指标

在计算机中存储的每一幅图像，除了包括组成图像的像素之外，还包括描述图像信息的属性，这些属性对图像的质量有着重要的影响，所以也称为图像指标。

（1）分辨率

像素是构成位图的基本单位，位图图像在高度和宽度方向上的像素总量称为图像的像素大小，而单位长度上像素的数目，就是分辨率，其单位为“像素/英寸（DPI）”。

① 显示分辨率。显示分辨率是指屏幕上能够显示出的像素的数目，用来确定屏幕上显示图像区域的大小，以每行拥有的像素点乘以屏幕显示行数来表示，如 800 × 600。显示分辨率取决于显示器的大小及其显示分辨率设置。显示器有最大分辨率和当前显示分辨率之别，显示器的最大分辨率由显示器的物理参数决定，当前分辨率是用户设置的。

② 图像分辨率。图像分辨率是组成一幅图像的像素密度的表示方法，用来确定组成一幅图像的像素数目，用每英寸多少个点表示（像素/英寸）。对同样大小的一幅图像，分辨率的高低直接影响图像的质量，如果图像分辨率越高，则组成该图像的像素点数目就越多，看起来就越逼真；而使用太低的分辨率会导致图像粗糙，在排版打印时图片会变得非常模糊。

假设一幅图像分辨率为 72dpi，尺寸为 1 英寸 × 1 英寸（长度 × 宽度），则这幅图像的像素总量为：

$$72 \times 1 \times 72 \times 1 = 5\,184$$

彩色印刷品要求图像的分辨率设定为 300 像素/英寸，报纸图像的分辨率一般设定为 96 像素/英寸，网页图像的分辨率则为 72 像素/英寸。

图像分辨率和显示分辨率是两个不同的概念。图像分辨率用来确定组成一幅图像的像素数目，而显示分辨率是确定显示图像的区域大小。如果显示屏的分辨率为 800 × 600 像素，那么一幅 400 像素 × 300 像素的图像只占显示屏的 1/2，而一幅 1 920 像素 × 1 080 像素的图像在这个显示屏上就不能完整显示。

③ 打印分辨率。

打印分辨率是打印机输出图像时，打印在纸上的每英寸像素数量。不同打印机的最高分辨率是不同的，而同一台打印机也可以使用不同的分辨率打印。一般而言，要保证打印图像的质量，除了图像本身的分辨率要较高之外，设置合适的打印分辨率也至关重要。

（2）图像深度

计算机中处理的图像是数字化图像，数字化图像的颜色数量是有限的，从理论上讲，颜色数量越多，图像色彩越丰富，表现力越强，但数据量也越大。

分辨率指标是组成一幅图像需要多少个像素点，是图像幅面大小的问题。而图像深度是描述图像中每个像素的数据所占的二进制位数，也称为颜色深度，它决定了彩色图像中可以出现的最多颜色数，或者灰度图像中的最大灰度等级数。常见的颜色深度和颜色数量如表 8-4 所示。

表 8-4 颜色深度和颜色数量

颜色深度（bit）	颜 色 数 量	色 彩 评 价
1	2^1=2	单色图像，黑白二值
4	2^4=16	索引 16 色图像，简单色
8	2^8=256	索引 256 色图像，基本色
16	2^{16}=65 536	Hi-Color 图像，增强色
24	2^{24}=16 772 216	True-Color 图像，真彩色
32	2^{32}=4 294 967 296	True-Color 图像，真彩色

当图像的颜色深度达到或高于 24bit 时，颜色数量已经足够多，基本上还原了自然影像，称之为真彩色。而太高的颜色深度已经远远超出了人眼能识别的范围，而且图像的数据量也随之大大增加，意义不大。

（3）颜色类型

图像的颜色需要使用三维空间来表示，颜色空间表示法不是唯一的，每个像素点的颜色深度的分配与所使用的颜色空间有关。比如说最常见的 RGB 颜色空间，颜色深度与颜色的映射关系主要包括真彩色、伪彩色和调配色。

（4）Alpha 通道

Alpha 通道（Alpha Channel）是一个 8 位的灰度通道，该通道用 2^8=256 级灰度来记录图像中的透明度信息，定义透明、不透明和半透明区域，其中黑色表示全透明，白色表示不透明，灰色表示半透明。但是请注意，并不是所有的数字图像格式都支持 Alpha 通道。

思维训练：一部手机的摄像头是 30 万像素，你能估算这部手机拍摄照片的最大尺寸吗？

3. 图像获取

使用视觉效果的数字媒体基本都离不开图像素材，因此有效获取图像已经成为信息生活中不可或缺的基本技能。数字图像可以从现实世界中捕获，也可以由计算机生成。主要的获取途径有以下几个方面。

（1）绘图软件或绘图板

使用 Photoshop、Illustrator 等软件绘制，直接获得数字化图像。而绘图板常用来进行专业的数码艺术创作，从绘图板可以获取手绘风格的数字化图像。

（2）扫描仪

通过扫描仪可以将照片、图片、胶片转换为数字图像，以文件形式保存在计算机中。

（3）数码产品

数码相机、数码摄像机是主要的图像捕获设备，而现今的很多数码产品如手机、平板电脑等都附带了拍摄功能，随着这些数码产品的普及与性能的提高，利用它们从现实中捕获图像已成为一种非常流行而普及的方式，也是一种生活时尚。

（4）抓屏

从计算机屏幕上获取图像又称为抓屏，可以按下键盘上的 Print Screen 键抓取整屏或按下 Alt+Print Screen 组合键抓取当前活动窗口。也可使用专门的抓图软件如 SnagIt、HyperSnap 等抓取图像。

（5）从影片获取

使用播放软件播放影片时，将播放器暂停，然后捕捉画面获取数字化图像。

（6）其他途径

用户可以根据需要在市场上购买各种专业的图片库，一般以光盘的形式发行；也可以从互联网上购买图片库，或下载免费的图片。

4. 常用图像格式

图像以文件的形式存储在计算机中，确定理想的图像格式，必须首先考虑图像的使用方式，如用于网页的图像一般使用 JPEG 和 GIF 格式，用于印刷的图像一般要保存为 TIFF 格式。

（1）BMP 格式

BMP 是微软公司的专用格式。在存储 BMP 格式的图像文件时，还可以使用 RLE 压缩方案进行数据压缩。RLE 压缩方案是一种极其成熟的压缩方案，它的特点是无损压缩，它能节省磁盘空间而又不牺牲任何的图像数据，它的弊端是当打开此种压缩方式压缩过的文件时速度很慢，而且一些兼容性不太好的应用程序可能不支持这类文件。BMP 文档是最普遍的点阵图格式之一，图像可以具有极其逼真和绚丽的色彩。

（2）PCX 格式

PCX 格式支持 RGB、索引色、灰度和位图颜色模式，不支持 Alpha 通道。PCX 支持 RLE 压缩方式，支持位深度为 1、4、8 和 24 的图像。

（3）PNG 格式

PNG 格式主要用于网页图像。目前有越来越多的软件开始支持这一格式，支持 24 位图像，产生的透明背景没有锯齿边缘。PNG 格式的图像可以是灰阶的，为了缩小文件尺寸，它还可以是 8bit 的索引色。PNG 格式使用新的、高速的交替显示方案，可以迅速地显示。只要下载 1/64 的图像信息就可以显示出低分辨率的预览图像。PNG 格式不支持动画，但支持 Alpha 通道。

（4）TIFF 格式

TIFF 格式主要用于印刷和扫描。它采用无损压缩方式，与图像像素无关。TIFF 格式支持带 Alpha 通道的 CMYK、RGB 和灰度文件，支持不带 Alpha 通道的 Lab、索引色和位图文件。

（5）JPEG 格式

JPEG 格式是所有压缩格式中最卓越的，也是较常用的图像格式。此格式支持真彩色，文件较小，在保存时能够将人眼无法分辨的部分删除，以节省存储空间，但这些被删除的部分无法在解压时还原。

JPEG 普遍用于显示图片和其他连续色调的图像文档。JPEG 格式支持 CMYK、RGB 和灰度颜色模式，不支持 Alpha 通道。JPEG 格式文件主要用于 HTML 文件中。

（6）GIF 格式

GIF（Graphics Interchange Format，图形交换格式）格式文件的应用的范围很广泛，且适用于各种平台，并被众多软件所支持。现今的 GIF 格式仍只能达到 256 色，但是它的 GIF89a 格式则能存储成透明化的形式，并且可以将数张图像存储成一个文件，以形成动画效果。

在 HTML 文件中， GIF 文件格式普遍用于显示索引颜色图形和图像。GIF 格式不支持 Alpha 通道，也不适合用来存储真彩的图像文件，因为它最多只有 256 种色彩。

8.4.2 颜色模式

颜色模式决定显示和打印电子图像的色彩模型，简单地说，颜色模式是用于表现颜色的一种数学算法，即一幅电子图像用什么样的方式在计算机中显示或打印输出。

常见的颜色模式包括 RGB 模式、HSB 模式、CMYK 模式、位图模式、灰度模式、双色调模式、Lab 模式、索引色模式、多通道模式以及 8 位/16 位模式，每种模式的图像描述和重现色彩的原理及所能显示的颜色数量（或颜色范围）是不同的。在处理数字图像时，可在不同颜色模式之间进行切换，但是由于每种色彩模式的颜色范围不同，所以会产生偏色的问题，这点要尤其注意。

1. RGB 模式

RGB 颜色模式是显示屏的物理色彩模式，屏幕上的所有颜色，都由红色（Red）、绿色（Green）、蓝色（Blue）三原色光按照不同的比例混合而成，屏幕上的任何一个颜色都可以由一组 RGB 值来记录和表达。RGB 是发光的颜色模式，R、G、B 值指的是亮度，并使用整数来表示，通常情况下 RGB 共有 256 级亮度，用数字 0～255 表示。按此计算，256 级的 RGB 色彩总共能组合出约 1 678 万种色彩，即 $256 \times 256 \times 256 = 16\ 777\ 216$，也被简称为 1 600 万色或千万色。也称为 24 位色（2 的 24 次方）。24 位色另一种称呼是 8 位通道色，所谓通道，实际上就是指 3 种色光各自的亮度范围，其范围是 256，刚好是 2 的 8 次方，就称为 8 位通道色。而 RGB 模式的图像也就具有 3 个颜色通道。

当这 3 种颜色分量的值相等时，结果是中性灰色，当所有分量的值均为 255 时，结果是纯白色，当所有分量的值均为 0 时，结果是纯黑色。RGB 颜色模式如图 8-14 所示。

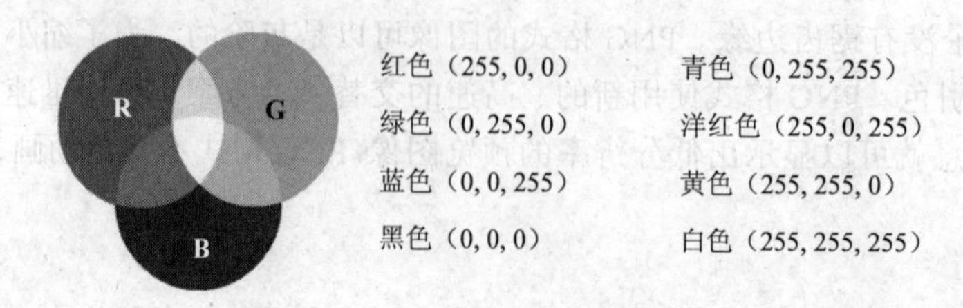

图 8-14　RGB 颜色模式

2. CMYK 模式

当阳光照射到一个物体上时，这个物体将吸收一部分光线，并将剩下的光线进行反射，反射的光线就是我们所看见的物体颜色，所以是一种减色色彩模式，这和 RGB 发光模式不同，在纸上印刷时使用的就是这种减色模式。

CMY 是 3 种印刷油墨名称的首字母：青色（Cyan）、洋红色（Magenta）、黄色（Yellow）。而 K 取的是黑色（Black）的最后一个字母，避免与蓝色（Blue）混淆。从理论上来说，只需要 CMY3 种油墨就足够了，CMY 加在一起就应该得到黑色。但是由于目前制造工艺还不能造出高纯度的油墨，CMY 相加的结果是一种暗红色，因此还需要加入一种专门的黑墨来调和。

CMYK 颜色模式的青色、洋红、黄色和黑色 4 个颜色通道，每个通道的颜色也是 8 位，即 256 种亮度级别，4 个通道组合使得每个像素具有 32 位的颜色容量，在理论上能产生 2^{32} 种颜色。

CMYK 通道的灰度图和 RGB 类似，RGB 灰度表示色光亮度，CMYK 灰度表示油墨浓度，但二者对灰度图中的明暗有着不同的定义。RGB 通道灰度图较白表示亮度较高，较黑表示亮度较低，纯白表示亮度是高，纯黑表示亮度为零；CMYK 通道灰度图较白表示油墨含量较低，较黑表示油墨含量较高，纯白表示完全没有油墨，纯黑表示油墨浓度最高。

3. 灰度模式

所谓灰度色，就是指纯白、纯黑以及两者间的一系列过渡色。平常所说的黑白照片、黑白电视称为灰度色更确切。灰度色中不包含任何色相，即不存在红色、黄色这样的颜色。灰度通常用百分比表示，范围为 0%～100%，这个百分比以纯黑为基准，百分比越高颜色越偏黑，百分比越低颜色越偏白。

灰度图像是从彩色图像模式转换而来时，灰度图像反映的是原彩色图像的亮度关系，即每个像素的灰阶对应着原像素的亮度。灰度图像模式下，只有一个描述亮度信息的通道。

4. HSB 模式

HSB 颜色模式把颜色分为色相（Hue）、饱和度（Saturation）和明度（Brightness）3 个因素。这种模式非常符合人对颜色的自然反应，大脑对颜色的感知，第一反应首先是什么颜色，其次才是颜色的深浅和明暗。饱和度高色彩较艳丽，饱和度低色彩就接近灰色。明度也称为亮度，亮度高色彩明亮，亮度低色彩暗淡，亮度最高得到纯白，最低得到纯黑。

在 HSB 模式中，S 和 B 的取值都是百分比，而 H 的取值单位是度，这个度是是角度，表示色相位于色相环上的位置，如图 8-15 所示。

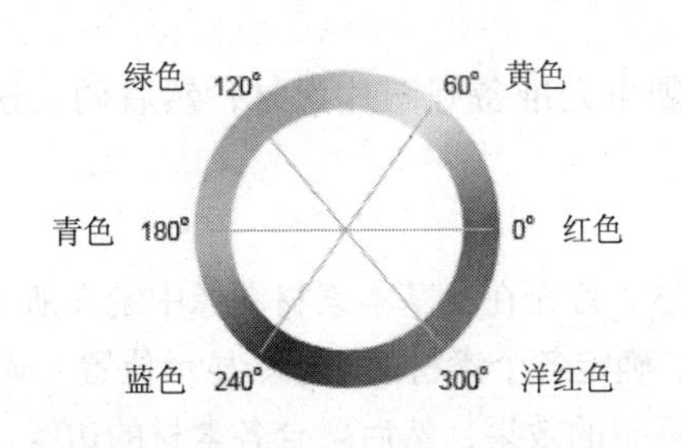

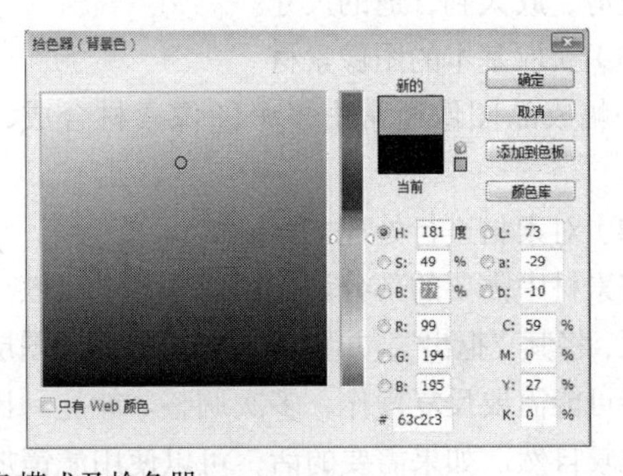

图 8-15　HSB 颜色模式及拾色器

5. 索引颜色模式

索引颜色模式用最多 256 种颜色生成 8 位图像文件。当图像转换为索引颜色模式时，图像处理软件将构建一个256种颜色查找表，用以存放索引图像中的颜色。如果原图像中的某种颜色没有出现在该表中，程序将选取最接近的一种或使用仿色来模拟该颜色。

索引颜色模式的优点是它的文件可以做得非常小，同时保持视觉品质不单一，非常适于用来做多媒体动画和Web页面。在索引颜色模式下只能进行有限的编辑，若要进一步进行编辑，则应临时转换为RGB模式。

思维训练： 既然灰度和RGB一样，是有数值的，那么这个数值和百分比是怎么换算的？比如18%的灰度，是256级灰度中的哪一级呢？

8.4.3 数字图像处理

图像处理指对已有的数字图像进行再编辑和处理。图像处理的软件很多，目前常用的有Photoshop、Fireworks，Illustrator、CorelDRAW、ACDSee等。采集到的数字图像素材必须经过图像编辑软件按照作品的要求编辑后，才能用于数字多媒体作品。图像在数字媒体作品中的表现形式由数字媒体创作工具集成时设定，多数数字媒体作品创作工具本身也具有功能简单的图像编辑能力。

1. 图像处理的一般流程

图像处理环节一般包括确定图像主题及构图、确定成品图的尺寸及画面基调、获取基本的图像素材、对素材进行处理、图片叠加、使用文字、绘制图形、整体效果调整、图像输出等。在实际处理时，可能只涉及其中的某一步或几步，但图像的主题和目标始终指导着图像处理的每一步，另外，图像处理是一个包含技术和艺术的创作过程，需要反复实践才能达到得心应手的程度。

（1）确定图像主题及构图

设计好的图像在多媒体作品中要突出什么，表现什么主题，这是图像处理之前需要考虑的，因为图像的设计和处理都是围绕着主题进行的，按照主题的要求再来构图。主题可以帮助限定基本素材的选用范围及画面基调，构图决定了各素材的搭配位置，有助于形成初步的视觉效果。

（2）确定成品图的尺寸及画面基调

根据设计目标确定图像的大小，即为以后各个对象确定一个可以比较的基准界面。如果是建立一幅新图像，应选择合适的颜色模式、分辨率及大小。其他的图像素材可根据基本图像重新采样或裁剪、放大到合适的尺寸。

（3）获取基本的图像素材

一幅成品图像通常由多个图像素材合成，必须事先准备好图片素材，然后调入这些素材备用。

（4）对素材进行处理

将素材中需要的部分调入图像中，进行效果调整。首先在各基本素材图像中定义所需部分的选择区，将其"抠出"，并置于基准图的不同图层中，确定各个素材的大小、显示位置、显示顺序，这一步可能需要反复操作，多次调整才能达到比较理想的效果，然后融合各素材的边缘，使其看起来比较自然。如果需要的话，可以使用滤镜加上特殊的艺术效果。

（5）使用文字或绘制图形

如果设计中需要绘制一部分图形，或使用文字，绘制的图形及文字都可以分别生成新的图层，便于对各图层中的对象进行编辑及调整层间的位置关系。

（6）整体效果调整

该环节要做的是针对初步出现的整体效果，对素材进行最后调整。如果发现某个图层需要处理，可先将其他图层隐藏，在编辑窗口中仅显示出当前需要编辑的图层。图层中图像的处理包括图像的色调、边缘效果及其他一些效果的处理等。在图像处理过程中，完成了几个比较满意的操作或处理完一个图层后，应及时保存，以便在进行了不满意的处理时，可恢复到前面的效果，或调出原有图层。最后根据整体效果进行各部分的细调，以完成最终的图像作品。

（7）输出图像

图像处理完成后，如果需要保存各图层信息，应保存一个图像处理软件默认的文件格式，如Photoshop应保存一个PSD文件，以便将来做进一步处理。然后把处理完毕的图像进行变换，按一定的通用格式来保存图像，如JPG、PCX等。

2. Photoshop图像处理

数字图像处理借助图像处理软件对图像进行处理。Photoshop是Adobe公司开发的专用图像处理软件，集图像创作、扫描、编辑、修改、合成以及高品质分色输出功能于一体，其独到之处是分层图像编辑和使用标准化滤镜生成特殊效果。

（1）Photoshop的工作界面

启动Photoshop后，其主界面如图8-16所示。主要由标题栏、菜单栏、工具箱、图像窗口、调板区等几个部分组成。Photoshop的工作界面的设计非常系统化，便于操作和理解。

图8-16　Photoshop的主界面

工具箱默认在Photoshop界面左侧，集中了Photoshop为制作图像效果特制的重要工具，如图8-17所示。通过鼠标的点击、拖动，以及部分键盘辅助操作，就可以使用这些工具。

将鼠标指针放在任何工具上，会显示工具提示，包括工具名称和快捷键。某些工具按钮的右下方有一个黑色小三角标记，使用鼠标左键在这样的工具按钮上单击并停留一会儿，就会弹出另外一些工具按钮。这些按钮由于在功能上具有类似特点或是具有完全相反的功能而被放置在同一个工具按钮组中，以减少工具箱的占用。

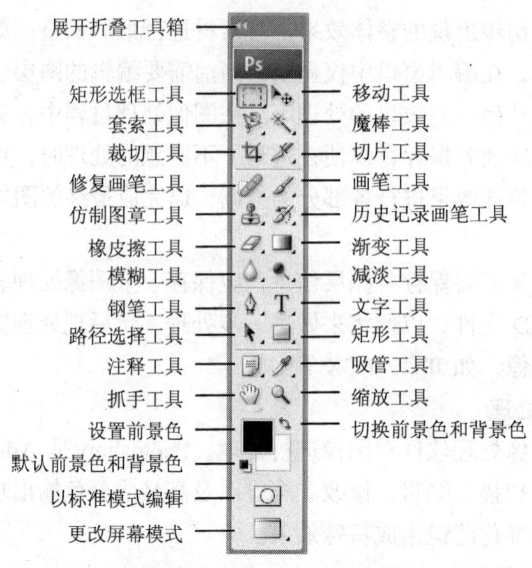

图 8-17 Photoshop 的工具箱

在工具箱中选择某个工具后，在菜单栏的下方会显示该工具的选项栏，用于设置工具的相关参数。大多数工具都有自己的选项栏，少数工具没有。图 8-18 所示为“移动工具”的选项栏。

图 8-18 “移动工具”的选项栏

选项栏与工具相关，并且会随所选工具的不同而变化。选项栏中的一些设置（如绘画模式和不透明度），对于许多工具都是通用的，但是有些设置则专用于某个工具（如用于铅笔工具的“自动抹掉”设置）。

（2）图像处理

在图像处理过程中，涉及一些基本概念和处理技术，如转换图像的颜色模式、调整图像色彩，编辑图像，使用图层合成图像，在图层间添加混合效果，处理图像的颜色通道，使用蒙版屏蔽图像中不需要的部分等。处理的范围可能是整幅图像，也可能是图像的一部分，目前主流的图像处理软件都可以实现这些功能。在处理图像时，应把握一个原则：用在一幅图像上的处理功能越多，图像就会越偏离原效果。

1）转换颜色模式

一幅成品图像通常由多个图像素材合成，图像素材可能使用了不同的颜色模式，应根据成品图像的使用需求（如显示、打印输出、印刷输出、喷绘等）转换素材图像为统一的颜色模式。

Photoshop 中转换图像的颜色模式，选择菜单“图像/模式”下的子菜单，如图 8-19 所示。

2）调整图像大小

获取的图像素材，其大小不一定刚好适合在成品图像中使用，应根据其在成品图像的位置及大小做适当调整。如果图像素材的打印分辨率达不到输出要求，也需要做调整。

在 Photoshop 中，调整图像大小的功能是选择“图像/图像大小”菜单命令，在弹出的对话框中进行设置，如图 8-20 所示。

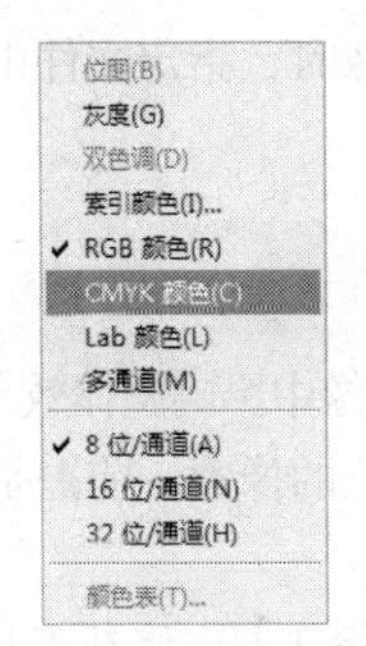

图 8-19　转换颜色模式

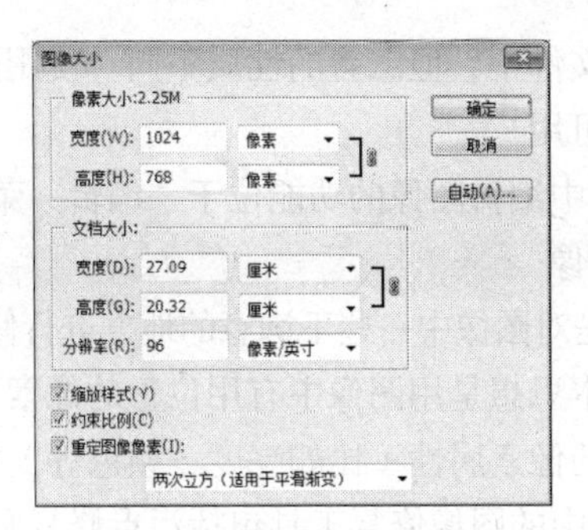

图 8-20　调整图像大小

3）使用选区

处理图像时，如果只想要处理图像的特定区域，可以通过创建选区来实现，图像处理软件的很多操作都是基于选区的。选区是图像上的某个特定区域，当然选区可以是规则的，也可以是不规则的，但必须是封闭的区域。选区一旦建立，大部分的操作只对选区范围有效，如果要针对全图操作，必须先取消选区。

主流的图像处理软件都提供了多种选区创建工具，实际使用时应根据具体情况选择合适的工具。总体来说，这些选区创建工具从原理上分为两类，一类是利用鼠标移动的轨迹把图像中要操作的区域包围起来，另一类是利用图像中要选择的区域和其他区域的颜色差异进行选取。

在 Photoshop 中，通过工具箱上的矩形选框工具、椭圆选框工具、单行选框工具、单列选框工具来创建规则选区。选择相应的选框工具，在图像上拖动即可创建选区，选区创建成功，以流动的虚线框来表示，虚线之内的区域就是选区，如图 8-21 所示。而套索工具、多边形套索工具、磁性套索工具、魔棒工具则用来创建任意规则的选区，如图 8-22 所示。在选取过程中如果按下 Esc 键将取消本次选取。

图 8-21　规则选区

图 8-22　不规则选区

在选区创建过程中，可以针对多个选区做运算；选区创建好后，可变换选区，存储选区，反选选区等，需要时可载入保存的选区；为防止创建的选区边缘较为生硬，有明显的阶梯状，可打开抗锯齿功能，或对选区边缘进行羽化处理，经过羽化的选区边缘会变得柔和、光滑，过渡更自然。在合成图像时，羽化是常用的功能之一。

通常所说的“抠图”其实就是把图像中需要的部分创建为选区，再利用复制等功能把选区内的图像提取出来，或者选取需要的部分后，再反选，把不需要的部分删除或使用橡皮擦擦除。

4）编辑图像

编辑图像包括图像的复制、剪切和粘贴，删除不需要的部分，变换形状等。另外，一些图像处理软件还提供了“贴入”功能，这和粘贴是不同的。粘贴和贴入命令虽然都可以将复制的图像粘贴到指定的文件中，但二者的性质不同。使用贴入命令粘贴图像时，指定文件中必须有选区，否则此命令不可用。

Photoshop 中编辑图像的功能位于“编辑”菜单下。

5）修复图像

修复图像是对图像中一些不满意的地方进行修补，或者去掉图像中影响整体效果的多余部分。图像修复的基本思想是用图像中有用位置的像素来替换要修复部位的像素。前提是采样位置的像素和修补位置的像素属性（比如亮度、颜色等）接近。

Photoshop 中的图像修复工具包括污点修复画笔工具、修复画笔工具、修补工具、红眼工具都可以对图像进行修复，还可以有效地改变复制后图像的颜色效果。而仿制图章工具和图案图章工具则主要用于复制图像，仿制图章工具也可修复图像，但是在使用上有些区别，下面就图像修复提供一些参考。

① 仿制图章工具需要按住 Alt 键采样，可以去除照片中不想要或不协调的杂景，或修复图像中有些小的破损之处等。方法就是用周围临近的像素来填充，以改善画面。但仿制图章工具对图像的复制是原样照搬的，即让采样区域和复制区域的像素完全一致，如果采样区域和复制区域色调相差较大的时，效果就会很不协调，这种情况下使用修复画笔工具会获得较好的效果。

② 仿制图章工具和修复画笔工具在使用上同画笔一样属于轨迹型，轨迹型绘图工具完全依赖使用者鼠标的移动，虽然灵活，但对于绘制区域边界的把握不够精准，在一些细节的处理上可能不能令人满意。虽然减小笔刷宽度可以改善这一点，但较小的笔刷又会增加绘制的时间。为了弥补这个不足，建议使用修补工具，修补工具的作用原理和效果与修复画笔工具是完全一样的，只是它们的使用方法有所区别。修补工具的操作是基于区域的。

③ 污点修复画笔工具适合于消除画面中的细小部分，比如脸上的小瑕疵，无须采样，使用也比较简单，但是不适合在较大面积中使用。

修复图像前后的效果分别如图 8-23 和图 8-24 所示。

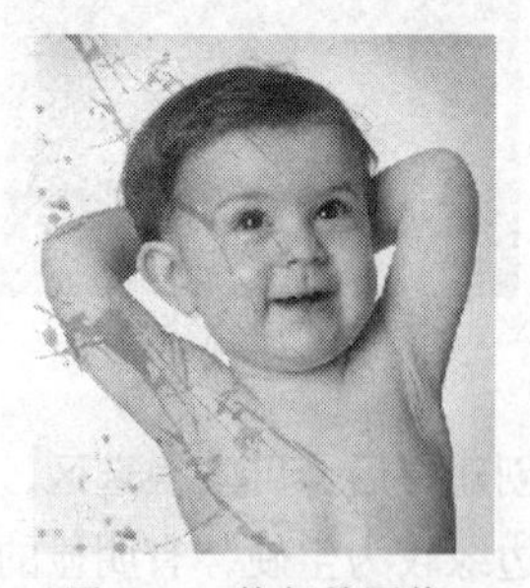

图 8.23　修复前图像

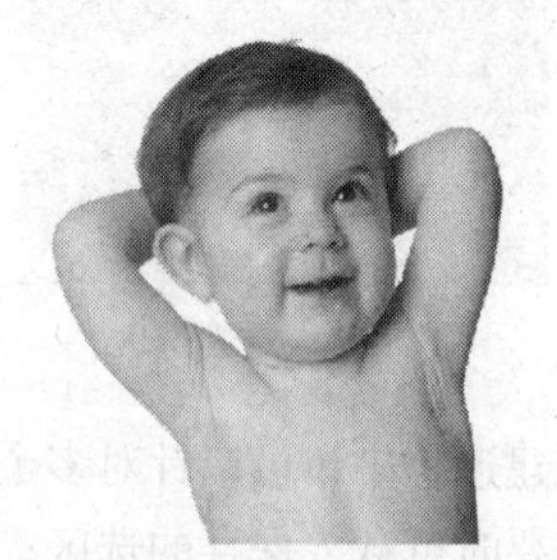

图 8.24　修复后图像

6）图像色彩调整

色彩应用是一门学问，对图像的色彩调整也是多方面的，灵活使用图像处理软件的色彩调整工具，可实现很多意想不到的效果，增强图像的表现力和感染力。例如，去色可把彩色图像变为灰度图像；调整亮度/对比度可调节图像中不同亮度范围的像素分布，使图像更有层次感；调整色彩平衡可使图像的颜色更协调；颜色替换可把图像中的某种颜色换成另外一种颜色；调整色相/饱和度可使图像色彩发生变化，制作特效等。

Photoshop 的色彩调整命令位于菜单“图像/调整”下，这些命令可以使图像产生多种色彩上的变化。尽管色彩调整工具众多，最基础的是“曲线”命令，要用好“曲线”命令，必须了解像素的亮度。

位图图像中的每个像素都有相应的亮度，这个亮度和色相无关，同样的亮度既可以是红色也可以是绿色，所以不能说绿色比红色亮。同理，单凭一个灰度并不能确定是红色还是绿色，在黑白电视机上是看不出主角穿什么颜色的衣服的，因为灰度图像是没有色相的，但是灰度可以看出像素的明暗。在“色相无关性”上，亮度和灰度是一致的，因此，常常用灰度来表示亮度。所以，将图像转为灰度，就可以看出图像中像素的亮度分布。Photoshop 将图像的亮度大致地分为三级：暗调、中间调和高光，这是 Photoshop 很重要的一个理念。打开“信息”调板，切换到 HSB 模式，利用 B 值可以非常方便地观察像素的亮度，如图 8-25 所示。

像素的亮度值在 0～255 之间，所以像素的亮度大概可以这样区分，255 附近的像素是高光，0 附近的像素是暗调，中间调在 128 左右。

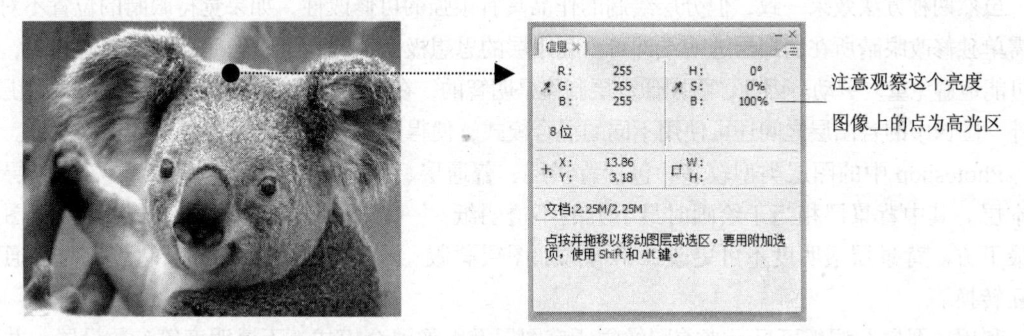

图 8-25　图像中不同像素的亮度

曲线命令是通过一根“曲线”来调整图像各个通道的明暗数量。打开图像，选择菜单“图像/调整/曲线”（Ctrl+M)命令，将会看到如图 8-26 所示的“曲线”对话框，其中有一条呈 45° 的线段，这就是曲线，上方有一个通道的选项，这里选择的是 RGB。

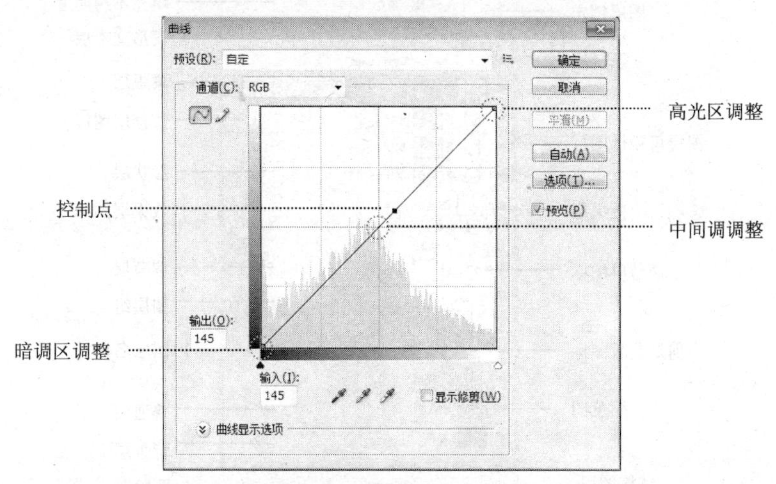

图 8-26　“曲线”对话框

曲线的左下角表示暗调，右上角表示高光，中间的过渡代表中间调。对话框中的水平轴（即输入色阶）代表图像像素原来的亮度值，垂直轴（即输出色阶）代表图像调整后的亮度值。对于 RGB 颜色模式的图像，曲线显示 0～255 间的亮度值，暗调（0）位于左边。对于 CMYK 颜色模式的图像，曲线显示 0~100 间的百分数，高光（0）位于左边。

在曲线上单击，会出现一个控制点，同时输入和输出下方分别出现控制点的输入和输出亮度值，控制点往上移动就是加亮，往下移动就是减暗，同时输入和输出亮度值发生改变。实际操作时，如果要求较高，也可添加多个控制点，每个控制点都可以单独调节。

7）使用图层

使用图层是图像处理过程中非常重要的技术之一，很多表现力丰富的图像都是由多个图层叠加后形成的。其基本思想是把一幅完整图像的不同部分放在一些透明的层中来单独完成，最后把所有的层按一定的顺序和层次组合起来，就是一幅完整的图像。

比如要画一幅人脸的像，不是直接把人脸画在纸上，而是使用一些透明纸，一张画脸，一张画眼睛，一张画鼻子，一张画嘴，最后把这些透明纸按一定的层次组合，就得到了一张完整的人脸。这种方法完成的成品和直接把人脸画在一张纸上的视觉效果是一致的。

虽然两种方法效果一致，但分层绘制的作品具有很强的可修改性，如果觉得眼睛的位置不对，只需单独修改眼睛所在的那层透明纸即可。利用层的思想极大地提高了图像后期修改的便利度，最大可能地避免重复劳动。因此，将图像分层制作是明智的，在绘制过程中，透明纸就如同一个图层。另外，图像中的各图层之间还可使用不同的混合模式，使得图层叠加后可产生很多丰富的效果。

Photoshop 中的图层类型较多，包括背景层、普通层、效果层、调节层、形状层、蒙版层和文本层。其中背景层相当于绘画时最下方的不透明纸。一个文件只能有一个背景层，位于图层的最下方。背景层透明度不可更改、不可添加图层蒙版、不可使用图层样式。它可以与普通层相互转换。

利用“图层”调板可显示当前图像的所有图层及图像混合模式、不透明度等参数设置，并可以方便对图层进行调整和修改。典型的图层调板如图 8-27 所示，图层的混合模式主要有投影、内阴影、外发光、内发光、斜面和浮雕、光泽、颜色叠加、渐变叠加、图案叠加、描边等。

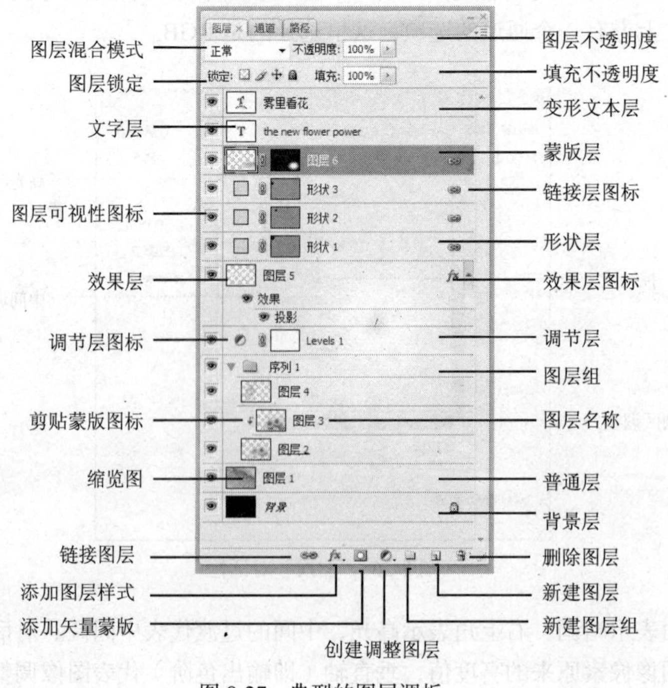

图 8-27 典型的图层调板

8）使用通道和蒙版

通道和蒙版是图像处理过程中比较重要的图像处理技术，应用非常广泛。

① 通道：通道主要用于保存图像的颜色数据，利用它可以查看各种通道信息，还能对通道进行编辑。例如，可以在通道中对各原色通道进行明暗度、对比度的调整，还可以对原色通道单独执行滤镜命令，制作出多种特殊效果，从而达到编辑图像的目的。需要注意的一点是，当图像的颜色模式不同时，通道的数量和模式也会不同。通道有复合通道、单色通道、专色通道和 Alpha 通道 4 种类型。

复合通道：不同模式的图像其通道的数量不一样，在默认情况下，位图、灰度和索引模式的图像只有 1 个通道，RGB 模式的图像有 3 个通道，CMYK 模式的图像有 4 个通道。图 8-28 所示为 RGB 色彩模式和 CMYK 色彩模式的图像通道，上面一层代表叠加图像每个通道后的图像颜色，下面的层代表拆分后的单色通道。

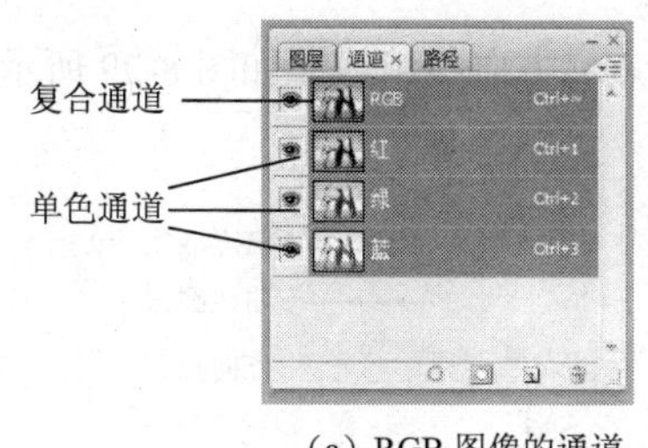

（a）RGB 图像的通道　　（b）CMYK 图像的通道

图 8-28　不同色彩模式的图像通道

每幅图像有一个或多个通道，图像中默认的颜色通道数取决于其颜色模式，每个颜色通道都存放图像颜色元素的信息，图像中的色彩像素是通过叠加每一个颜色通道而获得的。

单色通道：单色通道都显示为灰色，它通过 0～256 级亮度的灰度来表示颜色。在通道中很难控制图像的颜色效果，所以一般不采取直接修改颜色通道的方法改变图像的颜色。

专色通道：在进行颜色较多的特殊印刷时，除了默认的颜色通道外，还可以在图像中创建专色通道，如印刷中常见的烫金、烫银或企业专有色等都需要在图像处理时，进行通道专有色的设定。在图像中添加专色通道后，必须将图像转换为多通道模式才能够进行印刷输出。

Alpha 通道：用于保存蒙版，让被屏蔽的区域不受编辑操作的影响，从而增强图像的编辑操作。

② 蒙版：蒙版用来屏蔽（即隐藏）图层中图像的某个部分（或区域），当需要删除图层中图像的某个区域时，可以使用蒙版来完成。蒙版不会破坏图像，并且提供更多的后期修改空间，它可以是任何形状。蒙版作用于单个图层，不同的图层可以使用不同的蒙版，但一个图层只能有一个蒙版。蒙版有图层蒙版和矢量蒙版两种类型。

图层蒙版是与分辨率相关的位图图像，由绘画（如画笔工具）或选择工具创建。矢量蒙版与分辨率无关，并且由矢量工具（如钢笔工具）创建。矢量蒙版可在图层上创建锐边形状，无论何时当想要添加边缘清晰分明的设计元素时，矢量蒙版都非常有用。

在 Photoshop 工具箱的下方有个按钮，可在两种编辑模式之间切换，一种是标准模式编辑，是 Photoshop 默认的编辑模式；另一种是以快速蒙版模式编辑。快速蒙版模式用来创建各种特殊选区。在默认的编辑模式下单击此按钮，可以切换到快速蒙版编辑模式，此时进行的各种编辑操作不是针对图像，而是针对快速蒙版，同时“通道”面板中会增加一个临时的快速蒙版通道。

一旦进入快速蒙版模式编辑状态，即可用“画笔”工具在图像上涂抹，涂抹的部位显示淡红色，可调整画笔笔刷的大小和硬度，再适当放大图像可使涂抹的区域更准确。涂抹完毕再次单击按钮返回以标准模式编辑，涂抹的部分变成了选区。有了选区，就可以进一步添加图层蒙版或矢量蒙版了。

9）使用路径

在图像处理过程中，路径的应用非常广泛，特别是在特殊图像的选取和各种特效字、图形、图案的制作等方面，路径工具具有较强的灵活性。

路径是由多个节点组成的矢量线条，可以是开放路径，也可以是闭合路径。路径使用图像处理软件的矢量工具绘制，放大或缩小图像对其没有任何影响。而且，闭合的路径和选区可以相互转换调整，对于一些不够精确的选区，可以先将其转换为路径后再进行编辑调整，然后再将路径转换为选区进行图像处理。

路径由一个或多个曲线线段、直线线段、锚点和方向线组成，如图 8-29 所示。

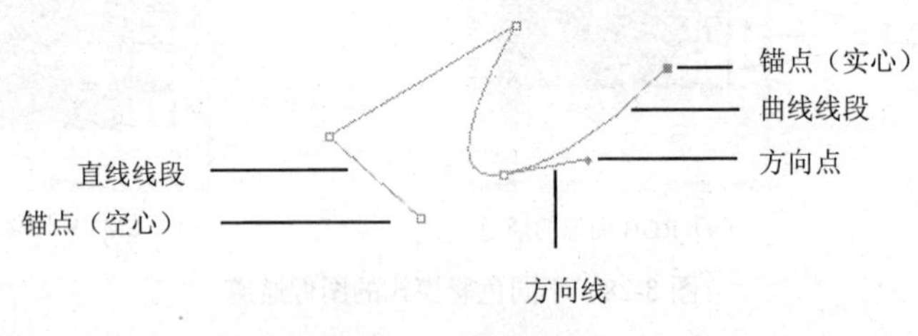

图 8-29　路径的组成

锚点也称为定位点，两端连接直线或曲线，选中时为实心的方点，未选中时为空心的方点，锚点可分为平滑点、角点；方向点是位于方向线的顶端实心点，用于调整曲线的弯曲方向和弯曲程度。

10）使用文字

在图像处理过程中除了绘制、编辑图像外，还可以使用文字，一般图像处理软件均提供了文字工具。

将文字与图像相结合，为图像的处理与制作带来了极大的方便，通过设置文字属性可产生不同的文字效果。在图像处理过程中使用的文字一般分为轮廓文字与像素化文字。初始输入的文字是轮廓文字，其好处是编辑方便，可随意放大或缩小而不影响其轮廓边缘的清晰程度。轮廓文字经过“栅格化（像素化）”处理后转换为像素化文字，也就是位图文字，其效果取决于文字的大小及分辨率，放大文字后会使其产生锯齿边缘。

通过设置文字属性（如大小、颜色、阴影等）可产生不同的文字效果；文字变形，创建蒙版文字、沿路径创建文字可制作特效；像素化文字还可以使用滤镜。

11）使用滤镜

滤镜是图像处理软件所特有的，主要用来给图像添加特殊效果。一般将图像处理软件内部自带滤镜称为内置滤镜，第三方厂商开发的滤镜称为外挂滤镜。滤镜可以实现很多特殊效果，如模糊、扭曲、光照、液化、艺术效果等。在使用滤镜时，应注意以下几点。

① 滤镜针对所选择的区域进行处理，如果没有选择区域，则滤镜效果应用于整个图像；如果只选中某一图层或某一通道，则只对当前的图层或通道起作用。

② 滤镜以像素为单位对图像进行处理，所以相同参数的滤镜处理不同分辨率的图像，效果会不同。

③ 使用滤镜前，如果对选择的区域进行了羽化处理，能减少突兀感。

④ 文字图层在栅格化后才能使用滤镜。

⑤ 对较大的图像应用某些滤镜时，可能会耗费很长的时间，为了节约时间，可以在图像的某一部分先进行试验。

⑥ 滤镜不能应用在颜色模式为位图与索引颜色的图像中，大部分滤镜只对RGB模式的图像可用。

滤镜的使用比较简单，但是其效果是否令人满意需要反复尝试。首先选择要使用滤镜处理的某个图层、某个区域或某个通道，再选择要使用的滤镜，并设置滤镜的相关参数。

思维训练：要删除图层中图像的某个区域，可以选取要删除的部分，再删除即可，为什么还要使用蒙版呢？

8.5 动画制作

动画作为一种极富表现力的艺术形式，本身具有独特而丰富的语言。动画是多媒体产品中最具吸引力的素材，具有表现丰富、直观易解、吸引注意、风趣幽默等特点，它使得多媒体信息更加生动。计算机技术的介入，使动画制作的工艺流程发生了重大变化，动画的表现力也大大增强。

8.5.1 动画基础知识

动画的英文单词Animation可以解释为经由创作者的安排，使原本不具生命的东西像获得生命一般地活动。英国动画大师约翰·海勒斯（John Halas）对动画有一个精辟的描述："动作的变化是动画的本质"。动画由很多内容连续但各不相同的画面组成。由于每幅画面中的物体位置和形态不同，在连续观看时，给人以活动的感觉。

1. 动画原理

动画是通过连续播放一系列相关画面，利用人眼视觉上的"残留"特性，给视觉造成连续变化的动态画面。实验证明，如果每秒放映24幅画面，则人眼看到的就是连续的画面效果。动画就是利用这一视觉原理，将多幅画面快速、连续播放，产生动画效果。动画制作是采用各种技术为静止的图形或图像添加运动特征的过程。传统的动画制作是在纸上一页一页地绘制静态图像，再将纸上的画面拍摄制作成胶片。计算机动画是根据传统的动画设计原理，由计算机完成全部动画制作过程。

2. 动画分类

动画的分类没有固定的规则。如果从制作技术和手段来划分，则动画可以分为以手工绘制为主的传统动画和以计算机为主的计算机动画；如果从空间的视觉效果来划分，则动画可以分为二维动画和三维动画；如果从每秒播放的画面幅数来划分，则动画可以分为全动画和半动画。

（1）传统动画

传统动画是相对于计算机动画而言的。传统动画发展很早，在计算机出现之前，从造型设计、表现手法，到绘制工艺，甚至考虑到经济性，都已经趋于成熟。传统动画由大量的画面构成，制作动画的工作量主要是绘制每一幅画面。传统动画的表现题材很多，大量的经典故事、传奇故事、童话故事等均被绘制成动画，用来表现善与恶、真与伪、爱与恨。动画很久以来一直打动着人们的心，给人们带来视觉享受和精神享受。

（2）计算机动画

习惯上把计算机制作的动画就叫做“计算机动画”。使用计算机制作动画，在一定程度上减轻了动画制作的劳动强度，某些有规律的动画，甚至可以用计算机自动生成。计算机动画的原理与传统动画的原理基本相同，只是在传统动画的基础上把计算机技术用于动画的处理和应用，并可以达到传统动画所达不到的效果。由于采用的是数字处理方式，动画的运动轨迹、纹理色调、光影效果等可以不断改变，输出方式也是多种多样。

（3）全动画

全动画是指在动画制作中，为了追求画面的完美、动作的细腻和流畅，按照每秒播放 24 幅画面的数量制作的动画。全动画对花费的时间和金钱在所不惜，迪斯尼公司出品的大量动画产品就属于这种动画。全动画的观赏性极佳，常用来制作大型动画片和商业广告。

（4）半动画

半动画又叫“有限动画”，采用少于每秒 24 幅的绘制画面来表现动画，常见的画面数一般为每秒 6 幅。由于半动画的画面少，因而在动画处理上，采用重复动作、延长画面动作停顿的画面数来凑足每秒 24 幅画面。半动画不需要全动画那样高昂的经济开支，也没有全动画那样巨大的工作量。对于动画制作者来说，制作这种经济的动画与制作全画面动画几乎需要完全相同的技巧，不同之处仅在于制作画面的工作量和经济原因。

3. 计算机动画

计算机动画制作以计算机软件和硬件为条件，基于传统动画原理，利用计算机完成动画的制作，并进一步制作传统动画难以表现的题材，实现更丰富、更炫目、更具感染力的特效。计算机动画的制作灵活多样，适用范围广，可以表现一行字幕从屏幕的左边移入，然后从屏幕的右边移出这样的简单动画，也可以制作像“侏罗纪公园”、“阿凡达”这样相当复杂的动画。

计算机动画的关键技术体现在计算机动画制作软件及硬件上，不同的动画效果，取决于不同的计算机动画软件及硬件的功能，虽然制作的复杂程度不同，但动画的基本原理是一致的。另外，动画的创作本身是一种艺术实践，动画编剧、角色造型、整体构图和颜色等的设计都需要高素质的美术专业人员才能较好地完成。总之，计算机动画制作是一种高技术、高智力和高艺术的创造性工作。

计算机动画不同于视频，计算机动画主要是对真实的物体进行模型化、抽象化和线条化后生成再造画面，主要用来动态模拟，展示虚拟现实等；而视频是将多幅实地拍摄的图像信息按一定的速度连续播放，主要用表示真实的画面。

计算机动画从不同的角度有不同的划分。如果按计算机动画的性质划分，可分为帧动画和矢量动画。如果按照计算机动画的表现形式划分，可分为二维动画、三维动画和变形动画 3 大类。

（1）帧动画

帧动画也称为逐帧动画（Frame by Frame Animation），是一种常见的动画形式。以帧作为动画构成的基本单位，很多帧组成一部动画片。帧动画借鉴传统动画的概念，一帧对应一个画面，每帧的内容不同，而这些帧的画面一般都出现在动作变化的转折点处，对这段连续动作起着关键的控制作用，因此称为关键帧(Key Frame)。绘制出关键帧之后，再根据关键帧插入中间画面，就完成了动画制作，因此也称作关键帧动画。制作帧动画的工作量非常大，计算机特有的自动动画功能只能解决移动和旋转等基本动作过程，不能解决关键帧问题，所以它主要用在传统动画片的制作、广告片的制作，以及电影特技的制作方面。

（2）矢量动画

矢量动画（Vector Animation）是经过计算机计算而生成的动画，只需要包含几个关键帧，几个主要表现变换的图形、线条、文字和图案，矢量动画通常采用编程方式和某些矢量动画制作软件来完成。

（3）二维动画

二维动画（Two-Dimensional Animation）又叫平面动画，是帧动画的一种，它沿用传统动画的概念，具有灵活的表现手段、强烈的表现力和良好的视觉效果。二维动画在平面上构成动画的基本动作。在保持传统动画表现力和视觉效果的基础上，尽量发挥计算机处理高效率、低成本等特点。

（4）三维动画

三维动画（Three-Dimensional Animation）又叫空间动画，可以是帧动画，也可以制作成矢量动画。它主要表现三维物体和空间运动，其后期加工和制作往往采用二维动画软件完成。

（5）变形动画

变形动画（Morph Animation）属于平面动画，它具有把物体形态过渡到另外一种形态的特点，形态的变换与颜色的变换都经过复杂的计算，形成引人入胜的视觉效果。变形动画主要用于影视人物、场景变换、特技处理、描述某个缓慢变化的过程等场合。

4. 常见动画格式

动画制作完成后以文件的形式保存，动画制作和处理软件较多，不同的动画软件产生不同的文件格式。比较常见的格式有以下几种。

（1）FLC 格式

FLC 格式是 Autodesk 公司研制的彩色动画文件格式，每帧采用 256 色，画面分辨率从 320×200 像素～1 600×1 280 像素不等。动画文件采用数据压缩格式，代码效率高、通用性好，被大量地用在多媒体产品中。

（2）AVI、MOV 格式

动画视频文件格式，动态图像和声音同步播放。受视频标准的制约，这些格式的画面分辨率不高，满屏显示时，画面质量比较粗糙。

（3）GIF 格式

GIF 动画是多帧静态 GIF 图像的合成，其特点是压缩比高，文件较小，多用于网页动画和多媒体课件。GIF 动画制作简单，适合制作小巧的动画及公告横幅。一般采用 256 色，分辨率为 96dpi。

（4）SWF 格式

SWF 是基于 Adobe 公司 Shockwave 技术的流式动画格式，这种动画可一边下载一边观看。SWF 格式的动画能用比较小的体积来表现丰富的多媒体形式，并能方便地嵌入到 HTML 网页，还能在动画中支持与用户的交互功能。

8.5.2 Flash 动画制作

Flash 是 Adobe 公司推出的一种交互式动画制作软件。Flash 是基于矢量的具有交互性的图形编辑和二维动画制作软件，它具有强大的动画制作功能和卓越的视听表现力，很多著名的网站都采用了大量的 Flash 动画。设计人员和开发人员可以使用 Flash 来创建演示文稿、应用程序和其他允许用户交互的内容。Flash 可以将多种基本的媒体素材如图形、图像、音频、动画、视频和特殊效果融合在一起，制作出包含丰富媒体信息的 Flash 动画。

1. Flash 动画的特点

Flash 动画之所以能够在互联网上迅速普及，源于其自身的一些特点。

① 基于矢量的图形系统，占用的存储空间远远小于位图，非常适合在网络上传播。矢量图形可以按需要放大，无论用户的浏览器使用多大的窗口，图像始终可以完全显示，并且不会降低画面质量。

② 有很多增强功能，如支持位图、声音、渐变色、Alpha 透明等。利用这些功能，可以用它来创作生动、活泼、漂亮的 Flash 站点或产品宣传广告。

③ 提供“准”流（Stream）的形式，在观看一个大动画的时候，可以边下载边观看，即使后面的内容还没有完全下载，也可以开始欣赏动画。

④ 强大的交互性，可以通过 Action Script 编程来实现人机互动。

⑤ Flash 界面明快简洁，容易上手。

2. Flash 动画的常见用途

① 网站应用：在做网站首页时要求视觉效果强烈，具有震撼力。一般时间较短，几十秒左右，画面变化迅速，声效多而短促，常配有企业的名称、标志、产品等图片或文字。用它做出来的网页导航条，漂亮多变、个性鲜明。也可以用来制作 GIF 动画，作为网页的 Logo 或 Banner，利用其良好的交互性，还可以做留言板、论坛、商务购物系统等。

② 广告制作：具有制作周期短、成本低、适用媒体广泛的特点，目前主要是在网络和电视上播放，随着能播放 Flash 动画的手机的流行，Flash 在广告界中的应用将更加广泛。

③ MTV 动画：歌曲、动作、文字三者巧妙地配合到一起，将会演绎出一段动人心弦的故事，或调侃出一段令人捧腹的小品。

④ 多媒体课件：活泼有趣的情节、色彩丰富的画面，再加上声情并茂的讲解，能极大地引发学生的学习兴趣，通过演示，一些很难弄懂的原理、实验等，将变得容易理解。

此外，Flash 动画还能制作各种游戏、贺卡、短片等。

3. Flash 动画设计的环境与元素

Flash 的主界面如图 8-30 所示，最上方是“菜单栏”，下方依次是“主工具栏”和“文档选项卡”，文档选项卡用于切换打开的当前文档；“图层时间轴”和“舞台”位于工作界面的中心位置，是动画制作的主要区域；左边是“工具箱”，用于绘制和修改图形；多个“面板”围绕在“舞台”的下边和右边，包括常用的“属性”、“滤镜”、“颜色”面板和“库”面板等。

制作 Flash 动画时，在时间轴的帧上可使用不同类型的动画元素制作动画。帧包括关键帧、空白关键帧和普通帧 3 种类型。关键帧定义了动画的变化环节，每个关键帧需要设置一幅单独的画面，用黑色圆点表示；空白关键帧是无内容的关键帧，用圆圈表示；普通帧指时间轴上的一个方块，帧中不记录内容，表示前一个关键帧内容的延续。

时间轴好比是“导演工作台”，场景是受“工作台”控制的“舞台”，随着“工作台”上的变化，“舞台”上的内容也将同步变化，用户可以在舞台中编辑当前关键帧中的内容，包括设置对象的大小、透明度、变形的方式和方向等。关键帧中的动画元素可以是矢量图形、位图图像、文字对象、声音对象、按钮对象、影片剪辑、动作脚本语句。

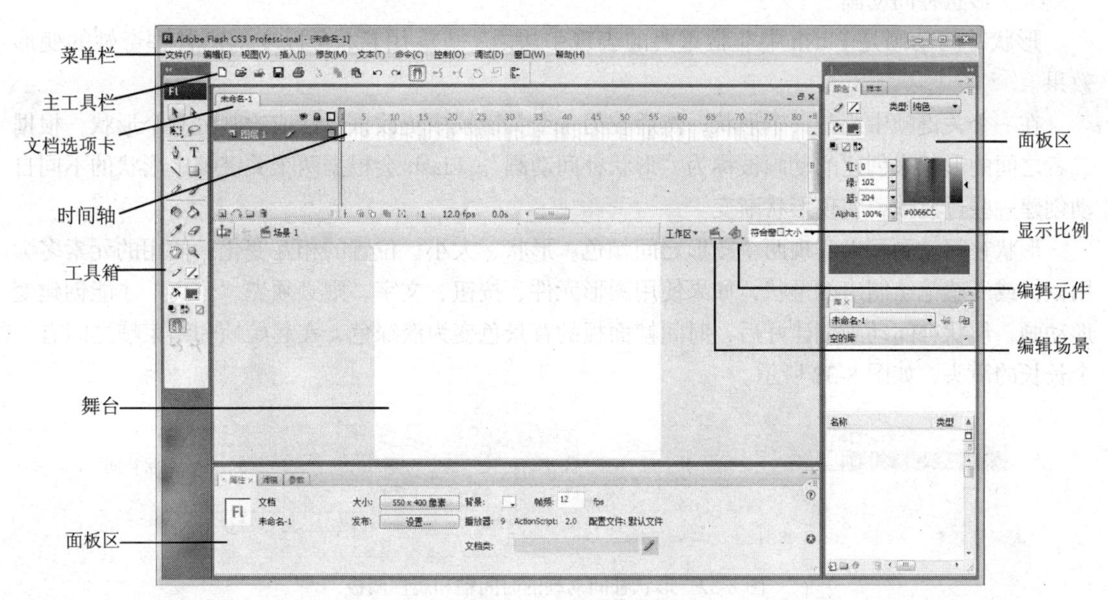

图 8-30　Flash 主界面

4. Flash 基本动画制作

Flash 中常见的动画形式有 5 种：逐帧动画、形状补间动画、动画补间动画、遮罩动画和引导线动画。

新建动画文件后，利用“属性”面板设置合适的参数，包括场景舞台大小、背景颜色，帧频等。

（1）逐帧动画

逐帧动画（Frame by Frame）是一种常见的动画形式，它的原理是在“连续的关键帧”中分解动画动作，也就是在每一帧中设置不同的画面，连续播放而形成动画。逐帧动画的帧序列内容不一样，不仅增加了制作负担而且最终输出的文件量也较大。但它的优势也很明显，因为它与电影播放模式相似，几乎可以表现任何想表现的内容，尤其适合于表演细腻的动画，如人物或动物急剧转身等效果。

逐帧动画在时间轴上表现为连续出现的关键帧，如图 8-31 所示，“豹子”层使用了逐帧动画。豹子奔跑的动作被分解成几个关键帧来实现。

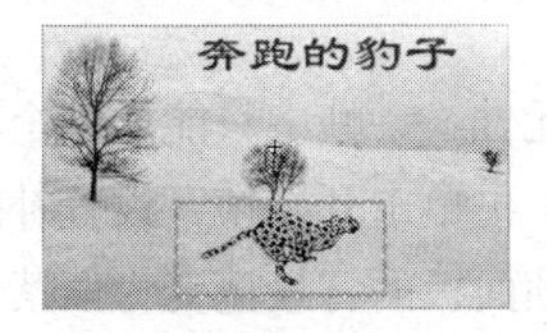

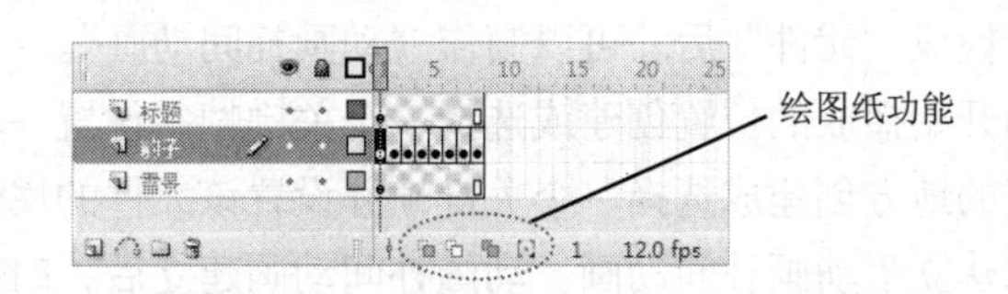

图 8-31　逐帧动画及绘图纸功能

逐帧动画的基本制作方法是：把反映动作变化的画面依次插入到某个图层的连续的帧上，直到结束。由于每个帧上都有面面，所以是连续的关键帧。

制作逐帧动画时，选择某个帧，只能看到一个画面，不利于观察动画的整体效果，这时可使用绘图纸功能。绘图纸是一个帮助定位和编辑动画的辅助功能，这个功能对制作逐帧动画特别有用，使用绘画纸功能后，可以在舞台中一次查看两个或多个帧。

（2）形状补间动画

形状补间动画是 Flash 中非常重要的表现手法之一，运用它，可以变幻出各种奇妙的变形效果。

在一个关键帧中绘制一个形状，然后在另一个关键帧中更改该形状或绘制另一个形状，根据二者之间的形状来创建的动画被称为“形状补间动画”。Flash 会根据两个关键帧中形状的不同自动创建一些过渡帧，实现形状渐变。

形状补间动画可以实现两个图形之间颜色、形状、大小、位置的相互变化。使用的元素多为用鼠标或压感笔绘制出的形状，如果使用图形元件、按钮、文字，则必须先“分离”才能创建变形动画。形状补间动画创建好后，时间帧面板的背景色变为淡绿色，在起始帧和结束帧之间有一个长长的箭头，如图 8-32 所示。

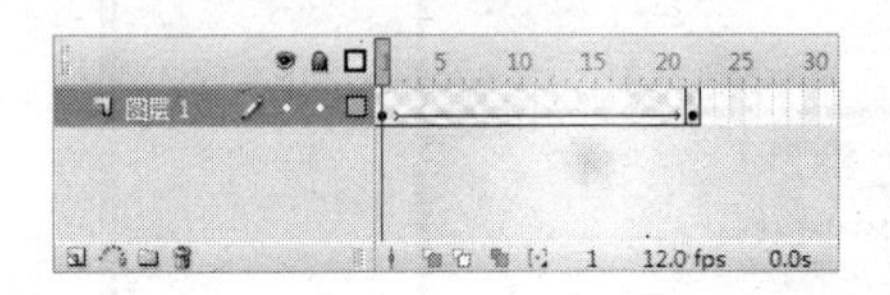

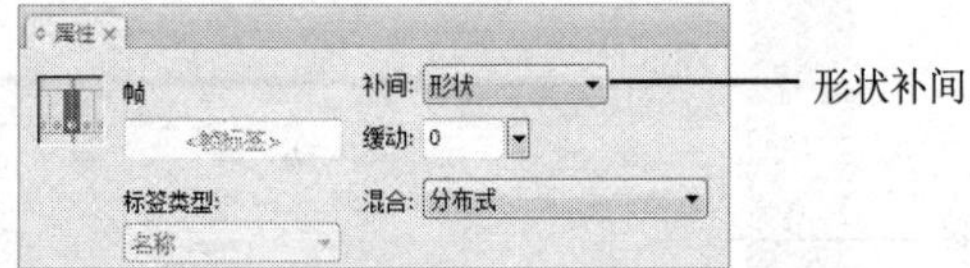

图 8-32　形状补间动画的时间轴和属性调板

在动画开始播放的地方创建或选择一个关键帧，并设置要开始变形的形状，一般一帧中以一个对象为好，在动画结束处创建或选择一个关键帧并设置要变成的形状，再单击开始帧，设置补间属性为“形状”，一个形状补间动画就创建完了。

Flash 实现形状补间动画时，会在两个关键帧之间添加过渡帧，实现过渡效果。前后图形差异较大时，变形结果可能会显得乱七八糟，主要是由于 Flash 添加的过渡帧效果不好。这时，可使用“形状提示”功能改善这一情况。所谓“形状提示”就是人为的在“起始形状”和“结束形状”中添加相对应的“参考点”，使 Flash 在计算变形过渡依据一定的规则进行，从而较有效地控制变形过程。

（3）动画补间动画

动画补间动画是 Flash 中非常重要的动画之一，与形状补间动画不同的是，动画补间动画的对象必须是“元件”或“成组对象”。运用动画补间动画，可以设置元件的大小、位置、颜色、透明度、旋转等多种属性，配合其他方法，甚至能做出令人称奇的效果。

在一个关键帧上放置一个元件，然后在另一个关键帧上改变这个元件的大小、颜色、位置、透明度等， Flash 根据二者之间的帧创建的动画被称为动画补间动画。构成动画补间动画的元素是元件，包括影片剪辑、图形元件、按钮、文字、位图、组合等，但不能是形状，只有把形状“组合”或者转换成“元件”后才可以制作“动画补间动画”。

在动画开始播放的位置创建或选择一个关键帧并设置一个元件，一帧中只能放一个项目，在动画要结束的地方创建成选择一个关键帧并设置该元件的属性，再单击开始帧，设置补间属性为“动画”，就建立了动画补间动画。动画补间动画建立后，时间帧面板的背景色变为谈紫色，在起始帧和结束帧之间有一个长长的箭头，如图 8-33 所示。

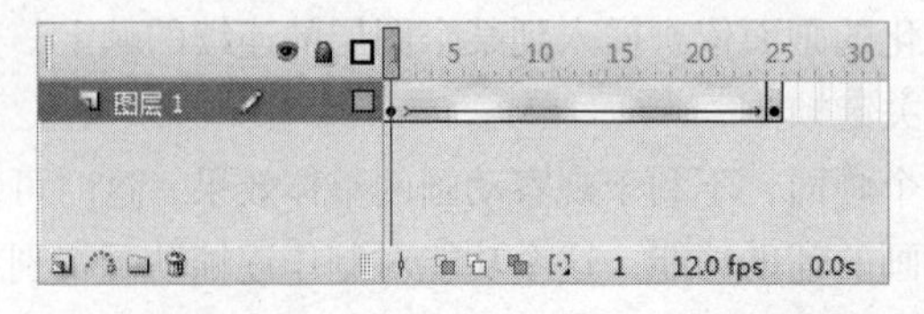

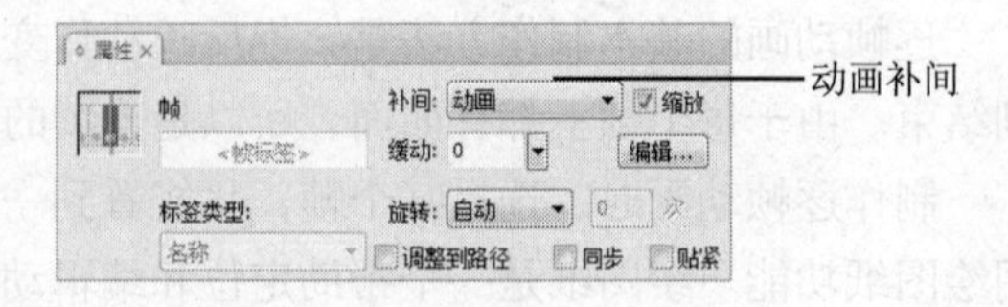

图 8-33　动画补间动画的时间轴和属性调板

形状补间动画和动画补间动画都属于补间动画，都有一个起始帧和结束帧，二者的区别如表 8-5 所示。

表 8-5 形状补间动画和动画补间动画的区别

区 别	形状补间动画	动画补间动画
在时间轴上的表现	淡绿色背景加长箭头	淡紫色背景加长箭头
适用元素	形状，如果使用图形元件、按钮、文字，则必须先打散再变形	影片剪辑、图形元件、按钮、文字、位图等
完成后的功能	实现两个形状之间的变化，或一个形状的大小、位置、颜色等的变化	实现一个元件的大小、位置、颜色、透明度的变化

（4）遮罩动画

遮罩动画是 Flash 中的一种很重要的动画类型，在 Flash 作品中，很多眩目神奇的效果，不少都是用最简单的“遮罩”完成的，如水波、万花筒、百页窗、放大镜、望远镜等。

在 Flash 的图层中有一个遮罩图层类型，为了得到特殊的显示放果，可以在遮罩层上创建一个任意形状的“视窗”，遮罩层下方的对象可以通过该“视窗”显示出来，而“视窗”之外的对象将不会显示。“遮罩”主要有两种用途：一个是用在整个场景或一个特定区域，使场景外的对象或特定区域外的对象不可见；另一个是用来遮罩住某一元件的一部分，从而实现一些特殊的效果。

Flash 中没有专门的功能来创建遮罩层，遮罩层是由普通图层转化的。只要在某个图层上单击鼠标右键，在弹出的快捷菜单中选择“遮罩层”命令，该图层就会成为遮罩层，层图标也从普通层图标变为遮罩层图标，系统会自动把遮罩层下面的一层关联为“被遮罩层”。如果想关联更多层被遮罩，只要把这些层拖到被遮罩层下面即可，如图 8-34 所示。

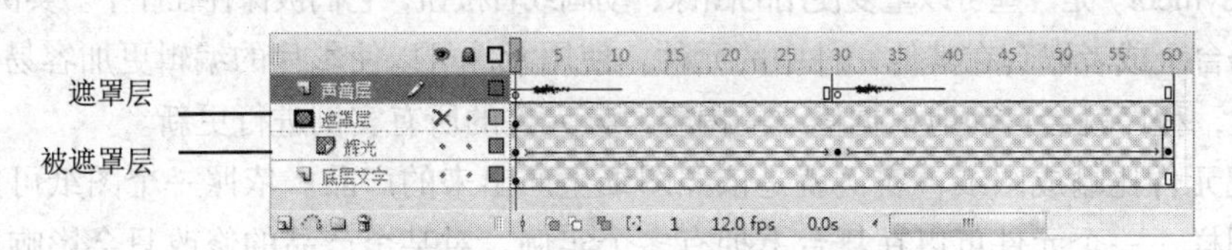

图 8-34 遮罩动画的遮罩层和被遮罩层

遮罩层中的图形对象在播放时是看不到的，遮罩层中的内容可以是按钮、影片剪辑、图形、位图、文字等，但不能使用线条，如果一定要用线条，可以将线条转化为“填充”。被遮罩层中的对象只能透过遮罩层中的对象被看到，在被遮罩层中，可以使用按钮、影片剪辑、图形、位图、文字和线条。

可以在遮罩层、被遮罩层中分别或同时使用形状补间动画、动画补间动画、引导线动画等动画手段，从而使遮罩动画变成一个可以施展无限想象力的创作空间。

（5）引导路径动画

前面介绍的动画效果，其运动轨迹基本都是直线的，可是在现实中，有很多运动是弧线或不规则的，如月亮围绕地球旋转、鱼儿在大海里遨游等，在 Flash 中可利用引导路径动画实现这种效果。

将一个或多个层链接到一个运动引导层，使一个或多个对象沿同一条路径运动的动画形式被称为引导路径动画，这种动画可以使一个或多个元件完成曲线或不规则运动。最基本的引导路径动画由两个图层组成，上面一层有设计好的运动轨迹（引导线），称为引导层，下面一层是被引导层，被引导层中的对象要“附着”在引导层的运动轨迹上才能产生引导动画。

在普通图层上单击时间轴面板中的“添加运动引导层”按钮，该层的上面就会添加一个引导层，同时该普通层缩进成为“被引导层”，如图 8-35 所示。

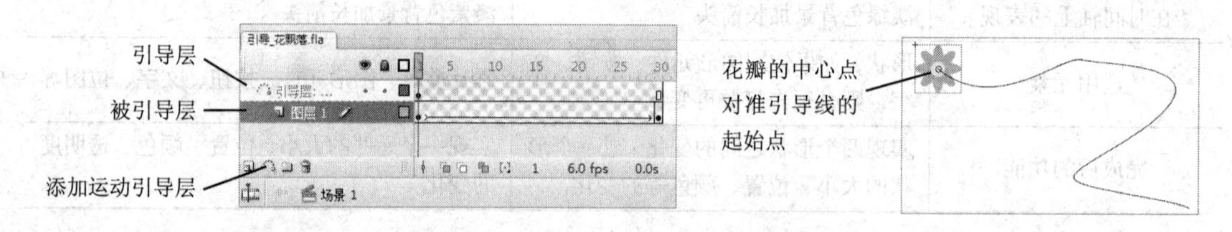

图 8-35　引导动画的引导层和被引导层

引导层用来指示元件的运行路径，所以引导层中的内容可以是用钢笔、铅笔、线条、椭圆工具、矩形工具或画笔工具等绘制出的线段。被引导层中的对象是跟着引导线走的，可使用影片剪辑、图形元件、按钮、文字等，但不能使用形状。由于引导线是一种运动轨迹，不难想象，被引导层中最常用的动画形式是动画补间动画，当播放动画时，一个或数个元件将沿着运动路径移动。

由于引导动画是使一个运动动画“附着”在“引导线”上，所以操作时特别得注意“引导线”的两端，被引导的对象起始、结束的两个“中心点”一定要对准“引导线”的两个端头，这一点非常重要，是引导线动画顺利运行的前提。

5. 使用元件和库

（1）元件的概念和分类

元件（Symbol）是一些可以重复使用的图像、动画或者按钮，它们被保存在库中。实例（Instance）是出现在舞台上或者嵌套在其他元件中的元件。使用元件可以使影片的编辑更加容易，只要对元件进行修改，程序就会自动地根据修改的内容对该元件的所有实例进行更新。

如果把元件比喻成图纸，实例就是依照图纸生产出来的产品。依照一个图纸可以生产出多个产品。同样，一个元件可以在舞台上拥有多个实例。对某个产品的修改只会影响这个产品，而修改图纸则会影响到所有的产品。同样，修改一个元件时，舞台上所有的实例都会发生相应的变化。

在影片中，运用元件可以显著地减小文件的尺寸。保存一个元件比保存每一个出现在舞台上的元素要节省更多的空间。例如，把静态的图（如背景图像）转换成元件，就可以减小影片文件的大小。利用元件还可以加快影片的播放，因为一个元件在浏览器上只下载一次即可。Flash 中的元件有以下 3 种。

① 影片剪辑元件。影片剪辑元件（Movie Clip，MC）是一个独立的小影片，完全独立于主场景时间轴并且可以重复播放，它可以包含交互控制和音效，甚至能包含其他的影片剪辑。

② 按钮元件。按钮（Button）元件其实是一个只有 4 帧的影片剪辑，能在影片中对鼠标事件“如单击”做出响应。按钮可制作成不同的形状，通过给按钮添加动作语句、添加音效可在动画中实现强大的交互性。

③ 图形元件。图形（Graphic）元件是可以重复使用静态图像，还能用来创建动画，在动画中也可以包含其他的元件，但是不能加上交互控制和声音效果。

（2）创建和编辑元件

可以通过舞台上选定的对象来创建元件；或者创建一个空元件，然后在元件编辑模式下制作或导入内容；可以在元件中创建包括动画的任何对象。图 8-36 所示为一个制作好的 replay 按钮元件，元件创建完成之后，存放在动画的“库”面板中，在影片中某个图层的时间轴上选好合适的位置，把元件从“库”面板中拖曳到舞台上，此元件就变成了实例。可以在影片的任意地方使用元件的实例，如图 8-37 所示。但需要注意的是，影片剪辑实例的创建和包含动画的图形实例的创建是不同的，影片剪辑只需要一帧就可以播放动画，但在编辑环境中不能演示动画效果；而包含动画的图形实例则必须在与其元件同样长的帧中放置才能显示完整的动画。

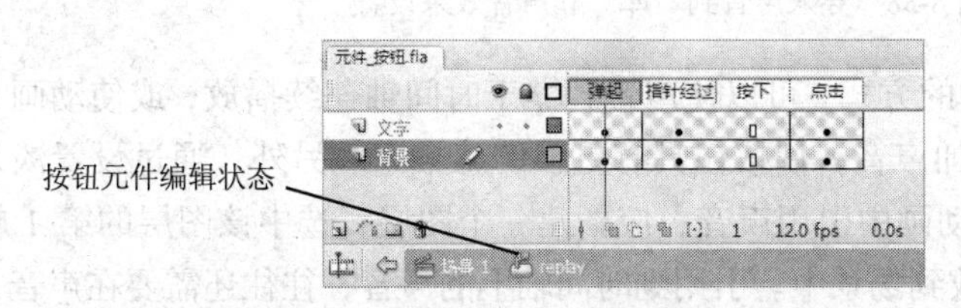

图 8-36　创建和编辑按钮元件

在未选取关键帧的条件下，实例将被添加到当前层的第 1 帧。如果需要将实例加在特定的帧上，可先在此帧中插入空白关键帧。在编辑环境中如果实例为影片剪辑，那么其中的交互动画是不能正常工作的。要想看到影片剪辑中的动画和交互功能，必须测试影片或发布影片。

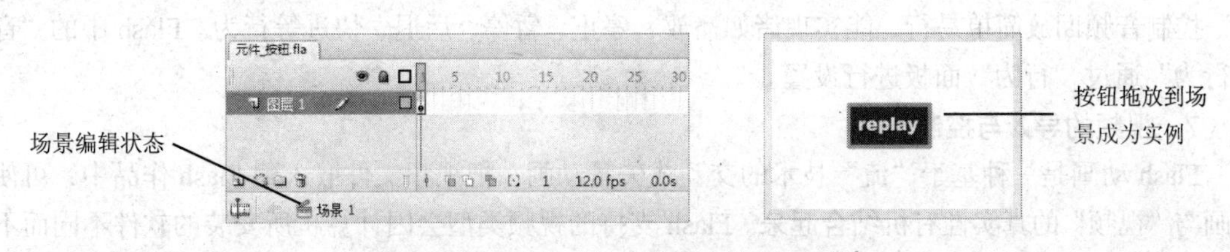

图 8-37　按钮元件拖放到场景成为实例

实例出现在舞台上后，每个实例都有其自身独立于元件的属性。可以改变实例的色彩、透明度和亮度，重新定义实例类型，使用其他的元件替换实例，设置图形类动画的播放模式等。此外，还可以在不影响元件的情况下对实例进行倾斜、旋转或缩放等处理，也可调用其他影片中的元件，使用“属性”面板、“信息”面板或“影片浏览器”来查看实例信息。

（3）使用库面板

动画文件的“库”中存放着动画作品的所有元件，利用 Flash 的“库”面板进行管理。默认情况下，“库”面板是自动打开的，重复按 F11 键能在“打开”或“关闭”状态中快速切换。在保存 Flash 源文件（FLA）时，“库”的内容同时被保存。

利用“库”面板上的各种按钮及“库”面板菜单，能够进行元件管理与编辑的大部分操作，主要操作包括：利用文件夹以树状结构组织同类元件，排序元件，查看元件的使用次数，元件及文件夹更名，利用图标区别元件等。

6. 动画中使用声音

一个完整的动画作品，声音是不可缺少的元素。在 Flash 动画中，先根据动画需要准备好声音素材，包括背景音乐、特殊音效、对白等，再把声音素材导入到“库”中备用，如图 8-38 左图所示。能直接导入 Flash 的声音文件有 WAV 和 MP3 两种格式，如果有需要，可对声音进行初步编辑和压缩，以保证动画的尺寸不至于太大，如设置采样频率、量化位数等。

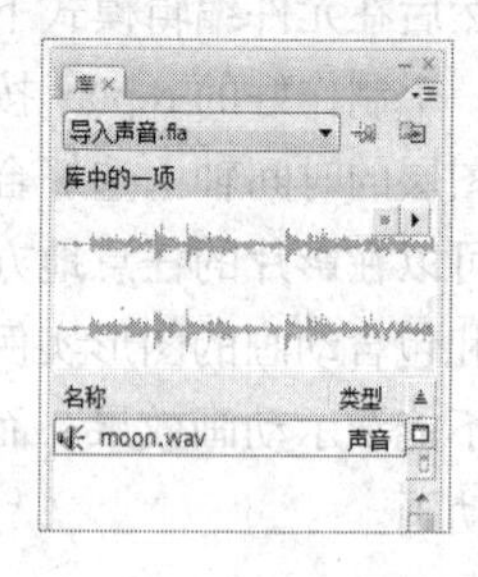

图 8-38　导入声音到“库”和声音效果设置

Flash 提供了多种使用声音的方式。可以使声音独立于时间轴连续播放，或使动画与一个声音同步播放，还可以向按钮添加声音，使按钮具有更强的感染力。另外，通过设置淡入淡出效果还可以使声音更加优美。在动画中引用声音，应新建一个图层，选中该图层的第 1 帧，然后将“库”面板中的声音对象拖放到场景中。引用到时间轴上的声音，往往还需要在声音“属性”面板中对它进行恰当的属性设置，才能更好地发挥声音的效果。声音设置主要包括：声音效果属性，同步效果属性，重复和循环属性。其中“同步”选项可以选择声音和动画同步的类型，如果要求声音和动画同步，比如制作 Flash MTV，应选择“数据流”。如果要给按钮加上声音，应选择“事件”。

Flash 中可使用“行为”控制声音播放，“行为”是系统预先编写好的一段动作脚本，利用“行为”控制音频回放简单易行，能实现诸如播放、停止、暂停、后退、快进等行为。Flash 中的“音频行为”通过“行为”面板进行设置。

7．视频的导入与控制

Flash 动画是一种基于“流”技术的交互式矢量动画，把视频文件嵌入到 Flash 作品中，可使动画与“视频”的真实性有机结合起来。Flash 支持的视频类型会因计算机所安装的软件不同而不同。如果计算机上已经安装了 QuickTime 7 和 DirectX 9 及其以上版本，则可导入较多的视频格式，包括 MOV、AVI、MPG、ASF、WMV 等格式。

使用视频时，先利用导入视频向导把视频导入到“库”，如图 8-39 所示。

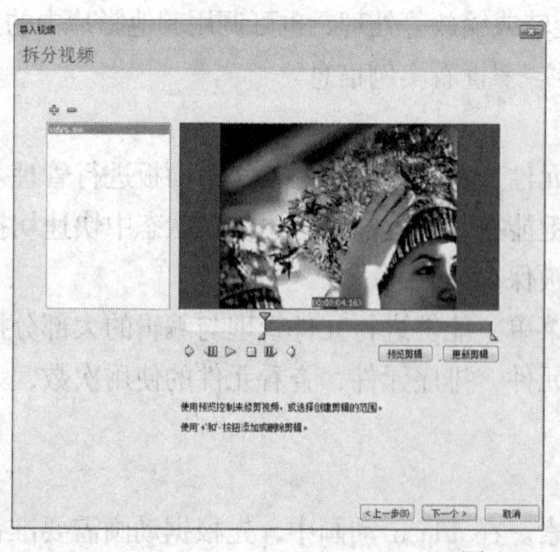

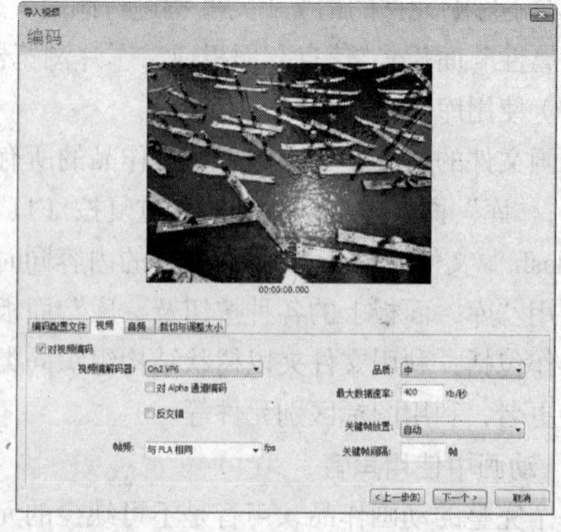

图 8-39　导入视频

导入过程中可对视频进行编辑和设置，如只播放视频的片段，重新编码视频及视频中包含的音频，裁剪视频等。如果导入的视频文件是系统不支持的文件格式，那么 Flash 会显示一条警告消息，表示无法完成该操作。而在有些情况下，Flash 可能只能导入文件中的视频，而无法导入音频，此时，也会显示警告消息，表示无法导入该文件的音频部分，但是仍然可以导入没有声音的视频。

导入到动画文件中的视频，可以利用“属性”面板调整其大小、位置等。Flash 还提供了很多控制方式控制视频回放，如利用时间轴控制视频回放、利用“行为”控制视频回放、利用“视频组件”控制视频回放、利用“视频模板”控制视频回放等。利用“行为”控制视频回放简单易行，能实现播放、停止、暂停、后退、快进、显示及隐藏视频剪辑等行为效果。Flash 中的“视频行为”通过“行为”面板进行设置，如图 8-40 所示。

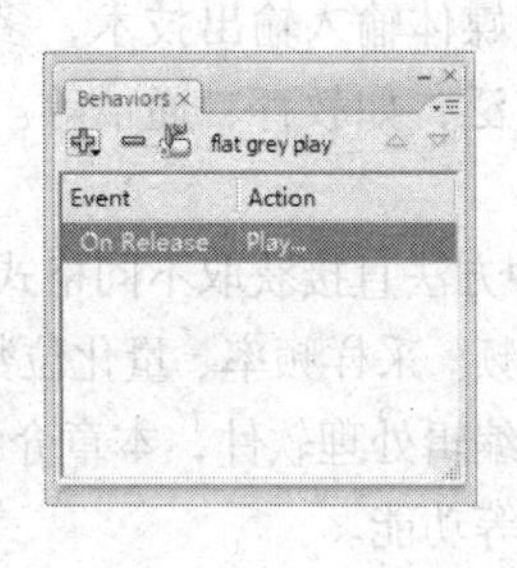

图 8-40　利用“行为”控制视频播放

8. 动画发布

Flash 动画文件保存时默认的文件格式是 FLA，称之为动画源文件，里面包含了动画的所有元素，可利用 Flash 打开，多次编辑。如果要将 Flash 动画运用到多媒体作品中，则需要发布动画。Flash 制作的动画可以发布为 SWF、GIF、MOV 等格式。

SWF 格式是 Flash 发布动画的默认格式，可以在网页中直接使用，单独播放需要安装 Flash 播放器；MOV 格式是视频文件，一般用在多媒体产品演示中；GIF 格式是常用的网页动画格式，主要用在网页和演示文稿中。不过 MOV 和 GIF 格式不支持交互，而 SWF 格式可以与用户进行交互。

Flash 为影片发布提供了简单的方法，方便初学者；也提供了强大而灵活的输出定制功能，便于高级用户对发布动画作详细设置。

保存动画源文件后，按快捷键 Ctrl+Enter，动画开始播放，播放完毕，打开动画源文件保存目录，会看到目录中多出了一个扩展名为“SWF”的文件，双击它，会调用 Flash Player 来播放该动画；执行“文件/发布”命令也可生成 SWF 文件。

上面的方法由 Flash 采用默认的动画输出参数生成 SWF 文件。如果动画要输出为其他格式，或者多输出的影片有更多要求，可通过发布设置，对动画输出参数作详细设置，如图 8-41 所示。

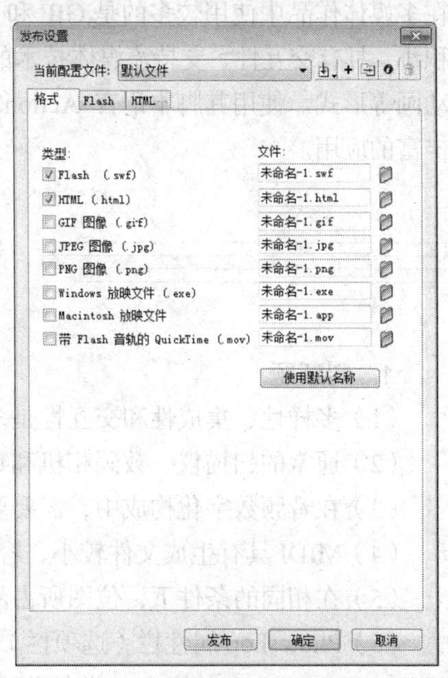

图 8-41　动画发布设置

本章小结

本章围绕多媒体技术的整体概况和局部应用，重点介绍了以下内容。

1. 多媒体技术是指把文本、声音、图形、图像、动画、视频等多种媒体信息通过计算机进行数字化采集、压缩和解压缩、编辑、存储等加工处理，再以单独或合成的形式表现出来的一体化技术。多媒体具有多样性、集成性、实时性等特点。多媒体计算机由多媒体硬件系统和多媒体软件系统组成。多媒体关键技术包括多媒体数据压缩技术，计算机专用芯片技术，大容量信息存储技术，多媒体输入输出技术，多媒体软件技术，多媒体通信技术等方面。多媒体技术的应用领域非常广泛，如教育、通信等。目前，多媒体技术正向网络化、智能化、多领域融合等方面发展。

2. 可通过多种方法直接获取不同格式的数字化音频；模拟音频信号经过采样、量化和编码后可转换为数字化音频。采样频率、量化位数和声道数是衡量声音质量的主要指标。Goldwave 是一个功能强大的音频编辑处理软件，本章介绍了使用 Goldwave 进行录音、对声音波形进行编辑合成、处理声音效果等功能。

3. 图像素材的处理方法。图像由像素点构成，计算机记录了图像中每个像素点的信息，适合表现色彩丰富、注重细节的自然景观等；而图形使用点、直线和曲线来描述，计算机保存的是绘制图形的各种参数，图形适合于表现简单的形状。图像的分辨率、颜色深度和颜色类型是图像的重要指标。颜色可使用不同的模式来记录和表达，在实际中应根据图像的用途选择合适的颜色模式。Photoshop 是功能强大的图像处理工具，本章结合图像处理的主要技术介绍了 Photoshop 的使用方法。

4. 动画素材的处理方法。动画利用视觉残留原理，将多幅画面快速连续播放产生动画效果，在多媒体作品中使用较多的是 GIF 和 SWF 动画格式。Flash 是一中交互动画设计工具，可制作体积小、具有交互性、支持流媒体技术的动画。Flash 的基本动画类型有逐帧动画、补间动画、遮罩动画等形式。使用其脚本语言 ActionScript 还可以实现更丰富的动画效果、更强大的交互功能和丰富的应用。

习题与思考

1. 判断题

（1）多样性、集成性和交互性是多媒体技术的主要特征。（ ）

（2）通常的扫描仪、数码相机和数码摄像机的光电转换元件都是 CCD。（ ）

（3）在音频数字化构成中，需要要考虑采样频率、量化位数和编码问题。（ ）

（4）MIDI 具有生成文件较小、容易编辑、音乐效果好等优点。（ ）

（5）在相同的条件下，位图所占的空间比矢量图小。（ ）

（6）Photoshop 属性栏（选项栏）的主要作用是设置各个工具的参数。（ ）

（7）Photoshop 的突出功能在于对图像的编辑而不是图像的绘制。（ ）

（8）视频是一种动态图像，动画也是由动态图像构成，二者并无本质的区别。（ ）

(9) Flash 使用了矢量方式保存动画文件，并采用了流式技术，特别适合于网络动画制作。　(　　)

(10) Flash 中有影片剪辑、按钮和图像 3 种元件。　(　　)

2. 选择题

(1) 媒体有两种含义，即表示信息的载体和________。

A. 表达信息的实体　　B. 存储信息的实体

C. 传输信息的实体　　D. 显示信息的实体

(2) 多媒体计算机中的媒体信息是指________。

A. 文字　　B. 声音、图形

C. 动画、视频　　D. 以上信息

(3) 多媒体著作工具软件是________。

A. Photoshop　　B. Authorware

C. Premiere　　D. Flash

(4) 声音是机械振动在弹性介质中传播的________。

A. 电磁波　　B. 机械波

C. 光波　　D. 声波

(5) ________是指每隔一个时间间隔在模拟声音波形上取一个幅度值。

A. 音频采样　　B. 音频量化

C. 语音识别　　D. 音频编码

(6) ________效果是指音频选区的起始音量很小甚至无声，而最终音量相对较大。

A. 淡入　　B. 淡出

C. 回音　　D. 延迟

(7) 用 Goldwave 软件编辑声音文件时，下列说法不正确的是________。

A. 可以方便地对音频进行准确的剪切、粘贴处理

B. 可以将不同的声音文件合成为一个

C. 可以调整声音的高低。

D. 可以直接打开视频文件，对其中的声音进行编辑

(8) 下列________用来表示颜色的类别和深浅程度。

A. 色调　　B. 饱和度

C. 色度　　D. 亮度

(9) 分辨率相同的两幅图像所占用的存储空间不一样，原因是________。

A. 图像中表现出的颜色数目不同　　B. 图像的颜色深度不同

C. 图像的尺寸不同　　D. 图像的像素分辨率不同

(10) 下面选项中属于不规则选择工具的是________。

A. 矩形工具　　B. 椭圆形工具

C. 魔术棒工具　　D. 矩形选框工具

(11) 动画是一种通过________来显示运动和变化的过程。

A. 视频　　B. 连续画面

C. 图像　　D. 图形

(12) 以下关于逐帧动画和补间动画的说法，正确的是________。

A. 两种动画模式 Flash 都必须记录完整的各帧信息

B. 前者必须记录各帧的完整记录，而后者不用

C. 前者不必记录各帧的完整记录，而后者必须记录完整的各帧记录

D. 以上说法都不对

（13）Flash 源文件和影片文件的扩展名分别为____。

A. FLA、FLV　　B. FLA、SWF

C. FLV、SWF　　D. DOC、GIF

（14）以下关于使用元件的优点的叙述，不准确的是____。

A. 使用元件可以使电影的编辑更加简单化

B. 使用元件可以使发布文件的大小显著地缩减

C. 使用元件可以使电影的播放速度加快

D. 使用元件可以使动画更加的漂亮

3. 简答题

（1）简述多媒体技术及其特征。

（2）简述音频数字化的基本过程。

（3）简述 Photoshop 中图层的作用及主要图层类型。

（4）简述 Photoshop 中仿制图章工具和图像修复工具在使用上的异同。

（5）对比形状补间动画和动画补间动画在时间轴上的表现、适用元素和完成后的功能。

第9章 网页制作

互联网的诞生和快速发展，使得信息发布赋予了新的方法——网页。网页设计是传统设计与信息、科技和互联网结合而产生的，是在新媒体和新技术支持下的一个全新的设计创作领域。相对传统的平面设计来说，网页设计具有更多的新特性和更多的表现手段，借助网络这一平台，将传统设计与计算机技术、互联网技术紧密结合在一起。

9.1 网页制作语言和工具

发布到 WWW（worldwideweb）中的信息资源主要由一篇篇的网页（Web）文档构成，这些 Web 页采用超文本的格式，即可以包含有指向其他 Web 页或本身内部特定位置的链接，于是就产生了 HTML——超文本标记语言。HTML 对 Web 页中的链接进行描述，最终用户通过浏览器读取这些网页。Web 浏览器的作用在于获取 Web 站点上的 HTML 文档后，再根据文档中的描述，组织显示该 Web 页面。因此，要制作一个好的网站，就需要学习网页制作语言，尤其是 HTML。

9.1.1 超文本标记语言 HTML

1. 什么是 HTML

超文本标记语言（Hyper Text Markup Language，HTML）是为创建网页和可在浏览器中看到的信息而设计的一种标记语言。HTML 可用来结构化信息，如标题、段落和列表等，也可用来在一定程度上描述文档的外观和语义。HTML 最初由蒂姆·伯纳斯-李给出原始定义，由 IETF（Internet Engineering Task Force，Internet 工程任务组）用简化的 SGML（Standard Generalized Markup Language，标准通用标记语言）语法进一步发展，最后成为国际标准，并由万维网联盟（World Wide Web Consortium，W3C）维护。HTML 之所以称为标记语言，是因为这种语言是由若干“标记”组成，这些标记也就是计算机能理解的信息符号。通过使用这些标记，计算机之间可以处理包含各种信息的文章等。

（1）超文本（Hyper Text）：是相对于线性（linear）来说的。计算机最初的程序是线性运行的，也就是当计算机程序执行完一个动作以后，转向下一行，这行结束后，继续下移，依此类推。但超文本则不同，它可以在任何时候跳转到任何地方。另外，它和普通文本不同，它是自解释的（Self-explanatory）。

（2）标记（Markup）：指的是怎么处理文本。对文本作标记的方式，与在文字处理程序（例如 Word）里将文本加粗，或者将一行文字设为标题或列表项目类似。

（3）语言（Language）：HTML 就是一种语言，它使用了一些简单的英文单词。

包含 HTML 内容的文件最常用的扩展名是 html，但是由于像 DOS 这样的旧操作系统限制扩展名最多为 3 个字符，所以 htm 扩展名也被使用。虽然现在使用的比较少一些了，但是 htm 扩展名仍旧普遍被支持。

HTML 是文本文件，可以使用任何文本编辑器来编辑，如使用 Windows 操作系统自带的记事本。下面通过一个例子来直观感受一下。打开记事本，在记事本里面输入例 9-1 中的代码，并将文件保存为 9_1.htm，注意在保存的时候选择保存类型为“所有文件（*.*）”。完成后，使用浏览器打开（浏览）这个文件。

【例 9-1】 用 HTML 完成一个网页，网页的效果如图 9-1 所示。

```
<html>
    <head>
        <title>我的第一个网页</title>
    </head>
    <body>
        <H1 align="center">欢迎访问我网上的家!</H1>
    </body>
</html>
```

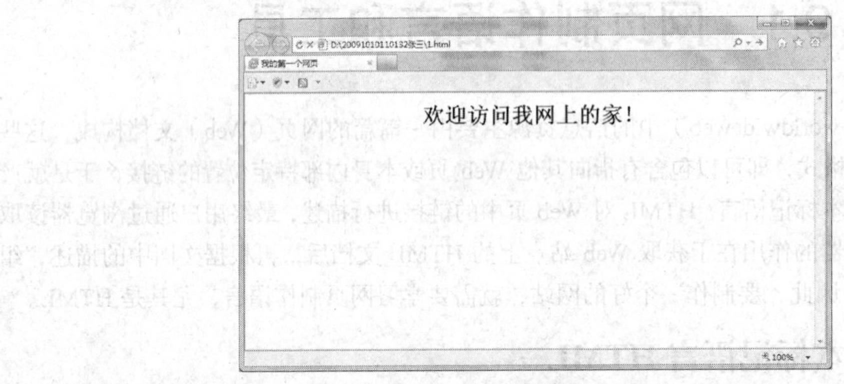

图 9-1 在浏览器的显示效果

通过以上简单的操作，已经编写好了一个网页了。当然编写复杂漂亮的网页需要一些专业的辅助工具软件，如 Dreamweaver，使用这些专业软件可以大大减少做网页花费的时间。但在使用专业网页编辑器创作网页之前，理解基本的 HTML 对编写网页是非常有帮助的，这样才知道可以做什么，怎么做和怎么处理遇到的问题，有利于制作出更好的网页。

2. HTML 标记

HTML 语言中的< >（尖括号）之间的单词或字母称为标记。HTML 标记就是用来安排文字、图像、链接的，如在页面左边显示一幅图像，粗体显示一个词或者是链接到其他资源上，就要用 HTML 标记，HTML 标记遵循以下基本原则。

（1）标记总是用尖括号包围，如<HEAD>或<I>。多数情况下标记是成对出现的，也就是包含结束标记。

（2）结束标记总是用反斜线“/”开头。例如，在文字开始粗体处用标记<B>，在需要结束粗体处使用的标记就是</B>。

（3）标记是可以嵌入的，但不能交叉，并且是开始越早，结束越晚。例如，如果使用：<HEAD><TITLE>标题</HEAD></TITLE>这样是不正确的，正确的顺序应该是：<HEAD><TITLE>

标题</TITLE></HEAD>，也就是 HEAD 标记先于 TITLE 标记开始，那么它就比 TITLE 标记后结束。

（4）多数标记具有参数，这些参数一般能更详细地表明这种标记的显示方式，被称为该标记的属性。属性的取值一般用双引号引起来。如果有多个属性，这些属性排列的先后次序不受限制。例如，<font face="宋体" color="red">使用宋体红色显示</font>语句，其中的 face、color 是<FONT>标记的属性，face 属性的值是宋体，color 属性的值是 red。

（5）有一些标记，不对文档中的某个部分起作用，只是用来提供给浏览器一种显示方式，如<HR>就显示一条同栏分隔线。

（6）标记忽略大小写，因此<HTML>、<Html>、<htmL>、<HtMl>和<html>对浏览器来说没有区别，但在编写网页时最好保持标记的大小写一致，要么全部大写，要么全部小写，这样便于辨认，并有利于减少编制网页中的错误。

3. HTML 文档的结构

HTML 定义了 4 个标记，用于描述页面的整体结构及浏览器和 HTML 工具对页面的确认，页面结构标记不影响页面的显示效果，而主要用于帮助 HTML 工具对 HTML 文件进行解释和过滤。这些标记是可选的，也就是即使页面中不包含它们，浏览器通常也能读取页面。对于一个网页设计者来说，网页代码的可读性和通用性是非常重要的，因此，要养成在 HTML 文档中写上页面结构标记的习惯。HTML 4 个页面的结构标记介绍如下。

（1）文档标识

文档标识标记为<HTML>。<HTML>标记放在 HTML 文件的最开头，全部文档放在<HTML>……</HTML>之间，意思是告诉浏览器这个文件是 HTML 文件，而在文件的最后，以</HTML>作为结束标记了。虽然这个标记可以省略不用，但希望读者还是养成使用该标记的习惯。

（2）文档首部

文档首部标记为<HEAD>。文档首部是框在<HEAD>……</HEAD>中的部分。<HEAD>标记放在<HTML>标记的里面，是用来标明文件的题目或定义部分，它们通常不会显示在页面上。

（3）文档标题（TITLE）

文档标题标记为<TITLE>。文档标题是框在<TITLE>……</TITLE>中的部分。<TITLE>标记放在<HEAD>标记的里面，用来设定文件的标题以此说明这个网页的内容。通常<TITLE>……</TITLE>中间的文字会显示在浏览器的标题栏上，它相当于 Windows 窗口中的标题栏。

（4）文档主体（BODY）

文档主体标记为<BODY>。文档主体则是位于<BODY>……</BODY>之间的部分。这个标记一般都是用来指明 HTML 文档里主要的对象，如文字、图片、超链接、背景图案及对象的修饰等。

4. 常用的 HTML 标记

常用的 HTML 标记分为两大类，一类用于确定超文本在浏览器中显示的方式，另一类用于确定超文本在浏览器中显示的内容。表 9-1 所示为常用的 HTML 标记符号及简要说明。

表 9-1　常用的 HTML 标记符号

分　类	标记符号	功　能
文件标记	<HTML>	网页文档开始和结束
	<HEAD>	网页文档头部表记
	<TITLE>	设置文档标题，该标题显示在浏览器标题栏中
	<BODY>	设置文档各种信息

续表

分　类	标 记 符 号	功　能
控制标记	<B>	标记包含的文本以粗体显示
	 	换行，多个标记可以创建多个空行
	<CENTER>	该标记包含的内容水平居中对齐
	<DIV>	设置块区域
	<EM>	强调标记，字体出现斜体效果
	<FONT>	设置所包含文本的字体、大小、颜色等
	<HR>	插入水平分隔线
	<Hi>	定义标题字的大小，i 可以为 1,2,3,4,5,6
	<I>	标记包含的文本以斜体显示
	<P>	设置段落，用于网页分段
	<PRE>	显示预格式化的文本，内容以所设置的格式显示
	<U>	标记包含的文本加下画线显示
	<SCRIPT>	文档包含一段客户端脚本程序，如 JavaScript
表格标记	<TABLE>	定义表格
	<CAPTION>	定义表格标题，位于表格的上方
	<TH>	定义表头，占表格的一行，相当于标题栏
	<TR>	定义表格行信息
	<TD>	定义表格中的单元格信息
框架标记	<FRAMESET>	定义一个框架
	<FRAMESET COLS="#">	纵向排列多个子框架
	<FRAMESET ROWS="#">	横向排列多个子框架
表单标记	<FORM>	定义一个表单，实现交互式信息处理
	<INPUT>	定义表单内的一个输入控件
	< SELECT>	定义表单内的一个下拉控件
超链接	<A>	定义超链接
插入多媒体	<EMBED >	插入音乐、动画、视频
	<IMG>	插入包括 jpg、gif、png 等格式图片
	<OBJECT>	插入音乐、动画、视频

思维训练：打开一个网站后单击鼠标右键，然后选择“查看源文件”（IE）或“查看页面源代码”（Firefox），其他浏览器的做法也是类似的，就会打开一个代码的窗口。看看网页中使用了哪些标记，并且看看这些标记有没有在表 9-1 中出现。

9.1.2　可扩展标记语言 XML

由于 HTML 将数据内容与表现融为一体，数据的可修改性和可检索性差，因此随着因特网的发展，越来越多的信息进入互联网，信息的交换、检索、保存及再利用等迫切的需求，使 HTML 这种最常用的标记语言越来越捉襟见肘。另一种标记语言 XML（eXtensible Markup Languag，可扩展标记语言）开始出现，它借鉴了 HTML 与数据库、程序语言的优点，将内容与表现分开，不仅使检索更为方便，更主要的是用户之间数据的交换更加方便，数据可重用性更强。

XML 是从标准通用标记语言（SGML）中简化修改出来的，它主要用到的有可扩展标记语言、可扩展样式语言（XSL）、可扩展商业报告语言（XBRL）、XML 路径语言（XPath）等。XML 设计用来传送及携带数据信息，不用来表现或展示数据，HTML 则用来表现数据。要把 XML 变成日常所看到的 HTML 格式那样的文件，还需要借助 XSL（eXtensible Stylesheet Language，可扩展样式语言）模式化查询语言，转换过程如图 9-2 所示。

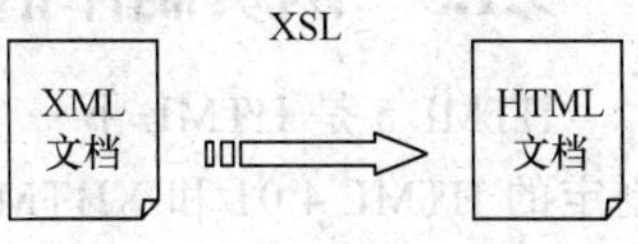

XML 文档 —XSL→ HTML 文档

图 9-2　XML 转换为 HTML

9.1.3　XHTML 与层叠样式表 CSS

可扩展超文本标记语言（eXtensible HyperText Markup Language，XHTML），也是一种标记语言，其表现方式与超文本标记语言（HTML）类似，不过语法上更加严格。从继承关系上讲，HTML 是一种基于标准通用标记语言（SGML）的应用，是一种非常灵活的置标语言，而 XHTML 则基于可扩展标记语言（XML）。简单地说，XHTML 是一种新的、更加结构良好的 HTML。

层叠样式表（Cascading Style Sheets，CSS）又称串样式列表，是一组格式设置规则，由 W3C 定义和维护的标准，一种用来为结构化文档（如 HTML 文档或 XML 应用）添加样式（字体、间距和颜色等）的计算机语言。CSS 最主要的目的是将页面的内容（用 HTML 或其他相关的语言写的）与页面的显示分隔开来。

使用 CSS 可以非常灵活并更好地控制 Web 页内容的外观。它可以控制许多文本属性，包括特定字体和字大小；粗体、斜体、下画线和文本阴影；文本颜色和背景颜色；链接颜色和链接下画线等。通过使用 CSS 控制字体，还可以确保在不同类型的浏览器中（如 IE，fivefox,chvome,safari）以更一致的方式处理页面布局和外观。除设置文本格式外，还可以使用 CSS 控制 Web 页面中块级别标记的格式和定位，主要用于页面的布局，本文的后续章节中给予介绍。

9.1.4　脚本语言

脚本语言（Scripting Language）是为了缩短传统的编写—编译—链接—运行过程而创建的计算机编程语言，是一种面向对象的解释性程序语言。它的语法和规则不如可编译的编程语言那样严格和复杂，学习和使用相对也比较简单，主要用于以简单的方式快速完成某些复杂的事情。在网页中使用脚本语言，主要是为了弥补了静态 HTML 文档不能解决与用户交互的缺点。根据脚本运行的地方，可以分为客户端脚本和服务器端脚本两种。

1. 客户端脚本

客户端的脚本是指在客户端（也就是用户浏览器中）执行的脚本，通过<SCRIPT>标记嵌入在 HTML 代码中，可以实现网页对象的动态效果和控制网页的外观。常用客户端的脚本语言有两种：JavaScript 与 VBScript，现在主流的浏览器主要支持 JavaScript，VBScript 主要是微软浏览器 IE 支持。

2. 服务器端脚本

服务器端的脚本是指在服务器端执行的脚本，通过执行服务器端的脚本和后台数据库的查询可完成与客户的交互功能。服务器端常用的脚本有 ASP、JSP、PHP、Perl、ASP.Net 等，这几种脚本语言广泛应用于网站建设及网页设计中。而数据库系统则根据网站的规模大小、功能来确定，常采用 SQL Server、Access、MySQL 等数据库系统。

思维训练：经常听到的动态HTML（Dynamic HTML，DHTML、DHML）就是通过结合HTML、客户端脚本、层叠样式表和文档对象模型（Document Object Model，DOM）来创建网页内容的方法。

9.1.5 网页制作语言的发展HTML 5

HTML 5是HTML下一个主要的修订版本，现在仍处于发展阶段。目标是取代1999年所制定的HTML 4.01和XHTML 1.0标准，以期能在互联网应用迅速发展的时候，使网络标准达到符合当代的网络需求。HTML 5实际指的是包括HTML、CSS和JavaScript在内的一套技术组合。

HTML 5的出现很大一部分原因是希望减少在浏览器中安装大量的多媒体插件（如Adobe Flash、Microsoft Silverlight，与Oracle Java FX）。HTML 5添加了许多新的语法特征及标记，其中包括<VIDEO>、<AUDIO>和<CANVAS>标记，同时集成了可缩放矢量图形（Scalable Vector Graphics，SVG）内容。这些新标记是为了更容易地在网页中添加、处理多媒体和图片内容而添加的。为了丰富文档的数据内容，还添加了一些新的标记，如<SECTION>、<ARTICLE>、<HEADER>、<NAV>和一些新的属性。一些不常用的属性和标记被移除掉了。另外一些标记，像<A>、<CITE>和<MENU>被修改，重新定义或标准化了。HTML 5还定义了处理非法文档的具体细节，使得所有浏览器和客户端程序能够一致地处理语法错误。

9.1.6 常用网页制作工具与选择

HTML制作工具是一种用来编辑HTML文本的软件。网页其实只是一个使用了HTML标记的文本文件，使用任何文字编辑器（如Windows下的记事本）都可以完成编辑，但也可以利用带有HTML语法彩色显示的文本编辑器来提高编辑效率。现在出现了很多所见即所得（What You See Is What You Get，WYSIWYG）的网页编辑工具，这种工具的编辑方式类似于微软的文字处理软件Word，使得用户可以直接在编辑界面上通过拖放等手段创建对象，调整属性，而不用强记一大堆HTML标记。利用这样便捷的HTML制作工具，很多非专业人士也能够简单快速地编辑出漂亮的网页。同时，这类工具往往还具有客户端脚本和服务器端脚本的编写功能，并对服务器端连接数据库等行为提供支持，并且在整个编写过程中用户不必写一句代码。下面介绍一些常见的网页制作工具。

1. Editplus

这个文本编辑软件比较流行，主要原因是该软件的HTML语法彩色显示特性非常便于网页编辑。它不仅能编写网页，也可以编写ASP、PHP、Java、C++等程序。该软件比较小巧，并具备基本语法检测功能，但是因为它全部是用代码编写网页，不具有所见即所得编辑功能，所以通常要求使用者具有一定的专业背景。

2. SharePoint Designer

SharePoint Designer的前身是FrontPage，是微软办公软件Office家族成员之一。它是一种所见即所得的网页制作软件。由于使用方便、简单，会用Word就能做网页，很受初学者的欢迎，是不错的入门级的网页制作学习工具。微软公司在2006年停止了对FrontPage开发，并推出SharePoint Designer作为取代FrontPage的新一代网站创建工具，并提供免费下载使用。

3. Dreamweaver

Adobe Dreamweaver（前身为Macromedia Dreamweaver）是Adobe公司著名的可视化网站制

作工具，是较受网页设计人员欢迎的网页制作软件之一，它使用所见即所得的接口，亦有 HTML 编辑的功能。本书的配套实验部分将介绍使用 Dreamweaver 来制作网页。

此外，为了丰富网页的内容，增加网页美观性，网页制作中经常还需要使用各种素材。例如，图片需要用专门的图像处理软件来设计，如 Fireworks（Adobe 公司提供的专为网络图形设计的图形编辑软件）、Photoshop（Adobe 公司提供的通用图像设计软件），动画设计软件，如 Flash（Adobe 公司提供的 Flash 网页动画制作软件），以及为了实现交互式动态网页而采用的数据库系统等，这些软件也都属于常用的网页制作软件。

9.2　网站建设的概念与步骤

网站建设包括网站设计和制作。网站设计与网站制作的区别在于：设计是一个思考的过程，而制作只是将思考的结果表现出来。一个成功的网站首先需要一个优秀的设计，然后辅之优秀的制作。设计是网站的核心和灵魂，一个相同的设计可以有多种制作表现的方式。本章主要介绍网站制作，如网页的布局、文字排版、媒体素材的插入等。

9.2.1　网站与网页

网站又称为 Web 站点，是由一组具有共享属性（如相关主题、类似的设计或共同目的）、经过组织和管理的网页组成。它存放在与因特网相连接的，安装有网页服务器程序（如 IIS、Apache 等）的计算机中，这类计算机称为 Web 服务器。普通个人电脑都可以作为 web 服务器，但是为了提供稳定的 Web 服务，通常要求 Web 服务器具有更高的性能。访问者使用浏览器阅读网站中的网页内容。访问网站通常使用域名，如在浏览器地址栏上输入 www.kmust.edu.cn，就可以访问昆明理工大学的官方网站，少数也可直接用服务器的 IP 地址。

通常每一个网页存放在一个单独的文本文件中，它的扩展名为 html 或 htm。也有很多网页扩展名为 asp、aspx、php、jsp，带这些扩展名的网页通常为具有与服务器交互能力的带有服务器执行脚本的动态网页。当进入某个站点，浏览器打开的第一个页面称为“主页”或首页（homepage），一般习惯在服务器上用 index.htm、index.html、default.html、default.htm 作为网站首页的文件名。除主页外的其他的页面称为“详细页”。

Web 站点中网页文件的组织与管理类似文件系统中文件的组织与管理。图 9-3 所示为昆明理工大学官方网站的网页组织与管理的简单示例，网页之间以超链接为纽带，组成一个整体。

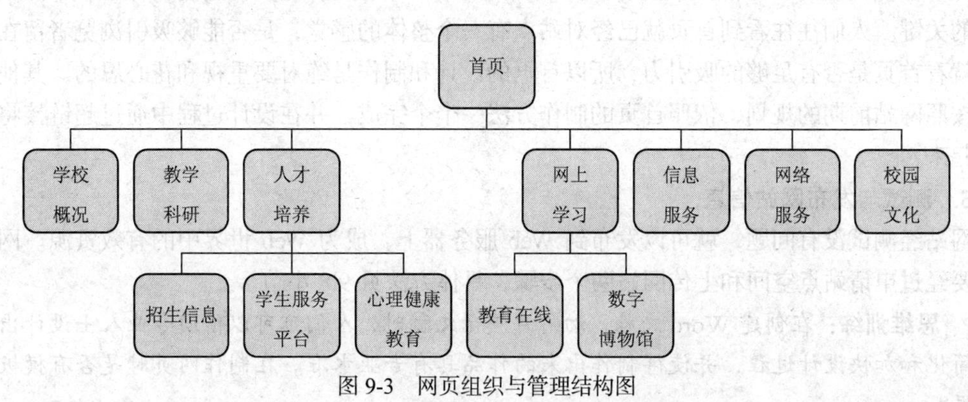

图 9-3　网页组织与管理结构图

9.2.2 网站设计步骤

建立一个网站就像盖一栋大楼一样，它是一个系统工程，有自己特定的工作流程。建立网站大体可分为以下几个主要步骤。

1. 定位网站主题

设计一个站点，首先遇到的问题就是定位网站主题。所谓网站主题就是网站想要表达的主题思想和核心题材，也就是要建立的网站所要包含的主要内容，一个网站必须要有一个明确的方向。网站的最大特点是浏览速度快和内容更新及时，因此主题的定位要突出，这样才容易给人留下深刻印象。同时，主题的定位最好小而精，即定位要小，内容要精。

2. 规划网站内容

规划就如写一篇文章，首先要确定文章题目，然后根据题目构思出一个框架。网站规划包含的内容很多，如网站的目录结构（目录的层次最好不要超过 4 层）和链接结构（导航图）、网站的栏目和版块、网站的整体风格、颜色搭配、版面布局、文字图片的运用和创意设计等。

3. 收集和组织素材

网页由各种各样的素材组成，如文字、图像、动画、视频、背景音乐等。在明确了网站的主题以后，就要围绕主题开始搜集材料了。有目的地收集、整理、筛选、加工和制作素材，是制作网页的一项重要工作，通常也是最费时间的。材料既可以从图书、报纸、光碟、多媒体上得来，也可以从网路上搜集，然后把搜集的材料去芜存菁，作为自己制作网页的素材。如果找不到合适的素材，还得利用一些专业工具，如 Photoshop、Flash、Gif Animator、GoldWave 等来自己制作。由于素材种类很多，一个好的方法是将素材文件分门别类地存储在网站根目录的素材文件夹里，如建立一个 images 文件夹存放图片，建立 sounds 文件夹存放声音等。

4. 布局页面与导航结构

布局页面就是以最适合浏览的方式将图片、文字等对象排放在页面的不同位置。通常网页布局有表格、框架和 CSS 等 3 种方式，本章后续将给予介绍。同时，整个网站中网页的外观风格要协调统一，包括网站标志、色彩、文字字体、版面布局、浏览方式、一致性的导航结构、交互性等诸多因素。在设计页面导航结构时，考虑用最少的链接实现最有效的浏览。

5. 制作网页

在全面考虑好网站的栏目、链接结构和整体风格之后，就可以正式动手制作网页了。首先制作首页，俗话说："良好的开端是成功的一半"，网站设计也是如此，首页的设计是一个网站成功与否的关键。人们往往看到首页就已经对站点有一个整体的感觉，是否能够吸引浏览者留在站点上，就看首页是否有足够的吸引力，所以首页的设计和制作是绝对要重视和花心思的。其他的页面就按照网站前期的规划，依照首页的制作方法一个个完成，并在设计过程中通过超链接将它们链接起来。

6. 测试与发布网站信息

网站经测试没有问题，就可以发布到 Web 服务器上，成为 Web 世界中的有效资源。网站的发布要经过申请站点空间和上传网站两个步骤，具体方法见 9.8 小节。

思维训练：在创建 Word 文档、幻灯片演示文稿时，人们都可以借助专业人士设计出来的模板简化和加快设计过程，并使得制作出来的作品具有专业水准。在制作网页时是否有模板可以使用呢？

9.3 网页中的文字与格式化

9.3.1 网页中的文字

文本是网页的内容主体，是网页中运用最广泛的媒体之一，网页中文本的处理是网页制作的主要内容。创建文字内容的方法有两种：直接输入和从其他文本素材中获取。

需要注意的是，一些字符在网页中拥有特殊的含义，比如小于号（<）用于定义 HTML 标记的开始。如果希望浏览器正确地显示这些特殊字符，就必须在网页源码中插入字符实体。字符实体有 3 部分：一个&符号，一个实体名称或者#和一个实体编号，以及一个分号;。例如，要在网页中显示 HTML 文档中显示小于号，就需要用实体名称“<”或者实体编号“<”来表示。一般使用实体名称而不是实体编号，因为名称相对来说更容易记忆。

空格是 HTML 中最普通的字符实体。通常情况下，网页会裁掉文档中的空格。也就是说即使在文档中连续输入 10 个空格，网页也会去掉其中的 9 个。所以要想在文档中增加空格，就要使用字符实体“ ”。

需要注意的是字符实体对大小写敏感。最常用的字符实体如表 9-2 所示。

表 9-2　　常用的字符实体

显示结果	描　述	实体名称	实体编号
	空格		
<	小于号	<	<
>	大于号	>	>
&	和号	&	&
"	引号	"	"
'	撇号	'（IE 不支持）	'

其他的一些字符实体如表 9-3 所示。

表 9-3　　其他的字符实体

显示结果	描　述	实体名称	实体编号
¢	分	¢	¢
£	镑	£	£
¥	人民币	¥	¥
§	节	§	§
©	版权	©	©
®	注册商标	®	®
×	乘号	×	×
÷	除号	÷	÷

9.3.2 网页属性及标题

1. 网页的属性

新建一个网页后，可以定义页面属性，其内容有：文本的字体、颜色、背景色或背景图像、页面边距、超链接的字体和颜色、网页标题等，设置网页属性的目的是使网页更加规范。要设置网页的属性，可以使用层叠样式表，或者使用<BODY>标记里面的属性。<BODY>标记内常用的页面属性如下。

（1）bgcolor：背景颜色属性将背景设置为某种颜色，属性值可以是十六进制数、RGB 值或颜色名。

（2）background：将背景设置为图像。属性值为图像的 URL，如果图像尺寸小于浏览器窗口，那么图像将在整个浏览器窗口进行复制。

（3）text：定义 body 内部文本的颜色。

（4）link：未访问过的超链接文本颜色。

（5）vlink：已访问过的超链接文本颜色。

（6）alink：鼠标单击超链接时文本的颜色。

（7）topmargin：文档上边的边缘大小，单位是“像素”。

（8）leftmargin：文档左边的边缘大小，单位是“像素”。

（9）rightmargin：文档右边的边缘大小，单位是“像素”。

（10）bottommargin：文档下边的边缘大小，单位是“像素”。

需要注意的是，网页中颜色的设定，既可以使用已经预先命名好的颜色名称（如 red，yellow 等），也可以使用 RGB 来表示。RGB 颜色由 6 个十六进制数组成，前两个数表示红色（Red）所占量值，中间两个数表示绿色（Green）所占量值，后两个数表示蓝色（Blue）所占量值，利用这 3 种颜色可调配出各种颜色。使用 RGB 来表示颜色需要前面加上一个#号。

2. 网页中的标题

网页内容中的标题类似文字处理软件中的标题样式，用户可以通过标题来快速浏览网页，所以用标题来呈现文档结构。在 HTML 中标题是通过<H1>到<H6> 6 个标记进行定义的，类似 Word 中的标题 1 到标题 6。<H1>定义最大的标题，<H6>定义最小的标题，也就是<H1>用作主标题（最重要的），其后是<H2>（次重要的），再其次是 H3，依此类推。默认情况下浏览器会自动在标题的前后添加空行。该标记的常用属性为 align，表示段落对齐方式，可以取值为 left、center、right，系统默认为左对齐。

标题标记一般只用于标题，使用标题不仅仅是为了产生粗体或大号的文本，也是为了让搜索引擎使用标题为网页的结构和内容编制索引。

【例 9-2】 使用标题标记，效果如图 9-4 所示。

```
<h1>这是标题一的样式</h1>
<h2>这是标题二的样式</h2>
<h3>这是标题三的样式</h3>
```

这是标题一的样式

这是标题二的样式

这是标题三的样式

图 9-4 使用标题

3. 网页中的水平线

在网页中画一条水平线，使用的标记为<HR>，它可以把页面划分为几个部分。较长的文本段落应该用水平线分开，这样做可以使文档设计更规范，也可以显示信息的变化。绘制水平线以及设置其属性的语法如下。

（1）width：水平线的宽度，可以用像素值大小表示，也可以用百分比表示。

（2）align：对其方式，可以设置为 left、center、right。

（3）size：只能用像素大小表示，默认为 3 个像素。

（4）noshade：使得水平线在显示时周围没有阴影效果。

【例 9-3】　使用水平线标记，效果如图 9-5 所示。

```
<body>
<h1 noshade >网页的标题</h1>
<hr />
网页的内容
</body>
```

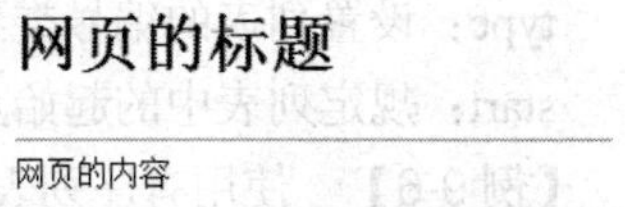

网页的标题

网页的内容

图 9-5　使用水平线标记

4. 网页中的注释

可以在 HTML 代码中插入注释，这样可以提高代码的可读性，使代码更容易被人理解。浏览器会忽略注释，也不会显示它们。需要注释的内容是放在<!--和-->里面。例如：

```
<!—这是一个注释-->
```

9.3.3　段落格式化

段落格式有段落对齐方式、段落缩进等。

1. 网页段落

段落使用标记为<P>，浏览器会自动地在段落的前后添加空行。该标记的常用属性为 align，表示段落对齐方式，可以取值为 left、center、right，系统默认为左对齐。

【例 9-4】　使用段落标记，效果如图 9-6 所示。

```
<p align="left">第一段，左对其</p>
<p align="center">第二段，居中</p>
<p align="right">第三段,右对其</p>
```

第一段，左对其

第二段，居中

第三段,右对其

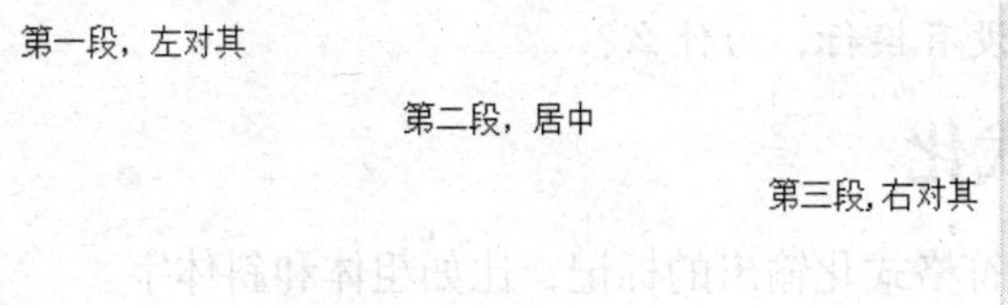

图 9-6　使用段落标记

2. 换行标记

如果希望在不产生一个新段落的情况下进行换行（新起一行），需要使用
标标记。这个标记没有关闭标记，新的标准中建议使用
。在文档中如果需要空一行一般不使用空的段落标记<P></P>，而是使用
标记。

【例 9-5】　使用换行标记，效果如图 9-7 所示。

```
<p>送友人</p>
<p>李白</p>
青山横北郭，白水绕东城。 <br />
此地一为别，孤蓬万里征。 <br />
浮云游子意，落日故人情。 <br />
挥手自兹去，萧萧班马鸣。 <br />
```

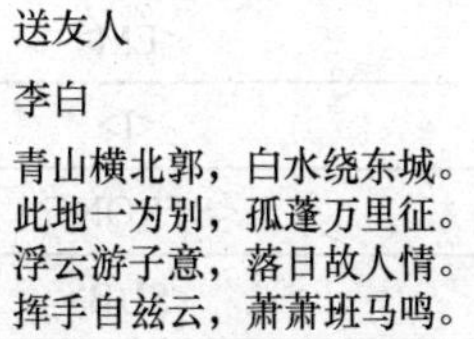

送友人

李白

青山横北郭，白水绕东城。
此地一为别，孤蓬万里征。
浮云游子意，落日故人情。
挥手自兹云，萧萧班马鸣。

图 9-7　使用换行标记

3. 使用列表

在现实网页中，列表是无处不在的。产品目录、电话号码簿等都用到了不同形式的列表。实际上，列表是以结构化方式组织和显示信息较好的方法之一。

（1）有序列表

有序列表是指包含有顺序内容的列表，可以用来表示连续的信息。顺序一般用阿拉伯数字表示，也可以用其他顺序符号如英文字母或罗马数字等。有序列表包含在标记<OL>和</OL>中，列表项用<LI>标记来定义。< OL >标记有常用属性：

type：设置列表的编号类型，可以默认为 1，还可以为 A、a、I、i；

start：规定列表中的起始点。

【例 9-6】 使用有序列表，效果如图 9-8 所示。

```
<ol type="A">
  <li>咖啡</li>
  <li>茶叶</li>
  <li>牛奶</li>
</ol>
```

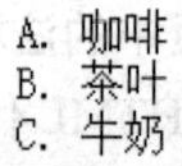

A. 咖啡
B. 茶叶
C. 牛奶

图 9-8 使用有序列表

（2）无序列表

无序列表使用<UL>和</UL>标记，它包含的内容项没有指定顺序，表示彼此相关但却不遵循某一顺序的一组信息。无序列表的每一项不再用编号表示，而是用某种类型的标志（如实心圆、空心圆圈等）表示。< UL >标记有常用属性为 type，指明列表的项目符号的类型。可以为 disc（实心圆）、square（实心正方形）和 circle（空心圆）。

【例 9-7】 使用无序列表，效果如图 9-9 所示。

```
<ul type="circle">
  <li>咖啡</li>
  <li>茶叶</li>
  <li>牛奶</li>
</ul>
```

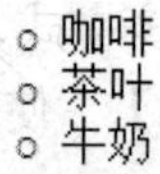

○ 咖啡
○ 茶叶
○ 牛奶

图 9-9 使用无序列表

思维训练：在网页源代码中，输入很多空格，或者换很多行时，却发现显示效果中这些空格都没有显示出来，也并没有换行，为什么？

9.3.4 字符格式化

HTML 中有很多供字符格式化输出的标记，比如粗体和斜体字。

1. 格式化字体标记

表 9-4 所示为一些常用格式化字符对象的标记。

表 9-4 常用格式化标记

标 记	描 述
<B>	定义粗体文本
<EM>	定义着重文字
<I>	定义斜体字
<STRONG>	定义加重语气
<SUB>	定义下标字
<SUP>	定义上标字
<U>	下画线

【例 9-8】 使用格式化标记格式化文本，效果如图 9-10 所示。

```
<b>这里显示粗体</b><br />
<strong>加重语气</strong><br />
<big>大号字</big><br />
<em>着重文字</em><br />
<i>这个显示斜体</i><br />
<small>小号字</small><br />
<b><i>这里显示加粗并且斜体</i></b><br />
```


图 9-10　使用格式化标记格式化文本

2. 字体标记

字体标记为<FONT>，该标记规定文本的字体、字体尺寸和字体颜色。新的标准建议使用层叠样式表来取代该标记。常用的属性值如下。

（1）face：定义浏览器使用的字体，如果客户端没有这种字体，则用默认字体取代。

（2）size：定义字体的大小，可以使用数字，或者使用“+数字”或“–数字”来表示相对默认字体大小变大还是减少多少。

（3）color：定义字体颜色。

【例 9-9】　使用字体标记，效果如图 9-11 所示。

```
<font size="3" color="red">使用的是红色 3 号字
</font> <br />
<font size="-2" color="#0000ff">比默认字体小 2 号，蓝色</font> <br />
<font face="隶书" size="+3">隶书，比默认字体大 3 号</font> <br />
```


图 9-11　字体标记

9.4　网页中使用多媒体

网页中适当加入图像、声音等多媒体对象可以图文并茂地向用户提供信息，但也可能带来副作用，因为这些多媒体对象的使用会加大网页文件由此降低网页的下载速度，带给用户不好的浏览体验。因此，在制作网页时需要考虑多媒体对象的大小、质量、类型和数量因素。使用的多媒体内容应有一定的实际作用，切忌虚饰浮夸。最佳方式是集美观与信息内容一致，虽然不能完全取代文字，却可以弥补文字的不足，如主页上最好有醒目的图像、新颖的画面、美妙的音乐，使其别具特色，令人过目不忘。

思维训练：插入媒体，如图片，经常会出现在本机上打开没有问题，但是换一台计算机就发现这些图片不能显示出来。为什么会这样？

9.4.1　文件的位置和路径

网页中插入外部多媒体文件（对象）并没有真正嵌入到网页中成为网页的一部分，这与 Word 等文字处理软件中插入图像等多媒体文件是不同的。网页中插入的多媒体文件只是用链接的方式将该文件链接过来，也就是在标记中说明了该文件的存放位置而不是将文件本身放进来。浏览器在遇到插入媒体的标记时，就到标记指定的位置上去查找该文件，如果在所指定的位置上有这个文件，浏览器就显示该文件，否则就在应显示该文件的位置显示对象的占位符，通常以一个小红叉表示，以提示访问者此处原有对象，目前找不到，暂不能显示，原因是多媒体文件的路径有问题。因此，要在网页中插入多媒体文件，首先要了解文件的位置和路径。

任何一个文件/对象（Web 页面，图片，声音，动画）都有一个唯一地址，称作统一资源定位器（URL）。有以下 3 种类型的链接路径。

1. 绝对路径

绝对路径提供所链接对象的完整 URL（见第 5 章），而且包括所使用的协议。例如，对于 Web 页面，通常使用 http://，如 http://www.kmust.edu.cn/Article/contents.html，就表示 contents.html 这个网页文件在服务器 www.kmust.edu.cn 上。一般来说使用绝对路径，才能链接到其他服务器（其他站点）上的对象。

对本地链接（即到同一站点内文件的链接）也可以使用绝对路径链接，网站存储在哪台计算机上，多媒体文件的绝对路径就是指该台计算机的磁盘路径。例如，存储在当前计算机 D 盘下“www/root”文件夹的 images 子文件夹中的文件 logo.gif 用 D:/wwwroot/images/logo.jpg 表示。如果图像发布到 Web 服务器上，其代码为：

```
<img src="file:///D|/wwwroot/images/logo.jpg" >
```

其中 file:///D|表示使用绝对路径，指向当前服务器的 D 盘。如果网站上传到服务器不是存储在 D 盘，该图像文件将找不到，所以对本地链接不建议采用这种方式。

2. 文件的相对路径

相对路径是指插入的文件相对当前编辑的网页文件所在的文件夹位置，也就是利用文件夹层次结构，指定从当前文件到所链接对象的路径。对于大多数 Web 站点的本地链接来说，相对路径通常是最合适的路径。

例如，在网页文件 index.html 中插入 logo.gif 图像文件，它们在当前计算机中各自存储的位置是：D:/wwwroot/index.html 和 D:/wwwroot/images/logo.gif，网页中的代码为：<img src="images/logo.gif">，其中 images/logo.gif 就是 logo.gif 相对 index.html 路径。

文件相对路径的基本思想是省略掉对于当前文件和所链接的文件都相同的绝对路径部分，而只提供不同的路径部分。例如，一个站点的结构如图 9-12 所示，假定正在编辑的网页是 contents.html。

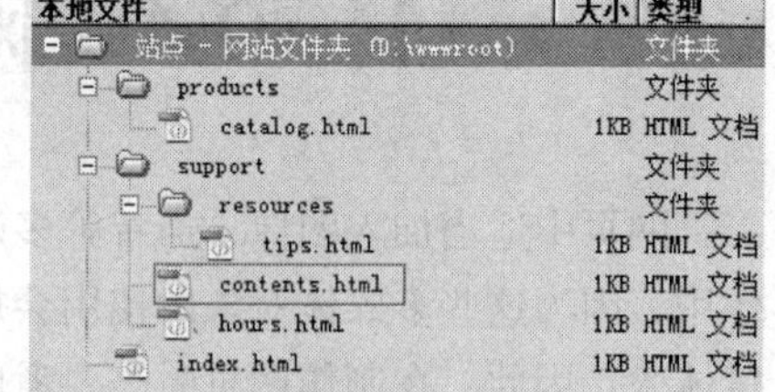

图 9-12　网站结构图

（1）若要从 contents.html 链接到 hours.html（两个文件位于同一文件夹中），可使用相对路径 hours.html。

（2）若要从 contents.html 链接到 tips.html（在 resources 子文件夹中），使用相对路径 resources/tips.html。每出现一个斜杠（/），表示在文件夹层次结构中向下移动一个级别。

（3）若要从 contents.html 链接到 index.html（位于父文件夹中，或者说在 contents.html 的上一级），使用相对路径../index.html。其中两个点和一个斜杠（../）可使在文件夹层次结构中向上移动一个级别。

（4）若要从 contents.html 链接到 catalog.html（位于父文件夹的不同子文件夹中），就是要使用相对路径../products/catalog.html。其中，../使向上移至父文件夹，而 products/使向下移至 products 子文件夹中。

若成组地移动文件，如移动整个文件夹时，该文件夹内所有文件保持彼此间的相对路径不变，此时不需要更新这些文件间的文档相对链接。因此，在本地链接中使用相对路径，能够提高在站点内移动文件的灵活性。但是，如果要移动包含文档相对链接的单个文件，或移动由文档相对链接确定目标的单个文件时，则必须更新这些链接。

3. 站点根目录相对路径

站点根目录相对路径是指从站点的根文件夹开始到目标文件的路径。这种路径方式的使用通常有两种情况，一种是一个大型 Web 网站分布在多台服务器上，另一种是一台服务器上有多个网站。如果不熟悉此类型的路径，最好坚持使用文件相对路径。

站点根目录相对路径以一个正斜杠开始，该正斜杠表示站点根文件夹。例如，前面的站点结构图 9-12，/support/tips.html 是文件（tips.html）的站点根目录相对路径，该文件位于站点根文件夹的 support 子文件夹中。

如果需要经常在 Web 站点的不同文件夹之间移动文件，那么站点根目录相对路径通常是指定链接的最佳方法。移动包含站点根目录相对链接的文件时，不需要更改这些链接。例如，如果某 HTML 文件对相关文件（如插入图像）使用站点根目录相对链接，则移动该 HTML 文件到本网站其他的地方，其相关文件链接（图像的链接）依然有效，不需要更改。

思维训练：打开很多网页的源代码，会发现这些网页中的链接大多都是使用文件相对路径或站点根目录相对路径，为什么这些网页都使用相对路径？

9.4.2　音乐的插入与设置

常用的音乐格式都可以在 Web 上使用。有两种方法可以在网页中增加背景音乐。

【例 9-10】　使用<BGSOUND>标记。

该标记常用属性为：

（1）src：音乐文件存放的路径；

（2）loop：音乐循环的次数，可设置为任意正整数，若设为“-1”，音乐将永远循环。

【例 9-11】　背景音乐范例一。

```
<html>
<head><title>背景音乐例子一</title></head>
<body>
<bgsound src="bg.mid" loop="-1" />
</body>
</html>
```

这种方式比较简单，但是一般只能是 mid 或者 wav 格式的音乐，所以较少使用。

2. 使用<EMBED>标记

该标记常用属性如下。

（1）src：音乐文件的存放路径。

（2）autostart：是否自动播放，“true”为打开网页后立即播放，“false”则不立即播放，默认值为“false”。

（3）loop：播放循环次数，设置为“true”为永远循环，“false”为仅播放一次，若设为任意一个正整数，则循环所输入的次数。

（4）volume：设置音量，取值范围是“0～100”，默认值为系统当前音量。

（5）starttime：设置音乐开始播放的时间，格式是“分：秒”，如 starttime = "00:10"，就是从第 10 秒开始播放。

（6）endtime：设置音乐结束播放的时间，具体格式同上。

（7）width：设置音乐播放控制面板的宽度。

（8）height：设置音乐播放控制面板的高度。

（9）controls：设置音乐播放控制面板的外观，“console”为通常面板，“smallconsole”为小型面板。

【例 9-12】　背景音乐范例二。

```
<html>
<head><title>背景音乐例子二</title></head>
```

```
<body>
<embed src="bg.mp3" autostart="true" loop="true" width="80" height="20" controls=
"smallconsole" />
</body>
</html>
```

这种方式虽然较为复杂些，但是能使用多种音乐格式，并且有更详细的控制，所以在网页中最常见的还是使有这种方式播放音乐。

9.4.3 图像的插入与设置

虽然计算机中有很多种图片文件格式，但为了不同操作系统和不同的浏览器都能显示出图片，网页中通常只使用 3 种格式的图片，即 GIF、JPEG 和 PNG。其中 GIF 和 JPEG 文件格式的支持情况最好，大多数浏览器都可以直接查看它们。

在网页中插入图片，使用的标记为<IMG>，该标记常用的属性如下。

（1）src：图片的存放路径。

（2）border：图片周边是否显示边框。

（3）width：图片显示的宽度，单位为像素。

（4）height：图片显示的高度，单位为像素。

【例 9-13】 插入图像范例。

```
<html>
<head><title>插入图片范例</title></head>
<body>
在这里后面插入图片<img src="images/cat.gif" border="0" width="320" height="240">
</body>
</html>
```

为了确保此引用的正确性，将所要插入的图片放到站点文件夹下，一般习惯在站点文件夹下面建立子文件夹，起名为 images 或者 pictures，然后将网站所需的多数图片均放置在这个子文件夹里。

9.4.4 视频的插入与设置

视频文件通常采用 AVI 或 MPEG 文件格式。可以通过不同方式和使用不同格式将视频添加到网页中。如果是在网页中通过标记<A>直接链接视频文件地址，视频就像普通文件一样通过下载到用户本机上，然后用户自己调用本地的视频播放器进行播放。

另外一种方式可以嵌入到网页中直接播放视频，这种方式还可以对视频进行流式处理以便一边下载一边播放。这种方式使用的标记为<OBJECT>和<PARAM>，其中< PARAM>标记放在<OBJECT>标记内部，用于插入对象运行时属性的设置，也就是<PARAM>为<OBJECT>插入的对象提供额外专属的属性。<OBJECT>中常用属性如下。

（1）classid：指明浏览器所用的 ActiveX 插件，调用的插件都有唯一值，不能写错，可以通过复制类似效果的网页中的代码来完成。

（2）codebase：指明 ActiveX 插件的位置，当浏览器未安装它时，可自动到该位置下载。

（3）width：播放视频时的宽度。

（4）height：播放视频时的高度。

<PARAM>常见的属性如下。

（1）name：运行时属性的名称。

（2）value：运行时属性对应的值，和 name 属性成对出现。

【例 9-14】　页面调用视频范例。

```
<html>
 <head><title>页面调用视频范例</title></head>
 <body>
  <object  classid=CLSID:6BF52A52-394A-11d3-B153-00C04F79FAA6  width=720  height=576
type=application/x-oleobject>
< param name="URL" value="gold key.avi">
< param name="enableContextMenu" value="true">
</object>
</body>
</html>
```

用户必须安装辅助应用程序（如插件）才能查看常见的流式处理格式，如 Real Media、QuickTime 和 Windows Media Player，一般情况下 Windows 操作系统中已经默认安装好了 Windows Media 播放器。

思维训练：有时打开一个在线播放的视频，却发现视频不能播放，换一台计算机确又能播放，这是为什么？

9.4.5　动画的插入与设置

现今很多网站使用 Flash 作为动画或者视频播放，这类动画和视频文件通常以 SWF、FLV 后缀名结尾，在网页中插入 Flash 动画视频也使用<OBJECT>和<PARAM>标记，改变的仅仅是 classid 属性。需要注意的是：要播放 Flash 动画需要安装 Flash 播放插件，如果本机没有安装过 Flash 播放插件，则会弹出一个对话框，让用户选择下载安装。

【例 9-15】　页面播放 Flash 动画范例。

```
<html>
 <head>
     <title>页面播放 Flash 动画范例</title>
</head>
 <body>
    <object name="f1" classid="clsid:d27cdb6e-ae6d-11cf-96b8-444553540000" codebase=
"http://download.macromedia.com/pub/shockwave/cabs/flash/swflash.cab#version=8,0,22,0"
width="550" height="400">
<param name="movie" value="donghua.swf" />
 <param name="menu" value="false" />
 <param name="quality" value="high" />
 <param name="scale" value="noscale" />
<embed src="donghua.swf"
  menu="false" quality="high" scale="noscale" width="550" height="400" type="application/
x-shockwave-flash" name="f1" pluginspage="http:// www. macromedia.com/go/getflashplayer"/>
</object>
</body>
</html>
```

9.5　创建超链接

HTML 超文本的功能体现在链接功能上，使用超文本链接可以使顺序存放的文件具有一定程度上随机访问的能力，这更加符合人类的思维方式。因此，在设置好站点和创建 HTML 页之后，就需要创建文档到文档的链接。

9.5.1　超链接

超链接是从一个网页指向另一个目的地的链接，这个目的地通常是另一个网页或同一网页中的其他位置，也可以是一幅图片、一个电子邮件地址或浏览器能显示的文件。超文本链接在网页的表现形式为：当鼠标移到链接对象时，鼠标指针会从箭头转变成手指形状，表示可以在这里用鼠标单击一下，它就跳转到链接所指的地方。

创建超链接使用的标记为<A>，常见的属性如下。

（1）href：定义链接跳转的 URL 地址。

（2）target：定义打开链接的方式，使用_blank 表示在新的窗口中打开，_self 表示使用本窗口中打开，_parent 表示使用本窗口的上一级窗口打开。

1．链接本网站的对象

在文件中用到这样一条指令：< a href="services.html" >服务</a>。<A>标记告诉浏览器建立了一个链接，浏览器中显示的“服务”两个字带下画线。如将鼠标放到“服务”两个字下面时，鼠标指针变成小手形状，用鼠标右键单击“服务”，浏览器就跳转到 services.html 页面，并显示其内容。

2．链接到其他网站的对象

如果代码写成：<a href="http://www.kmust.edu.cn"　target= "_blank">昆明理工大学</a>，在浏览器中单击“昆明理工大学”，就会打开一个新的浏览器窗口，并且显示昆明理工大学的主页。

3．链接到电子邮件

```
<a href="mailto:username@kmust.edu.cn"> 发邮件</a >
```

单击“发邮件”时，计算机上的客户端电子邮件程序就会自动启动（对于 Windows 7 系统会启动 Windows Live Mail），并将收件人的地址写为 username@kmust.edu.cn。

4．用图片作链接指针

```
<a href="http://www.sina.com.cn"> <img  src="图像文件.gif"> </a>
```

在浏览器上单击显示出来的图像，就能链接到新浪网的主页上。

9.5.2　超链接的类型

根据跳转目的地的不同，网页中的超链接可分为以下 3 种。

1．绝对链接

一般用于实现直接跳转到其他网站中的某一页或链接本站点外的文件（如图形、影片、PDF 或声音文件）。例如：

```
<a href="http://www.kmust.edu.cn"> 点击链接到昆明理工大学</a>
<a href="http://www.sureserv.com/videos/teach.avi"> 点击下载视频</a>
<a href="mailto://username@kmust.edu.cn">给我发电子邮件</a>
```

2．相对链接

一般用于与本网站内的网页或其他对象链接。例如：

```
<a href="../index.html">返回首页</a>
<a href="./shuoming.doc">点击下载</a>
```

3．书签式超链接

使用了<A>标记中的 name 属性，又称为命名锚站，用于创建指向同一页面中指定位置的链接，以便直接跳到此位置，而不是像一般链接那样在不同页面间跳转。这种方式必须先建立好书签。

（1）建立书签：将光标停留在文档的目标位置，然后插入标记<a name="书签名"></a>。

（2）跳转到书签处：在希望跳转出写入<a href="#书签名">跳转到位置 1</a>

需要注意的是，href 属性赋的值若是书签式链接的 name 属性值，则必须在书签名前边加一个“#”号。

【例 9-16】 使用书签式超链接，效果如图 9-13 和图 9-14 所示。

```
<body>
<a name="top"></a> 文档顶部 <br><br>
<a href="#bottom">跳转到文档底部</a><br><br>
使用大量的段落符号模拟长的网页效果
<p> </p><p> </p><p> </p><p> </p>
<p> </p><p> </p><p> </p><p> </p>
<p> </p><p> </p><p> </p><p> </p>
<p> </p><p> </p><p> </p><p> </p>
<p> </p><p> </p><p> </p><p> </p>
<p> </p><p> </p><p> </p><p> </p>
<p> </p><p> </p><p> </p><p> </p>
<p> </p><p> </p><p> </p><p> </p>
<p> </p><p> </p><p> </p><p> </p>
<a name="bottom"></a> 文档底部<br><br>
<a href="#top">返回顶部</a>
</body>
```

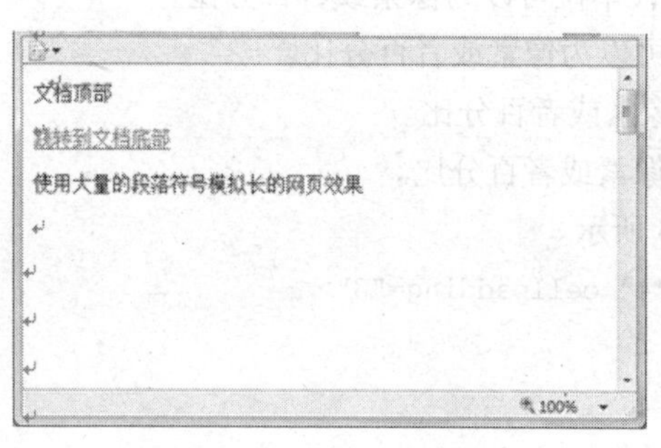

图 9-13 书签式超链接-1

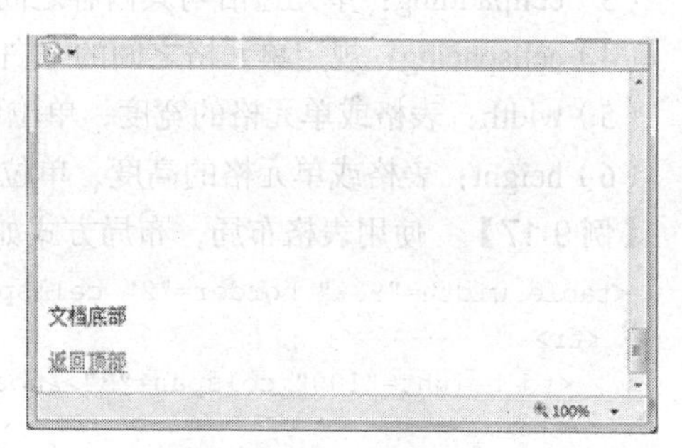

图 9-14 书签式超链接-2

思维训练： 绝对链接和相对链接和 9.4.1 小节中介绍的文档的位置和路径有什么关系？

9.6 网 页 布 局

网页设计除了考虑网页中的各种内容以及视觉效果因素（如文字的变化、色彩的搭配、图片的处理等），还有一个要考虑的重要的因素——网页布局。所谓网页布局就是如何将各种对象放置在网页的不同位置，使网页的浏览效果和视觉效果都达到最佳。

9.6.1 使用表格布局

表格由行和列交错而成的单元格组成，网页的各种对象均放在单元格里。单元格里面还可以放入表格，形成表格嵌套。表格除了可以用来将一些数据对齐，给人们一个清爽的界面之外，还可以利用它定位网页中的对象。事实上许多漂亮的网页都是利用表格实现的，所以说，表格是用于在网页上显示表格式数据以及对文本和图形进行布局的强有力的工具，是网页布局中最常用的手段之一。图 9-15 所示为使用了表格进行布局。

图 9-15　使用表格布局

创建表格使用的标记为<TABLE>。创建简单的表格由<TABLE>标记以及一个或多个<TR>、<TH>或<TD>标记组成。其中<TR>标记定义表格行，<TH>标记定义表头，<TD>标记定义表格单元。要创建复杂的表格可以使用<CAPTION>、<COL>、<COLGROUP>、<THEAD>、<TFOOT>以及<TBODY>标记。表格内常见的属性如下。

（1）align：单元格水平对其方式，可以使用 left、center、right 等值。

（2）border：表格边框宽度，单位为像素。

（3）cellpadding：单元边沿与其内容之间的空白，单位可以为像素或者百分比。

（4）cellspacing：规定单元格之间的空白，单位可以为像素或者百分比。

（5）width：表格或单元格的宽度，单位可以为像素或者百分比。

（6）height：表格或单元格的高度，单位可以为像素或者百分比。

【例 9-17】　使用表格布局，布局方式如图 9-15 所示。

```
<table width="98%" border="2" cellspacing="4" cellpadding="3">
  <tr>
    <td height="100" colspan="3"> </td>
  </tr>
  <tr>
    <td width="15%" height="492"> </td>
    <td width="70%"> </td>
    <td width="15%"> </td>
  </tr>
  <tr>
    <td height="100" colspan="3"> </td>
  </tr>
</table>
```

9.6.2 使用框架进行布局

框架也是一种网页页面布局方法，它与表格不同之处在于表格是把一个页面分割成小的单元格，而框架是把浏览器的显示空间分割为几个部分，每个部分都可以独立显示不同的网页，增加了信息量，几个框架组合在一起就构成了框架集。框架集也是一个 HTML 文件，它定义一组框架的布局和属性，包括框架的数目、框架的大小和位置，以及最初在每个框架中显示的页面的 URL。

若要在浏览器中查看一组框架，在地址栏上输入框架集文件的 URL，浏览器随后打开要显示在各个框架中的相应网页。通常将一个站点的框架集文件命名为 index.html，以方便访问者未指定文件名时默认显示该文件。

使用框架最常见情况就是：一个框架显示包含导航控件的文档，而另一个框架显示包含内容的文档。例如，图 9-16 就显示了一个由 3 个框架组成的框架布局：一个较窄的框架位于侧面，其中包含导航条；一个框架横放在顶部，其中包含 Web 站点的徽标和标题；一个大框架占据了页面的其余部分，其中包含主要内容。这些框架中的每一个都显示单独的 HTML 文档。

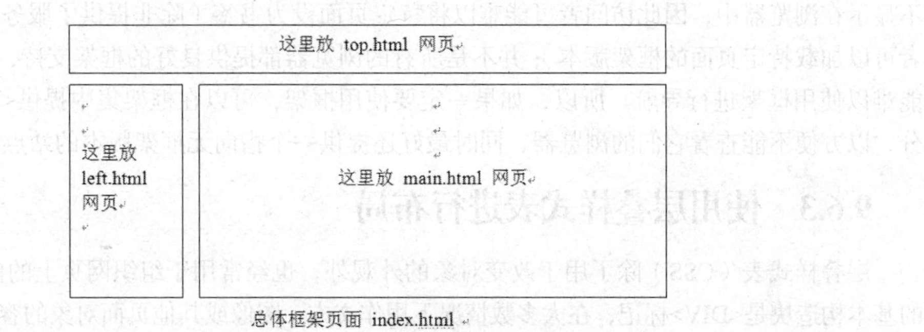

图 9-16 使用框架布局

使用框架的标记为<FRAMESET>和<FRAME>，其中<FRAME>标记放在<FRAMESET>里面，作为一个子框架。它们常用的属性如下。

（1）rows：定义框架集中列的数目和尺寸，值可以使用像素、百分比或者*，必须填写。

（2）cols：定义框架集中行的数目和尺寸，值可以使用像素、百分比或者*，必须填写。

（3）frameborder：定义是否显示边框。

（4）border：定义框架边框的粗细，数字越大，边框越粗。

（5）bordercolor：定义边框的颜色，可以使用颜色单词，或者使用 RGB 方式。

（6）src：定义在本子框架内部显示那个网页。

（7）id：定义本子框架的标识。

【例 9-18】 使用框架布局，布局方式如图 9-16 所示。

```
<frameset rows="148,*" cols="*" framespacing="2" frameborder="yes" border="2" bordercolor="#000000">
    <frame src="top.html" id="topFrame" />
    <frameset rows="*,1,1" cols="251,*" framespacing="1" frameborder="yes" border="2">
      <frame src="left.html" id="leftFrame" frameborder="yes" border="2" />
      <frame src="main.html" id="mainFrame" frameborder="yes" border="2" />
    </frameset>
  </frameset>
```

在此示例中，当访问者浏览站点时，在顶部框架中显示的文档永远不更改。侧面框架导航条包含链接，单击其中某一链接会更改主要内容框架的内容，但侧面框架本身的内容保持静态。当访问者在左侧单击某个链接时，会在右侧的主内容框架中显示相应的文档。

如果一个站点在浏览器中显示为包含 3 个框架的单个页面，则它实际上至少由 4 个 HTML 文档组成：框架集文件（index.html）以及 3 个文档（top.html、left.html、main.html），这 3 个文档包含最初在这些框架内显示的内容。使用框架集的页面时，必须保存所有这 4 个文件，该页面才能在浏览器中正常显示。

使用框架最常用于导航。一组框架中通常包含两个框架，一个含有导航条，另一个显示主要内容页面。按这种方式使用框架的优点是：访问者的浏览器不需要为每个页面重新加载与导航相关的内容；每个框架都具有自己的滚动条（如果内容太大，在窗口中显示不下），因此访问者可以独立滚动这些框架。例如，当框架中的内容页面较长时，如果导航条位于不同的框架中，那么滚动到页面底部的访问者不需要再滚动回顶部就能使用导航条。

现代网页设计，一般不推荐使用框架进行布局，因为使用框架有一些不足之处：可能难以实现不同框架中各对象的精确对齐；对导航进行测试可能很耗时间；框架中加载的每个页面的 URL 不显示在浏览器中，因此访问者可能难以将特定页面设为书签（除非提供了服务器代码，使访问者可以加载特定页面的框架版本）；并不是所有的浏览器都提供良好的框架支持，而且残障人士可能难以使用框架进行导航。所以，如果一定要使用框架，可以在框架集中提供<NOFRAMES>部分，以方便不能查看它们的浏览器，同时最好还提供一个指向无框架版本的站点的链接。

9.6.3 使用层叠样式表进行布局

层叠样式表（CSS）除了用于改变对象的外观外，也经常用于组织网页上的内容。CSS 布局的基本构造块是<DIV>标记，在大多数情况下用作文本、图像或其他页面对象的容器。要使用 CSS 布局时，先将<DIV>标记放在页面上，然后向这些标记中添加内容，最后将它们放在不同的位置上。与表格单元格（被限制在表格行和列中的某个现有位置）不同，<DIV>标记可以出现在 Web 页上的任何位置，甚至可以在同一位置进行重叠形成层。定位<DIV>标记可以用绝对方式（指定 x 和 y 坐标）或相对方式（指定与其他页面对象的距离）来完成。可以通过设置几乎无数种浮动、边距、填充和其他 CSS 属性的组合来创建布局。所以用<DIV>方式来进行定位是最自由和最方便的。

图 9-17 所示为使用 CSS 创建的一个 HTML 页面布局，其中包含 3 个单独的<DIV>标记。

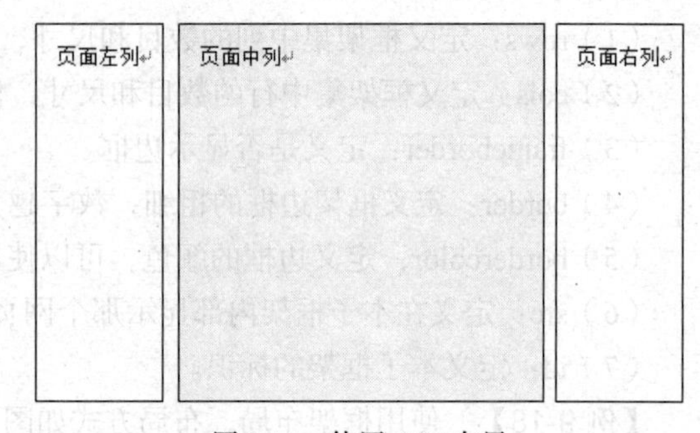

图 9-17 使用 CSS 布局

【例 9-19】 使用 CSS 布局，布局方式如图 9-17 所示。

```
<html><head>
<title>使用CSS布局</title>
<style type="text/css">
/*定义整个页面*/
body { MARGIN: 0px; PADDING: 0px; FONT-SIZE:12px;LINE-HEIGHT:150%; }
/*定义页面左列样式*/
#left{ WIDTH:200px;height:400px;MARGIN: 0px;PADDING: 0px;BACKGROUND: #FFF; }
/*定义页面中列样式*/
#middle{POSITION:
absolute;LEFT:203px;HEIGHT:400px;TOP:0px;WIDTH:400px;HEIGHT:400px;MARGIN: 0px;PADDING:
0px;BACKGROUND: #DADADA; }
/*定义页面右列样式*/
#right{POSITION:absolute;LEFT:608px;TOP:0px;WIDTH:200px;HEIGHT:400px;MARGIN:
0px;PADDING: 0px;BACKGROUND: #FFF; }
</style>
</head>
<body>
```

```
<div id="left">页面左列</div>
<div id="middle">页面中列</div>
<div id="right">页面右列</div>
</body>
</html>
```

上面例子中用<style type="text/css"></style>标记括起来的内容就是样式表 CSS，可以参考其他书籍来学习 CSS 的相关知识。

思维训练：<DIV>标记中使用的层，考虑一下与图像处理软件 Photoshop 中的图层概念的区别与联系。

9.7 表单页面

表单是实现交互功能的主要方式。用户通过表单可以进行高级的人机对话、进行数据查询、收发 E-mail 等。表单范例如图 9-18 所示，它通过一些基本的控件，如文本框、下拉列表及按钮等，收集用户的请求信息。当用户在表单控件中输入信息，然后单击“提交”按钮时，这些信息将被发送到服务器，服务器中的服务器端脚本（ASP、PHP 等）或应用程序会对这些信息进行处理。服务器向用户（或客户端）发回所处理的信息或基于该表单内容执行某些其他操作，以此进行响应。表单工作流程图如图 9-19 所示。

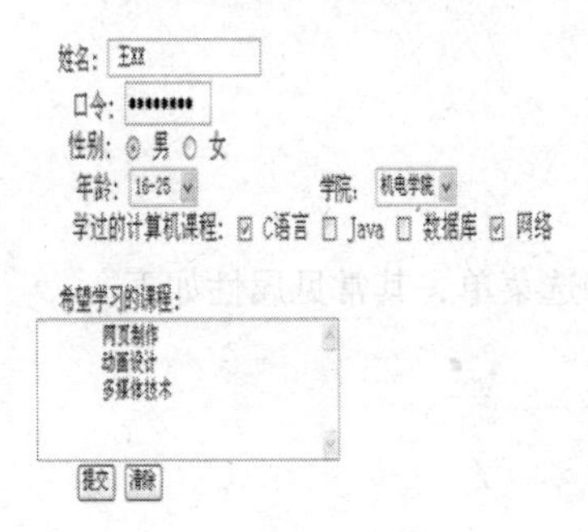

图 9-18 表单范例

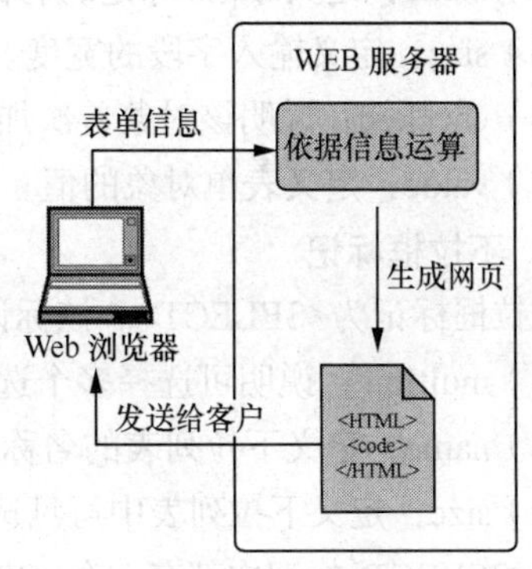

图 9-19 表单工作流程图

在网页中使用表单，用户不仅仅是信息的被动接收者，还是信息的主动发布者。

9.7.1 表单对象

1. 表单对象类型

表单输入类型称为表单对象。表单可以具有文本字段、密码字段、单选钮、复选框、弹出菜单、可单击按钮和其他表单对象。表单对象允许用户输入信息或选择设置参数，可在网页中添加以下的表单对象。

（1）文本域：接受任何类型的字符、数字等文本输入内容。文本可以是单行或多行显示，也可以以密码域的方式显示，如图 9-20 所示。用作密码域的方式时，输入的文本被替换为星号或项目符号，以避免旁观者看到密码。

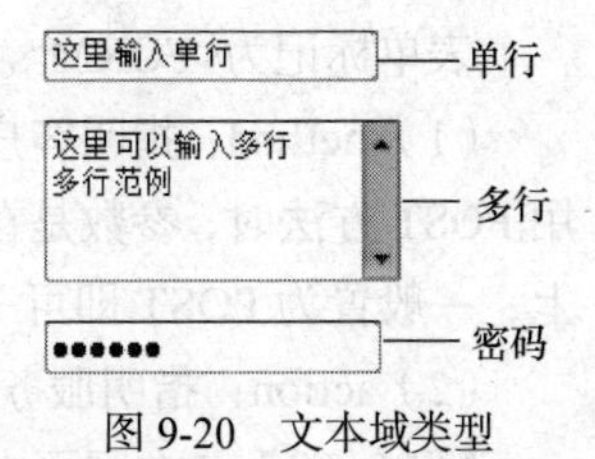

图 9-20 文本域类型

（2）单选钮：表示互相排斥的选择，由两个或多个共享同一名称的按钮组成。如果选中某一个按钮，该组中的其他按钮将被取消。

（3）复选框：允许在一组选项中选择多个选项。用户可以选择任意多个适用的选项。

（4）列表/菜单："列表"是在一个滚动列表中显示选项值，用户可以从该滚动列表中选择多个选项。而"菜单"选项是在一个菜单中显示选项值，用户只能从中选择单个选项。

（5）跳转菜单：是指导航的列表或打开菜单。用户可以插入一种菜单，而菜单中的每个选项都链接到某个文件对象。

（6）图像域：可以在表单中插入一个图像，图像域可用于生成图形化按钮。

（7）按钮：在单击按钮时执行操作。通常这些操作包括"提交"或"重置"表单。还可以指定其他已在脚本中定义的处理任务。

（8）隐藏域：存储用户输入的信息，如姓名、电子邮件地址或偏爱的查看方式，并在该用户下次访问此站点时使用这些数据。

2. 输入标记

输入标记为<INPUT>。表单对象虽然很多，但使用的标记大多情况下只有一个，即<INPUT>，其常见属性如下。

（1）type：区分不同的表单对象，主要根据 type 属性。例如，值为 text 表示为文本域；值为 password 表示为密码框；值为 button 表示为按钮；值为 checkbox 表示为复选框；值为 radio 表示单选按钮；值为 image 表示为图像域；值为 hidden 表示为隐藏域等。

（2）name：定义 input 标记的名称。

（3）size：定义输入字段的宽度。

（4）checked：说明该对象首次加载时应当被选中。

（5）value：定义表单对象的值。

3. 下拉框标记

下拉框标记为<SELECT>。该标记可创建单选或多选菜单，其常见属性如下。

（1）multiple：说明可选择多个选项。

（2）name：定义下拉列表的名称。

（3）size：定义下拉列表中可见选项的数目。

在<SELECT>标记内部有一个<OPTION>标记，用来定义下拉列表中的一个选项（一个条目），这个标记必须配合<SELECT>标记使用，单独使用该标记是没有任何意义的。<OPTION>标记的常用属性如下。

（1）selected：说明选项（在首次显示在列表中时）表现为选中状态。

（2）value：定义送往服务器的选项值。

9.7.2 在网页中使用表单

表单标记为<FORM>。这个标记有两个较为重要的属性。

（1）method：指明客户是通过何种方式将信息发送到服务器的（使用 POST 或 GET 方法。使用 POST 方法时，参数是在消息的正文中发送的；与此相反，GET 方法将参数追加到请求的 URL 上，一般置为 POST 即可）。

（2）action：指明服务器端的哪个程序对提交的信息进行处理。

【例 9-20】 在网页中使用表单，效果如图 9-18 所示。

```
<form id="form1" name="form1" method="post" action="">
  <p>姓名:
    <input name="username" type="text" id="username" />
  </p>
  <p>口令:
    <input name="password" type="password" id="password" />
  </p>
  <p>性别:
    <input name="sex" type="radio" value="M" checked="checked" />
  男
  <input type="radio" name="sex" value="F" />
  女</p>
  <p>年龄:
    <select name="age" id="age">
      <option>16 岁以下</option>
      <option selected="selected">16-25</option>
      <option>26-30</option>
    </select>
  学院:
  <select name="school" id="school">
    <option value="1">国土资源</option>
    <option value="2">管理学院</option>
    <option value="3" selected="selected">机电学院</option>
    <option value="4">材料学院</option>
    <option value="5">冶金学院</option>
  </select>
  </p>
  <p>学过的计算机课程:
    <label>
    <input name="C" type="checkbox" id="C" value="checkbox" checked="checked" />
    C 语言</label>
    <label>
    <input type="checkbox" name="checkbox2" value="Java" />
    Java</label>
    <label>
    <input type="checkbox" name="checkbox3" value="DB" />
    数据库</label>
    <label>
    <input name="checkbox4" type="checkbox" value="NET" checked="checked" />
    网络</label>
  </p>
  <p>希望学习的课程:
    <label> <br />
    <select name="courses" size="5" multiple="multiple" id="courses">
      <option>网页制作</option>
      <option>动画制作</option>
      <option>多媒体技术</option>
    </select>
    </label>
</p>
  <p>
    <label>
```

```
        <input name="Submitbt" type="submit" id="Submitbt" value="提交" />
        </label>
        <label>
        <input name="resetbt" type="reset" id="resetbt" value="清除" />
        </label>
      </p>
    </form>
```

9.8 网站发布与维护

网站设计制作完成后，如果只将它保存在自己的计算机上，那就只有自己欣赏了。要想让其他人都能看到设计好的网页，则需要将网站发布（上传）到 Web 服务器上。

9.8.1 网站测试

在发布网站之前必须先测试，以减少错误。测试的简单方法也就是假想自己是访问者，逐个访问自己制作的网页，看看网站中的网页超链接是否有掉链、断链的情况，能否正常跳转，图片、动画等多媒体对象是否能正常显示，声音能否正常播放等，最好还能把网站的整个文件夹复制到另外一台计算机中来测试。测试的主要内容如下。

1. 正确性测试

通过浏览器测试网站中的每一个网页，看内容是否能正确显示，效果是否与设计的一致。

2. 超链接测试

首先在本机上测试所有的超链接是否都能正常跳转，如有掉链或断链，则修改相应的链接后，再进行测试，直到所有的超链接都能正常跳转为止。为了进一步检测超链接的正确性，在本机测试完成后，将整个站点目录复制到其他位置，如复制到本机中的其他硬盘或其他计算机中，再测试超链接的正确性。如果不能正常跳转，说明站点可能存在路径错误，如使用了绝对路径创建超链接，这时应回到原来的站点中，重新设置超链接后，再进行测试。

3. 一致性测试

为了保证不同的浏览者能够看到一致的页面效果，还应在不同的显示分辨率以及不同的屏幕宽高比下测试网站中的所有网页，如在 800 × 600 像素和 1 024 × 768 像素，以及在 4:3 和 16:9 等屏幕比例下测试。另外，可能的话还需要在不同字体显示大小情况下进行测试。

9.8.2 网站发布

经测试后基本无错的网站，就可以将它上传到因特网的服务器上，如果服务器支持 FTP（文件传输协议，见第 5 章）的方式，就可以用 FTP 软件上传站点。一些服务器也支持通过 Web 上传。

1. 申请网站空间

常见的方式是到大型网站上申请网站空间。通过搜索引擎，可以在网上找一个能免费提供网站空间的服务器。现在网络上有很多的免费网站空间服务商，但是多数免费网站空间服务商需要在你的网页中加入他们的广告。前期可以利用这些免费的资源来熟悉一下流程，之后也可以根据网站的实际情况购买相应的网页空间来获得更好的服务。

在申请网站空间后，通常网页空间的服务商会用电子邮件给申请的用户发送一封邮件提供上传站点的信息，主要包括上传方式、主机地址、用户名、用户密码、域名等。

2. 上传站点

利用网站空间服务商提供的信息，就可以将本地网站上传。如果 Web 服务器支持 FTP 上传，就可以使用 FTP 客户端，如 FileZilla，上传站点。有些网页制作工具本身就带有 FTP 功能，如 Dreamweaver，就可以直接把网站发布到自己申请的服务器上。

网站上传以后，最好在浏览器中打开上传的网站，逐个页面、逐个链接进行测试，发现问题，及时修改，然后再重新上传测试。全部测试完毕后，就可以把网站的网址公布，以便其他人浏览。

9.8.3　网站维护

网站要注意经常维护、更新，保持内容的实时性，只有不断地补充新的内容，才能够吸引住浏览者，因此网页的维护和管理是要经常做的工作。

当然站点的性质不同，站点内容更新的频率也不同，新闻站点应该随时更新，有许多新闻站点的更新速度比报纸、电台、电视台还快。公司的站点应紧跟公司的发展，随时公布新产品。而个人网站因内容变化不大，更新的频率可以慢一些，可以一个月更新一次，增加一些新内容，如果没有新内容也可以改变一下风格，使浏览者有新鲜感。维护网站的步骤和制作网站的步骤大致相同，更新一个站点与发布一个站点的过程相同。

另外，网页做好之后还要不断地进行宣传，这样才能让更多的人认识它，提高网站的访问率和知名度。网站推广的方法有很多，如到搜寻引擎上注册、与别的网站交换链接等。

本章小结

本章主要内容包括以下几方面。

1. 网页的基本概念，网页制作语言，包括有 HTML、XML、XHTML、CSS、脚本语言，重点介绍了网页制作语言 HTML，介绍了查看和编辑 HTML 网页的软件工具。
2. 网站的建设与设计步骤。
3. 如何在网页中添加文字，如何设置网页页面属性，如何对段落以及字符格式化。
4. 文件的位置与路径知识，如何在网页中添加音乐、图片、视频、动画等多媒体对象。
5. 什么是超链接，如何通过超链接将网页链接起来。
6. 网页布局概念和常规网页布局的方式。
7. 网页表单基本概念和如何在网页中使用表单。
8. 如何将做好的网站发布到因特网上。

习题与思考

1. 判断题

（1）HTML 标记符的属性一般不区分大小写。　（　　）

（2）网站就是一个链接的页面集合。　（　　）

（3）将网页上传到 Internet 时通常采用 FTP 方式。（　　）
（4）所有的 HTML 标记符都包括开始标记符和结束标记符。（　　）
（5）用 H1 标记符修饰的文字通常比用 H6 标记符修饰的要小。（　　）
（6）B 标记符表示用粗体显示所包括的文字。（　　）

2. 单选题

（1）Web 标准的制定者是________。
A. 微软公司（Microsoft）　B. 万维网联盟（W3C）
C. 网景公司（Netscape）　D. 苹果公司（Apple）

（2）在下列的 HTML 中，________可以插入换行。
A.
　B. <lb>　C. <break>　D. <return>

（3）在下列的 HTML 中，________可以添加背景颜色。
A. <body color="yellow">　B. <background>yellow</background>
C. <body bgcolor="yellow">　D. <bgcolor color="yellow">

（4）请选择产生粗体字的 HTML 标记：________。
A. <bold>　B. <bb>　C. <b>　D. <bld>

（5）请选择产生斜体字的 HTML 标记：________。
A. <i>　B. <italics>　C. <ii>　D. <li>

（6）在下列的 HTML 中，________可以产生超链接。
A. <a url="http://www.kmust.edu.cn">昆明理工大学</a>
B. <a href="http:// www.kmust.edu.cn">W3School</a>
C. <a>http:// www.kmust.edu.cn </a>
D. <a name="http:// www.kmust.edu.cn">W3School.com.cn</a>

（7）________能制作电子邮件链接。
A. <a href="xxx@yyy">　B. <mail href="xxx@yyy">
C. <a href="mailto:xxx@yyy">　D. <mail>xxx@yyy</mail>

（8）以下选项中，________全部都是表格标记。
A. <table><head><tfoot>　B. <table><tr><td>
C. <table><tr><tt>　D. <thead><body><tr>

（9）在下列的 HTML 中，________可以产生复选框。
A. <input type="check">　B. <checkbox>
C. <input type="checkbox">　D. <check>

（10）在下列的 HTML 中，________可以产生文本框。
A. <input type="textfield">　B. <textinput type="text">
C. <input type="text">　D. <textfield>

（11）在下列的 HTML 中，________可以插入图像。
A. <img href="image.gif">　B. <image src="image.gif">
C. <img src="image.gif">　D. <img>image.gif</img>

（12）在表单的________文本框中输入数据后，数据以*号显示。
A. 单行文本框　B. 多行文本框
C. 数值文本框　D. 密码文本框

（13）如果文本网页太长，一般应在网页中使用________。

A. 超链接　　B. 标记　　C. 水平滑块　　D. 垂直滑块

（14）导航条是指一组分别指向不同________的按钮，用于在一系列具有相同级别的网页间进行跳转。

A. 图片　　B. 链接地址　　C. 文本　　D. 热区

（15）网页中的对象存放位置应该采用________描述，以保证网站的发布和移植正确。

A. 绝对路径　　B. 相对路径　　C. 混合路径　　D. 以上都不对

（16）下列哪一项是在新窗口中打开网页文档（　　）。

A. _self　　B. _blank　　C. _top　　D. _parent

（17）若要循环播放背景音乐 bg.mid，以下用法中，正确的是（　　）。

A. <bgsound src="bg.mid" Loop="1">　　B. <bgsound src="bg.mid" Loop=True>

C. <sound src="bg.mid" Loop="True">　　D. <Embed src="bg.mid">

autostart=true></Embde>

（18）如网页的超链接 URL 为 mailto:ynkm_wjh@163.com，则表示________。

A. 书签链接　　B. 相对链接　　C. 绝对链接　　D. 以上都不对

（19）常用的网页图像格式有（　　）和（　　）。

A. gif,tiff　　B. tiff,jpg　　C. gif,jpg　　D. tiff,png

（20）下面说法错误的是（　　）。

A. CSS 可以将格式和结构分离　　B. CSS 可以控制页面的布局

C. CSS 可以使许多网页同时更新　　D. CSS 不能制作体积更小下载更快的网页

3. 简答题

（1）HTML 标记、元素和属性分别是什么？

（2）XHTML 与 HTML 的区别是什么？什么是 XML？什么是 JavaScript？

（3）常见的网络图像格式有哪些？在 HTML 中各适合什么场合？怎样创建图片链接？

（4）如何给网页加入 AVI 视频文件？

（5）常用的网页布局有哪些？什么是 CSS？

（6）表单都包含哪些元素？请描述表单的处理过程。

（7）简述网站发布的过程。

第 10 章 信息安全

信息是人类的宝贵资源，大量而有效地利用信息是衡量社会发展水平的重要标志之一，也是影响国家综合实力的重要因素。美国前总统克林顿声称："今后的时代，控制世界的国家将不是靠军事，而是信息能力走在前面的国家。"美国前陆军参谋长沙利文上将称："信息时代的出现将从根本上改变战争进行的方式"。以后的战争很大程度上将会以"信息战"的形式出现。信息战的实质是运用精确制导武器、干扰器、计算机病毒等各种进攻性信息手段，攻击敌方的信息和信息系统，使其指挥与控制体系瘫痪，达到不战而胜的目的；运用己方的信息和信息系统，使部队全面了解战场情况，对敌实施有效打击，夺取战争的胜利。信息战核心是获取"信息控制权"。

信息领域的严峻斗争使人们认识到，只讲信息应用是不行的，必须同时考虑信息安全问题。在现代条件下，网络信息安全是整个国家安全的重要组成部分，建立安全的"信息边疆"已成为影响国家全局和长远利益的重大关键问题。我国信息化建设、网络技术集成已进入高速发展阶段，网络与信息安全技术在各行业的重要作用日趋显现。信息安全产业成为了国家安全、政治稳定、经济发展等具有生存性和保障性支撑作用的关键产业。

10.1 信息安全概述

信息系统是以计算机和数据通信网络为基础的应用管理系统。目前，越来越多的信息系统被用于金融、贸易、商业、企业等各个领域，它在给人们带来极大方便的同时，也为少数不法分子利用计算机信息环境进行犯罪提供了可能。据不完全统计，全球每年因利用计算机系统进行犯罪所造成的经济损失高达上千亿美元。

信息安全指的是保护计算机信息系统中的资源，包括计算机硬件、计算机软件、存储介质、网络设备和数据等，免受毁坏、替换、盗窃或丢失等。信息系统的安全主要包括计算机系统的安全和网络方面的安全。

10.1.1 信息安全的概念

国际标准化组织（ISO）定义信息安全（Information Security）为"数据处理系统建立和采取的技术和管理的安全保护，保护计算机硬件、软件和数据不因偶然和恶意的原因而遭到破坏、更改和显露"。

信息安全包含 3 层含义：一是系统的实体安全，它提供系统安全运行的物理基础；二是系统中的信息安全，通过对用户权限的控制和数据加密等手段，确保系统中的信息不被非授权者获取或篡改；三是管理安全，通过采用一系列综合措施，对系统内的信息资源和系统安全运行进行有效的管理。

不论应用何种安全机制解决信息安全问题，本质上都是为了保证信息的各项安全属性。信息安全的基本属性为信息的保密性、完整性、可用性、可控性和不可否认性。

1. 保密性

保密性（Confidentiality）是指信息或数据经过加密变换后，将明文变成密文形式。只有被授权的合法用户，掌握了密钥，才能通过解密算法将密文还原成明文。未经授权的用户因为不知道密钥，而无法获知原明文的信息。

2. 完整性

完整性（Integrity）就是为方便检验所获取的信息与原信息是否完整一致，通常可给原信息附加上特定的信息块，该信息块的内容是原信息数据的函数。系统利用该信息块检验数据信息的完整性。未授权用户对原信息的改动会导致附加块发生变化，由此引发系统启动预定的保护措施。

3. 可用性

可用性（Availability）指的是安全系统能够对用户授权，提供其某些服务，即经过授权的用户可以得到系统资源，并且享受到系统提供的服务。防止非法抵制或拒绝对系统资源或系统服务的访问和利用，增强系统的效用。

4. 可控性

可控性（Controllability）是指合法机构能对信息及信息系统进行合法监控，防止不良分子利用安全保密设备来从事反对政府或破坏社会安全等犯罪活动。通过特殊设计的密码体制与密钥管理运行机制相结合，使政府管理监控机关可以依法侦探犯罪分子的保密通信，同时保护合法用户的个人隐私。即对信息系统安全监控管理。

5. 不可否认性

不可否认性（Incontestability）是指无论合法的还是非法的用户，一旦对某些受保护的信息进行了处理或其他操作，它都要留下自己的信息，以备在以后进行查证之用。即保证信息行为人不能否认自己的行为。不可否认性在公文流转系统中尤显重要。

10.1.2 信息安全研究内容

计算机网络的开放性、互联性等特征，致使网络易受攻击，所以网络信息的安全和保密是一个至关重要的问题。无论是在单机系统、局域网还是在广域网系统中，都存在着自然和人为等诸多因素的脆弱性和潜在威胁。一切影响计算机网络安全的因素和保障计算机网络安全的措施都是计算机网络安全技术的研究内容。信息安全技术研究的主要内容如下。

1. 实体安全

实体安全或称物理安全，是指包括环境、设备和记录介质在内的所有支持网络系统运行的总体安全。实体安全包括计算机设备、通信线路及设施、建筑物等的安全；预防地震、水灾火灾、飓风、雷击；满足设备正常运行环境要求；防止电磁辐射、泄漏；媒体的安全备份及管理等。

2. 软件系统安全

软件系统安全主要是针对所有计算机程序和文档资料，保证它们免遭破坏和非法复制，软件安全技术还包括掌握高安全产品的质量标准，对于自己开发使用的软件建立严格的开发、控制、质量保障机制，保证软件满足安全保密技术标准要求，确保系统安全运行。

3. 加密技术

加密技术是最常用的安全保密手段，主要是通过一种方法把重要的数据变为乱码（加密）传送，到达目地后再用相同或不同的方法还原（解密）。加密技术的应用是多方面的，最为广泛的还是在电子商务和虚拟专用网络（Virtual Private Network，VPN）上的应用。加密技术通常使用两种形式的加密：对称加密和非对称加密。

4. 网络安全防护

网络安全防护主要是针对计算机网络面临的威胁和网络的脆弱性而采取的防护技术，如安全服务、安全机制及其配置方法，动态网络安全策略，网络安全设计的基本原则等。

5. 数据信息安全

数据信息安全对于系统的稳定性越来越重要。其安全保密主要是指为保证计算机系统的数据库、数据文件以及数据信息在传输过程中的完整、有效、使用合法，免遭破坏、篡改、泄露、窃取等威胁和攻击而采取的一切技术、方法和措施，其中包括备份技术、压缩技术、数据库安全技术等。

6. 认证技术

与保密性同等重要的安全措施是认证。在最低程度上，消息认证是确保一个消息来自合法用户。此外，认证还能够保护信息免受篡改、延时、重放和重排序，涉及的内容包括访问控制、散列函数、身份认证、消息认证、数字签名和认证应用程序。

7. 病毒防治技术

计算机病毒对信息系统安全的威胁已成为一个重要的问题。要保证信息系统的安全运行，除了采用服务安全技术措施外，还要专门设置计算机病毒检查、诊断、清除设施，并采取成套的、系统的预防方法，以防止病毒的再入侵。

8. 防火墙与隔离技术

防火墙是指一种将内部网和公众访问网（如 Internet）分开的方法，它实际上是一种隔离技术，属于静态安全防御技术，是保护本地计算机资源免受外部威胁的一种标准方法。防火墙是在两个网络通信时执行的一种访问控制尺度，它能允许你“同意”的人和数据进入你的网络，同时将你“不同意”的人和数据拒之门外，最大限度地阻止网络中的黑客来访问你的网络。

9. 入侵检测技术

入侵检测技术是动态安全技术的核心技术，是防火墙的合理补充。入侵检测技术帮助系统对付网络攻击，扩展了系统管理员的安全管理能力（包括安全审计、监视、进攻识别和响应），提高了信息安全基础结构的完整性。入侵检测被认为是防火墙之后的第二道安全闸门，在不影响网络性能的情况下对网络进行监测，从而能提供对内部攻击、外部攻击和误操作的实时保护。

10.2 计算机病毒及恶意程序

20 世纪 60 年代初，美国麻省理工学院的一些青年研究人员，在做完工作后，利用业务时间玩一种他们自己创造的计算机游戏。做法是某个人编制一段小程序，然后输入到计算机中运行，并销毁对方的游戏程序。这也可能就是计算机病毒的雏形。而“病毒”一词最早用来表达此意是在弗雷德·科恩（Fred Cohen）1984 年的论文《电脑病毒实验》，该论文同时也成功地进行了计算机病毒实验，由此计算机病毒从幻想变成了现实。美国是最早发现真实计算机病毒的国家，在 20 世纪 80 年代末的短短几年间，计算机病毒很快就蔓延到了世界各地。

10.2.1　计算机病毒及其防治

产生计算机病毒的原因多种多样：有的是计算机工作人员或业余爱好者为了纯粹寻开心而制造出来的；有的则是软件公司为保护自己的产品被非法拷贝而制造的报复性惩罚，因为他们发现病毒比加密对付非法拷贝更有效且更有威胁，这种情况助长了病毒的传播；有的病毒还是用于研究或实验而设计的“有用”程序，由于某种原因失去控制扩散出实验室或研究所，从而成为危害四方的计算机病毒；绝大部分病毒是为了蓄意破坏，它分为个人行为和政府行为两种。个人行为多为雇员对雇主的报复行为，而政府行为则是有组织的战略战术手段。某公司的分析报告称：目前全世界有 200 万有能力写较成熟计算机病毒的程序员。

需要注意的是，目前大多数国家对病毒作者给予惩罚，不少病毒制作者及黑客们被逮捕并予以起诉。例如，罗马尼亚西欧班尼花费 15 分钟写的 MSBlast.F 变种大约只感染了 1 000 台计算机，按当地法律他就有可能最高会被判 15 年有期徒刑。中国的木马程序“证券大盗”作者张勇因使用其木马程序截获股民账户密码，盗卖股票价值 1 141.9 万元，非法获利 38.6 万元人民币，被逮捕后以盗窃罪与金融犯罪起诉，最终的判决结果是无期徒刑。

1. 计算机病毒的定义及其特点

计算机病毒（Computer Virus）在《中华人民共和国计算机信息系统安全保护条例》中被明确定义，病毒“指编制或者在计算机程序中插入的破坏计算机功能或者破坏数据，影响计算机使用并且能够自我复制的一组计算机指令或者程序代码”。一般来说计算机病毒具有以下特征。

（1）传播性

病毒一般会自动利用电子邮件传播，利用对象为某个漏洞，将病毒自动复制并群发给存储的通讯录名单成员。邮件标题较为吸引人点击，大多利用社会工程学如“我爱你”这样家人朋友之间亲密的话语，以降低人的警戒性。如果病毒制作者再应用脚本漏洞，将病毒直接嵌入邮件中，那么用户一点邮件标题打开邮件就会中病毒。

（2）隐蔽性

一般的病毒仅在数 KB 左右，这样除了传播快速之外，隐蔽性也极强。部分病毒使用“无进程”技术或插入到某个系统必要的关键进程当中，所以在任务管理器中找不到它的单独运行进程。而病毒自身一旦运行后，就会自己修改自己的文件名并隐藏在某个用户不常去的系统文件夹中，这样的文件夹通常有上千个系统文档，如果凭手工查找很难找到病毒。另外，也得关注病毒在运行前的伪装技术，病毒经常将自己和一个吸引人的文档捆绑合并成一个文档，那么运行这个文档时，病毒也在后端悄悄地震运行了。

（3）感染性

某些病毒具有感染性，感染中毒用户计算机上的可执行文件，如 exe、bat、scr、com 格式，通过这种方法达到自我复制，对自己生存保护的目的。通常也可以利用网络共享的漏洞，复制并传播给邻近的计算机用户群，使邻里通过路由器上网的计算机或网吧中的多台计算机的程序全部受到感染。

（4）潜伏性

部分病毒有一定的“潜伏期”，在特定的日子，如某个节日或者星期几按时爆发。如1999年破坏BIOS的CIH病毒就在每年的4月26日爆发。如同生物病毒一样，计算机病毒可以在爆发之前，以最大幅度散播开去。

（5）可激发性

根据病毒作者的“需求”，设置触发病毒攻击的“玄机”。例如，CIH病毒的制作者陈盈豪曾打算设计的病毒，就是“精心”为简体中文Windows系统所设计的。病毒运行后会主动检测中毒者操作系统的语言，如果发现操作系统语言为简体中文，病毒就会自动对计算机发起攻击，而语言不是简体中文版本的Windows，那么即使运行了病毒，病毒也不会发起攻击或者破坏。

（6）表现性

病毒运行后，如果按照作者的设计，会有一定的表现特征，如CPU占用率100%，在用户无任何操作下读写硬盘或其他磁盘数据，蓝屏死机，鼠标右键无法使用等。但这样明显的表现特征，反倒帮助被感染病毒者发现自己已经感染病毒，并对清除病毒很有帮助，隐蔽性就不存在了。

（7）破坏性

某些威力强大的病毒，运行后直接格式化用户的硬盘数据，更为厉害一些的病毒可以破坏引导扇区以及BIOS，已经在硬件环境造成了相当大的破坏。

2. 计算机病毒的发展

计算机病毒从出现到现在，经历了以下几个发展阶段。

（1）DOS病毒

DOS是PC上最早最流行的一个操作系统，至今仍有部分用户群体。DOS操作系统的安全性较差，易受到病毒的攻击，在这个时代里病毒的数量和种类都很多，按其传染的方式分为：系统引导型、外壳型及复合型。系统引导型病毒是在DOS引导时装入内存，获得对系统的控制权，对外传播。外壳型病毒包围在可执行文件的周围，执行文件时，病毒代码首先被执行，进入系统中再传染，这类病毒一般来说要增加文件的长度。复合型病毒具有系统引导型和外壳型病毒的特征。

（2）Windows病毒

微软公司的Windows操作系统，由于易用性受到了用户的欢迎，同时也容易受到病毒的攻击。Windows时代的病毒主要有两种类型：一种是按传统的思路根据Windows可执行文件的结构重新改写传染模块的病毒，其典型当属CIH病毒；另一种是利用办公软件Office系统中提供的宏语言编写的宏病毒。

（3）网络病毒

网络病毒大多是Windows病毒的延续，特别是宏病毒。这类病毒往往利用强大的宏语言读取客户端电子邮件软件的地址簿，并将自己病毒体作为附件发送到地址簿的那些电子邮件地址，从而实现病毒的网上传播。这种传播方式极快，感染的用户成几何级数增加，其危害是以前任何一种病毒无法比拟的。现在出现的因特网病毒，如蠕虫类病毒，能够极其快速地阻塞网络，在全球造成几百亿美元的损失。

3. 计算机病毒的分类

各种不同种类的病毒有着各自不同的特征，它们有的以感染文件为主、有的以感染系统引导区为主，大多数病毒只是开个小小的玩笑，但少数病毒则危害极大（如臭名昭著 CIH 病毒）。病毒一般的分类方法为如下。

（1）按传染方式分类

病毒按传染方式可分为引导型病毒、文件型病毒和混合型病毒 3 种。其中引导型病毒主要是感染磁盘的引导区，当用户在使用受感染的磁盘（无论是软盘还是硬盘）启动计算机时它们就会首先取得系统控制权，驻留内存之后再引导系统，并伺机传染其他软盘或硬盘的引导区，它一般不对磁盘文件进行感染；文件型病毒一般只传染磁盘上的可执行文件（COM，EXE），在用户调用染毒的可执行文件时，病毒首先被运行，然后病毒驻留内存伺机传染其他文件或直接传染其他文件，其特点是附着于正常程序文件，成为程序文件的一个外壳或部件；混合型病毒则兼有以上两种病毒的特点，既染引导区又染文件，因此扩大了这种病毒的传染途径。

（2）按连接方式分类

病毒按连接方式分为源码型病毒、入侵型病毒、操作系统型病毒和外壳型病毒 4 种。其中源码病毒主要攻击高级语言编写的源程序，它会将自己插入到系统的源程序中，并随源程序一起编译、连接成可执行文件，从而导致刚刚生成的可执行文件直接带毒，不过该病毒较为少见，亦难以编写；入侵型病毒则是那些用自身代替正常程序中的部分模块或堆栈区的病毒，它只攻击某些特定程序，针对性强，一般情况下也难以被发现，清除起来也较困难；操作系统病毒则是用其自身部分加入或替代操作系统的部分功能，危害性较大；外壳病毒主要是将自身附在正常程序的。

4. 计算机病毒的传播途径和危害

（1）计算机病毒的传播途径

计算机病毒可以通过软/优盘、硬盘、光盘及网络等多种途径进行传播。当计算机因使用带病毒的软/优盘而遭到感染后，又会感染以后被使用的软/优盘，如此循环往复使传播的范围越来越大。当硬盘带毒后，又可以感染所使用过的软/优盘，在用软/优盘交换程序和数据时又会感染其他计算机上的硬盘。目前盗版光盘很多，既有各种应用软件，也有各种游戏，这些都可能带有病毒，一旦安装和使用这些软件、游戏，病毒就会感染计算机中的硬盘，从而形成病毒的传播。通过计算机网络传播病毒已经成了感染计算机病毒的主流方式。这种方式传播病毒的速度极快，且范围特广。人们在因特网中进行邮件收发、下载程序、文件传输等操作时，均可被感染计算机病毒。

（2）计算机病毒的危害

计算机病毒的种类繁多，但它们对计算机信息系统的危害主要有以下 4 个方面。

①破坏系统和数据。病毒通过感染并破坏计算机硬盘的引导扇区、分区表，或用错误数据改写主板上可擦写型 BIOS 芯片，造成整个系统瘫痪、数据丢失，甚至主板损坏。

②耗费资源。病毒通过感染可执行程序，大量耗费 CPU、内存及硬盘资源，造成计算机运行效率大幅度降低，表现出计算机处理速度变慢的现象。

③破坏功能。计算机病毒可能造成不能正常列出文件清单、封锁打印功能等。

④删改文件。对用户的程序及其他各类文件进行删除或更改，破坏用户资料。

5. 计算机病毒的防治

搞好计算机病毒的防治是减少其危害的有力措施，防治的办法一是从管理入手；二是采取一些技术手段，如定期利用杀毒软件检查，清除病毒或安装防病毒卡等。

（1）管理措施

① 不要随意使用外来的可移动盘（软盘、优盘、活动硬盘），使用前最好用杀毒软件扫描，

确信无毒后再使用。

② 不要使用来源不明的程序，尤其是游戏程序，这些程序中很可能有病毒。

③ 不要到网上随意下载程序或资料，对来源不明的邮件不要随意打开。

④ 不要使用盗版光盘上的软件，甚至不将盗版光盘放入光驱内，因为自启动程序便可能使病毒传染到计算机上。

⑤ 对重要的数据和程序应做独立备份，以防万一。

⑥ 日常留意病毒提示公告，对特定日期发作的病毒可提前修改系统日期。

（2）技术措施

① 使用杀毒软件。杀毒软件的种类很多，并且都具有实时监控、检查及清除病毒 3 个功能。目前比较流行的杀毒软件有国内的金山毒霸、瑞星杀毒、360 杀毒等，以及国外的诺顿、卡巴斯基、Mcafee，NOD32、微软的 MSE、小红伞（Avira AntiVir）等，可以根据需要自行选择一款。值得注意的是，病毒每天都在增加，安装好杀毒软件后还需要经常更新病毒库才能查杀最新的病毒。

② 使用防病毒卡。防病毒卡是用硬件的方式保护计算机免遭病毒的感染。早期国内使用较多的产品有瑞星防病毒卡、化能反病毒卡等。

③ 使用硬盘保护卡。硬盘保护卡又称硬盘还原卡、硬盘防护卡，是用于计算机操作系统保护的一种 PCI 扩展卡。每一次开机时，硬盘保护卡总是让硬盘的部分或者全部分区能恢复先前的内容。换句话说，任何对硬盘保护分区的修改都无效，这样就起到了保护硬盘数据的作用。这一点，对于维护在公共领域使用的计算机有很大的价值，因此广泛应用于学校的计算机实验室、图书馆和网吧。

10.2.2 恶意程序及其防治

恶意软件也可能被称为广告软件（Adware）、间谍软件（Spyware）、恶意共享软件（Malicious Shareware）。与病毒或蠕虫不同，这些软件很多不是小团体或者个人秘密地编写和散播，反而有很多知名企业和团体涉嫌此类软件。

其中以雅虎旗下的 3721 最为知名和普遍，也比较典型。该软件采用多种技术手段强行安装和对抗删除。很多用户投诉是在不知情的情况下遭到安装，而其多种反卸载和自动恢复技术使得很多软件专业人员也感到难以对付，以至于其卸载成为国内网站上的常常被讨论和咨询的技术问题。据北京网络协会发起和公布的调查说，在被举报投诉的前几名中比较知名的软件和企业有：3721 的上网助手和网络实名，阿里巴巴旗下的淘宝、亿贝易趣，中国互联网络信息中心（即 CNNIC）的中文官方上网版软件、百度的超级搜霸、雅虎的一搜等。

1. 恶意软件的特征

2006 年 11 月 9 日，中国互联网协会公布了恶意软件的官方定义如下：恶意软件（俗称“流氓软件”）是指在未明确提示用户或未经用户许可的情况下，在用户计算机或其他终端上安装运行，侵犯用户合法权益的软件。恶意软件一般具有以下特点。

（1）强制安装：指在未明确提示用户或未经用户许可的情况下，在用户计算机或其他终端上安装软件的行为。

（2）难以卸载：指未提供通用的卸载方式，或在不受其他软件影响、人为破坏的情况下，卸载后仍活动程序的行为。

（3）浏览器劫持：指未经用户许可，修改用户浏览器或其他相关设置，迫使用户访问特定网站或导致用户无法正常上网的行为。

（4）广告弹出：指未明确提示用户或未经用户许可的情况下，利用安装在用户计算机或其他终端上的软件弹出广告的行为。

（5）恶意收集用户信息：指未明确提示用户或未经用户许可，恶意收集用户信息的行为。

（6）恶意卸载：指未明确提示用户、未经用户许可，或误导、欺骗用户卸载非恶意软件的行为。

（7）恶意捆绑：指在软件中捆绑已被认定为恶意软件的行为。

（8）其他侵犯用户知情权、选择权的恶意行为。

2. 恶意软件的类型

除了传统意义上的病毒这一主要的破坏手段外，计算机还可能遭到下列类型的恶意程序的破坏，这类恶意程序通常也可以归属到病毒行列。

（1）逻辑炸弹

逻辑炸弹（Logic bombs）就是一种只有当特定事件出现才进行破坏的程序，又称为定时炸弹。与病毒相比，逻辑炸弹强调破坏作用本身，而实施破坏的程序不会传播。一个典型的例子，某国一家公司负责工资表编程的程序员，名叫“史约翰”，他获悉老板要解雇他，为了报复，他设计了一个“逻辑炸弹”，在打印工资表时判断工资表中是否有“史约翰”的名字。若有，则程序正常运行；若没有，则破坏硬盘数据。这个“逻辑炸弹”平时隐藏在工资表程序中，只要“史约翰”的名字还在工资表中，程序就会正常运行。一旦“史约翰”被解雇，“史约翰”的名字就自然要从公司的工资表中消失，这时“逻辑炸弹”就激发，并运行攻击程序，破坏硬盘数据。

（2）“特洛伊”木马

“特洛伊”木马（Trojan）来源于古希腊传说，它是指通过一段特定的程序（木马程序）来控制另一台计算机。木马通常有两个可执行程序：一个是客户端，即控制端，另一个是服务端，即被控制端。木马的设计者为了防止木马被发现，采用多种手段隐藏木马。木马的服务一旦运行并被控制端连接，其控制端将享有服务端的大部分操作权限，如给计算机增加口令，浏览、移动、复制、删除文件，修改注册表，更改计算机配置等。

（3）恶意脚本

恶意脚本指一切以制造危害或者损害系统功能为目的而从软件系统中增加、改变或删除的任何脚本。传统的恶意脚本包括病毒、蠕虫、特洛伊木马和攻击性脚本，现在连包括 Java 攻击小程序（Java attack applets）和危险的 ActiveX 控件。

恶意代码经常是嵌入到网页中的脚本代码，一般使用 JavaScript 编写，受影响的多数也是 Windows 的 Internet Explorer 浏览器。例如，在未经浏览者同意的情况下自动打开广告，开启新页面，严重影响浏览者的正常访问。除此之外，还通过系统调用修改浏览器的默认主页，修改注册表，添加系统启动程序，设置监视进程等。普通用户对这些代码基本束手无策，即使是计算机水平较高的用户，有时也无法根治问题，只能通过重新安装操作系统来解决。

（4）恶意共享软件

共享软件（Shareware）是指不开放原始程式码的计算机软件。商业用途的共享软件采用先试后买的模式，为软件使用者提供有限期的免费试用，用以评测是否符合自己的使用需求，继而决定是否购买授权而继续使用该软件。而非商业用途的共享软件，多半是业余程式设计爱好者“展示”其设计才华，提供给用户的免费软件。

恶意共享软件（Malicious Shareware）是指采用不正当的捆绑或不透明的方式强制安装在用户的计算机上，并且利用一些病毒常用的技术手段造成软件很难被卸载，或采用一些非法手段强制用户购买的共享软件。

（5）浏览器劫持

这是一种恶意程序，通过 DLL（Dynamic Link Library，动态链接库）插件、BHO（Browser Help Objects，浏览器辅助对象）、Winsock LSP（Layered Service Provider，分层服务提供者）等形式对用户的浏览器进行篡改，使用户浏览器出现访问正常网站时被转向到恶意网页、IE 浏览器主页/搜索页等被修改为劫持软件指定的网站地址等异常。浏览器劫持分为多种不同的方式，从最简单的修改 IE 默认搜索页到最复杂的通过病毒修改系统设置并设置病毒守护进程、劫持浏览器，都有人采用。

（6）网络钓鱼

网络钓鱼（Phishing）一词，是“Fishing”和“Phone”的综合体，由于黑客始祖起初是以电话作案，所以用“Ph”来取代“F”，创造了“Phishing”，Phishing 的发音与 Fishing 相同。攻击者利用欺骗性的电子邮件和伪造的 Web 站点来进行网络诈骗活动，受骗者往往会泄露自己的私人资料，如信用卡号、银行卡账户、身份证号等内容。诈骗者通常会将自己伪装成网络银行、在线零售商、信用卡公司等可信的品牌，骗取用户的私人信息。

（7）间谍软件

间谍软件（Spyware）是指在未经用户许可的情况下搜集用户个人信息的计算机程序。它所收集的资料范围可以很广，从该用户平日浏览的网站，到诸如用户名称、密码等个人资料。间谍软件一词在 1994 年创建，但是到 2000 年才开始广泛使用，并且和广告软件以及恶意软件经常互换使用。间谍软件本身就是一种恶意软件，用来侵入用户计算机，在用户没有许可的情况下有意或者无意地对用户的计算机系统和隐私权进行破坏。

3. 恶意程序的防治

下面列举出了一些对付恶意程序的常规手段。

（1）安装杀毒软件及安全辅助软件并及时更新。现在的大部分杀毒软件，除了查杀病毒外，大多也都具有一些对抗恶意程序的功能。一些安全辅助软件，如 360 安全卫士、金山安全卫士、QQ 安全管家等可以对这类恶意程序给予预防和查杀。同时，要保持最新病毒库以便能够查出最新的病毒，如一些反病毒软件的升级服务器每小时就有新病毒库包可供用户更新。

（2）定期修补漏洞。要经常修补操作系统以及其捆绑的软件，如 Internet Explorer、Windows Media Player 的漏洞。

（3）设置一个比较强的系统密码。

（4）关闭系统默认网络共享，防止局域网入侵或弱口令蠕虫传播。

（5）定期检查系统配置实用程序启动选项卡情况，并对不明的 Windows 服务予以停止。

（6）不要点击来路不明的链接以及运行来路不明的程序。这类程序很可能是蠕虫病毒自动通过电子邮件或即时通信软件发过来的，如 QQ 病毒之一的 QQ 尾巴，大多这样信息中所带链接指向都是些利用 IE 浏览器漏洞的网站，用户访问这些网站后不用下载直接就可能会中更多的病毒。另外，不要运行来路不明的程序，点击后病毒就在系统中运行了。

（7）安装并及时更新防火墙产品。要在防火墙的使用中应注意到禁止来路不明的软件访问网络。

10.3 信息安全技术

计算机网络具有连接形式多样性、终端分布不均匀性和网络的开放性、互联性等特征，致使网络易受黑客、恶意软件和其他不轨行为的攻击，所以网络信息的安全和保密是一个至关重要的问题。无论是在单机系统、局域网还是广域网中，都存在着自然和人为等诸多因素的脆弱性和潜在威胁。因此，计算机网络的安全措施应该能全方位地针对各种不同的威胁和脆弱性，这样才能确保网络信息的保密性、完整性和可用性。总之，一切影响计算机网络安全的因素和保障计算机网络安全的措施都是计算机网络安全技术的研究内容。

10.3.1 密码技术

密码技术主要是为维护用户自身利益，对资源采取防护措施，防止非法用户侵用和盗取，或即使非法用户侵用和盗取了资源，也由于无法识别而不能使用。

密码技术分加密和解密两部分。所谓数据加密（Data Encryption）技术是指将一个信息（或称明文，plain text）经过加密钥匙（Encryption key）及加密函数转换，变成无意义的密文（cipher text），而接收方则将此密文经过解密函数、解密钥匙（Decryption key）还原成明文。加密技术是网络安全技术的基石。目前，加密算法主要有对称加密和非对称加密算法。

1. 对称加密技术

在对称加密技术中，对信息的加密和解密都使用相同的钥匙，也就是说一把钥匙开一把锁（见图 10-1）。这种加密方法可简化加密处理过程，信息交换双方都不必彼此研究和交换专用的加密算法。如果在交换阶段私有密钥未曾泄露，那么机密性和报文完整性就可以得以保证。对称加密技术也存在一些不足，如果交换一方有 N 个交换对象，那么他就要维护 N 个私有密钥，对称加密存在的另一个问题是双方共享一把私有密钥，交换双方的任何信息都是通过这把密钥加密后传送给对方的。

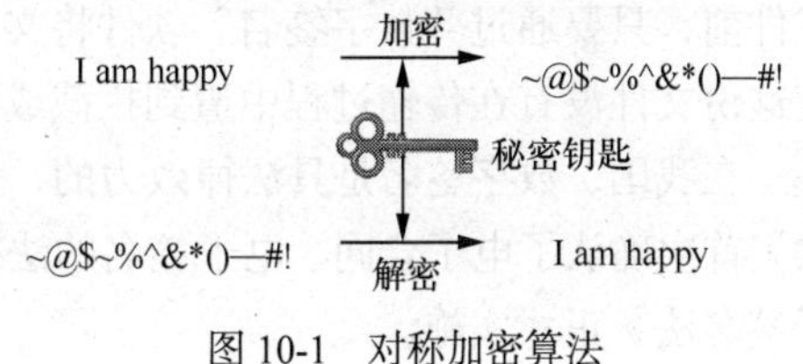

图 10-1 对称加密算法

对称密码加密的安全强度，主要依靠密钥的长度，密钥长度越长，相对安全性就越高，能被破解的可能性就越低。例如，由美国 IBM 公司在 1972 年研制的数据加密标准（Data Encryption Standard，DES）加密算法，其密钥长度为 56 位，加密方式是明文按 64 位进行分组，将分组后的明文组和 56 位的密钥按位替代或交换的方法形成密文组。由于 DES 使用的 56 位密钥过短，为了提供实用所需的安全性，可以使用 DES 的衍生算法 3DES 来进行加密，这种方法使用两个独立的 56 位密钥对信息进行 3 次加密，从而使有效密钥长度达到 112 位。现代流行的对称加密算法是高级加密标准（Advanced Encryption Standard，AES），其密钥的长度可以是 128 位、192 位或 256 位。

2. 非对称加密技术

在非对称加密体系中，密钥被分解为公开密钥和私有密钥（见图 10-2）。这对密钥中任何一把都可以作为公开密钥通过非保密方式向他人公开，而另一把作为私有密钥加以保存。两个密钥都可以用作加密和解密，用一把密钥进行加密，只能用另外一把密钥进行解密。非对称加密方式可以使通信双方无须事先交换密钥就可以建立安全通信，广泛应用于身份认证、数字签名等信息交换领域。

非对称加密体系一般是建立在某些已知的数学难题之上，是计算机复杂性理论发展的必然结果。最具有代表性的非对称加密算法是RSA公钥密码体制，是1977年由罗纳德·李维斯特（Ron Rivest）、阿迪·萨莫尔（Adi Shamir）和伦纳德·阿德曼（Leonard Adleman）一起提出的，RSA就是他们3个人姓氏开头字母拼在一起组成的。其数学原理是将一个大数分解成两个质数的乘积，对极大整数做因数分解的难度决定了RSA算法的可靠性。在这个算法中即使已知明文、密文和加密密钥（公开密钥），想要推导出解密密钥（私密密钥），在计算上是不可能的。到2008年为止，世界上还没有任何可靠的攻击RSA算法的方式。

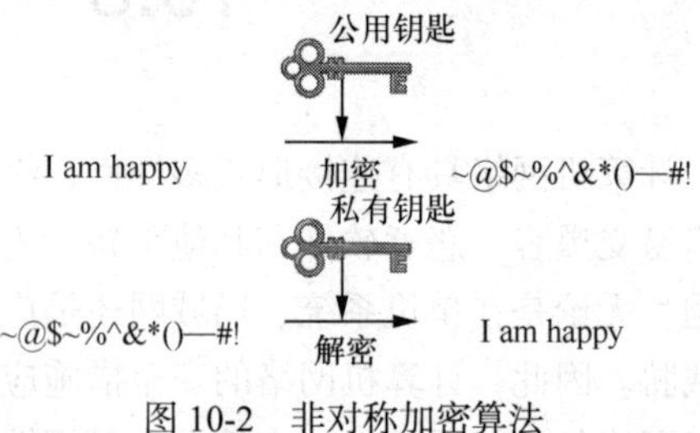

图 10-2　非对称加密算法

10.3.2　数字签名与数字证书

数字签名（又称公钥数字签名）是一种类似写在纸上的普通的物理签名，但是使用了公钥加密领域的技术实现，用于鉴别数字信息的方法。一套数字签名通常定义两种互补的运算，一个用于签名，另一个用于验证。

数字签名不是指将个人的签名扫描成数字图像，或者用触摸板获取的签名，更不是个人的落款。它实际上是一种网络传输的安全工具软件，通过它可以确保文件不会被篡改或丢失。在发送文件前，只要通过“数字签名”软件将文件加上签名，然后由收件者软件识别出签名，就可以确定这份文件没有在传输过程中遭到拦截或篡改。

在我国，数字签名是具法律效力的，正在被普遍使用。2000年，中华人民共和国的新《合同法》首次确认了电子合同、电子签名的法律效力。2005年4月1日起，中华人民共和国首部《电子签名法》正式实施。

10.3.3　防火墙技术

防火墙（Firewall）是一种用于保护一个网络不受来自其他网络攻击的安全技术，如图10-3所示。它是内部网与外部网之间的一个中介系统，它通过监测、限制、修改跨越防火墙的数据流，尽可能地对外屏蔽内部网络的结构、信息和运行情况，拒绝未经授权的非法用户访问或存取内部网络中的敏感数据，保护其不被偷窃或破坏，同时允许合法用户不受妨碍地访问网络资源。

在网络防火墙中，每个数据包在得到许可继续传输前也必须通过某些检查点。

防火墙从结构上，可以是专用的硬件设备（硬件防火墙），也可以是运行于某个计算机系统上的软件系统（软件防火墙），还可以集成在路由器中。从工作原理来看，防火墙可以分为包过滤防火墙、代理型防火墙和监测型防火墙。从使用范围来看，又可以分为个人防火墙和专业防火墙。个人防火墙通常是在个人计算机上具有分组过滤功能的软件，如ZoneAlarm及Windows自带的防火墙程序。而专用的防火墙通常做成网络设备，或是拥有两个以上网络接口的服务器上。

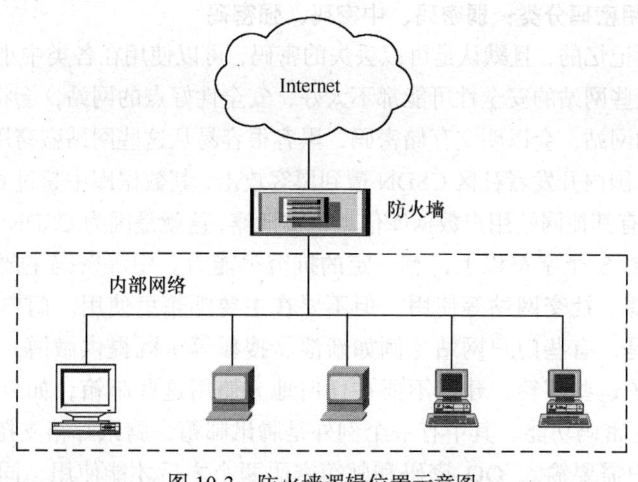

图 10-3 防火墙逻辑位置示意图

10.4 个人网络信息安全策略

随着计算机及网络应用的扩展，信息安全所面临的危险和已造成的损失也在成倍地增长。它已经渗透到社会经济、国家安全、军事技术、知识产权、商业秘密乃至个人隐私等各个方面。网络安全对于每一个计算机用户来说，同样是一个不可回避的问题。为此，人们需要一些安全手段来保护自己的信息。下面就列举了一些方法与技术来帮组解决一些个人网络安全方面的问题。

10.4.1 个人密码安全策略

当今的网络时代，时常要登录各种网站、论坛、邮箱、网上银行等，这些访问常需要账户+密码的身份认证，因此就需要不断地注册用户和设置密码，也就有了很多的网络账户和密码。大多数人为了便于记忆，习惯只用一个常用的网络用户名、邮箱和密码，这是非常危险的。那么网上的密码应该如何设置，才相对安全一些呢?

总的来说，个人密码安全需要遵循如下几个简单的要求：对于不同的网络系统使用不同的密码，对于重要的系统使用更为安全的密码。绝对不要所有系统使用同一个密码。对于那些偶尔登录的论坛，可以设置简单的密码；对于重要的信息、电子邮件、网上银行之类，必须设置为复杂的密码。永远也不要把论坛、电子邮箱和银行账户设置成同一个密码。具体的设置策略可以遵循如下方法。

1. 将自己常用的网站分类：大网站、小网站、重要网站、普通网站

大网站为可以信任的、安全的网站，如几个大型的综合性的门户网站（新浪、腾讯、谷歌等），这类网站理论上安全性较好，常规情况下用户密码不易泄漏，并且都会提供绑定手机号功能。大网站之外的网站都算小网站，是不可信任的网站，在上面保存的密码随时可能泄漏，并且可能是密码明文泄漏。

涉及网络使用的核心网站，如主要的电子邮件、网银、网上支付、域名管理等，这类网站如果被黑客攻破，则会引起个人资产损失或者相关其他网站服务被攻击，损失巨大。重要网站之外的网站可以看做普通网站。

2. 将自己的常用密码分类：弱密码、中密码、强密码

弱密码是最容易记忆的，且默认是可以丢失的密码，可以使用在各类中小网站、论坛、社区、个人网站中。因为这些网站的安全性可能都不太好，安全性好点的网站，会将用户的密码加密后存储，而安全性差的网站，会以明文存储密码，黑客很容易从这些网站盗窃用户的密码。例如，2011 年 12 月 22 日，国内开发者社区 CSDN 遭到黑客攻击，其数据库中超过 600 万用户资料遭到泄露，经过验证确认有其他网站用户数据库信息也被泄露，这就是因为 CSDN 采用明文保存密码。

中等强度密码在 8 个字符以上，有一定的抗穷举能力。中等密码主要在国内门户网站、大型网站、门户微博、社交网站等使用，但不要在主要邮箱里使用。门户网站最好绑定手机号码。需要注意的是，有些门户网站（例如新浪、搜狐等）既提供微博，又提供邮件系统，如果系统默认建立了这些邮箱，建议不要在任何地方使用这些邮箱，如果要使用邮箱，最好确认该邮箱具有独立密码功能。其中有一个例外是腾讯邮箱，腾讯邮箱支持邮箱的单独密码，设置好了以后，用户需要输入 QQ 密码和邮箱密码两个之后才能使用。同时，游戏账号使用单独的密码。

强密码要求至少 8 个字符以上，不包含用户名、真实姓名或公司名称，不包含完整的单词，包含字母、数字、特殊符号在内。强密码主要用于邮箱、网银、支付系统等。这类网站是是最重要的网站，网银涉及用户的财产安全，邮箱则可以重置用户所有注册过的网站密码，因此这类网站一定要用强密码，保证其绝对安全性。

另外，密码中最好包含字母、数字和符号，不要使用纯数字的密码，不要使用常用英文单词的组合，不要使用自己的姓名做密码，不要使用生日做密码。那为何要这样呢？因为破解者经常使用穷举法来进行密码破解。密码穷举对于简单的长度较少的密码非常有效，但是如果网络用户把密码设的较长一些而且没有明显规律特征（如用一些特殊字符和数字字母组合），那么穷举破解工具的破解过程就变得非常困难，破解者往往会对长时间的穷举失去耐性，从而放弃破解。

10.4.2 数据的备份与恢复

对于网络信息系统来说，信息是整个系统存在的意义所在，信息遭到破坏或丢失对于系统来说就意味着安全性和可用性受到了威胁。数据备份是系统容灾的基础，也是保障数据可用性的最后一道防线，其目的是为了系统数据崩溃时能够快速地恢复数据。

1. 备份方法

数据备份是一个发展迅速的技术领域，从传统的手工备份到今天的后台自动备份及网络备份，从单机磁盘备份到异地备源，从单一系统或目标文件的备份到多综合备份策略的制定，可以说备份手段、技术发展日新月异。总体而言，备份有 3 种基本的方式，分别是完全备份、增量备份和差异备份。

（1）完全备份

完全备份即备份所有选中的备份对象。例如，对于数据库，利用完全备份可以备份整个数据库，包含用户表、系统表、索引、视图、存储过程等所有数据库对象。这种方法对数据进行了很好的保护，非常耗时，但从完全备份中恢复数据的过程比其他备份方式要简单。完全备份不太常用，主要是因为耗时问题，大多数完全备份都必须是在非商业时间里进行，而且许多大企业的数据量太大，在短时间里无法完成完全数据备份。

值得注意的是，完全备份并不意味着一定要备份系统的方方面面（当然也可以这样），完全备份依然需要选择备份的内容。完全备份之后，所有被备份的文件都将标记为已备份。

（2）增量备份

增量备份是针对于上一次备份（无论是哪种备份），备份上一次备份后，所有发生变化的文件。增量备份过程中，只备份有标记的选中的文件和文件夹，增量备份后被备份的文件将被标记为已备份。如果用户将完全备份与增量备份结合起来使用，则需要最后一次完全备份集合和所有的增量备份集合来恢复数据。增量备份每次只会备份过去没有备份过的内容，所以备份速度很快，但恢复时则比较麻烦。

（3）差异备份

差异备份用于备份上次完全备份以来所创建或更改的文件。它不将文件标记为已备份。这就是说，正常或增量备份去掉了文件的“存档”属性，在新文件创建或旧文件被修改后，文件重新被加上了“存档”属性，差异备份就是备份这类文件。在备份完毕后，差异备份并不会清除这类文件的“存档”属性，这样的话，在下次运行差异备份的时候，只要在此期间上次差异备份的文件没有被更改，则它们还会包含在备份集中，将被再次备份。

增量备份和差异备份经常与完全备份结合使用。许多企业每天进行增量备份或差异备份，每周进行完全备份。3 种备份方法的结合使用，使得备份过程既有了速度，又有了安全性。

2. 考虑要素

在制定备份策略时，主要考虑以下几方面的因素。

（1）备份内容的选择。选择备份的内容，例如操作系统的核心目录、数据库的核心数据表等。

（2）备份媒介的选择。根据需求的不同，可以选择一般的只写光盘、可擦写光盘、另一个硬盘、同一硬盘的不同分区、使用网络备份系统等多种媒介。在媒介的选用上选择的依据主要是备份的速度、价格以及数据保存的持久度。

（3）考虑备份的方式。

（4）备份的频率。备份的频率有日备份、周备份、月备份等，依据备份需求可以由用户自由选择。

数据恢复技术是一门新兴技术，是指由于各种原因导致数据损失时把保留在介质上的数据重新恢复的过程。即使数据被删除或硬盘出现故障，只要在介质没有严重受损的情况下，数据就有可能被完好无损地恢复。误删除、误格式化、误分区或者误克隆引起的数据损失的情况下，大部分数据仍未损坏，用软件重新恢复连接环节的话，可以重读数据，如果硬盘因硬件损坏而无法访问时，更换发生故障的零件，即可恢复数据。在介质严重受损或数据被覆盖情况，数据将无法恢复。需要注意的是，在误操作删除数据之后，尽量不要再进行向介质上的写操作，以免欲恢复的数据遭到写覆盖。

思维训练：很多软件出现了云备份技术，试查一些云备份的概念，能否用这里的备份策略来进行云备份？

10.4.3　文件磁盘加密技术

文件加密是一种根据要求自动地对写入存储介质的数据进行加密的技术，主要是保护文件资料不被他人查看、修改、删除、复制等。文件加密按加密途径可分为两类：一类是操作系统（如 Windows 2000 以上系统）自带的文件加密功能，另一类是采用加密算法实现的第三方加密软件。

1. EFS 加密文件及文件夹

Windows 2000 以后的版本中，用户可使用操作系统内建的文件加密功能（Encrypting File System，EFS），前提是准备加密的文件与文件夹所在的磁盘必须采用 NTFS 文件系统。需要注意，系统文件或在系统目录中的文件是不能被加密的，因为加密解密功能在启动时还不能够起作用，如果操作系统安装目录中的文件被加密了，系统就无法启动。另外，NTFS 文件系统还提供一种压缩后用户可以和没压缩前一样方便访问文件与文件夹的文件压缩功能，但该功能不能与文件加密功能同时使用，使用 ZIP、RAR 等其他压缩软件压缩的文件不在此限。

使用 EFS 加密文件及文件夹只需使用鼠标右键单击要加密的文件或者文件夹，如图 10-4 所示，然后选择“属性”，在“属性”对话框的“常规”选项卡上单击“高级”按钮，在“高级属性”对话框上选中“加密内容以便保护数据”复选框并确认即可对文件进行加密，如果加密的是文件夹，系统将进一步弹出“确认属性更改”对话框，要求确认是加密选中的文件夹，还是加密选中的文件夹、子文件夹以及其中的文件。

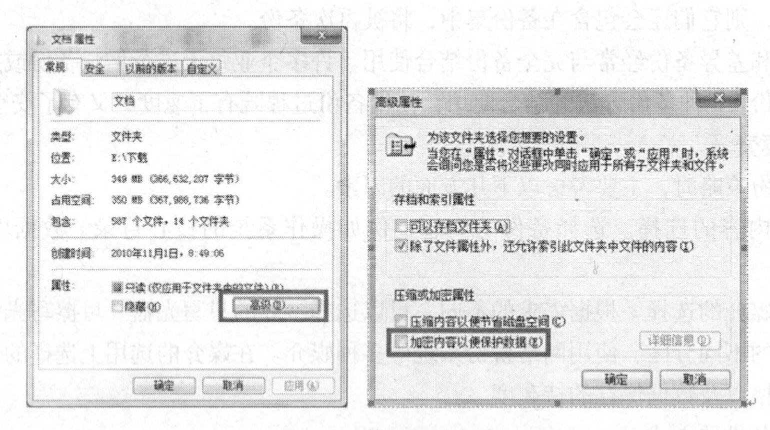

图 10-4　使用 EFS 加密

解密的步骤与加密相反，只需在“高级属性”对话框中清除“加密内容以便保护数据”复选框上的选中标记即可，而在解密文件夹时将同样弹出“确认属性更改”对话框要求确认解密操作应用的范围。

2. BitLocker 加密驱动器

在 Windows 7 旗舰版和企业版中可以使用 BitLocker 加密驱动器（对于 Windows XP、Windows VISTA 等老系统，使用微软的 BitLocker To Go 应用程序，提供对受 BitLocker 保护的 FAT 格式驱动器的只读访问权限）。这种加密方式不仅可以保护内部硬盘驱动器上存储的所有文件，还可以保护可移动数据驱动器（如外部硬盘驱动器或 USB 闪存驱动器）上存储的所有文件。

与用于加密单个文件或文件夹的加密文件系统 EFS 不同，BitLocker 是加密整个驱动器。在将新的文件添加到已使用 BitLocker 加密的驱动器时，BitLocker 会自动对这些文件进行加密。文件只有存储在加密驱动器中时才保持加密状态。复制到其他驱动器或计算机的文件将被解密。如果与其他用户共享文件（如通过网络），则当这些文件存储在已加密驱动器上时仍将保持加密状态，但是授权用户通常可以访问这些文件。

如果对数据驱动器（固定或可移动）加密，则可以使用密码或智能卡解锁加密的驱动器，或者设置驱动器在登录计算机时自动解锁。可以随时通过挂起 BitLocker 将其临时关闭，或者通过解密驱动器将其永久关闭。

启动加密非常简单，在控制面板中单击 BitLocker 驱动器加密，在所需加密的磁盘上单击“启用 BitLocker”，此操作将打开 BitLocker 设置向导，如图 10-5 所示。按照向导中的说明进行操作即可。

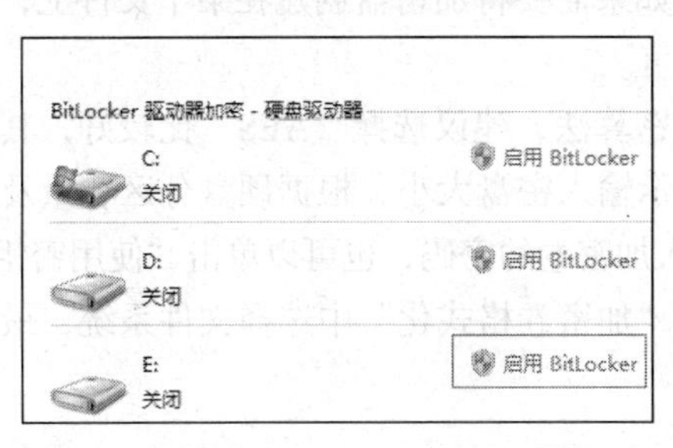

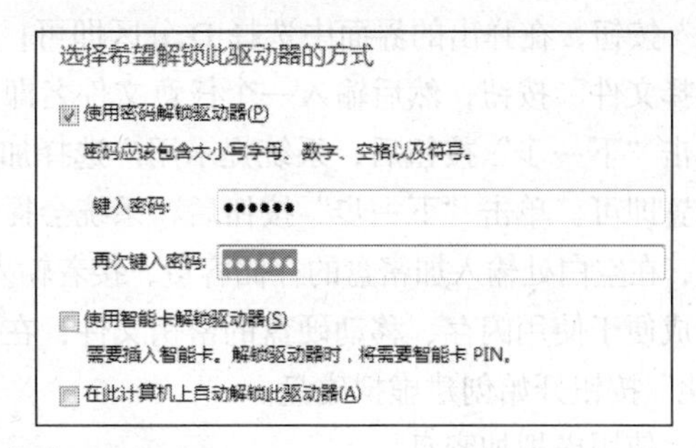

图 10-5　启动 BitLocker

3. 第三方加密软件

独立于操作系统的第三方加密软件相当多，有免费的、共享的以及商业化的。用户可以根据需要，到网上通过搜索引擎找到相应软件的说明和使用方法。这里简单介绍 TrueCrypt。

TrueCrypt 是一款免费开源的绿色虚拟加密盘加密软件，它提供多种加密算法，并且不需要生成任何文件即可在硬盘上建立虚拟磁盘，用户可以按照盘符进行访问，所有虚拟磁盘上的所有文件都被自动加密，需要通过密码来进行访问，加密和解密都是实时的。它支持 FAT32 和 NTFS 分区、隐藏卷标、热键启动等，支持简体中文界面，除了有 Windows 平台的版本外，还有 Mac 和 Linux 版本。对于没有商务安全功能的普通计算机，或者不想购买加密闪存的商务用户，TrueCrypt 可以使得数据存储更安全可靠。它的使用方法如下。

（1）创建虚拟加密盘

在计算机上安装软件后，将解压目录里的 Language.zh-cn 文件拷贝到安装目录下，这样就可以以中文界面来显示。运行 TrueCrypt 软件，在“盘符”下任意选择一个系统尚未占用的盘符，如M，如图 10-6 所示。单击“创建加密卷”按钮进入创建向导，此时系统会提供 3 种加密卷创建方式，如果电脑是多人共用，建议选择第一项，如果是加密硬盘分区、移动硬盘或闪存，此时需要选择第二项，而第三项一般针对私人使用的计算机。

图 10-6　创建虚拟加密盘

单击“下一步”按钮后，系统提示用户选择加密卷是否需要隐藏，如果数据需要彻底安全保护，建议选择“隐藏的 TrueCrypt 加密卷”，普通用户选择“标准 TrueCrypt 加密卷”即可。单击“下一步”按钮后依次指定创建加密盘的位置，如需要将加密盘创建在 D 分区中，只要单击“选择设备”按钮，在弹出的界面中选择 D 分区即可；如果需要将加密盘创建在某个文件上，此时单击“选择文件”按钮，然后输入一个任意文件名即可。

单击“下一步”按钮后，系统提示用户选择加密算法，建议选择“AES”比较好，其他均为默认设置即可。单击“下一步”按钮后，系统会提示输入密盘大小，根据硬盘分区容量及个人存储需要，在空白处输入加密盘的存储容量，接着输入加密卷的密码，也可以单击“使用密钥文件”按钮生成便于使用闪存、移动硬盘的密钥文件，在“加密卷格式化”中选择文件系统，最后单击“格式化”按钮开始创建虚拟磁盘。

（2）使用虚拟加密盘

创建完虚拟磁盘后，会在硬盘分区中出现一个虚拟磁盘文件，此时还不能使用，必须对它进行加载后才能存储数据，方法是：在如图 10-6 所示的软件主界面中单击“选择文件”按钮，然后打开刚才创建的虚拟磁盘文件，用鼠标右键单击 M 盘符，选择“载入选择的加密卷”命令，此时会出现加密卷信息，然后就会在“我的电脑”中出现一个“本地磁盘（M）”盘符，并显示了它可以存储的容量。

使用时，将需要保护的文件拷贝到 M 盘中，关闭该虚拟磁盘，使用鼠标右键单击系统托盘区上 TrueCrypt 图标，然后选择“卸载 M:”选项，再退出 TrueCrypt 软件即可。下一次使用虚拟加密盘时，须再次运行 TrueCrypt 软件，按照前面的方法加载虚拟磁盘文件，而且还必须输入设置的加密密码，否则无法使用 M 盘中的文件，这样就实现了硬盘或移动存储设备中的数据保护，解决了用户因数据被盗带来的损失。

本章小结

本章主要讲述的内容如下。

1. 信息安全的概念以及信息安全研究的内容。
2. 计算机病毒和恶意程序的概念，以及如何对它们进行防治。
3. 常用的信息安全技术，如密码技术、数字签名以及防火墙等。
4. 个人网络信息安全策略，包括有密码安全策略、数据的备份与恢复，以及文件磁盘加密技术。

习题与思考

1. 判断题

（1）信息网络的物理安全要从环境安全和设备安全两个角度来考虑。（ ）

（2）有很高使用价值或很高机密程度的重要数据应采用加密等方法进行保护。（ ）

（3）数据备份按数据类型划分可以分成系统数据备份和用户数据备份。（ ）

（4）公钥密码体制有两种基本的模型，一种是加密模型，另一种是认证模型。（ ）

（5）对信息的这种防篡改、防删除、防插入的特性称为数据完整性保护。（ ）
（6）软件防火墙就是指个人防火墙。（ ）
（7）计算机病毒可能在用户打开“txt”文件时被启动。（ ）
（8）大部分恶意网站所携带的病毒就是脚本病毒。（ ）
（9）利用互联网传播已经成为了计算机病毒传播的一个发展趋势。（ ）
（10）运行防病毒软件可以帮助防止遭受网页仿冒欺诈。（ ）
（11）如果采用正确的用户名和口令成功登录网站，则证明这个网站不是仿冒的。（ ）
（12）在来自可信站点的电子邮件中输入个人或财务信息是安全的。（ ）

2. 单选题

（1）________无助于加强计算机的安全。
A. 安装杀毒软件并及时更新病毒库　B. 及时更新操作系统补丁包
C. 把操作系统管理员账号的口令设置为空　D. 安装使用防火墙

（2）下面描述正确的是________。
A. 只要不使用U盘，就不会使系统感染病毒
B. 只要不执行U盘中和程序，就不会使系统感染病毒
C. 软盘比U盘更容易感染病毒
D. 设置写保护后使用U盘就不会使U盘内的文件感染病毒

（3）使用浏览器上网时，________不可能影响系统和个人信息安全。
A. 浏览包含有病毒的网站　B. 改变浏览器显示网页文字的字体大小
C. 在网站上输入银行账号、口令等敏感信息　D. 下载和安装互联网上的软件或者程序

（4）计算机病毒是指________。
A. 编制有错误的计算机程序　B. 设计不完善的计算机程序
C. 计算机的程序已被破坏　D. 以危害系统为目的的特殊的计算机程序

（5）符合复杂性要求的Wihdows XP账号密码的最短长度为________。
A. 4　B. 6
C. 8　D. 10

（6）防火墙是________在网络环境中的应用。
A. 字符串匹配　B. 访问控制技术
C. 入侵检测技术　D. 防病毒技术

（7）在PDRR模型中，________是静态防护转化为动态的关键，是动态响应的依据。
A. 防护　B. 检测
C. 响应　D. 恢复

（8）当您收到您认识的人发来的电子邮件并发现其中有意外附件，应该________。
A. 打开附件，然后将它保存到硬盘
B. 打开附件，但是如果它有病毒，立即关闭它
C. 用防病毒软件扫描以后再打开附件
D. 直接删除该邮件

（9）不能防止计算机感染病毒的措施是________。
A. 定时备份重要文件
B. 经常更新操作系统

C. 除非确切知道附件内容，否则不要打开电子邮件附件

D. 重要部门的计算机尽量专机专用与外界隔绝

（10）如果您认为您已经落入网络钓鱼的圈套，则应采取________措施。

A. 向电子邮件地址或网站被伪造的公司报告该情形

B. 更改账户的密码

C. 立即检查财务报表

D. 以上全部都是

（11）下面技术中不能防止网络钓鱼攻击的是________。

A. 在主页的底部设有一个明显链接，以提醒用户注意有关电子邮件诈骗的问题

B. 利用数字证书（如 USB KEY）进行登录

C. 根据互联网内容分级联盟（ICRA）提供的内容分级标准对网站内容进行分级

D. 安装杀毒软件和防火墙，及时升级、打补丁，加强员工安全意识

3. 简答题

（1）什么是信息安全？它有哪些属性？

（2）什么是计算机病毒？它的特点是什么？有哪些分类？

（3）什么是密码技术？

（4）什么是防火墙？它的作用是什么？

（5）常用的数据备份和恢复技术有哪些？